JN006377

ステップアップ Unity

（プロが教える現場の教科書）

吉成祐人
伏木秀樹
御厨雄輝
木原康剛
川辺兼嗣
住田直樹
田村和範
［著］

技術評論社

はじめに

近年、Unityはゲーム開発ツールとしてポピュラーなものになっています。無料版でも充実した機能が扱え、対応プラットフォームも多く、おもな開発言語が比較的理解しやすいC#であることから、プロ・アマ問わず広く利用され、Unityで開発されたタイトルは市場でも非常に多いです。

そのため、多くのノウハウがネット上でも手に入ります。C#の基本的な知識さえあれば、記事を読んだりコミュニティへ質問したりすることで、簡単なゲームを形にすることもできるでしょう。

しかし、ゲームを形にするだけでなく、製品レベルのものに仕上げることを目指すとなると、メニューなどを充実させるUI機能、ビジュアルの調整や動作の軽量化、コンテンツの量産効率を上げるエディタ拡張など、さまざまな周辺知識が必要になります。

本書では、Part1でシンプルな3Dゲーム、Part2で現在トレンドのARを用いたゲームの作成について解説し、以降はゲーム開発・運営をしているエンジニアが現場で培った技術をPartごとにまとめています。また、最後にUnityにおけるAIについても解説します。Partごと完結する内容で、順を追って読み進める必要はないため、興味がある個所や、今必要な技術について記述してある個所からお読みいただける構成になっています。

ぜひ、本書を通じてより高度なUnityの扱いを学習し、高品質な製品開発を意識した効率的な開発をしていただけるようになれば幸いです。

対象とする読者

本書はC#プログラミングがある程度習得できており、より実践的なゲーム開発スキルを獲得しようとしている、次のような方を対象にしています。

・C#の基礎的な文法について理解できて、これからUnityでゲーム制作をしたい方
・Unityでの簡単なゲーム制作ができて、より高品質な製品を仕上げたい方

なお、ゲーム開発の現場で必要になる技術の解説を中心にしています。C#の基礎的な文法の解説については行いません。基本的なプログラミングができる方がUnityでゲーム開発を始め、さらに開発現場で活躍するためのステップアップ本として活用してください。

利用しているバージョン

本書において利用しているUnityのバージョンはUnity 2020.1.11f1ですが、2020.1.20fでも動作を確認しています。

ステップアップ Unity

Contents

第４章 GPU 負荷削減 195

Part6 3D ゲームのための絵作り 211

住田直樹

第１章 Unity における絵作り 212

第２章 材質の設定 215

第３章 直接光の設定 223

第４章 間接光の設定 227

第５章 影の設定 233

Unityにおける AI 237

田村和範

索引 249

PART 1

Unityで シンプル3Dゲーム作成

吉成祐人
YOSHINARI Yuto
㈱ QualiArts

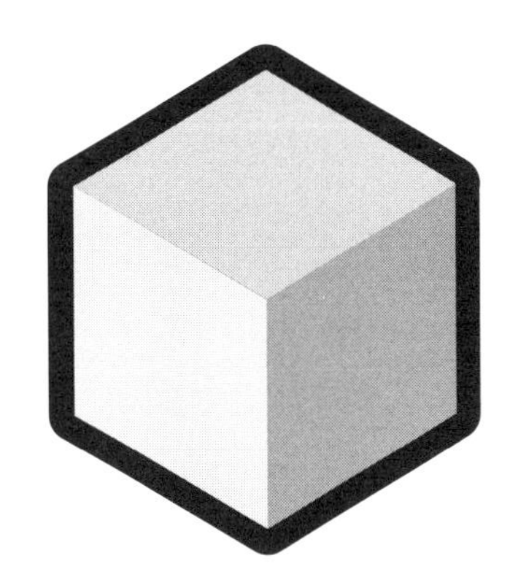

第1章

Unityのインストールとプロジェクトの作成

本Partでは、Unityを用いたシンプルな3Dゲームの作成を通じて、Unityの基本的な使い方を紹介していきます。本章では、Unityのインストールとプロジェクトの作成を行います。

Unityの概要

ゲーム制作を行う際には、グラフィックの表示をしたり、ユーザー入力へ対応したり、音を鳴らしたりと、求められる技術は多岐に渡ります。また、3Dゲームでは3Dを表示するための低レイヤの技術が必要になり、より深い技術も求められます。

図1 Unity Hubのダウンロード画面

図2 最新正式リリースバージョンのUnityインストール

これらのような、ゲームを作るために必要な機能をあらかじめ用意し、ゲーム制作を効率化するソフトウェアとして「ゲームエンジン」が存在します。

ゲームエンジンは複数のプラットフォームへの対応をサポートしているものも多く、近年のゲーム開発ではUnity、Unreal Engine、Cocos2d-xなどのゲームエンジンがよく用いられています。

Unityはそれらのゲームエンジンの中でも現在約50%の市場占有率を持つ、世界で最も使われているゲームエンジンです。

インストール

それではUnityのインストールを行います。本書では2.4.2のバージョンのUnity Hubと2020.1.11のバージョンのUnityを利用します。また、スクリーンショットはMac環境でのキャプチャー画像を使用します。

Unityの前にUnity Hubをインストールします。Unity HubはUnityおよびUnityプロジェクトを管理するツールです。まずUnityのダウンロードページ[注1]にアクセスをしてください。

そして「Unity Hubをダウンロード」から、Unity Hubのインストーラパッケージをダウンロードしてください(**図1**)。

ダウンロードしたパッケージを起動し、Unity Hubをインストールします。インストールが完了したらUnity Hubを起動します。

最新正式リリースバージョンのUnityはインストールタブの「インストール」ボタンからインストールできます(**図2**)。

注1 https://unity3d.com/jp/get-unity/download

今回インストールするバージョンは書籍発行時には最新バージョンから外れているため、サイトから直接インストールを行います。Unityのダウンロードアーカイブページ注2にアクセスをしてください。Unity 2020.xのタブ内にあるUnity 2020.1.11の欄の「Unity Hub」ボタンを選択します(**図3**)。

Unity Hub上でインストール確認画面が開きます。「Android Build Support」「iOS Build Support」のそれぞれにチェックを入れ「INSTALL」を選択します(**図4**)。これにより、インストールと同時にAndroidアプリとiOSアプリの開発用のモジュールが追加されます。

インストールが完了するまで待ちます。以上でUnityのインストールは完了です(**図5**)。

図3　旧リリースバージョンのUnityインストール

図4　モジュール追加とUnityインストール

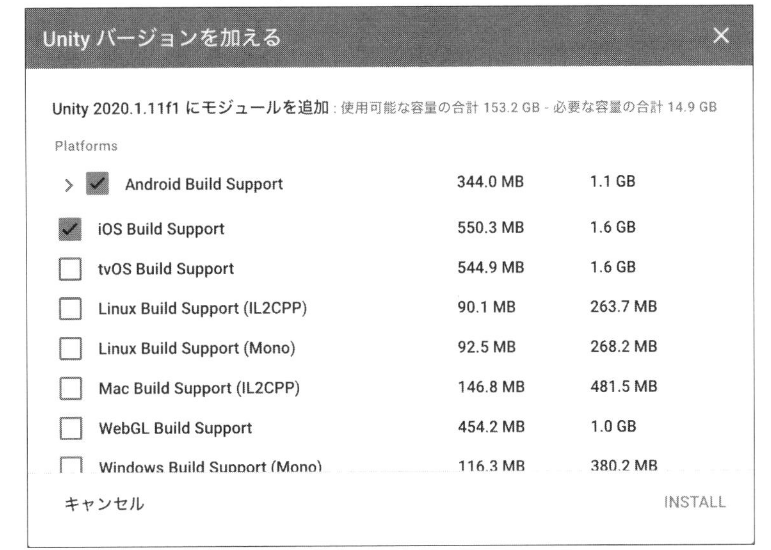

注2　https://unity3d.com/get-unity/download/archive

図5　Unityインストールの完了

図6　新規プロジェクトの作成

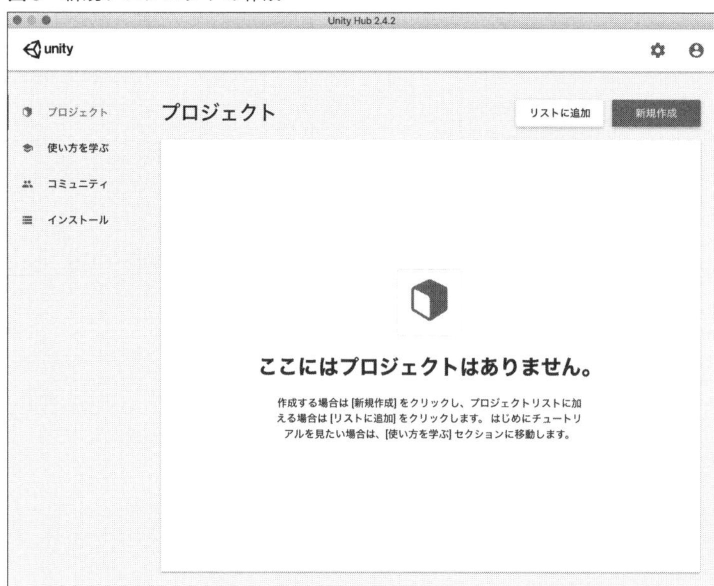

図7　プロジェクト作成画面

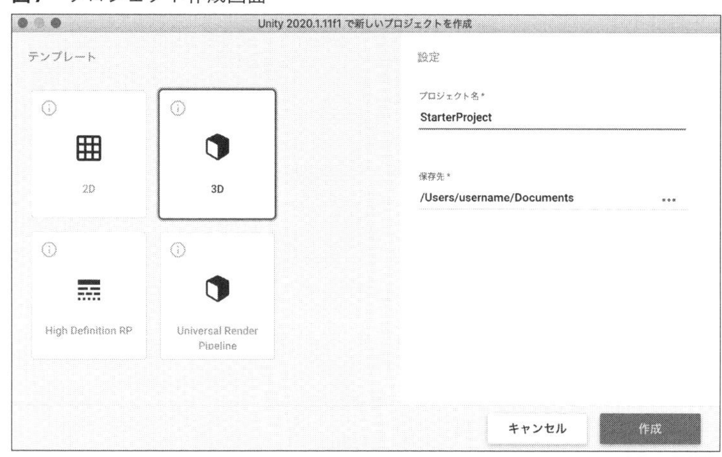

図8　Unityプロジェクト

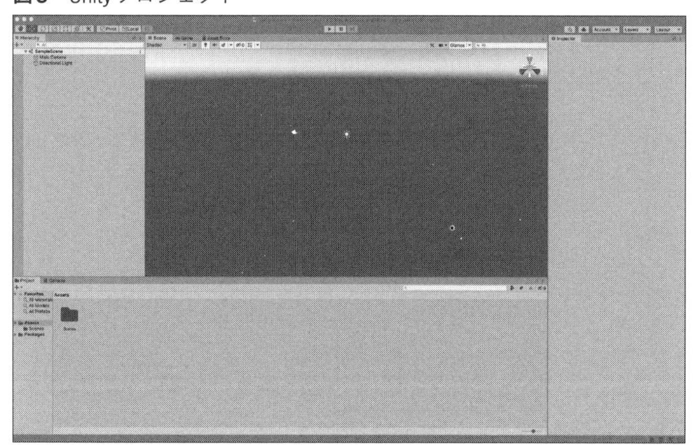

プロジェクトの作成

Unity Hubをプロジェクトタブに切り替えて「新規作成」を選択し、新しいプロジェクトを作成します(**図6**)。このとき、複数のUnityバージョンをインストールしている場合は新規作成の右に表示される▼をクリックし、2020.1.11のバージョンを選択して新規作成を行います。

プロジェクト作成画面が開くので「プロジェクト名」と「保存先」を指定します(**図7**)。今回はプロジェクト名は「StarterProject」にし、保存先は「Documents」にしました。また、今回は3Dのゲームを作成するため「テンプレート」は「3D」にします。すべての入力が終わったら「作成」を選択します。

作成したUnityプロジェクトが開きます(**図8**)。

以上で、Unityのインストールとプロジェクトの作成が完了しました。

第2章

画面説明と基本操作

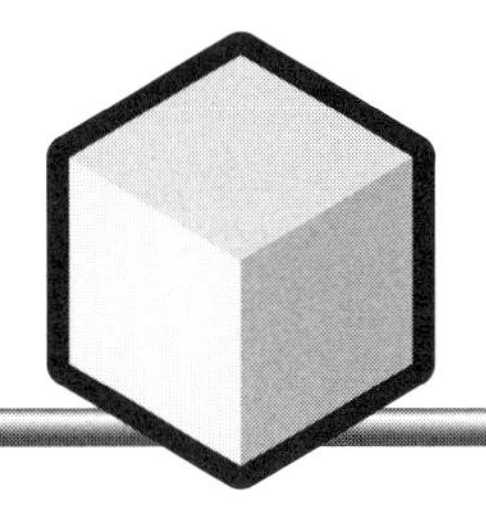

本章ではUnityの各画面の説明と、基本的な操作の紹介を行います。

Unity 内の各画面の説明

Unity内の主な画面(ウィンドウ／ビュー)の説明を行います。

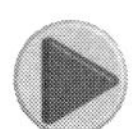

Projectウィンドウと Consoleウィンドウ

図1の❶の領域には、Projectウィンドウと Consoleウィンドウがあります。この2つのウィンドウはタブで切り替えることができます。

Projectウィンドウには、プロジェクト内のアセットが表示されます(**図2**)。アセットとは、サウンド、エフェクト、画像、3Dモデル、スクリプトなどのUnityで開発を行う際に用いられる素材の総称です。

Consoleウィンドウには、エラーや警告、スクリプトから出力したログなどのメッセージが表示されます(**図3**)。

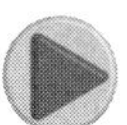

Sceneビュー、Gameビュー、Asset Storeウィンドウ

図1の❷の領域には、SceneビューとGameビューとAsset Storeウィンドウがあります。

Sceneビューは、カメラや3DやUI (*User Interface*)

図1　各画面

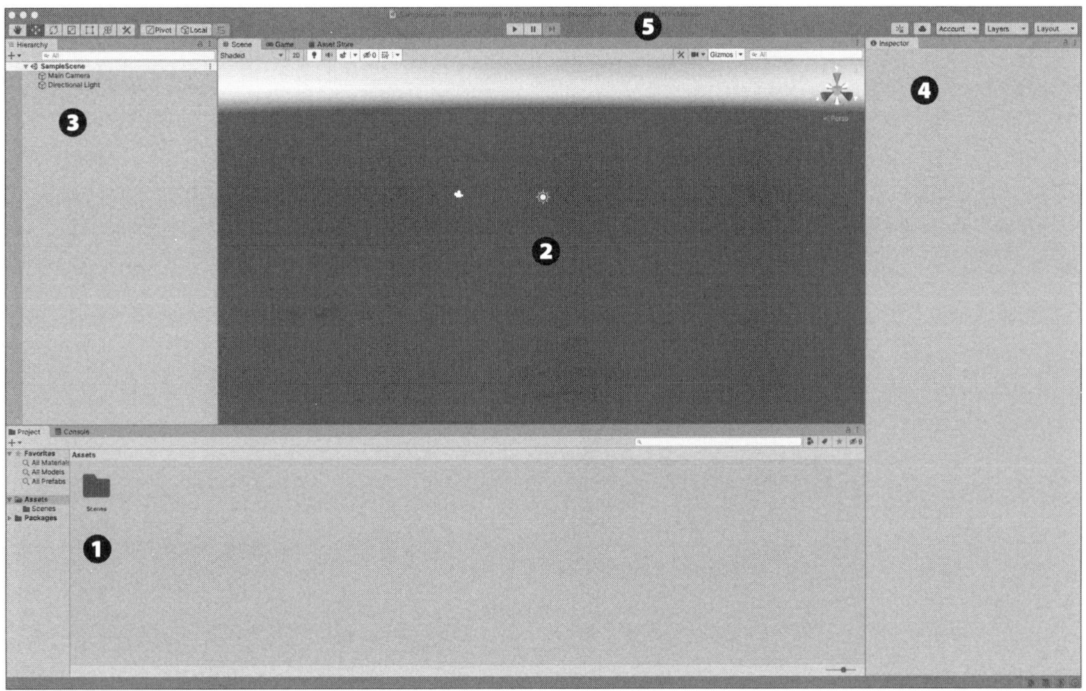

などのオブジェクトを配置する場所です(**図4**)。Sceneビュー上に置かれているカメラを選択すると、Sceneビューの右下に選択したカメラが映している画が表示されます。

図2 Projectウィンドウ

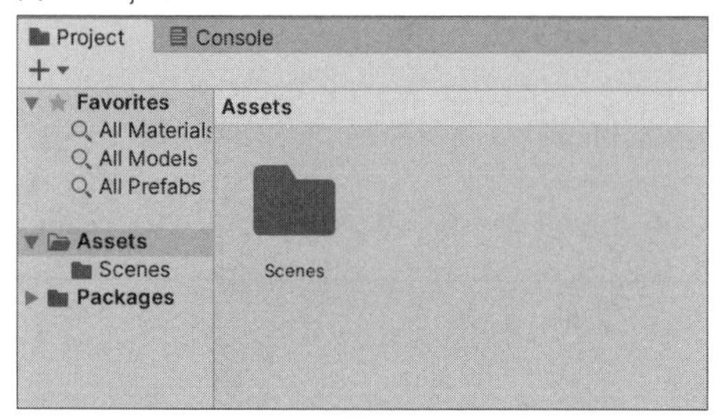

図3 Consoleウィンドウ

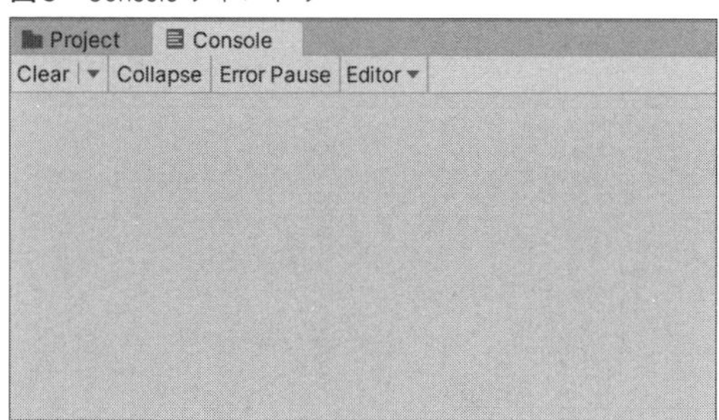

図4 Sceneビュー

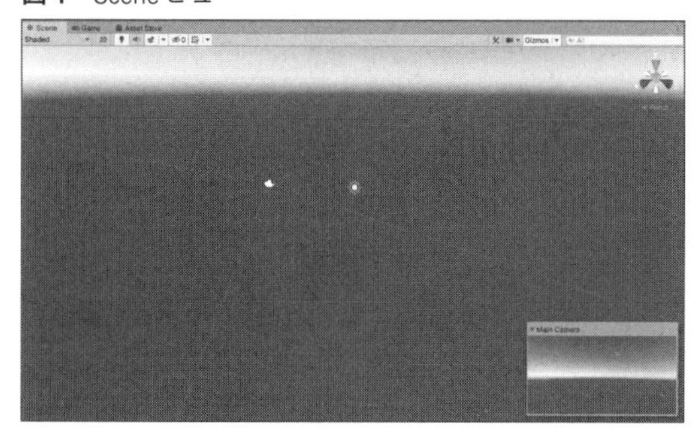

図5 Gameビュー

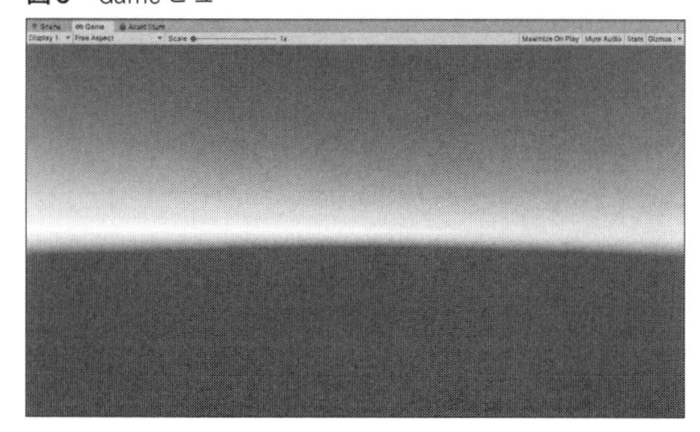

Gameビューは、Sceneビューに置いたカメラが映している映像を表示します(**図5**)。これが最終的にゲームで表示される画面です。

Asset Storeウィンドウには、アセットを購入するためのアセットストアをブラウザで開くボタンと、購入したアセットをインポートするためのPackage Managerウィンドウを開くボタンが表示されます(**図6**)。アセットストアに関してはのちほど別途説明を行います。

Hierarchyウィンドウ

図1の❸の領域にあるのはHierarchyウィンドウです(**図7**)。Hierarchyウィンドウには、シーン上に置かれているオブジェクトのリストが表示されます。初期状態では、Main Camera(カメラ)とDirectional Light(光源)が置かれていることがわかります。

また、Hierarchyウィンドウ上でオブジェクトを選択することもできます。Hierarchyウィンドウ上で「Main Camera」を選択すると、Sceneビュー上のカメラも選択状態になることが確認できます(**図8**)。

Inspectorウィンドウ

図1の❹の領域にあるのはInspectorウィンドウです(**図9**)。Inspectorウィンドウでは、Hierarchyウィンドウや Projectウィンドウ上でオブジェクトを選択したときに、選択したオブジェクトの情報や設定を

図6 Asset Storeウィンドウ

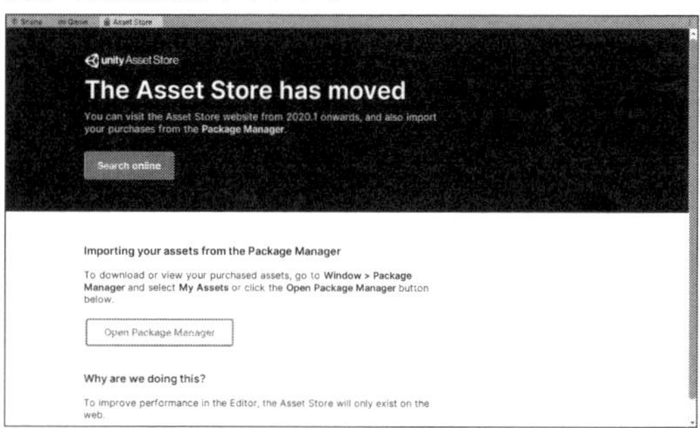

図7 Hierarchyウィンドウ

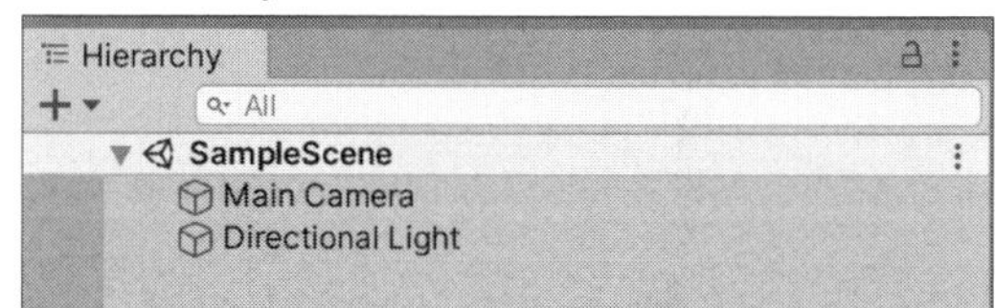

図8 Main Cameraを選択

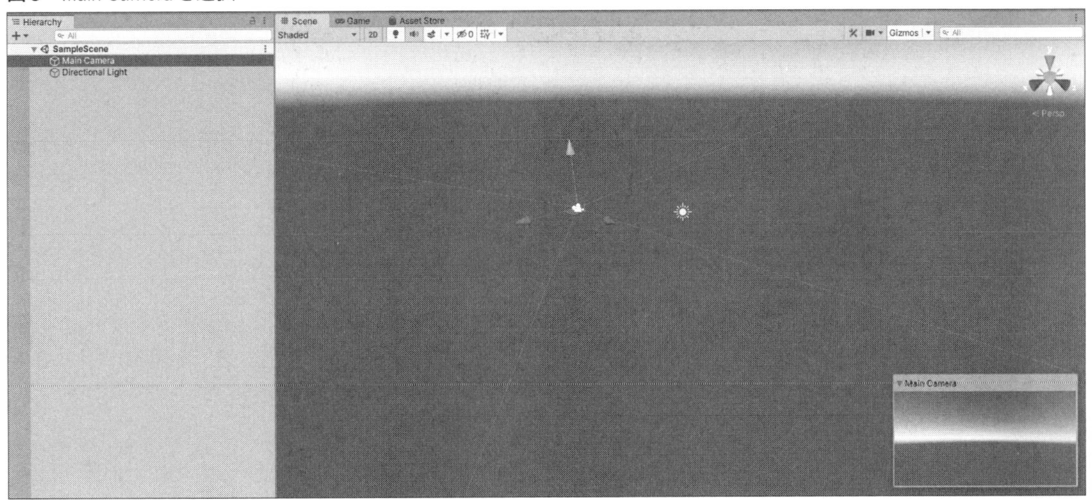

確認したり変更したりできます。

試しにHierarchyウィンドウ上で「Main Camera」を選択すると、InspectorウィンドウでMain Cameraの情報を確認できます。

 Toolバー

図1の❺の領域にあるのはToolバーです。Toolバーには、Unityをコントロールするためのツールが用意されています。Toolバーの主な要素は以降Unityを触っていく中で説明していきます。

 ウィンドウ／ビューの位置やサイズの変更

各画面は境目をドラッグすることでサイズを変更でき、タブをドラッグ＆ドロップすることで配置を変更できます。今回は、SceneビューとGameビューを同時に確認できるようにするために、Gameビューのタブをドラッグし、SceneビューとInspectorウィンドウの間にドロップします。それにより、SceneビューとGameビューを同時に確認できるようになりました（**図10**）。各画面のサイズは境目をドラッグして調整してください。

 アセットストアとは

Unityでゲームを作成する際には、作るゲームによって、サウンド、エフェクト、3Dモデルなどのさまざまなアセットが必要になります。その際、自作したアセットを使うことも可能なのですが、ほかの開

図9 Inspectorウィンドウ

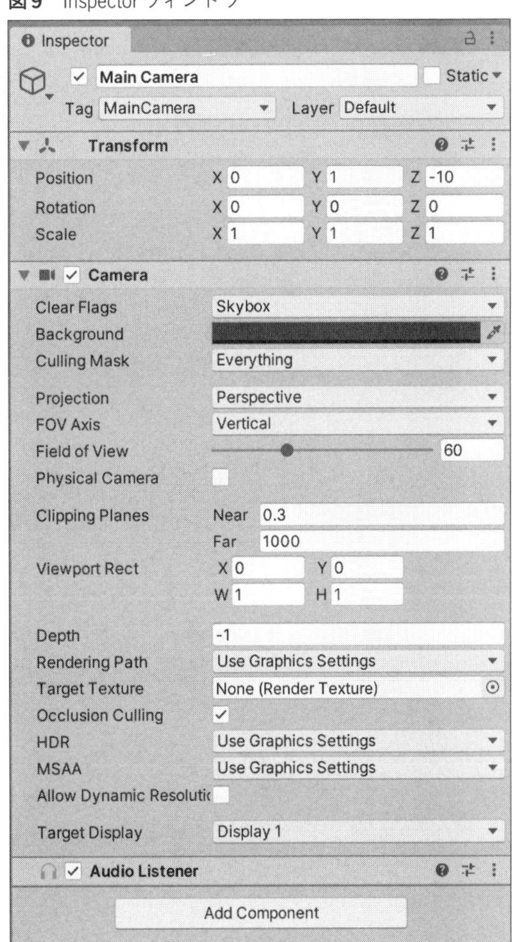

図10 ウィンドウの分割

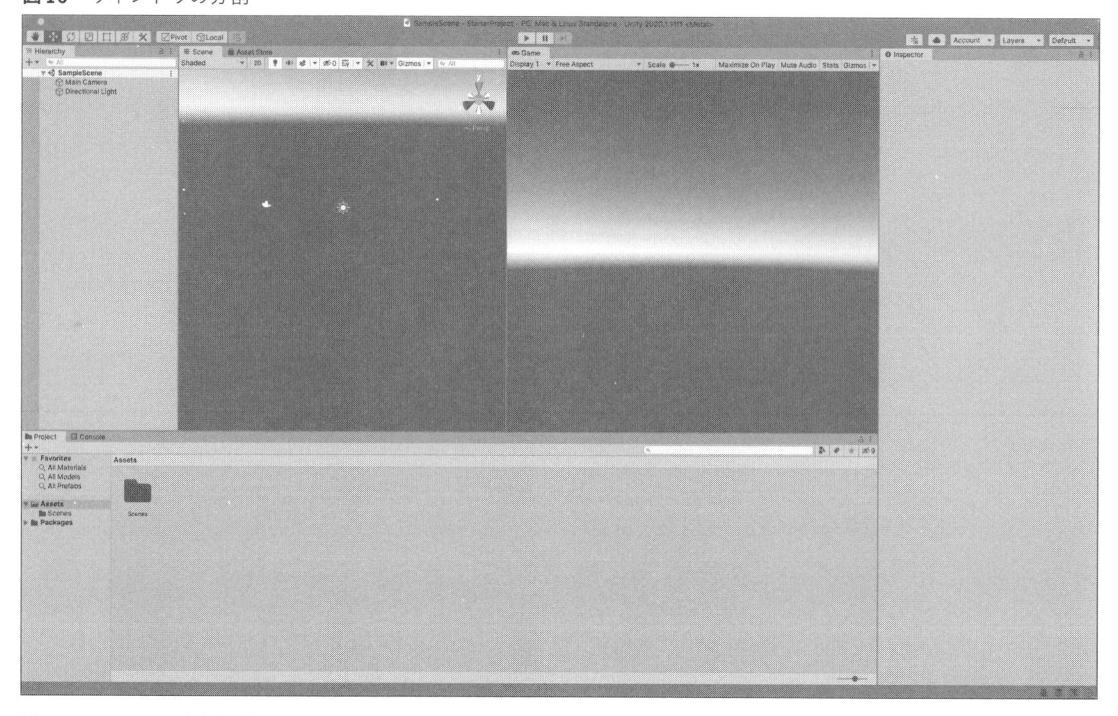

図11 Cubeの生成方法❶

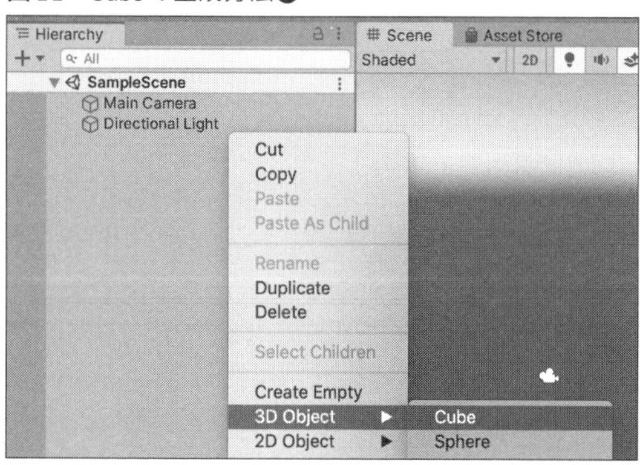

図12 Cubeの生成方法❷

発者が作成したアセットを使用することも可能です。

アセットストアとは、Unityで使用できるアセットを開発者が販売できるストアです。有料のアセットだけでなく、無料のアセットも多数揃えられています。

基本操作

実際にゲーム制作に入る前に、Unityを触りながら基本操作の説明を行います。

オブジェクトの作成

3DオブジェクトのCubeを作ります。Hierarchyウィンドウ上で右クリックし、「3D Object→Cube」でCubeを作成します(**図11**)。メニューから「Game Object→3D Object→Cube」を選択することでも作成可能です(**図12**)。

HierarchyウィンドウにCubeが作成され、Sceneビューと Gameビューに立方体が置かれていることが確認できます(**図13**)。また、このときHierarchyウィンドウで「Cube」が選択されているので、InspectorウィンドウではCubeの情報を確認できます。

Inspectorウィンドウの確認

「Cube」を選択してInspectorウィンドウにCubeの情報を表示した状態で、Inspectorウィンドウの確認をします(**図14**)。

図13　Cubeの生成後の状態

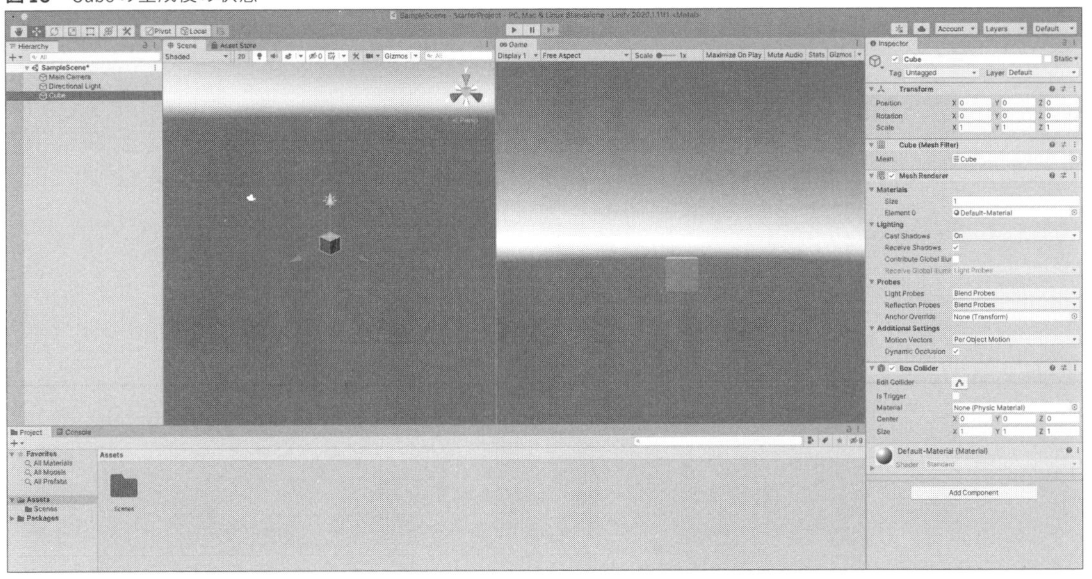

まず一番左上のチェックボックス❶で、Cubeのアクティブ状態を切り替えられます。チェックボックスをOFFにするとCubeが非アクティブ状態になり、非表示になります。

下に表示されている、Transform、Cube (Mesh Filter)、MeshRenderer、BoxColliderなどは、それぞれコンポーネント(Component)と呼ばれます[注1]。チェックボックスが付いているコンポーネントは、コンポーネント単位で有効／無効の切り替えを行えます。

Transformはオブジェクトの位置、回転、スケールを持ち、それらの値を操作するために使用されます。Cube (MeshFilter)はCubeを形成するメッシュを持ちます。MeshRendererはメッシュを画面にレンダリングするために用いられます。MeshRendererのチェックを外して無効にするとレンダリングが行われなくなり、Cubeの表面が透明になります。チェックボックスが付いているコンポーネントは有効／無効を切り替えることができます。BoxColliderは立方体の形をしたコライダーです。コライダーは衝突判定を行う際に用いられます。

図14　CubeのInspectorウィンドウ

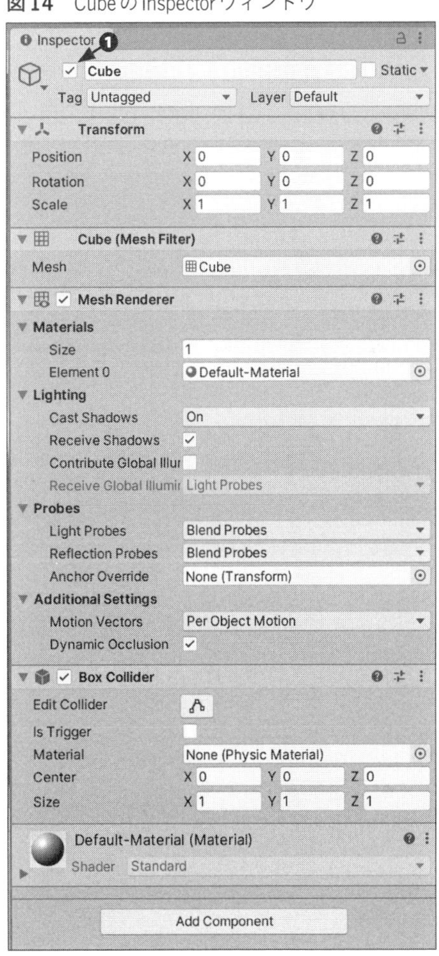

注1　MeshRenderer、BoxColliderは、Inspectorウィンドウ上ではMesh Renderer、Box Colliderのように間にスペースを入れて表示されます。しかし、後述するようにスクリプト上ではスペースを入れません。そのため、本書ではスクリプトにそろえてMeshRenderer、BoxColliderのように表記します。

Inspectorウィンドウ上でのTransformの操作

Inspectorウィンドウ上でTransformの操作を行いつつ、Transformの中身を詳しく紹介します(**図15**)。

Positionは位置です。数字を変更するとCubeが移動します。このときのX、Y、Zのそれぞれの方向は、Sceneビューの右上に表示されているシーンギズモ(**図16**)のx、y、zの方向と一致します。

Rotationは回転です。数字を変更するとCubeが回転します。Xはx軸を中心に回す際の回転量を表します。Xを変更すると先ほどPositionでXを変更した際に動いた方向を軸として回転します。

Scaleはスケールです。数字を変更するとその方向に倍率がかかり、伸びたり縮んだりします。

また、Position、Rotation、Scaleの値は、X、Y、Zの文字の上でクリックをして左右にドラッグをすることでも変更できます。

図15 Transform

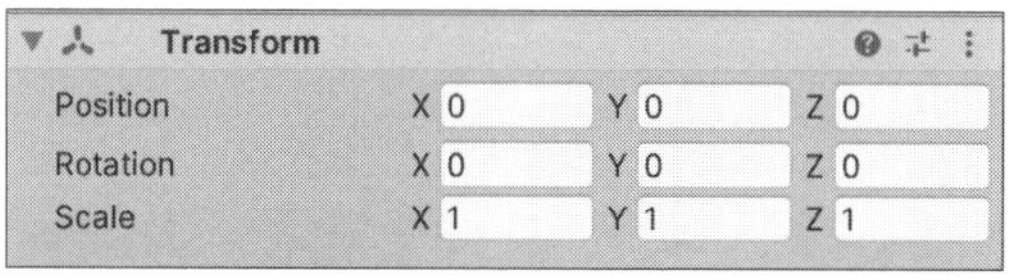

▼ Transform			
Position	X 0	Y 0	Z 0
Rotation	X 0	Y 0	Z 0
Scale	X 1	Y 1	Z 1

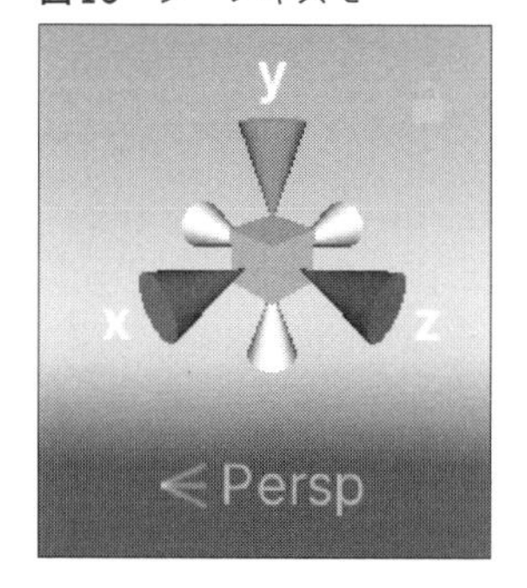

図16 シーンギズモ

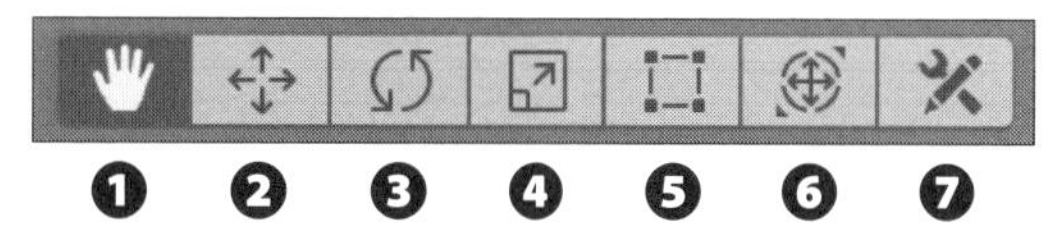

❶ ❷ ❸ ❹ ❺ ❻ ❼

図17 Toolバー上のボタン

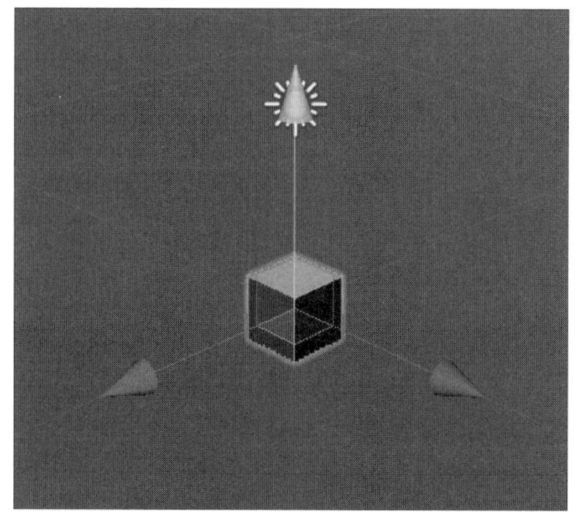

図18 ツール❷

Sceneビュー上でのオブジェクトの操作

次に、Sceneビュー上でのオブジェクトの操作方法を説明します。

ToolバーにはSceneビュー上で操作を行うためのツールが用意されています(**図17**)。

図17の❶を選択すると、Sceneビューの表示領域をドラッグで移動できるようになります。

図17の❷を選択すると、選択中のオブジェクトを移動できるようになります。試しにCubeを移動させてみます。Hierarchyウィンドウ上かSceneビュー上で、「Cube」を選択します。Cubeに矢印が表示されるので、その矢印をドラッグすることで矢印の方向にCubeを動かすことができます(**図18**)。矢印ではなく中心をドラッグすると平面に沿った移動を行うことができます。このとき、Inspectorウィンドウ上の「Transform→Position」も同時に変更されていることが確認できます。

図17の❸を選択すると、選択中のオブジェクトを回転できるようになります(**図19**)。線の上をドラッグするとその方向だけ回転し、それ以外の位置をドラッグすると一気に全方向の回転を行うことができます。このとき、Inspectorウィンドウ上の「Transform→Rotation」も同時に変更されていることが確認できます。

図17の❹を選択すると、選択中のオブジェクトをスケールできるようになります(**図20**)。線の上をドラッグするとその方向だけスケールし、中心をドラッグすると一気に全方向へのスケールを行うことができます。このとき、Inspectorウィンドウ上の「Transform→Scale」も同時に変更されていることが確認できます。

図17の❺を選択すると、選択中のオブジェクトを平面に沿って移動、回転、スケールできるようにな

図19　ツール❸

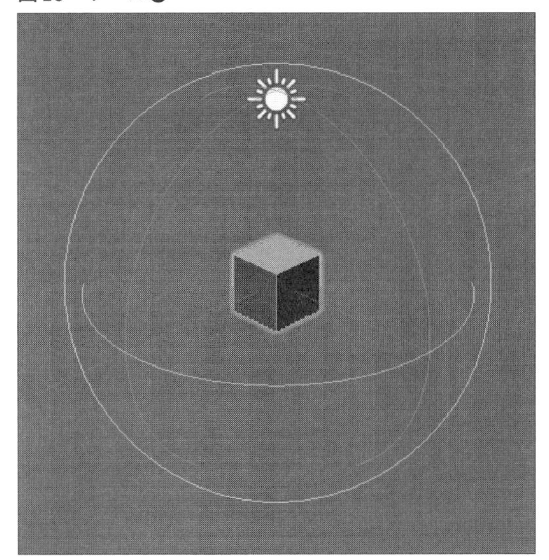

図20　ツール❹

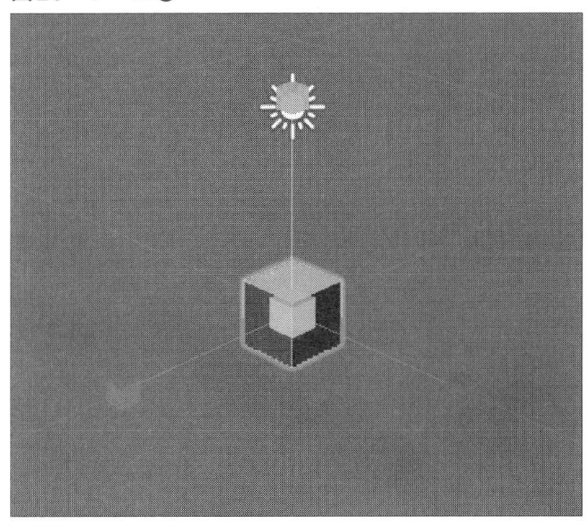

ります(**図21**)。これは、2DのUIを操作する際に主に用いられます。

図17の❻を選択すると、選択中のオブジェクトを移動、回転、スケールできるようになります(**図22**)。これは図17の❷、❸、❹の操作が同時に行える機能です。

図17の❼を選択すると、Transform以外で、Sceneビュー上で値を変更できる選択中のオブジェクトのコンポーネントの一覧が表示されます(**図23**)。今回は「Edit BoxCollider」を選択します。表示された点をドラッグすることでBoxColliderの形を変更できます(**図24**)。このとき、Inspectror ウィンドウ上の「BoxCollider→Center」と「BoxCollider→Size」も同

図21　ツール❺

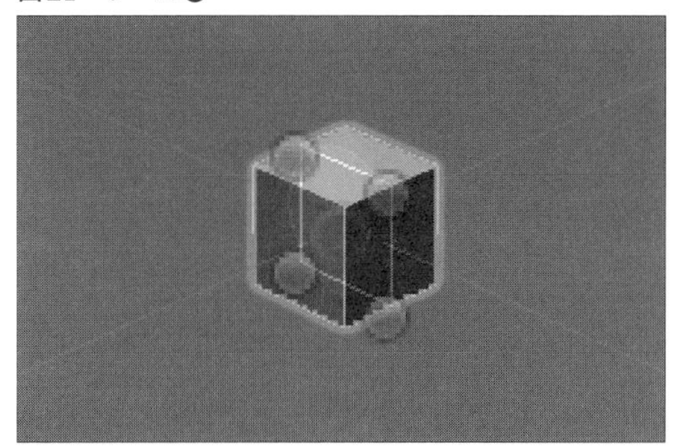

図22　ツール❻

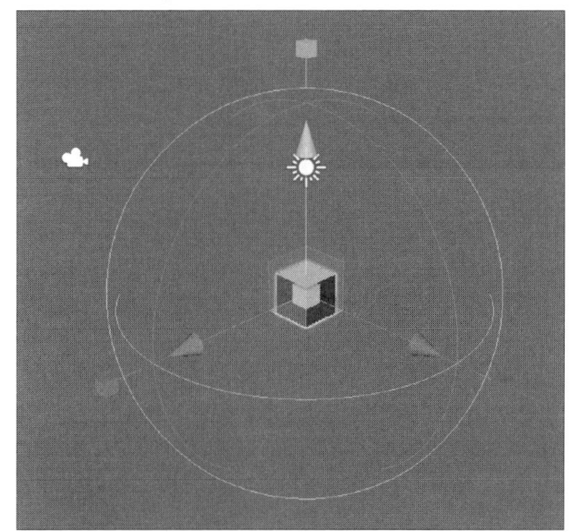

図23　ツール❼で操作できるCubeのコンポーネント

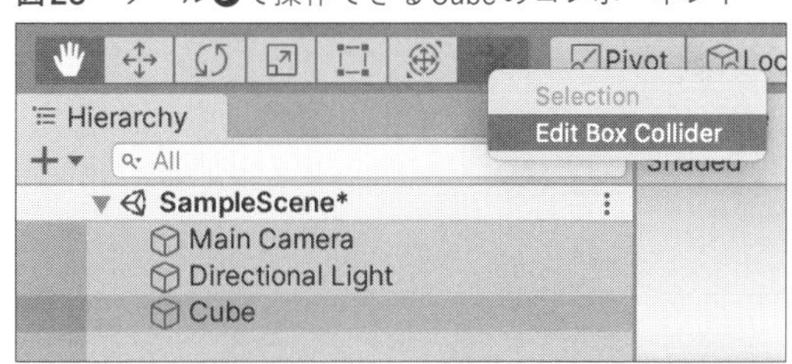

図24　ツール❼

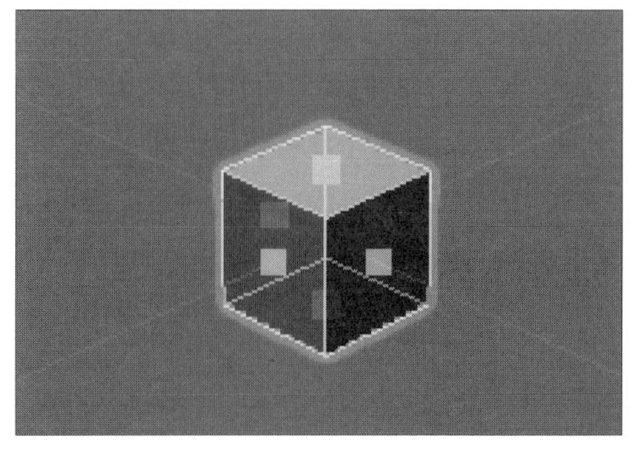

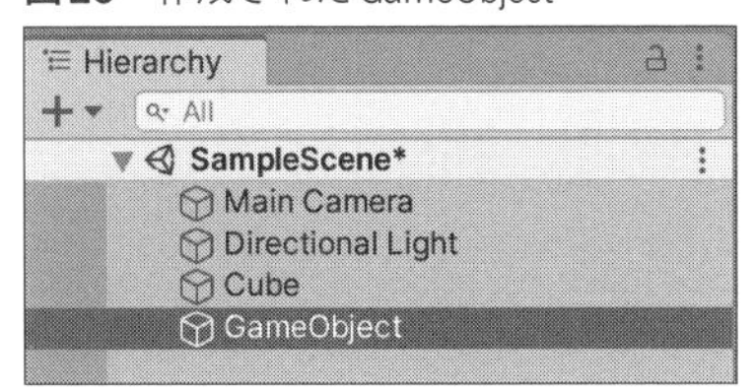

図25　作成されたGameObject

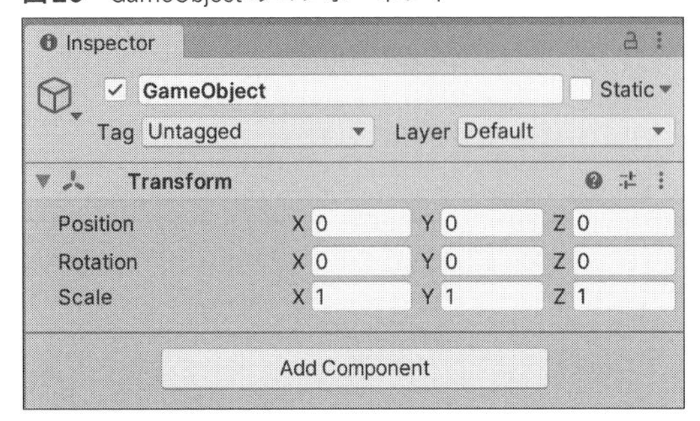

図26　GameObjectのコンポーネント

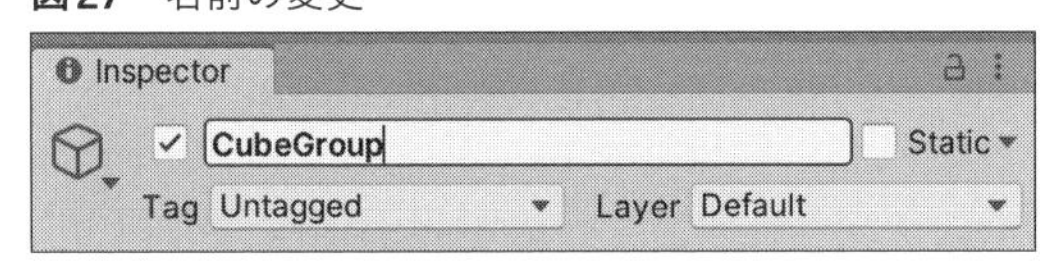

図27　名前の変更

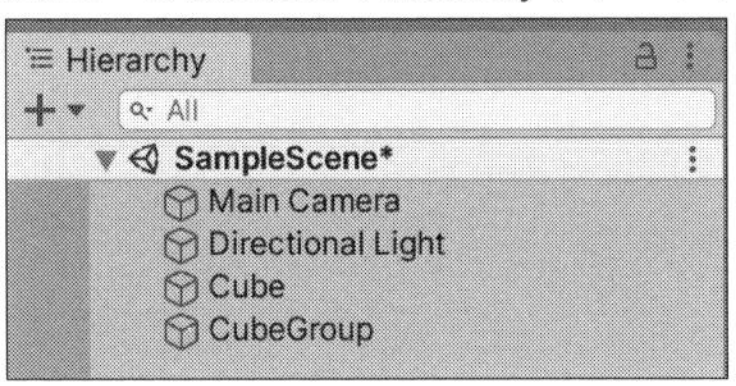

図28　名前変更後のHierarchyウィンドウ

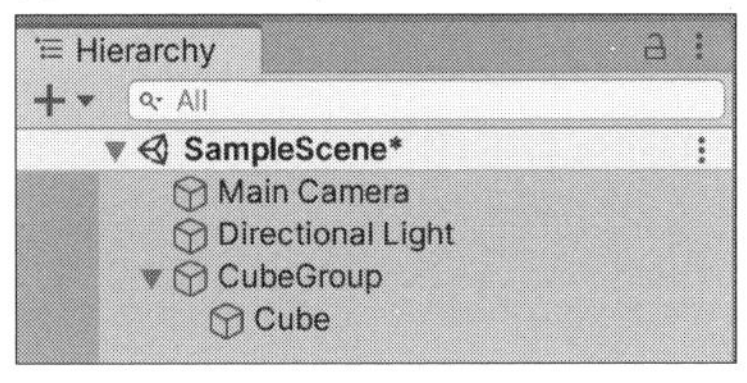

図29　CubeGroupにCubeを入れる

時に変更されていることが確認できます。

この7つのボタンのうち、左から6つのボタンはそれぞれ、キーボードのQWERTYがショートカットとして割り当てられています。

そのほかの操作として、Sceneビュー上で右クリックしながらドラッグをするとSceneビューを映す方向を変更できます。Sceneビューの映す方向を変更すると、Sceneビューの右上に表示されているシーンギズモも同時に回転します。

Sceneビューの画面内で上下スクロールすると、Sceneビューの拡大率を変更でき、見える範囲を調整できます。

また、Hierarchyウィンドウでオブジェクトをダブルクリックすると、Sceneビューの焦点が対象のオブジェクトに合います。オブジェクトがSceneビューの画面外に出てしまい場所がわからなくなった際などに使えます。

オブジェクトのグループ化

Hierarchyウィンドウ上でオブジェクトを入れ子構造にしてグループを作成できます。

Hierarchyウィンドウ上で右クリックして「Create Empty」を選択し、空のGameObjectを作成します。メニューから「GameObject→Create Empty」を選択することでも作成可能です。GameObjectという名前で、空のGameObjectが作成されました(**図25**)。

GameObjectとはHierarchyウィンドウ上に置かれるさまざまなオブジェクトの基礎となるオブジェクトです。そして、GameObjectにさまざまなコンポーネントを付与することで、GameObjectに多様な機能を持たせることができます。

ここで作成したGameObjectにはTransformのコンポーネントのみが付いています(**図26**)。これを位置と回転とサイズだけを持った入れ物として使います。

作成したGameObjectの名前を「CubeGroup」に変更します。名前はInspectorウィンドウで変更できます(**図27**)。また、Hierarchyウィンドウ上で「GameObject」を選択している状態で、再度クリックをするかEnterキーを押しても変更できます。

名前変更後のHierarchyウィンドウは**図28**のようになります。

CubeをCubeGroupにドラッグ&ドロップすることで、CubeがCubeGroupの中に入ります(**図29**)。

次に、CubeGroupの中にもう1つCubeを増やします。今までと同様の手順でもできますが、今回はすでに作成済みのCubeを複製することでCubeを増やします。Hierarchyウィンドウ上の「Cube」を右クリックし(**図30**)、「Duplicate」を選択するとCubeが複製され、Cube (1)が作成されます(**図31**)。また、Hierarchyウィンドウ上でCubeをコピー&ペーストしても同様にCubeを複製できます。

Cubeの名前を「Cube1」に変更し、Cube (1)の名前を「Cube2」に変更しておきます(**図32**)。

複製した状態だと2つのCubeが同じ位置に置かれてしまっているため、Cube1とCube2のTransformをそれぞれ**図33**と**図34**のように変更します。

これにより、Cube1とCube2が被らなくなり、Cube2のスケールがCube1の倍になりました(**図35**)。

この状態で「CubeGroup」を選択し、CubeGroupのTransformを変更してみてください。中に配置しているCube1とCube2をまとめて動かしたり変形させることができます。

また、空のGameObjectを作らずにオブジェクトを入れ子にしても同様の結果になります。

Cube2をCube1にドラッグ&ドロップし、Cube1

図30 Duplicate

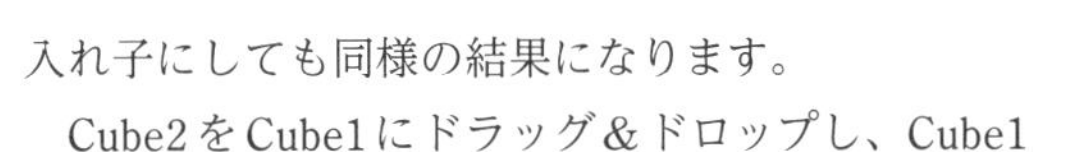
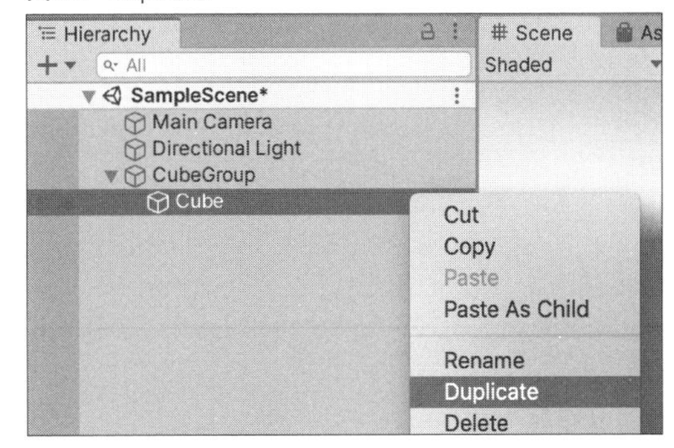

図31 Cubeの複製

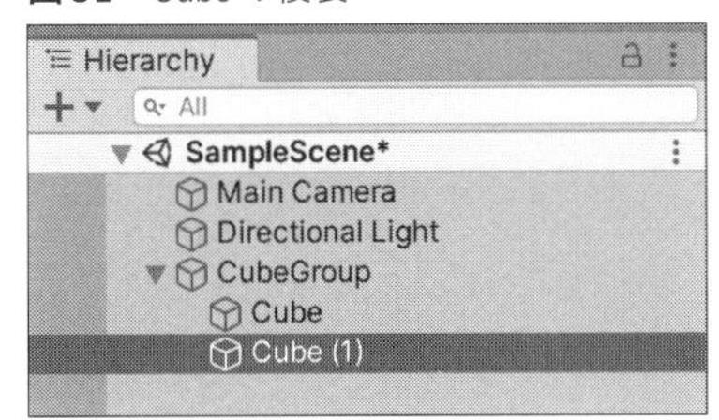

図32 Cubeの名前変更

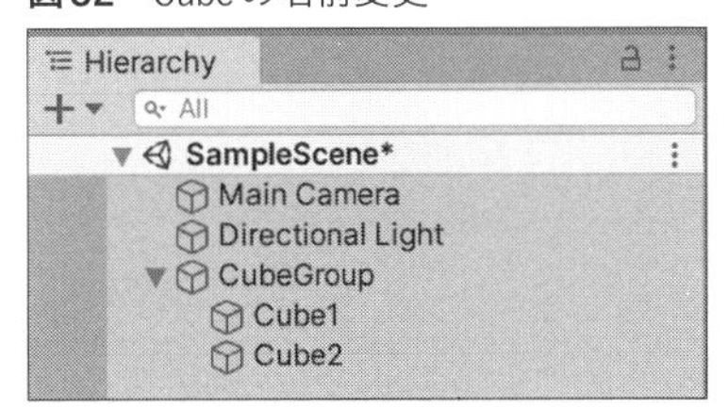

図33 Cube1のTransform

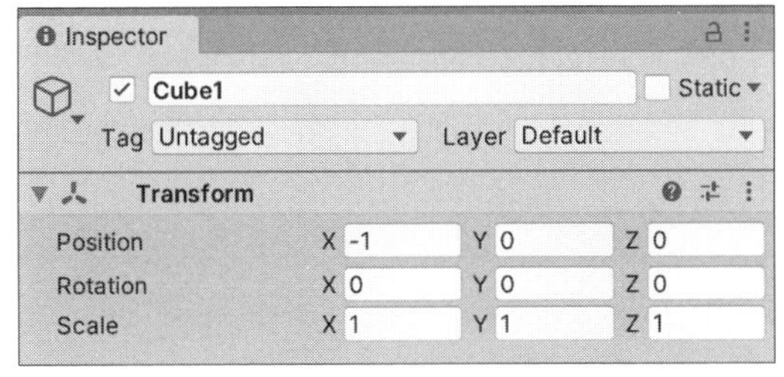

図34 Cube2のTransform

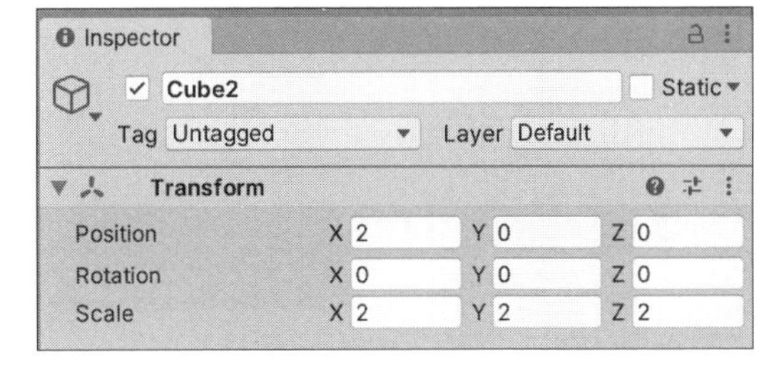

図35 Transform変更後のCube1とCube2

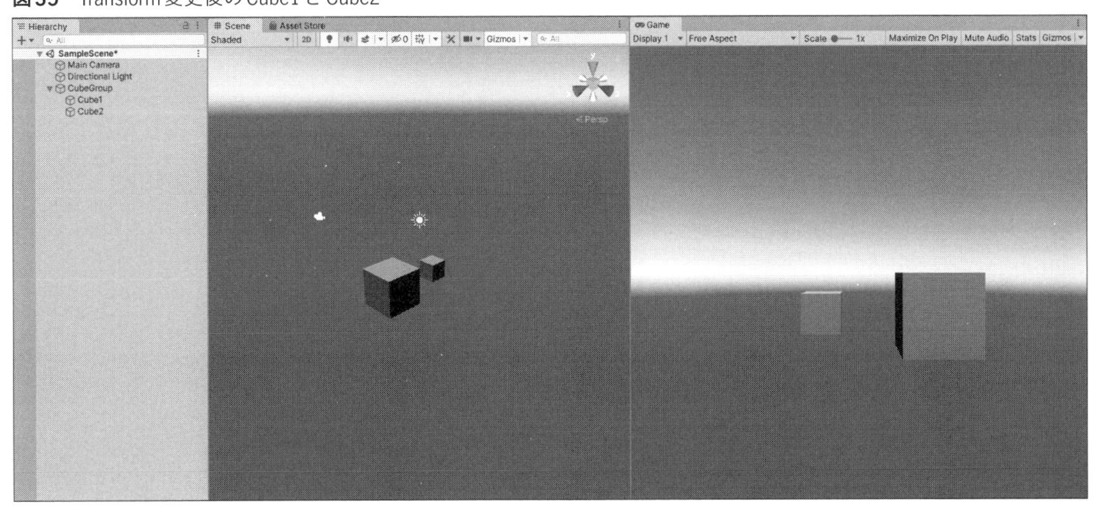

図36　Cube1にCube2を入れる

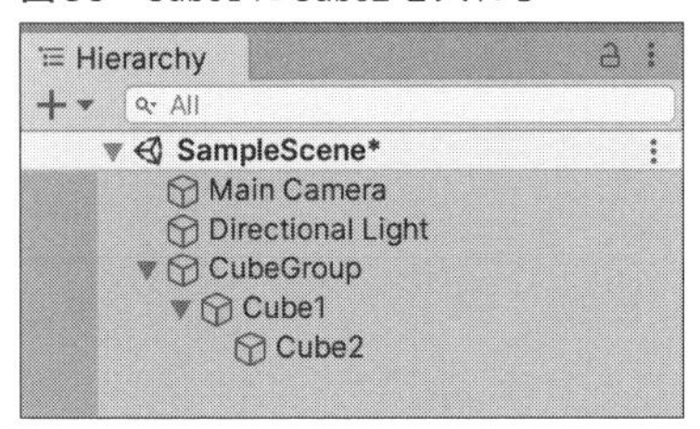

図37　Cube1に入れたCube2のTransform

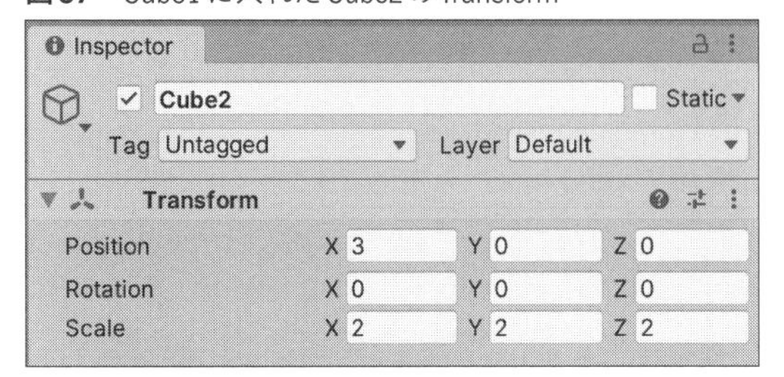

図38　再生ボタン

図39　Add Component

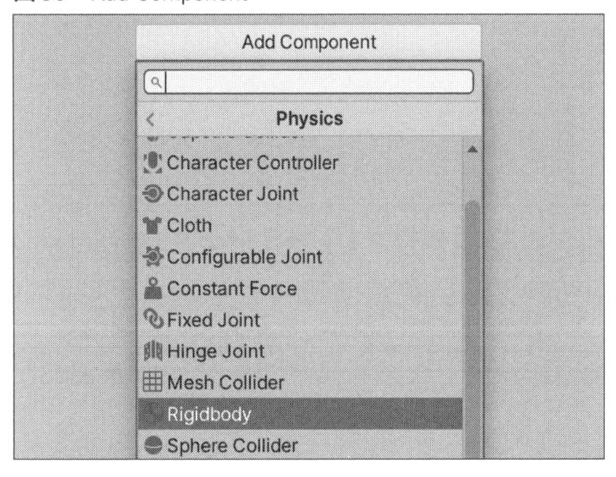

図40　Rigidbodyを付与

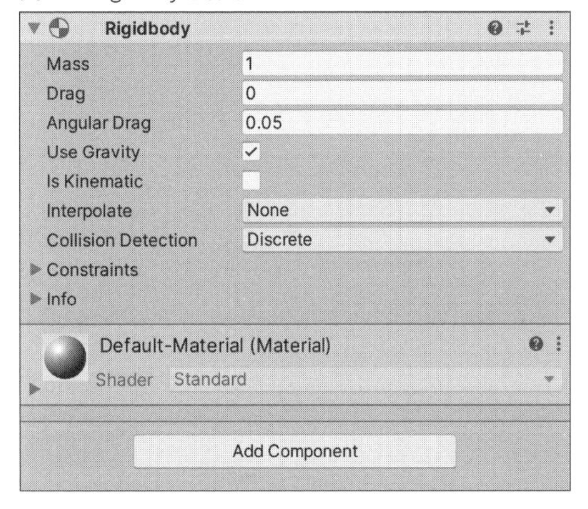

の中にCube2を入れます(**図36**)。

このとき、Cube2のTransformを確認すると、図34のときとPositionの値が変わっています(**図37**)。

具体的には、Xの値が2から3に変わっています。これは、Cube2をCube1に入れたことにより、Cube2のPositionがCube1を基準としたときのPositionとなるためです。

そして、外側のCube1を移動させると、先ほどと同様に中のCube2も一緒に動くことが確認できます。

 再生

次は再生を行います。Toolバーの真ん中にある3つのボタンのうち、一番左にある再生ボタンを押してください(**図38**)。現状何も動かしていないので見た目は変わっていませんが、再生状態になっています。再生をもう1回押して停止してください。

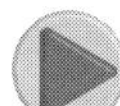 コンポーネントの付与

先ほど、Inspectorウィンドウに表示されている要素をコンポーネントと呼ぶという話をしました。そこでCube2を動かすためにコンポーネントを1つ付与してみましょう。

「Cube2」を選択し、Inspectorウィンドウの一番下の「Add Component」を押してください。次に、どのコンポーネントを付けるかを選択できるようになるので、「Physics→Rigidbody」を選択してください(**図39**)。

Cube2にRigidbodyのコンポーネントが付与されました(**図40**)。Rigidbodyはオブジェクトに重力を利かせるために使用されるコンポーネントです。

もう1回再生してみましょう。Cube2が下に落ちると思います。停止すると元の状態に戻ります。再生の横のボタンは一時停止で、その横のボタンはコマ送りです。

再生中に行った変更は、再生を終了すると再生前の状態に戻ってしまうので気を付けてください。再生中にCubeのPositionを変更したり、Cubeを追加したり、コンポーネントを付与したりしても、再生を終了するとすべて再生前の状態に戻ります。再生中に位置を動かして確認をするのはよいですが、残したい変更は必ず再生を停止してから行ってください。

保存

メニューの「File→Save」で現在作業中のシーンを保存できます(**図41**)。Ctrl＋S(Windows)、⌘＋S(macOS)でも保存できます。

今回のシーンはプロジェクト作成時に「Assets/Scenes」の中に「SampleScene」として作成されており、Projectウィンドウ上で確認できます(**図42**)。今回の保存はプロジェクト作成時の状態の「SampleScene」への上書き保存になります。

今回作るゲームの説明

次章から、ユニティちゃんがチョコレートを集めるゲーム(**図43**)を作成します。主な仕様は次のとおりです。

- **キーボードの矢印キーを押すと、その方向にユニティちゃんが移動**
- **画面上には全部で10個のチョコレートが存在**
- **ユニティちゃんがチョコレートに触れるとチョコレート獲得で、残りのチョコレート数の表示が減る**
- **獲得されたチョコレートは消える**
- **チョコレートをすべて集めたらゲーム終了**
- **ゲーム終了画面で画面をタップすると、ゲームが再スタート**

次章からは実際にゲームを作成しながら、Unityの使い方を紹介していきます。

図41　保存

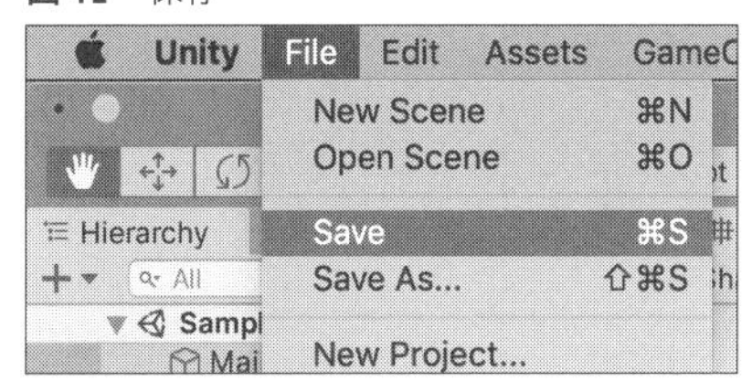

図42　SampleScene

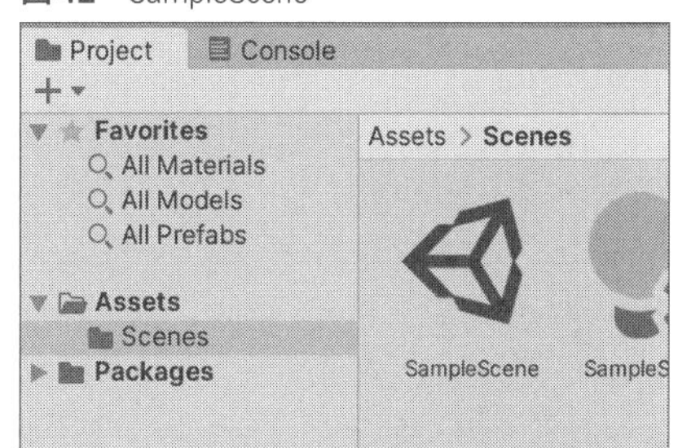

図43　今回作成するゲーム

第3章

3Dを配置しよう

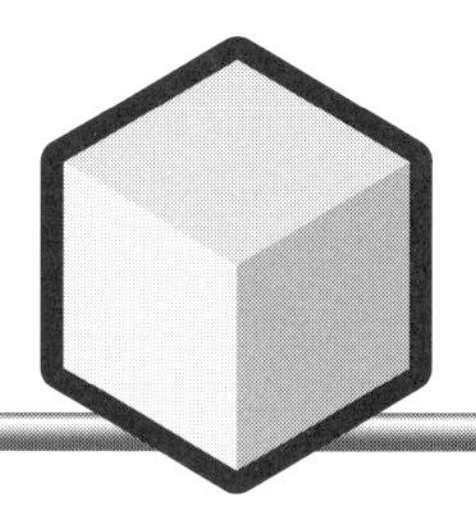

本章ではシーン上にステージやユニティちゃんなどの3D要素の配置を行います。

シーンの作成

まず最初に、今回のゲーム用のシーンを作成します。メニューの「File→New Scene」を選択します(**図1**)。これにより初期状態のシーンが新規作成されます。

次に作成したシーンを Ctrl + S (Windows)、⌘ + S (macOS)で保存します。はじめて保存するときには保存内容の確認が行われるので、「Assets/Scenes」に「GameScene.unity」という名前でシーンを保存します(**図2**)。

作成したシーンファイルはProjectウィンドウ上で確認できます(**図3**)。

また、今回は1280×800の画面サイズのゲームを作成します。Gameウィンドウの上部にある「Free Aspect」を選択すると、Gameウィンドウの画面サイズを選択するリストが開きます。1280×800は存在しないので一番下のプラスボタンをクリックし、画面サイズの追加を行います(**図4**)。

図5のように1280×800のサイズを設定し、「OK」を選択します。

これにより、Gameウィンドウが画面サイズ1280×800を想定した見た目に変更されました。

図1 シーンの新規作成

図2 シーンの保存

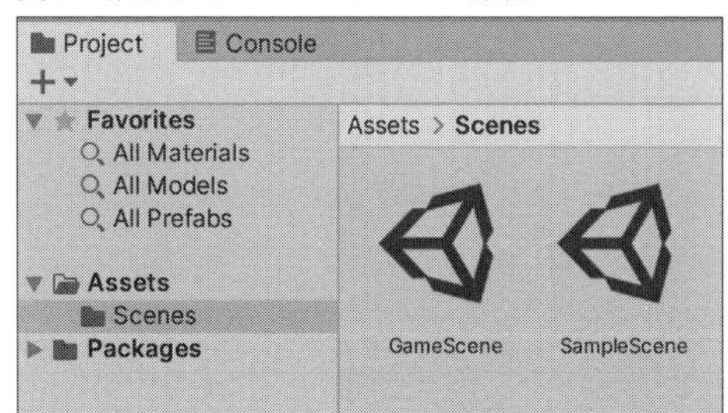

図3 作成したシーンファイルの確認

ステージの配置

それではステージを配置していきます。

床の配置

まず、床の配置を行います。Hierarchyウィンドウ

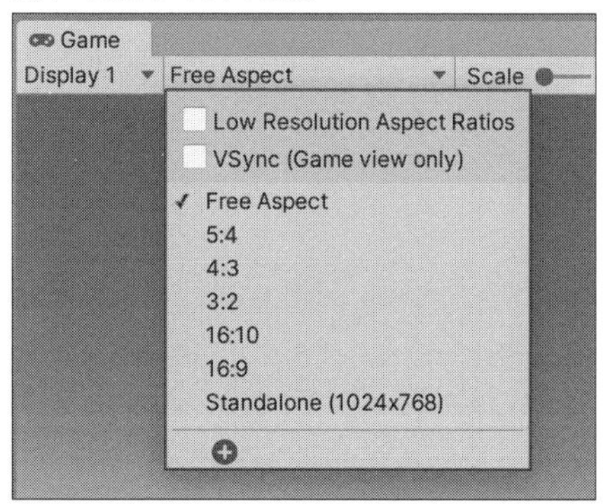

図4 画面サイズの変更

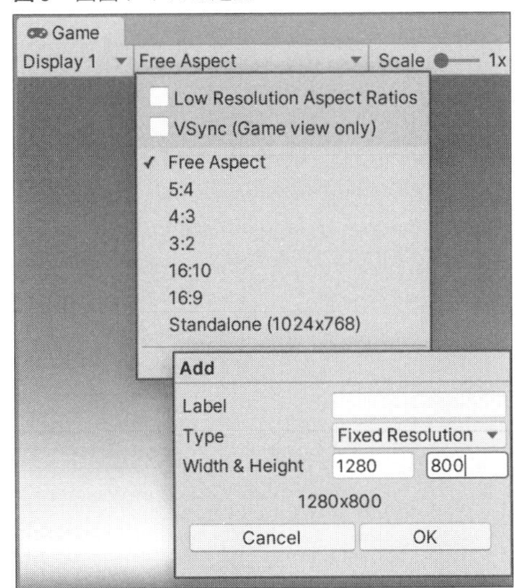

図5 画面サイズの追加

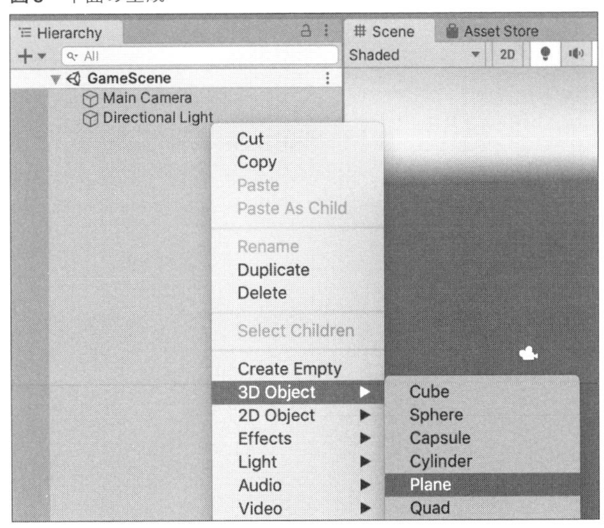

図6 平面の生成

上で右クリックし、「3D Object→Plane」を選択します(**図6**)。

これにより床となる平面が生成されました。前章で説明したようにメニューからも同様の操作を行うことができますが、本章以降はHierarchyウィンドウ上での操作のみで説明します。

生成された「Plane」を選択し、名前を「Floor」に変更し、Transformを**図7**のように設定します。

これによりシーン上に床が置かれました(**図8**)。

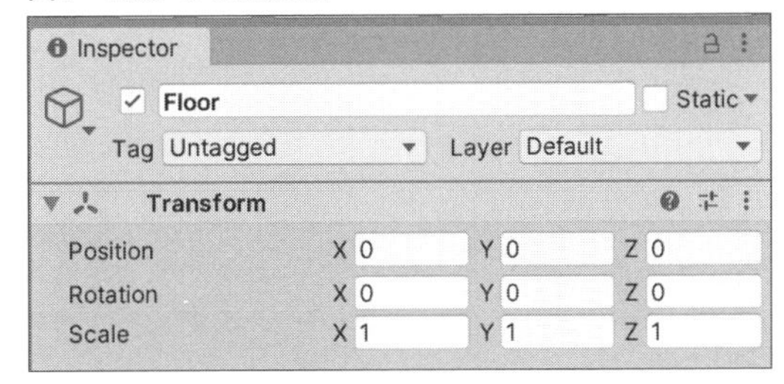

図7 FloorのTransform

壁の配置

次に、壁の配置を行います。Hierarchyウィンドウ上で右クリックし、「3D Object→Cube」を選択しま

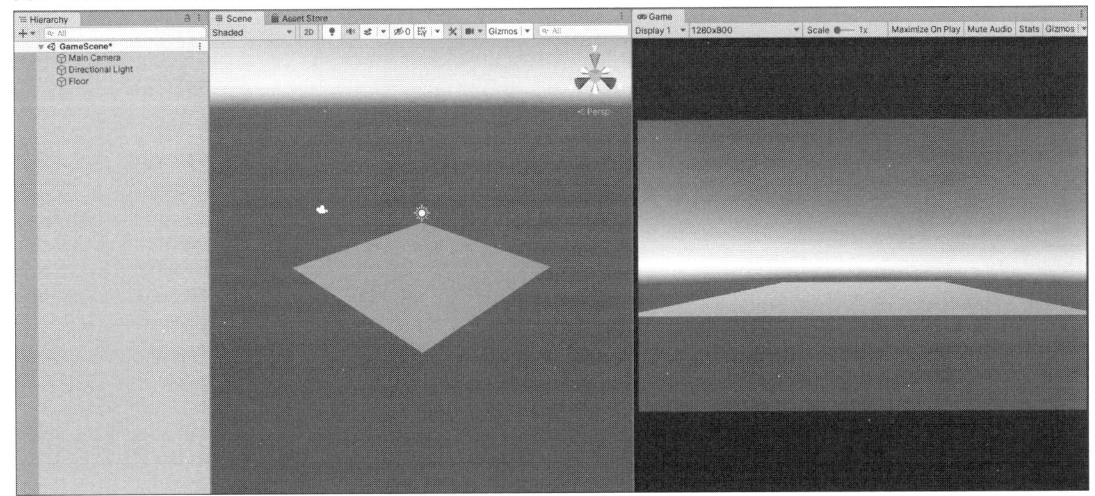

図8 床の配置後の状態

図9　Cubeの生成

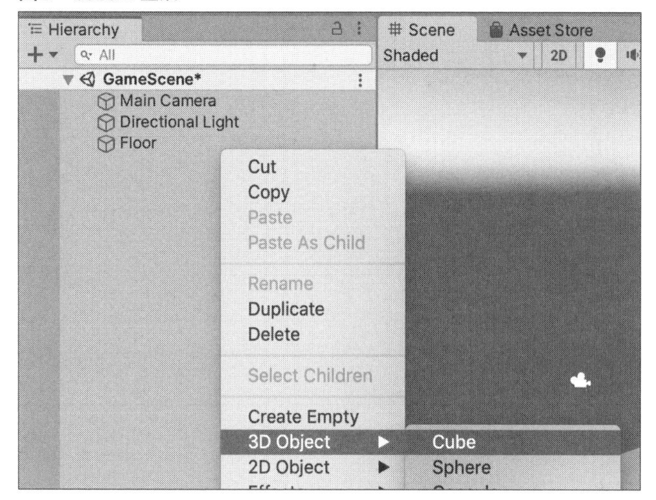

図12　Wall1のTransform

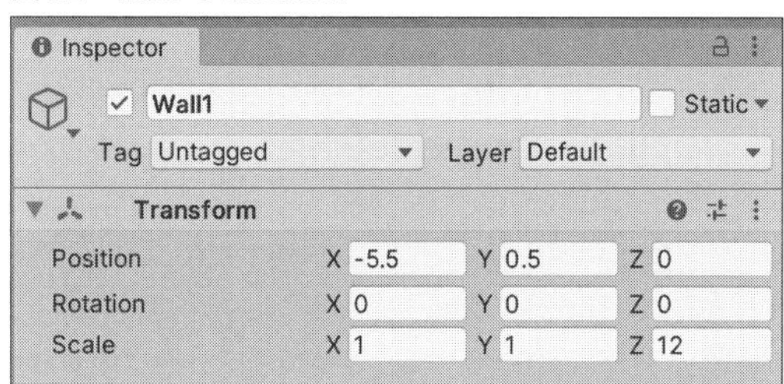

図13　Wall2のTransform

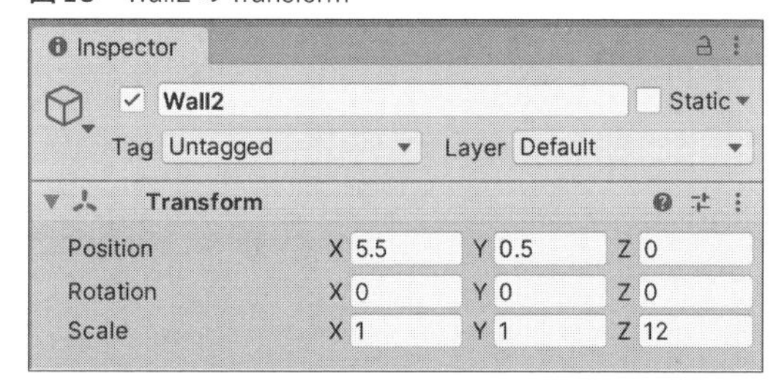

図14　Wall3のTransform

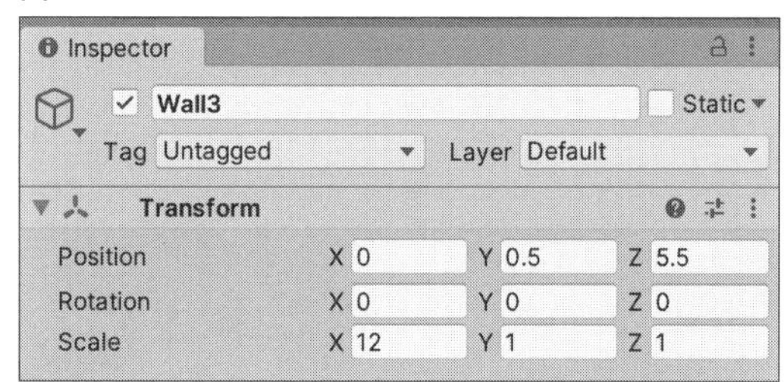

す(**図9**)。

これにより、壁となるCubeが生成されました。今回は壁を4つ置くので、Cubeを4つに複製します。生成した「Cube」上で右クリックし、「Duplicate」を3

図10　Cubeの複製

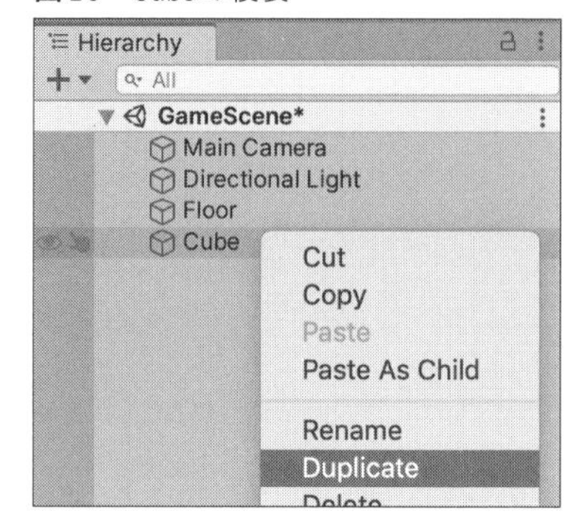

図11　Cubeの複製後の状態

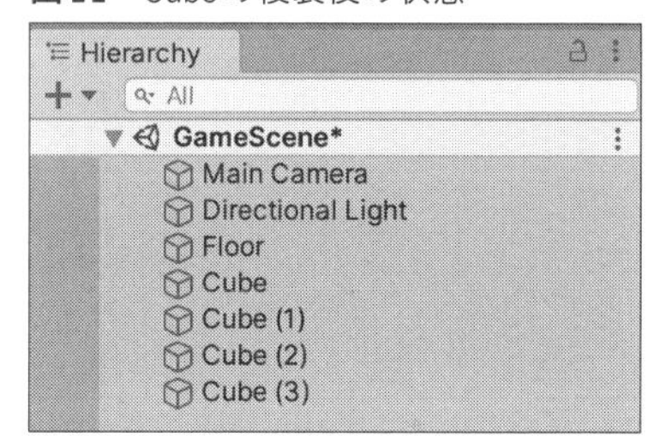

図15　Wall4のTransform

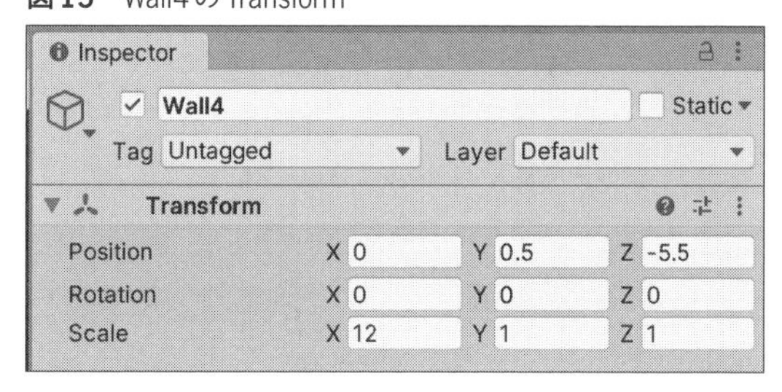

回行い(**図10**)、Cubeを4つに複製します(**図11**)。

4つのCubeの名前をそれぞれ「Wall1」「Wall2」「Wall3」「Wall4」に変更し、それぞれのTransformを**図12**～**図15**のように設定します。

これにより、床を囲う壁が置かれました(**図16**)。

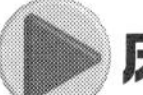床と壁に色を付ける

床と壁に色を付けます。オブジェクトの描画方法はマテリアル(Material)というものによって決定されます。

今回は床と壁に色を付けて描画するためのマテリアルを作成します。

ProjectウィンドウでAssetsフォルダを開いている状態で、その中で右クリックして「Create→Material」を選択し(**図17**)、「StageMaterial」という名前のマテリアルを作成します(**図18**)。

図16　壁の配置後の状態

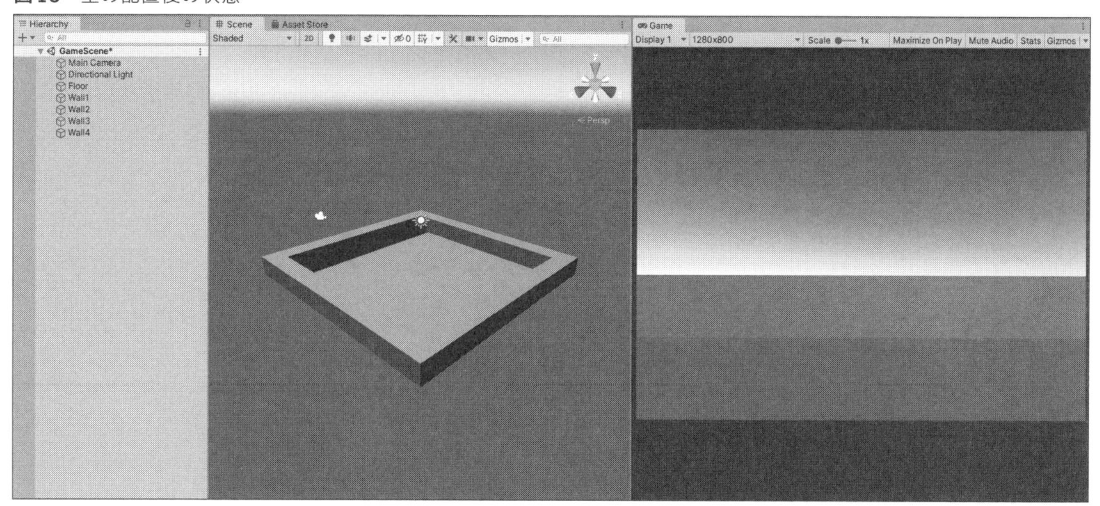

図17　マテリアルの生成

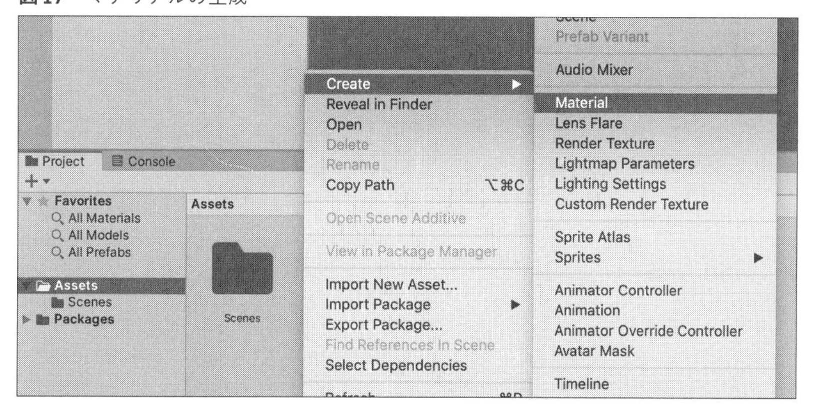

作成した「StageMaterial」をProjectウィンドウ上で選択すると、Inspectorウィンドウに StageMaterialの情報が表示されます(**図19**)。

その中のAlbedoという項目の色をクリックすると色設定のウィンドウが表示されるので、Hexadecimalの項目を「999999」に変更してください(**図20**)。

これでオブジェクトの表面を#999999の色で塗りつぶして描画するマテリアルが完成しました。

図18　StageMaterial

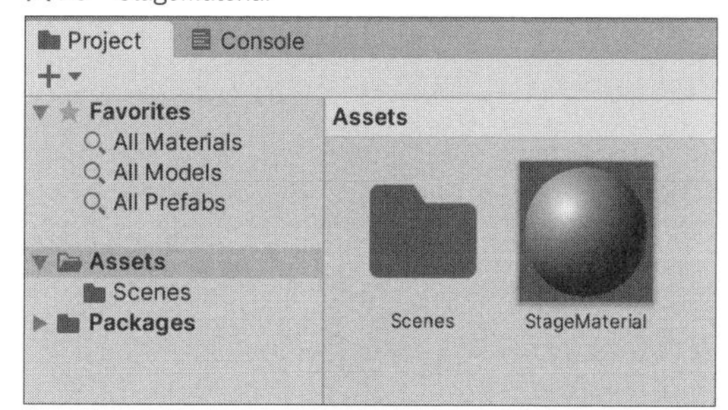

それでは、床と壁に作成したStageMaterialを設定します。

まず、「Floor」を選択し、InspectorウィンドウでFloorのMeshRendererを確認し、MeshRendererのMaterialsという項目を左の▼をクリックして開きます(**図21**)。

開くと、FloorのMeshRendererにはDefault-Materialという名前のマテリアルが1つだけ設定されていることがわかります。このDefault-Materialが現在の床を白く描画しているマテリアルになるので、このマテリアルを先ほど作成したStageMaterialに置き換えます。

Default-Materialが設定されている項目の右の円をクリックすると、マテリアルを選択するウィンドウが開くので、その中から「StageMaterial」を選択します(**図22**)。

これにより床の色が変更されました(**図23**)。

Wall1、Wall2、Wall3、Wall4のMeshRendererにもDefault-Materialが設定されているので、同様にStageMaterialへと置き換えてください(**図24**)。

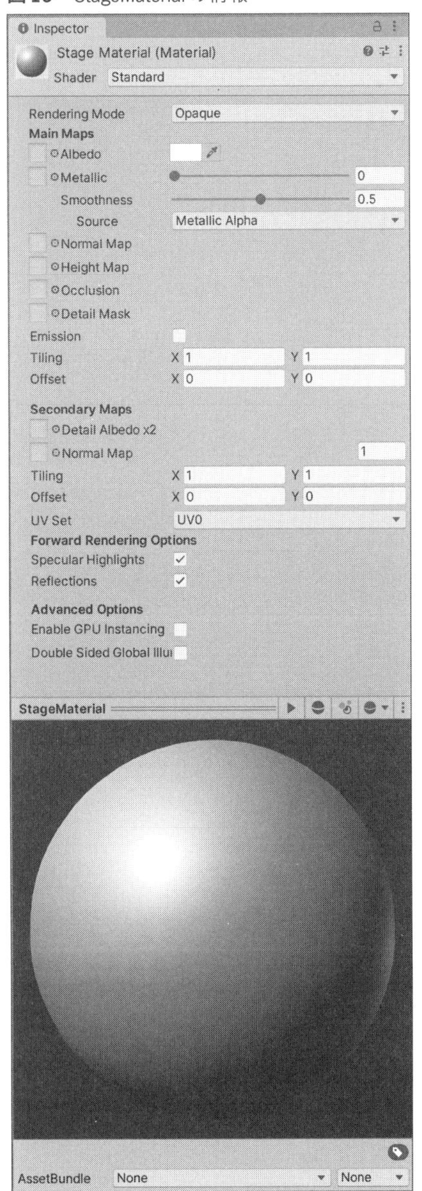

図19　StageMaterialの情報

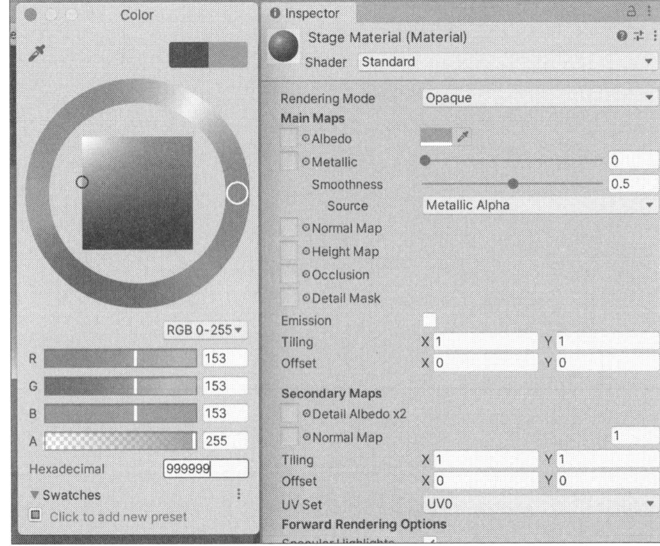

図20　色の設定

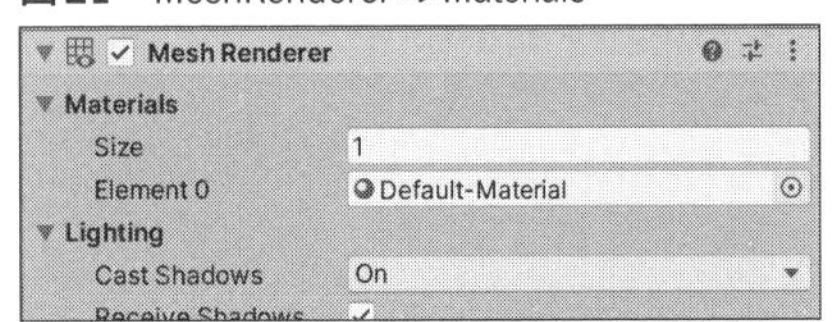

図21　MeshRendererのMaterials

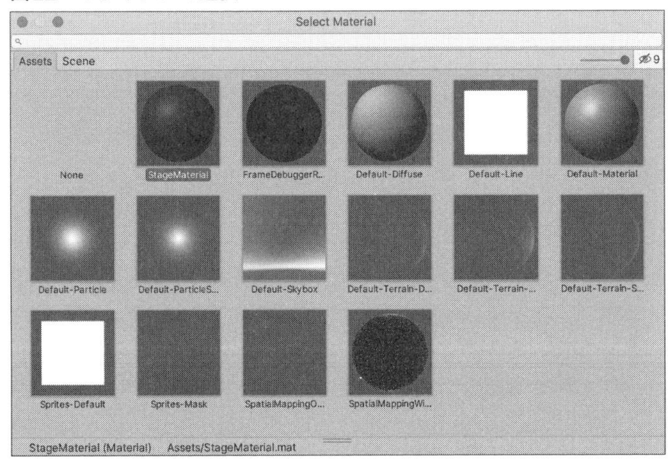

図22　マテリアルの選択

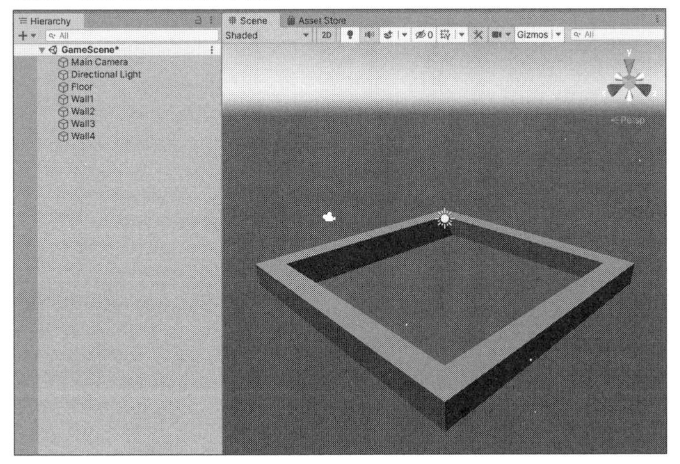

図23　床の色の変更後の状態

図24　壁の色の変更後の状態

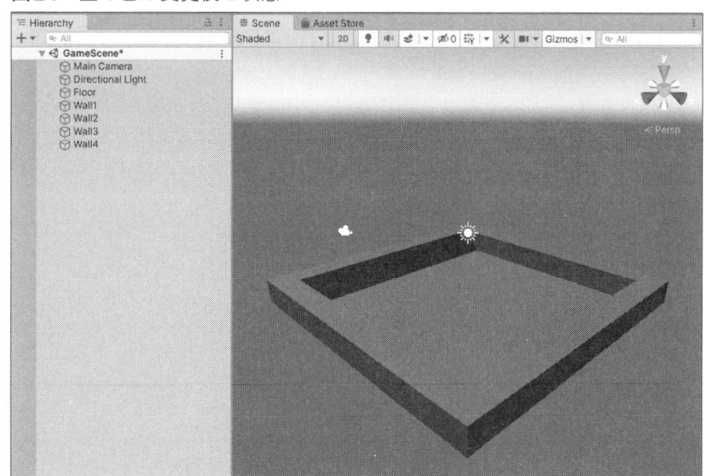

図25　空のGameObjectの作成

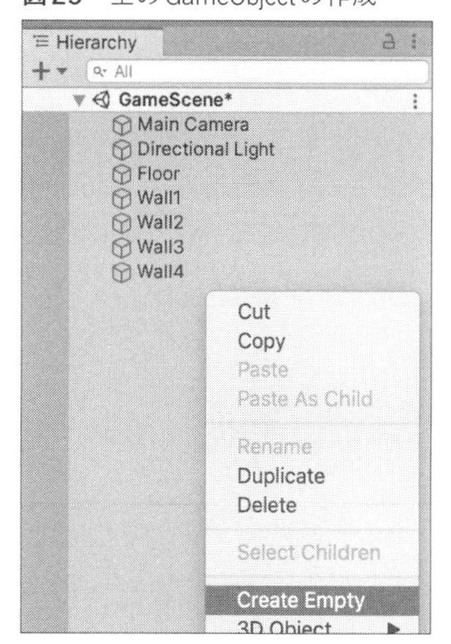

図26　StageのTransform

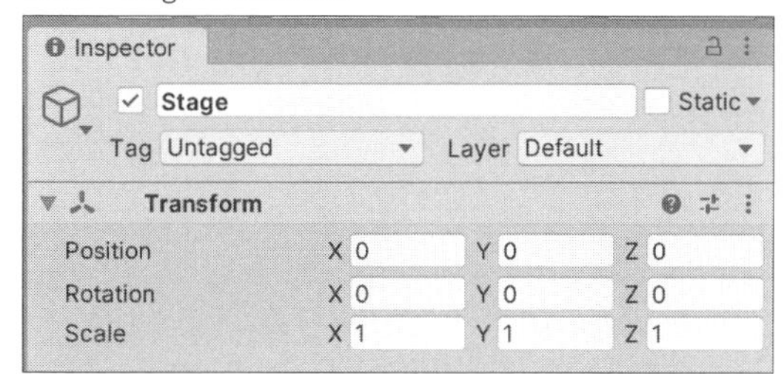

図27　床と壁のグループ化

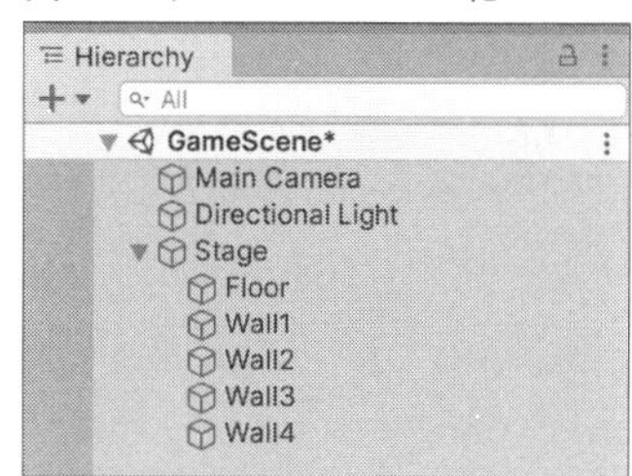

図28　Stageを閉じる

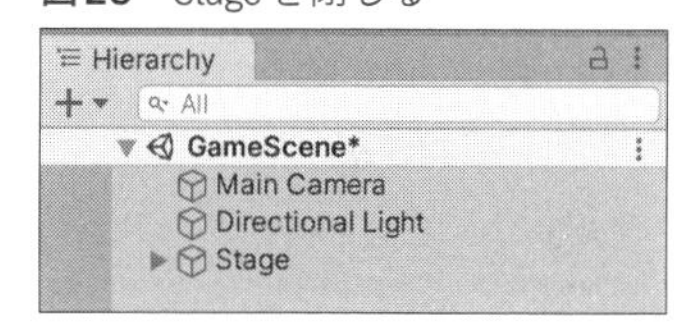

床と壁のグループ化

最後に床と壁を一体化して扱うためにグループ化します。これにより床と壁をまとめて動かすことができるようになり、Hierarchyウィンドウ上の見通しも良くなります。

Hierarchyウィンドウ上で右クリックして「Create Empty」を選択し、空のGameObjectを作成します（**図25**）。

そして、作成された「GameObject」を選択して名前を「Stage」に変更し、Transformを**図26**のように設定します。

「Floor」「Wall1」「Wall2」「Wall3」「Wall4」　をすべて選択し、Stageにドラッグ&ドロップすることで、Stageの中に入れます（**図27**）。

そして、Hierarchyウィンドウ上のStageの左の▼をクリックして、邪魔にならないようにStageを閉じておきます（**図28**）。

以上でステージの配置は完了です。

3Dのキャラクターの配置

素材のダウンロード

今回は3Dのキャラクターとして、SDのユニティちゃん（頭身の低いユニティちゃん）を利用します。

ユニティちゃんは開発者への支援などを目的としてUnity Technologies Japanにより無料で提供されているオリジナルキャラクターです。ユニティちゃんのデータはUNITY-CHAN!のサイト[注1]にてダウンロードできますが、今回は3Dモデル、ボイス、BGMとして使用する曲など、ユニティちゃん周りの今回

注1　http://unity-chan.com/

図29　パッケージのインポート

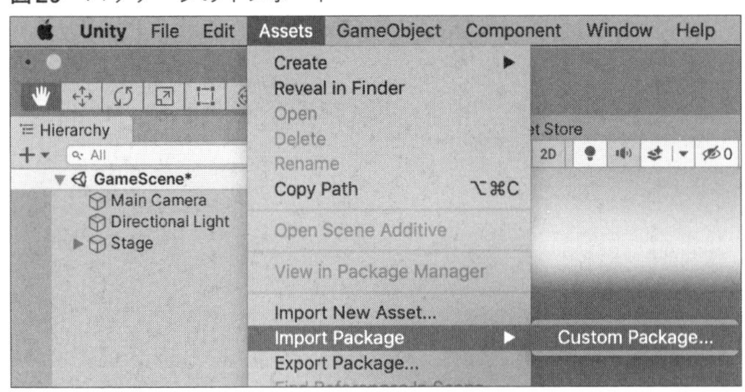

図30　インポート用のウィンドウ

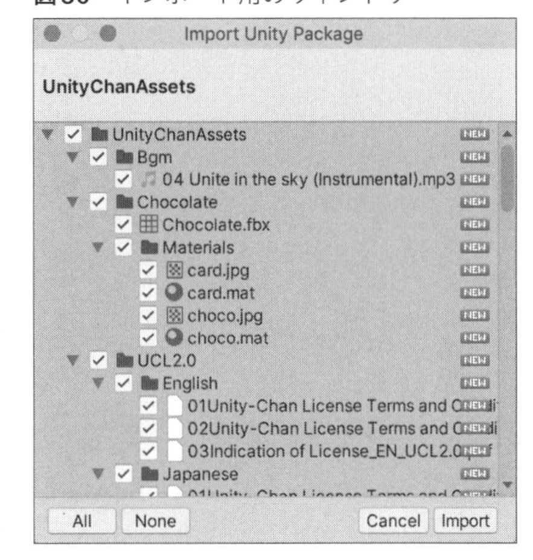

図31　ユニティちゃんのPrefab

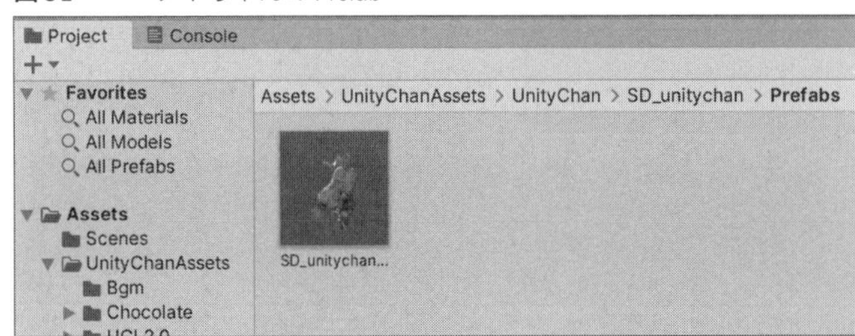

利用する素材を1つのパッケージにまとめて用意しました。

本素材のユニティちゃんに関しては、今回のプロジェクトに合わせてオリジナルから変更を加えています。また、これらの素材はユニティちゃんライセンス条項[注2]に従います。

それでは、本書のサポートサイト[注3]からサンプルデータをダウンロードしてください。

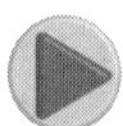

素材のインポート

ダウンロードしたサンプルデータのパッケージから素材のインポートを行います。「Assets→Import Package→Custom Package...」を選択すると(**図29**)、インポートするパッケージを選択する画面が開くので、サンプルデータの「UnityChanAssets.unitypackage」を選択します。

パッケージをインポートするためのウィンドウが開くので、チェックボックスはそのままの状態で「Import」を選択します(**図30**)。

これにより、ProjectウィンドウのAssetsフォルダにUnityChanAssetsフォルダが作成され、その中にユニティちゃん周りの素材がインポートされました。

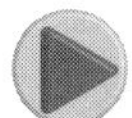

ユニティちゃんの配置

ユニティちゃんのPrefabを用いて、ユニティちゃんを配置します。Prefabとは、作成済みのGameObjectのコンポーネント設定や入れ子構造を、保持したまま使い回せる形にしたものです。今回はユニティちゃんのPrefabが用意されているため、そのPrefabを使用して、ユニティちゃんを配置します。

Projectウィンドウで、「Assets/UnityChanAssets/UnityChan/SD_unitychan/Prefabs」を開き、「SD_unitychan_generic.prefab」(**図31**)をHierarchyウィンドウにドラッグ&ドロップします。

これでHierarchyウィンドウ上にユニティちゃんが配置され、Sceneビュー上にもユニティちゃんが表示されました(**図32**)。

次にHierarchyウィンドウ上で右クリックし、「Create Empty」を選択して空のGameObjectを生成し、名前を「Player」に変更します。

Hierarchyウィンドウ上のSD_unitychan_genericをPlayerにドラッグ&ドロップし、Playerの子にします(**図33**)。

のちほどPlayerを移動させるコンポーネントをPlayerに付与し、移動などの処理を追加していきます。

また、PlayerとSD_unitychan_genericの

注2　http://unity-chan.com/contents/license_jp/

注3　https://gihyo.jp/book/2021/978-4-297-11927-0

図32　ユニティちゃんの配置後の状態

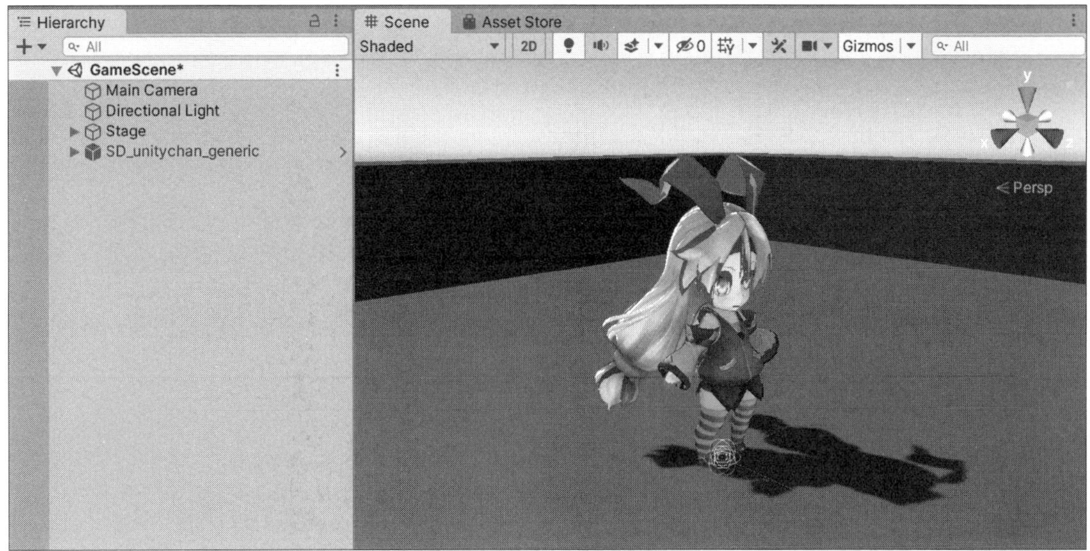

※ユニティちゃんを見やすくするために、Sceneビューを拡大しています。

図33　ユニティちゃんをPlayerの子に移動

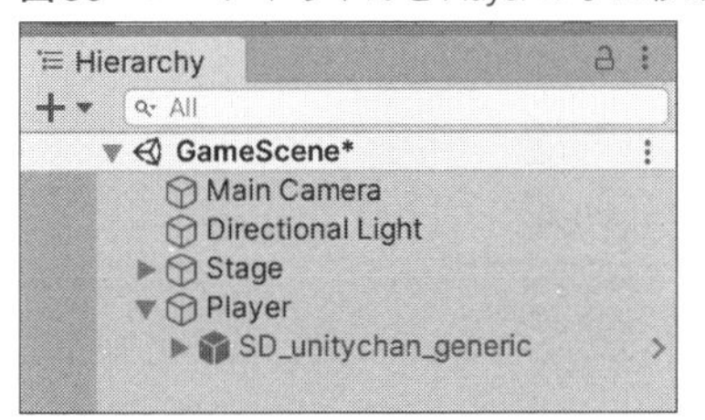

図34　PlayerのTransform

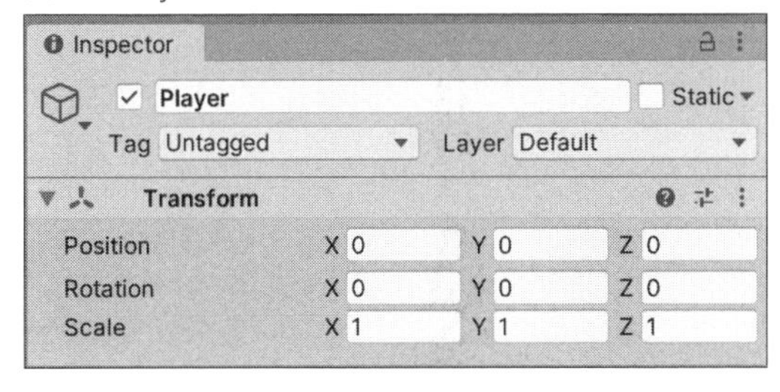

Transformの値はそれぞれ**図34**と**図35**のようにします。

次にHierarchyウィンドウ上のMain CameraをPlayerにドラッグ&ドロップし、Playerの子にします(**図36**)。このようにグループ化することでPlayerを移動させた際に、ユニティちゃんと一緒にカメラも追従して動くようになります。また、ユニティちゃんの回転(向きの変更)はSD_unitychan_genericのTransformのRotationで行うようにします。これによりカメラは移動には追従するのですが、ユニティ

図35　SD_unitychan_genericのTransform

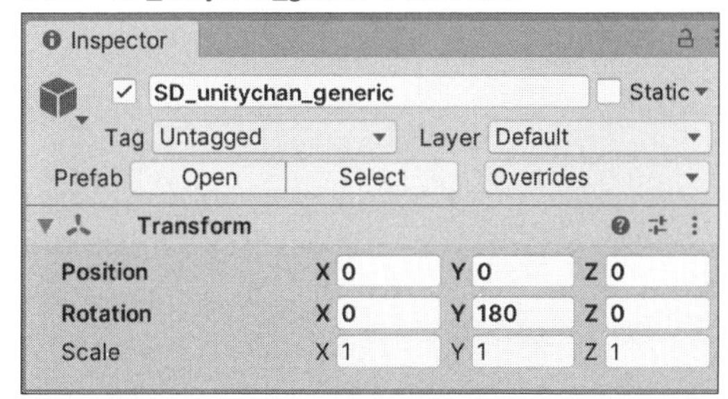

図36　Main CameraをPlayerの子に移動

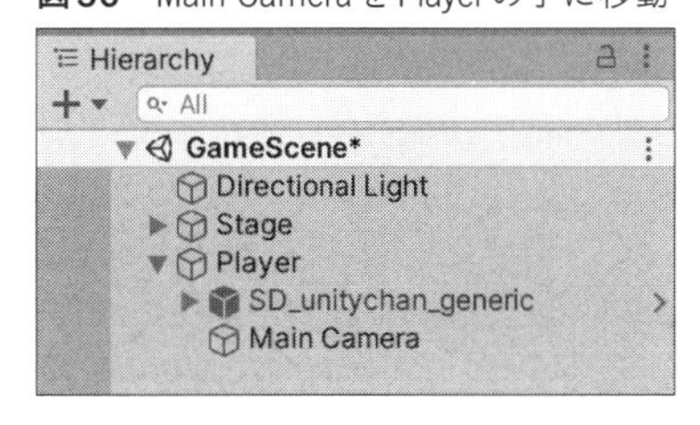

図37　Main CameraのTransform

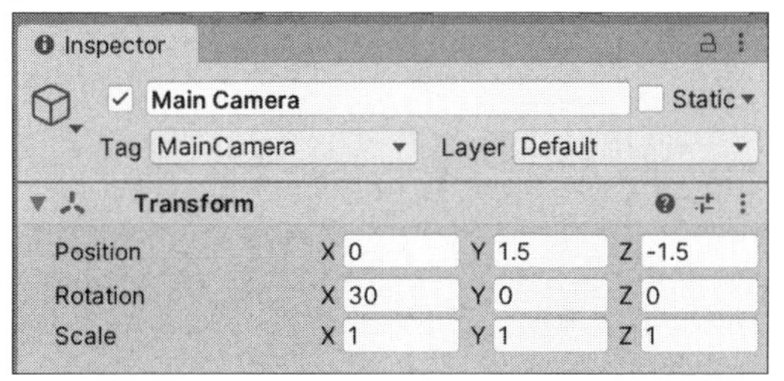

ちゃんの回転には追従しないようになります。

また、Main CameraのTransformの値を**図37**のよ

図38　カメラのTransform設定後の見え方

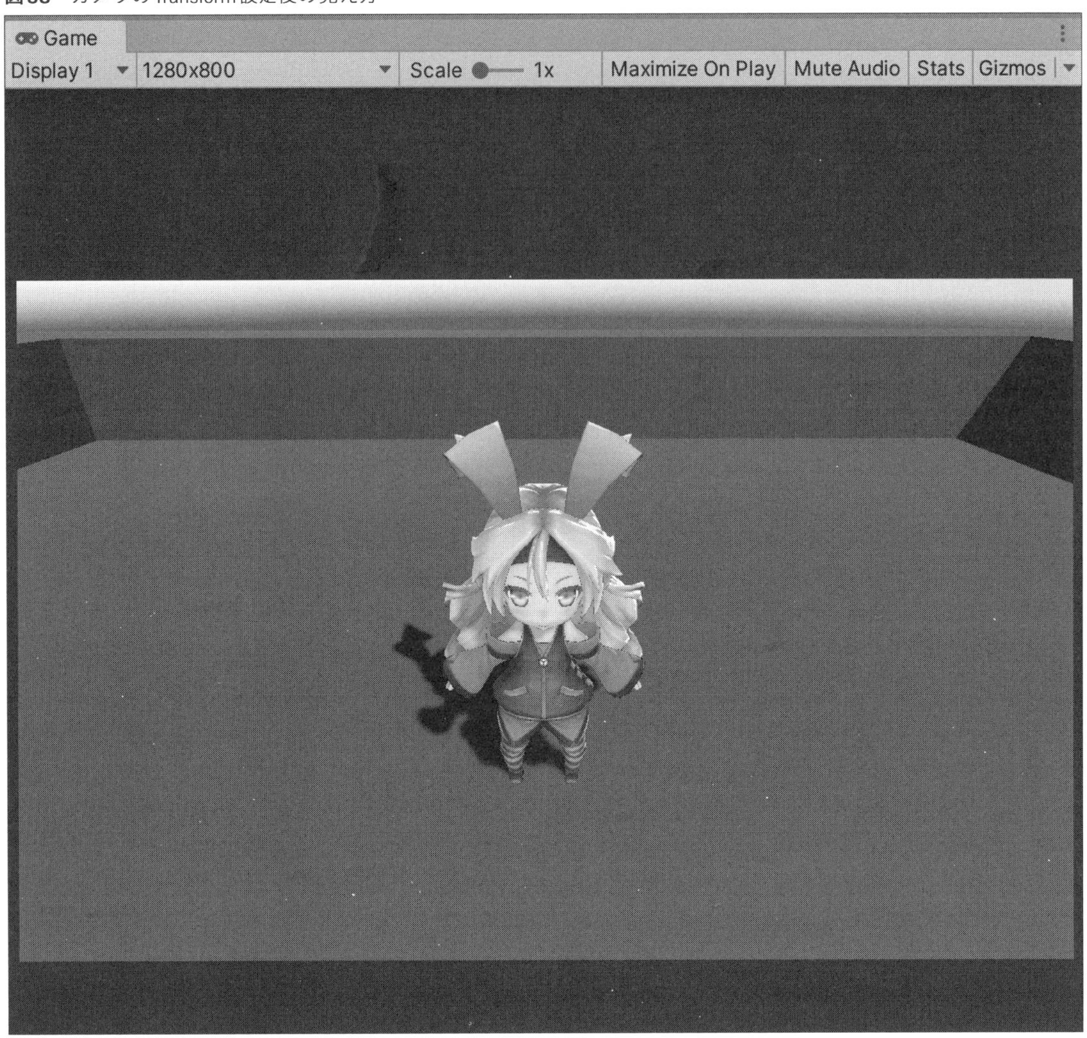

うにします。

Gameビューを見ると、Main Cameraがユニティちゃんを見下ろす位置に移動されたことがわかります(図38)。

以上でステージとユニティちゃんとカメラの配置が完了しました。

第4章

3Dキャラクターを操作しよう

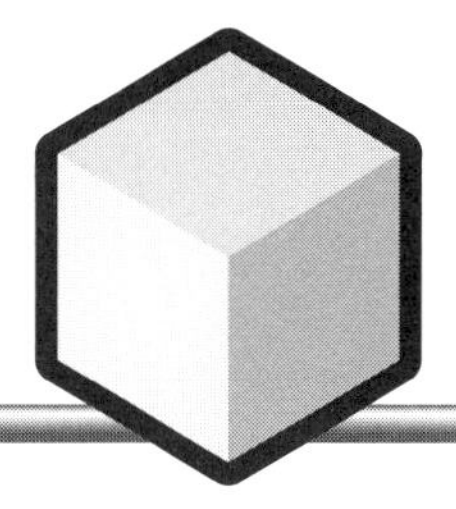

本章からはスクリプトを書いていきます。スクリプトは順番に追記・変更をしていく形で記載していきます。また、このPartの最後に完成したスクリプトをまとめて掲載します。本書のサポートサイト[注1]から、章ごとの完成スクリプト、および最後に完成したスクリプトをダウンロードできます。

それではユニティちゃんを操作します。キーボードの矢印キーを押すと、その方向にユニティちゃんが移動するようにします。

スクリプトの作成

まずProjectウィンドウのAssetsフォルダの中で右クリックし、「Create→C# Script」で「Player」という名前のスクリプトファイルを作成します（**図1**）。

作成した「Player」をダブルクリックすると、エディタでPlayerスクリプトが開きます。Playerスクリプトにはすでに次のようなC#のスクリプトが実装されています。

Player.cs

```
using System.Collections;
using System.Collections.Generic;
using UnityEngine;

public class Player : MonoBehaviour
{
    // Start is called before the first frame update
    void Start()
    {

    }

    // Update is called once per frame
    void Update()
    {

    }
}
```

StartメソッドとUpdateメソッドの役割は、以下のとおりです。

- **Startメソッド**
    - スクリプトが有効なとき、Updateメソッドが最初に呼び出される前のフレームで呼び出される
- **Updateメソッド**
    - スクリプトが有効な間、毎フレーム呼び出される

そのため、Startメソッドには最初に行いたい初期化の処理などを記述し、Updateメソッドには毎フレームの更新処理を記述することが多いです。

また、スクリプトはHierarchyウィンドウ上に配置されたオブジェクトにコンポーネントとして付与することができます。

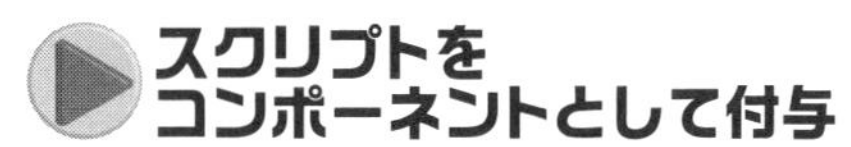

スクリプトをコンポーネントとして付与

まず、PlayerスクリプトをPlayerオブジェクトのコンポーネントとして付与します。Hierarchyウィンドウ上で「Player」を選択し、InspectorウィンドウにPlayerの情報を表示します。「Add Component」を選択すると付与するコンポーネントを選択する画面が表示されるので、「Scripts→Player」を選択します（**図2**）。

これにより、PlayerオブジェクトにPlayerのコン

図1　Playerスクリプトの作成

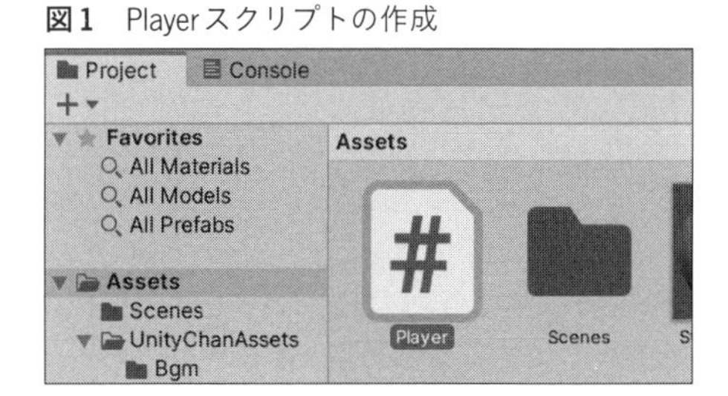

注1　https://gihyo.jp/book/2021/978-4-297-11927-0

図2 Playerコンポーネントを付与

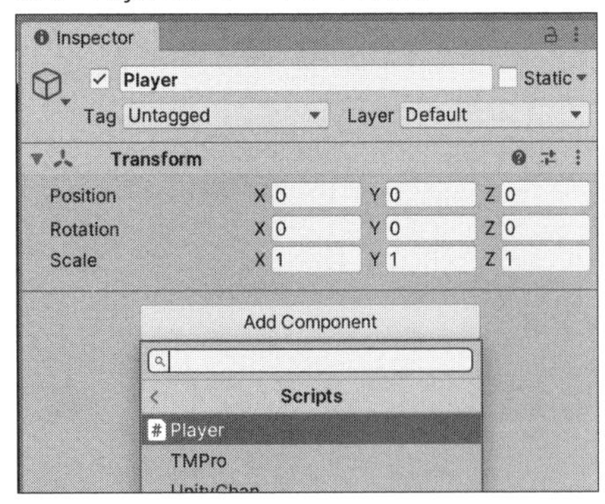

図3 Playerコンポーネントの付与後の状態

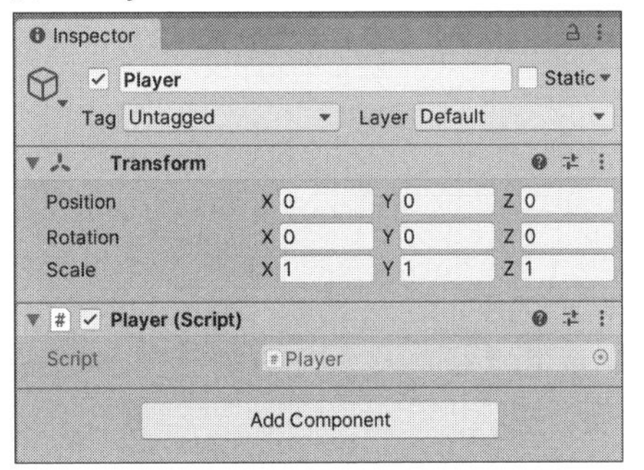

ポーネントが付与されました(**図3**)。

移動の実装

それではキーボードの矢印キーの入力を検知してPlayerが移動する処理を実装します。

Playerスクリプトを次のように変更します。

```
using System.Collections;
using System.Collections.Generic;
using UnityEngine;

public class Player : MonoBehaviour
{
    // ユニティちゃんの走る速さ
    private const float Speed = 3f;

    // Start is called before the first frame update
    void Start()
    {
    }

    // ❶
    // Update is called once per frame
    void Update()
    {
        // キーボード入力を進行方向のベクトルに変換して返す
        Vector3 direction = InputToDirection();

        // 進行方向のベクトルの大きさ
        float magnitude = direction.magnitude;

        // ❷
        // 進行方向のベクトルが移動量を持っているかどうか
        if (Mathf.Approximately(magnitude, 0f)
            == false)
        {
            UpdatePosition(direction);
        }
    }

    // ❸
    // キーボード入力を進行方向のベクトルに変換して返す
    private Vector3 InputToDirection()
    {
        Vector3 direction = new Vector3(0f, 0f, 0f);

        // ❹

        // 「右矢印」を入力
        if (Input.GetKey(KeyCode.RightArrow))
        {
            direction.x += 1f;
        }

        // 「左矢印」を入力
        if (Input.GetKey(KeyCode.LeftArrow))
        {
            direction.x -= 1f;
        }

        // 「上矢印」を入力
        if (Input.GetKey(KeyCode.UpArrow))
        {
            direction.z += 1f;
        }

        // 「下矢印を入力」
        if (Input.GetKey(KeyCode.DownArrow))
        {
            direction.z -= 1f;
        }

        // ❺
        return direction.normalized;
    }

    // ❻
    // 位置を更新
    private void UpdatePosition(Vector3 direction)
    {
        Vector3 dest = transform.position
            + direction * Speed * Time.deltaTime;
        dest.x = Mathf.Clamp(dest.x, -4.7f, 4.7f);
        dest.z = Mathf.Clamp(dest.z, -4.7f, 4.7f);
        transform.position = dest;
    }
}
```

まずは、毎フレーム実行されるUpdateメソッド(❶)の中身を見ていきます。

Updateメソッドでは、キーボードの入力を毎フレーム監視し、入力されたキーから進行方向のベクトルを求め、移動すべきとき(進行方向のベクトルが大きさを持っているとき)に自身の位置を更新します。今回、Playerオブジェクトのコンポーネントとして付与されているため、位置を更新される自身はPlayerオブジェクトになります。

次に、Updateメソッドの中の細かな処理を見ていきます。

InputToDirectionメソッド(❸)では、キーボードの入力を進行方向を表すVector3の形式に変換して返します。Vector3はx、y、zの3つの値を持つ3次元ベクトルの構造体で、位置や方向などを表現するための型として、さまざまな用途で用いられます。まず最初にdirectionをx、y、zの値が0fのVector3で初期化します。

次にInput.GetKeyメソッド(❹)で、引数のキーが現在入力されているかを取得します。KeyCode.RightArrow、KeyCode.LeftArrow、KeyCode.UpArrow、KeyCode.DownArrowはそれぞれキーボードの→←↑↓に対応します。

今回は、現在のカメラの映している方向からだと、右がxのプラス方向、左がxのマイナス方向、奥がzのプラス方向、手前がzのマイナス方向になります。

そのため、→のキーを押した際にはdirectionのxの値を+1し、←のキーを押した際にはxの値を-1します。

→と↑の両方のキーを押した際は、xとzが+1され、右奥への斜めの移動を表すベクトルになります。

最後に、斜めの移動のベクトルの長さは1よりも長くなるため、direction.normalizedによって、ベクトルの長さを1にしてから返します(❺)。direction.normalizedはベクトルの長さが限りなく小さい場合は長さが0fのベクトルを返すため、移動をしない場合には長さが0fのベクトルが返ります。

Mathf.Approximatelyメソッド(❷)では、2つのfloat型の値を比較します。2つのfloat型の値が近似している場合にtrueを返します。これは浮動小数点の誤差を考慮したfloat型の比較方法です。

そして、directionの長さが0fでないとき、つまりdirectionが移動量を持っているときに、UpdatePositionメソッドを呼び出すことによって、自身の位置を更新します。

それでは、UpdatePositionメソッド(❻)の中身を見ていきます。

図4　PlayerのTransform

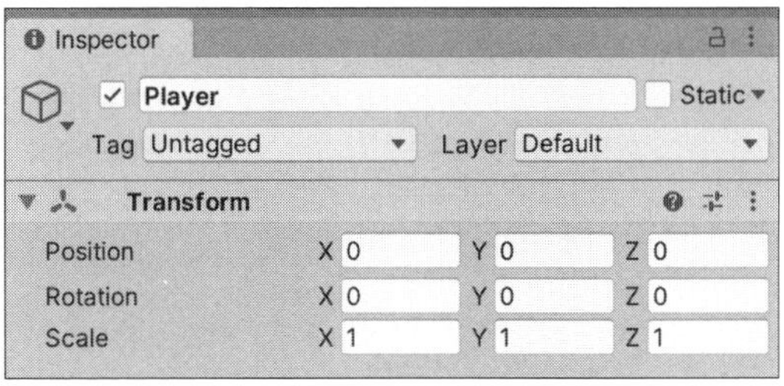

transformは自身のTransformであり、Inspectrorウィンドウ上のTransformと対応しています。そして、transform.positionはTransformのPositionの項目を表しています(**図4**)。

移動後の位置をVector3型のdestで定義します。引数で渡ってきた進行方向を表すdirectionに定数として定義したSpeed(速度)とTime.deltaTime(時間)をかけることで、Time.deltaTimeぶんの移動ベクトルが求まります。現在位置を表すtransform.positionに移動ベクトルの値を足し、求まった移動後の位置をdestに代入します。

Vector3型に数値型をかけると、Voctor3のxとyとzの3つの値それぞれに数値がかけられます。

Time.deltaTimeは最後のフレームを完了するのに要した秒数が収められています。これにより、1フレームぶんの移動量を計算しています。

Mathf.Clampメソッドは第1引数の値を、第2引数と第3引数の間の値に制限します。これにより、xとzの値が-4.7fと4.7fの間の値になり、Playerが壁を突き抜けなくなります。今回は-4.7fと4.7fの値は配置した3Dの大きさから決め打ちで値を設定しています。

最後に、移動後の位置のdestをtransform.positionに代入することによって、自身の位置を移動させます。

移動の確認

スクリプトの説明が済んだので、実際に動かしてみましょう。

再生ボタンをクリックして、プロジェクトを実行します。

実行したら、キーボードの矢印キーを押してください。矢印キーの方向にユニティちゃんが移動することが確認できます。

確認が終わったら再生を止めてください。

回転の実装

ただ、現状だとユニティちゃんが奥の方向を向いたまま滑って移動をしているだけです。

次は進行方向に合わせてユニティちゃんの向きを変更します。

まず、ユニティちゃんの回転する速さの定数RotateSpeedを定義し、ユニティちゃんのTransformを保持するフィールド変数_unityChanを定義します。

なお、行頭の+マークは追加箇所を示します。実際に入力する必要はありません。

図5　UnityChanの項目の追加

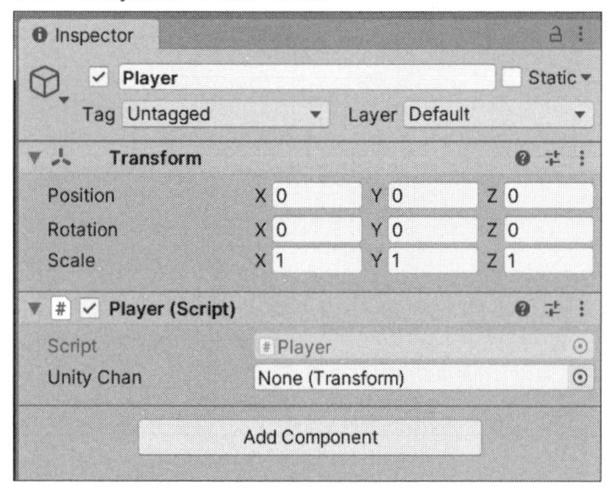

図6　Hierarchyウィンドウ上のユニティちゃん

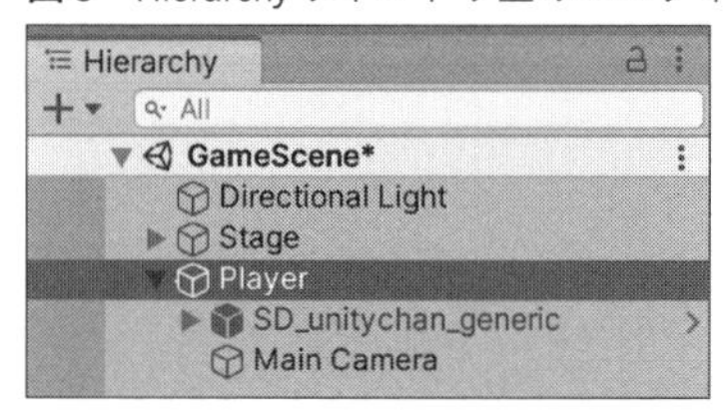

図7　Inspectorウィンドウ上でユニティちゃんを設定

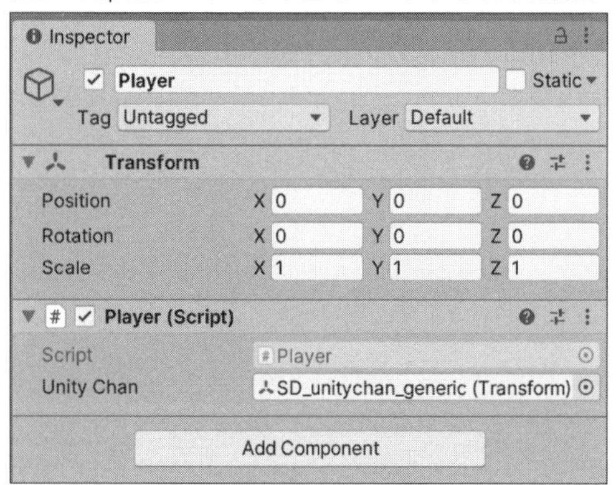


```
    // ユニティちゃんの走る速さ
    private const float Speed = 3f;
+
+   // ユニティちゃんの回転する速さ
+   private const float RotateSpeed = 720f;
+
+   // ユニティちゃん
+   [SerializeField]
+   private Transform _unityChan;
```

フィールド変数の定義の上に[SerializeField]という属性を付けると、Inspectorウィンドウ上に項目が表示され、Inspectorウィンドウ上で値の設定を行うことができるようになります。またフィールド変数をpublicで定義しても、同様にInspectorウィンドウ上に項目が表示されます。**図5**を見るとUnityChanの項目が追加されていることを確認できます。今回はprivateのフィールド変数の先頭には「_」を付けるルールで実装を行っていますが、Inspectorウィンドウ上では先頭の「_」は省略され、さらに先頭の文字が大文字に変更されて表示されます。

ここに、Hierarchyウィンドウ上のPlayerの中にあるユニティちゃん(SD_unitychan_generic)をドラッグ&ドロップします(**図6**、**図7**)。

これにより、_unityChanの変数がユニティちゃんのオブジェクトのTransformコンポーネントを指すようになりました。

次に、方向を更新するためのメソッドを定義します。

```
    // 位置を更新
    private void UpdatePosition(Vector3 direction)
    {
        (略)
    }
+
+   // 方向を更新
+   private void UpdateRotation(Vector3 direction)
+   {
+       Quaternion from = _unityChan.rotation;
+       Quaternion to =
+           Quaternion.LookRotation(direction);
+       _unityChan.rotation =
+           Quaternion.RotateTowards(from, to,
+               RotateSpeed * Time.deltaTime);
+   }
}
```

今回、_unityChanはユニティちゃん(SD_unitychan_generic)のTransformを表し、_unityChan.rotationはユニティちゃんのInspectorウィンドウ上におけるTransformのRotationを表します(**図8**)。_unityChan.rotationはQuaternion型という回転を扱うための型で

定義されています。

fromには現在のユニティちゃんのrotationを代入します。toにはユニティちゃんの進行方向を表すdirectionからユニティちゃんに向いてほしい方向のQuaternionを計算して代入します。Quaternion.LookRotationメソッドは、与えられた方向のベクトルを向くQuaternionを返すメソッドです。

Quaternion.RotateTowardsは、第1引数から第2引数へ、最大でも第3引数の角度分だけ回転させたQuaternionを返します。これによって、fromからtoまで、1フレーム内で最大でもRotateSpeed * Time.deltaTimeしか回転しなくなるため、緩やかにユニティちゃんが方向を変えるようになります。

最後に、_unityChan.rotationに計算したQuaternionの値を代入し、実際にユニティちゃんに回転を反映させます。

方向を更新するメソッドができたので、Updateメソッド内で進行方向のベクトルが移動量を持っていた際に、UpdateRotationメソッドを呼び出して方向も更新するようにします。

```
        // 進行方向のベクトルが移動量を持っているかどうか
        if (Mathf.Approximately(magnitude, 0f)
            == false)
        {
            UpdatePosition(direction);
+           UpdateRotation(direction);
        }
```

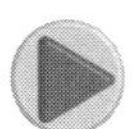

回転の確認

実際にUnity上で再生して確認してみます。進行方向に合わせてユニティちゃんが緩やかに方向を変更することが確認できます。確認が終わったら再生を止めてください。

ユニティちゃんへのモーションの流し込み

ユニティちゃんの方向は変わるようになったのですが、移動中ユニティちゃんは棒立ちの状態で滑りながら移動をしています。ですので、次はユニティちゃんへのモーションの流し込みを行います。

AnimatorControllerの作成

モーションの流し込みは、AnimatorControllerを用いることで行うことができます。

まずはProjectウィンドウのAssetsフォルダ内で右クリックし、「Create→Animator Controller」でAnimator Controllerを新規作成し(**図9**)、名前を「UnityChan AnimatorController」とします(**図10**)。

作成したUnityChanAnimatorControllerをユニティ

図8　ユニティちゃんのTransform

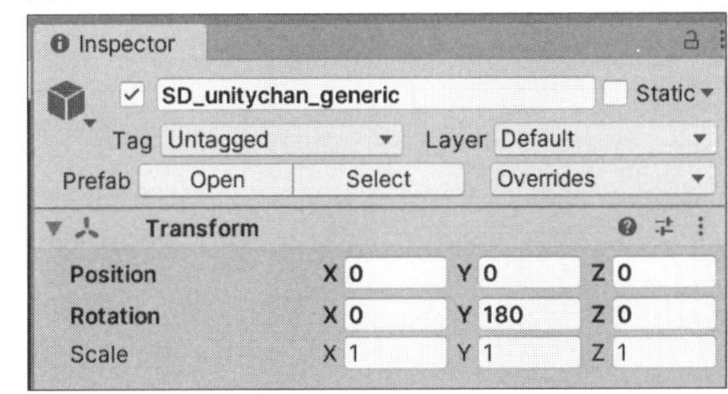

図9　AnimatorControllerの生成

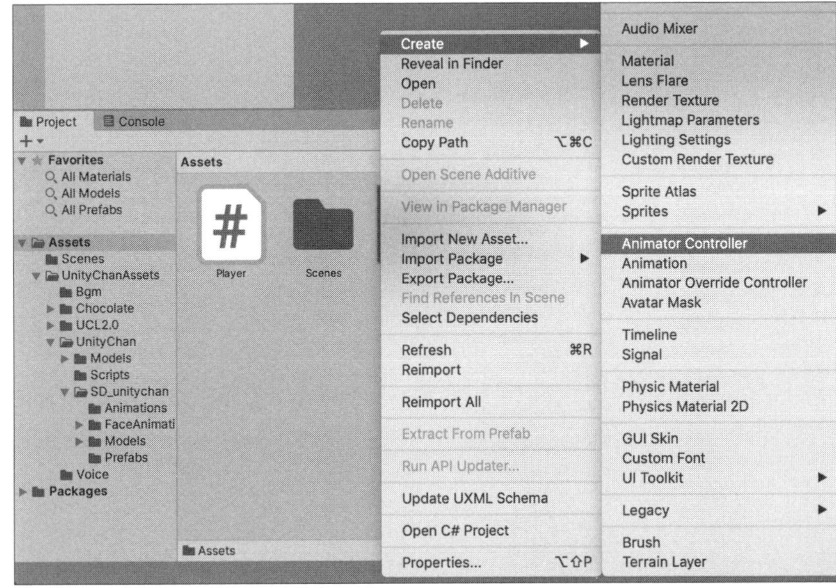

ちゃんと紐付けます。

Hierarchyウィンドウ上で「Player/SD_unitychan_generic」を選択し、Inspectorウィンドウ上のAnimatorのControllerの項目に、「UnityChanAnimatorController」をドラッグ&ドロップします(**図11**)。

これによって、ユニティちゃんとUnityChanAnimatorControllerが紐付きました。

待機モーションの設定

Projectウィンドウ上で「UnityChanAnimatorController」をダブルクリックすると、**図12**のようなAnimatorウィンドウが開きます。ここでAnimatorControllerを編集して、状態ごとにユニティちゃんのモーションを設定したステートマシンを定義できます。

Animatorウィンドウ上で右クリックし、「Create State→Empty」を選択します(**図13**)。

これにより、New Stateという新しい状態のノードが作成されました(**図14**)。このノードはドラッグ&ドロップで位置を移動できます。また、EntryからNew Stateに矢印が伸びています。これは最初に状態がNew Stateに遷移することを表しています。

「New State」のノードを選択する

図10 UnityChanAnimatorController

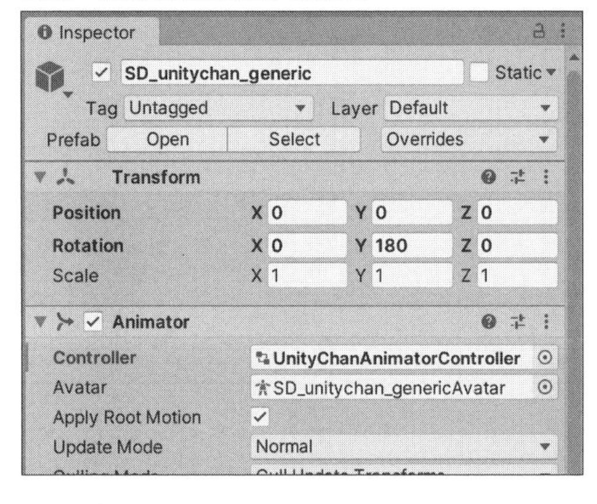

図11 AnimatorControllerの紐付け

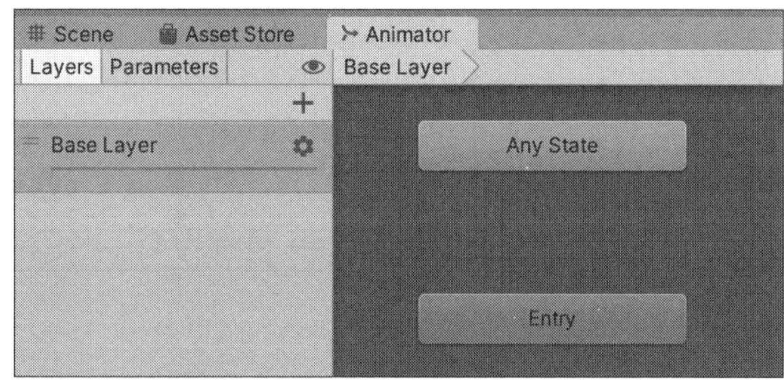

図12 Animatorウィンドウ

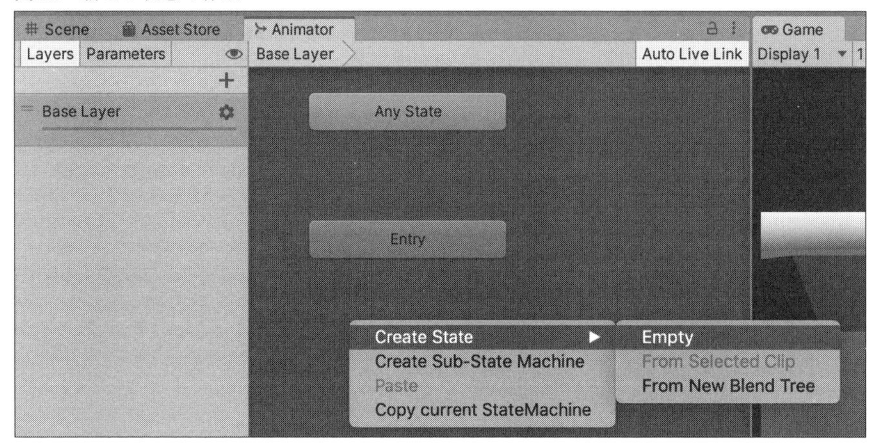

図13 新しい状態の作成

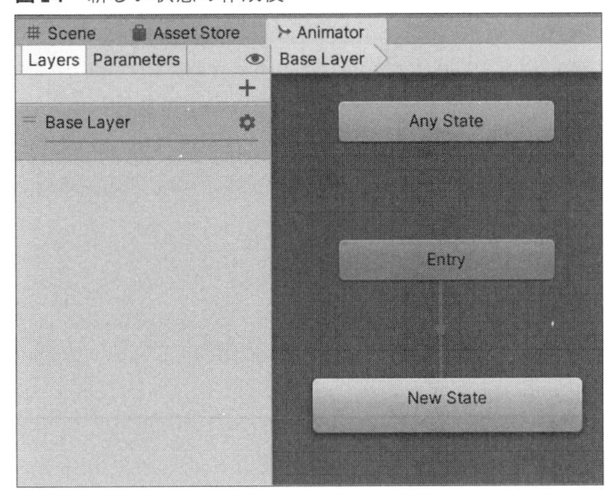

図14　新しい状態の作成後

図15　New Stateノードの情報

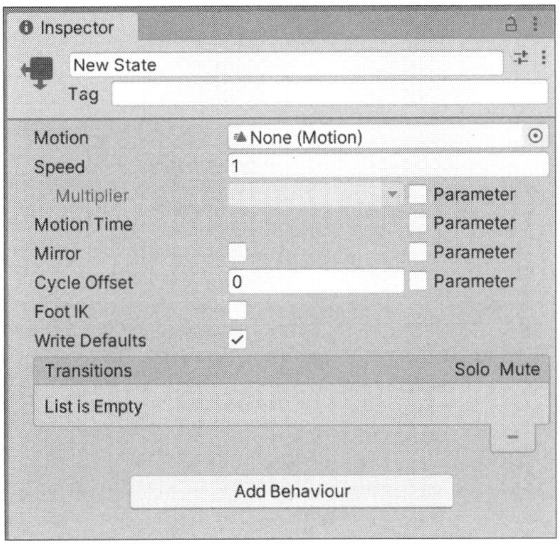

と、Inspectorウィンドウ上にNew Stateの情報が表示されます(**図15**)。Motionではその状態時に指定するモーションのAnimationClipファイルを設定できます。Motionの項目の右の丸をクリックすると、モーションを選択するウィンドウが開くので、今回は「Standing@loop」のAnimationClipを選択します(**図16**)。

今回、このノードは待機状態として扱うため、名前は「Idle」に変更します(**図17**)。

これで待機モーションの設定は終わりました。

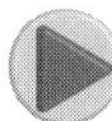待機モーションの確認

それでは再生をしてみましょう。

ユニティちゃんに待機状態のモーションが流し込まれ、Animator上でもIdleの状態が再生されている

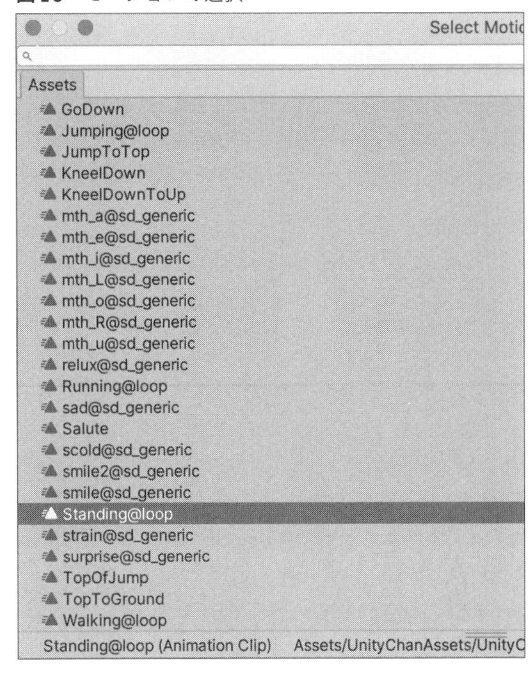

図16　モーションの選択

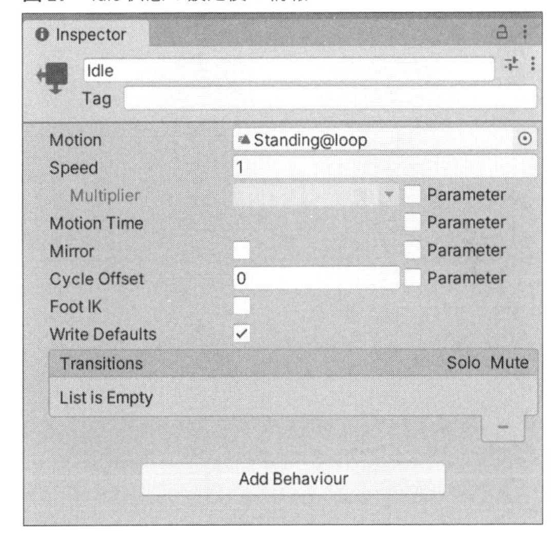

図17　Idle状態の設定後の情報

ことが確認できます(**図18**)。

確認が終わったら再生を止めてください。

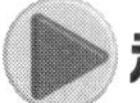走っているモーションの設定

待機状態を作成したので、次は走っている状態を作成します。

先ほどと同様にAnimator上で右クリックし、「Create State→Empty」を選択し、新しい状態を作成

図18 待機モーションの確認

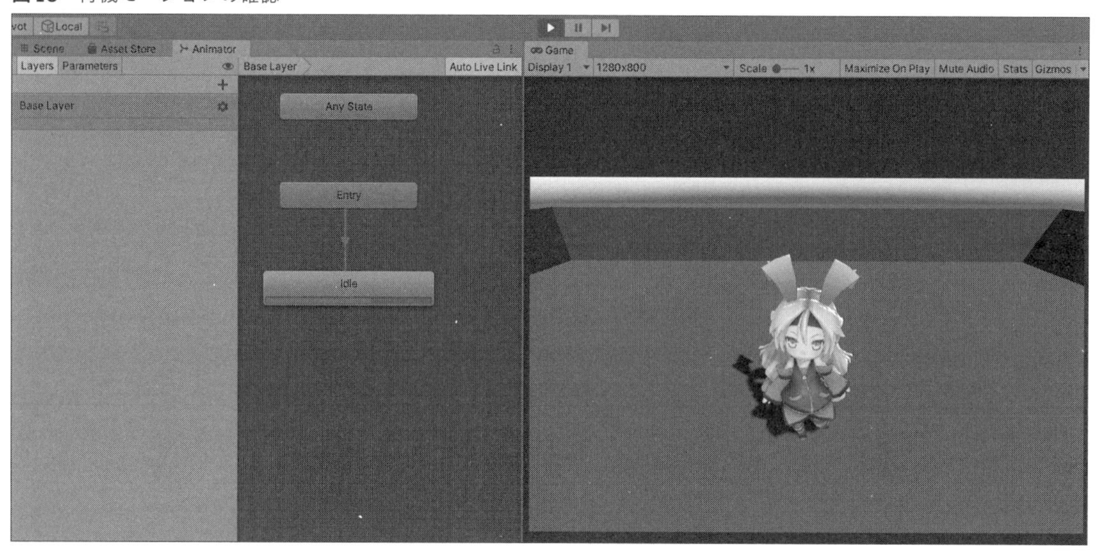

図19 新しい状態の作成

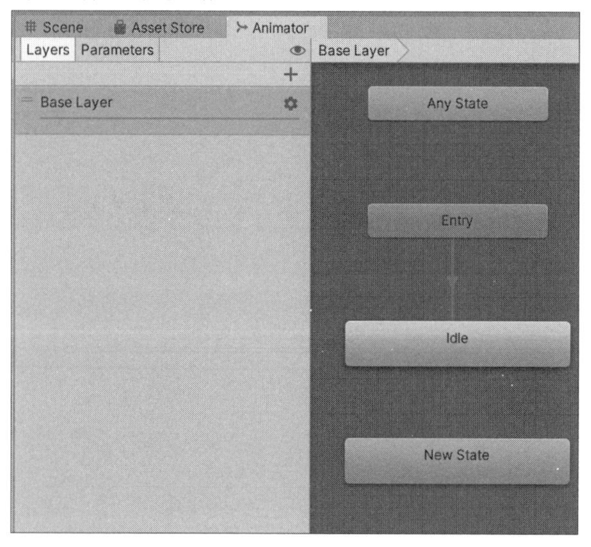

図20 Runningノードの情報

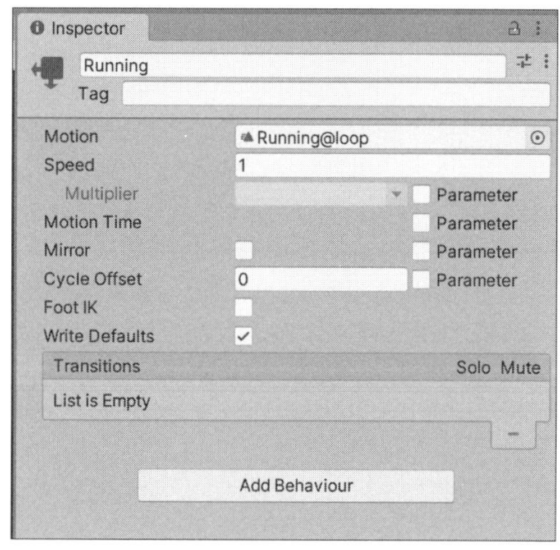

図21 Parametersへの追加

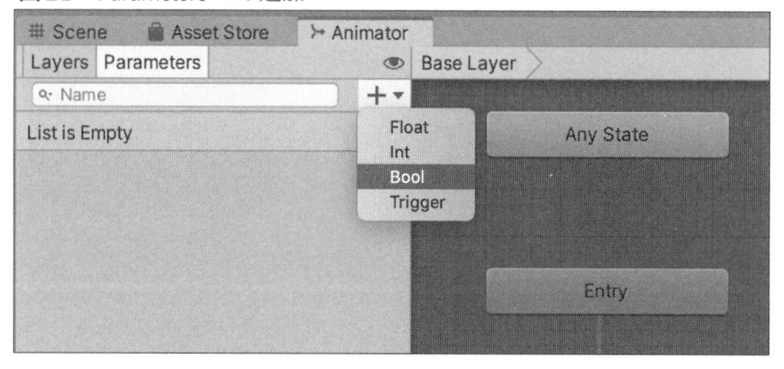

します(**図19**)。

そして、ノードの名前を「Running」にし、Motionには「Running@loop」を設定します(**図20**)。

次に状態を切り替えるためのパラメータを用意します。

AnimatorのタブをParametersに切り替えます。そして、「+」ボタンを押したあとに「Bool」を選択し(**図21**)、「running」というbool型のフラグを用意します(**図22**)。

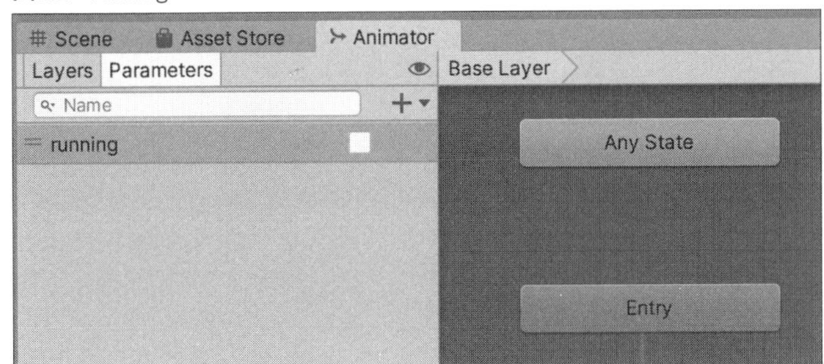

図22 runningフラグ

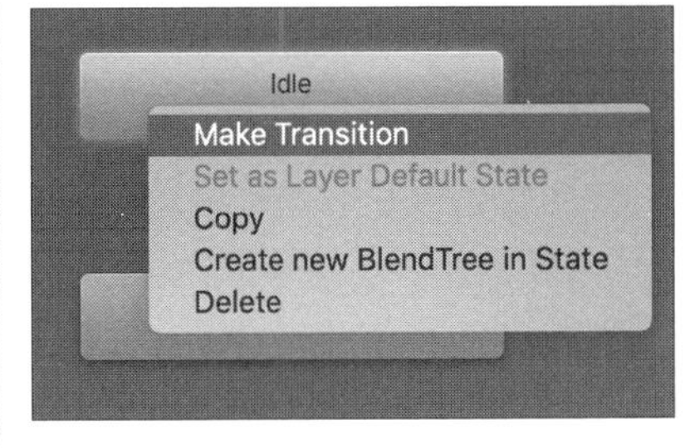

図23 Make Transition

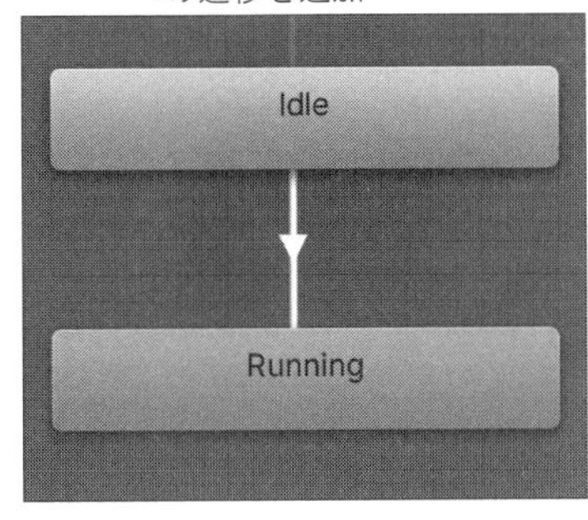

図24 Idleノードから Runningノードへの遷移を追加

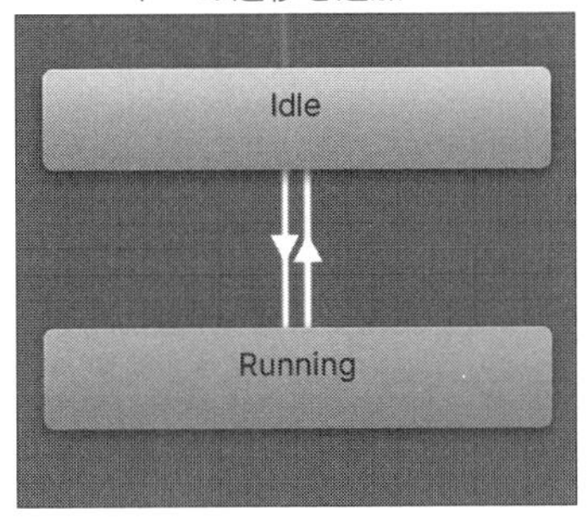

図25 Runningノードから Idleノードへの遷移を追加

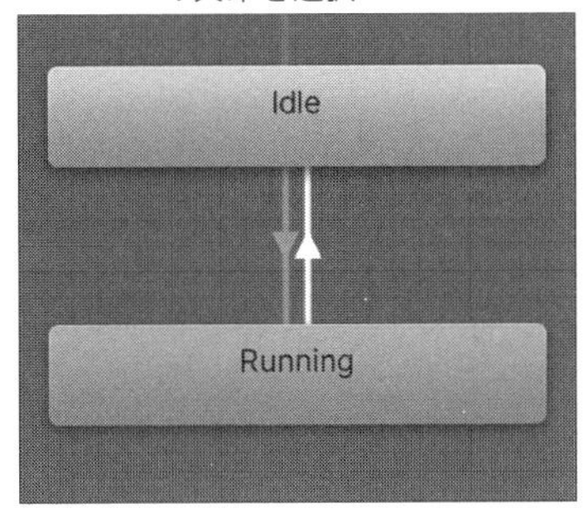

図26 Idleノードから Runningノードへの矢印を選択

また、初期状態を設定できるので、チェックボックスのチェックが外れているfalseの状態にしておきます。

次に状態を遷移させる矢印を作成します。

Idleノードの上で右クリックし「Make Transition」を選択すると、矢印を伸ばすことができます(**図23**)。

矢印が伸びている状態でRunningノードをクリックすると、矢印がRunningノードに接続されます(**図24**)。

同様に、RunningノードからIdleノードにも矢印を接続します(**図25**)。

これにより、IdleとRunningの間で状態を遷移させることができるようになりました。

次に、状態の遷移条件を設定します。

まずはIdleノードからRunningノードに伸びている矢印を選択します(**図26**)。

Inspectorウィンドウに矢印の情報が表示されるので(**図27**)、Conditionsの「+」を選択し、「running」を「true」に設定します。また、モーションを即座に切り替えるためにHasExitTimeのチェックを外します。HasExitTimeにチェックが入っていると、Settings内のExitTimeをもとに、状態遷移の待機が発生します

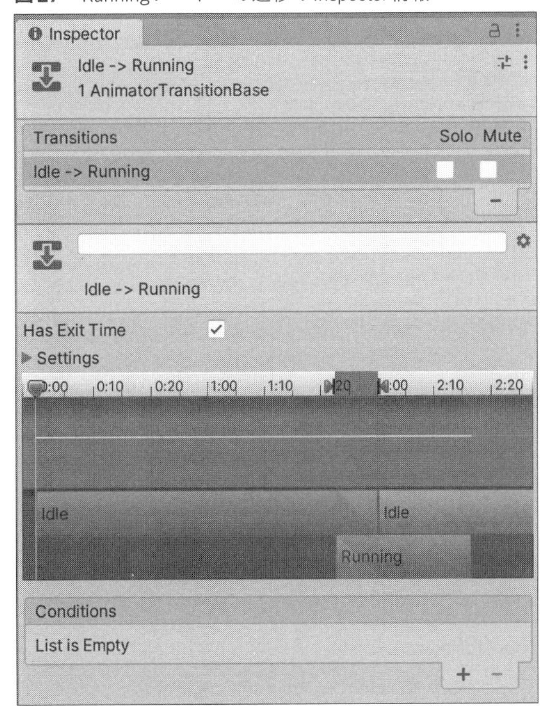

図27 Runningノードへの遷移のInspector情報

(**図28**)。

これにより、Idle状態のときに、先ほど作成したrunningのパラメータがtrueになった場合、状態がIdleからRunningに変更されるようになりました。

同様に、RunningからIdleへの矢印のConditionsには「running」を「false」で設定し、HasExitTimeのチェックを外します(**図29**)。

これにより、runningのパラメータを変更することによって、Idle状態とRunning状態を変更できるようになりました。

図28　Runningノードへの遷移の設定後の情報

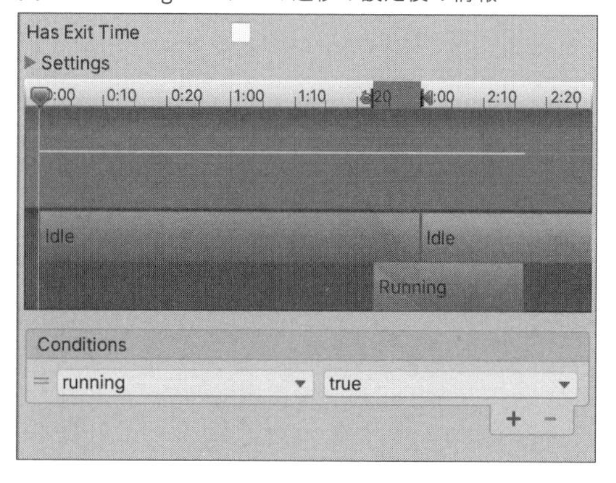

図29　Idleノードへの遷移の設定後の情報

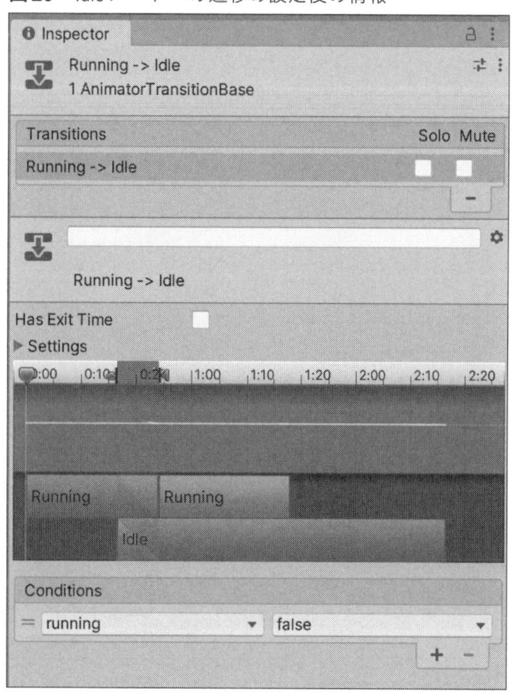

それではスクリプトからrunningのパラメータを操作して、UnityChanAnimatorControllerの状態を変更させます。

```
    // ユニティちゃん
    [SerializeField]
    private Transform _unityChan;
+
+   // ユニティちゃんのアニメーター
+   private Animator _unityChanAnimator;

    // Start is called before the first frame update
    void Start()
    {
+       _unityChanAnimator =
+           _unityChan.GetComponent<Animator>();
    }
```

ユニティちゃんのAnimatorコンポーネントを保持するための_unityChanAnimatorをフィールド変数として定義します。そしてStartメソッド内で、_unityChan.GetComponentメソッドを呼び出すことで、_unityChanに付いているコンポーネントからAnimatorを取得し、保持します。

AnimatorからAnimatorControllerのパラメータの値を操作できます。今回はInspectorウィンドウ上でAnimatorのControllerの項目にUnityChanAnimatorControllerを事前に設定しているため、_unityChanAnimatorからUnityChanAnimatorControllerのパラメータの値を操作できます。

そこで、Updateメソッド内で進行方向のベクトルが移動量を持っているかどうかに応じて、UnityChanAnimatorControllerのrunningの値を変更します。

```
        // 進行方向のベクトルが移動量を持っているかどうか
        if (Mathf.Approximately(magnitude, 0f)
            == false)
        {
+           _unityChanAnimator.SetBool(
+               "running", true);
            UpdatePosition(direction);
            UpdateRotation(direction);
        }
+       else
+       {
+           _unityChanAnimator.SetBool(
+               "running", false);
+       }
```

今回、runningの値はbool型なので、SetBoolメソッドで値の設定を行います。これにより、進行方向のベクトルが移動量を持っているときは、UnityChan

AnimatorControllerのrunningの値がtrueとなり、状態がRunningになります。そして、進行方向のベクトルが移動量を持っていないときは、UnityChan AnimatorControllerのrunningの値がfalseとなり、状態がIdleになります。

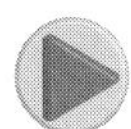

走っているモーションの確認

それでは再生をしてみましょう。

移動中はユニティちゃんが走り、停止中は待機のモーションを取っていることが確認できます。また、Animatorウィンドウ上の状態も状況に応じて変更されていることが確認できます(**図30**)。

確認が終わったら再生を停止します。

以上により、キーボードの矢印キーを押すと、その方向にユニティちゃんが移動するようになり、状態に応じたモーションが再生されるようになりました。

図30 モーションの確認

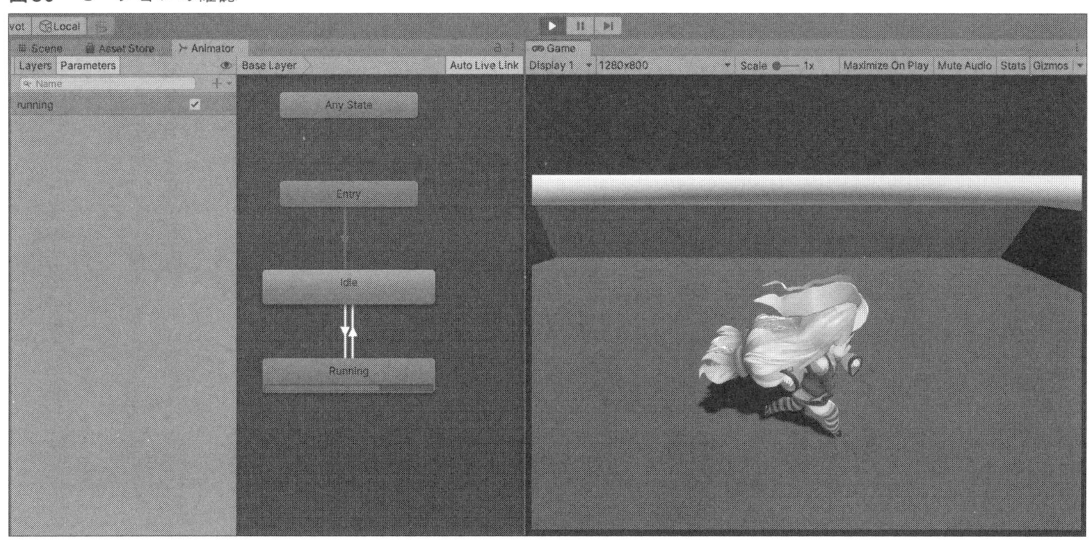

第5章

UIを配置しよう

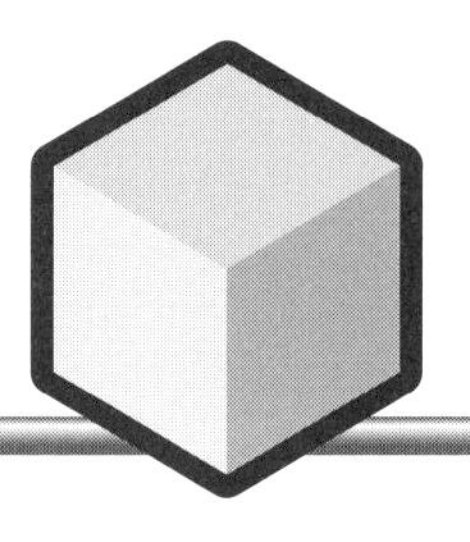

本章では、UIの配置を行っていきます(**図1**)。UIの実装にはuGUIというUnityのUIシステムを用います。

Canvasの作成と設定

Canvasの作成

Hierarchyウィンドウ上で右クリックし、「UI→Canvas」を選択します。それにより、Hierarchyウィンドウ上に「Canvas」と「EventSystem」が作られます(**図2**)。

UIのオブジェクトはCanvasの中に配置していきます。

今回同時に作成されたEventSystemはユーザー操作などのイベントを処理してくれるものなので、消さないように気を付けてください。

画面サイズの設定

次にCanvasで画面サイズの設定を行います。

Hierarchyウィンドウ上で「Canvas」を選択し、Inspectorウィンドウ上のCanvasScalerの項目を確認します(**図3**)。

現在、UIScaleModeが「ConstantPixelSize」になっています。これは画面サイズに関係なくUIをピクセルサイズそのままで表示するモードです。

今回、Gameビューを1280×800の解像度として実装をしていますが、最終的な出力先の解像度も1280×800とは限りません。スマートフォン／タブレット向けアプリだと、出力先の端末がiPhoneかiPadかAndroidかによって解像度が異なる可能性がありますし、機種によっても解像度が異なる可能性があります。

たとえば、今回のモードだと1280×800の画面上に置いたUI要素は、640×400の解像度の画面で確認すると縦横が2倍のサイズで表示されてしまいます。

そのため、出力先の解像度によって表示が崩れないようにCanvasScalerの設定をする必要があります。

UIScaleModeを「ScaleWithScreenSize」に変更し、ReferenceResolutionのXを「1280」、Yを

図1　UI配置後の状態

図2　Canvasの作成

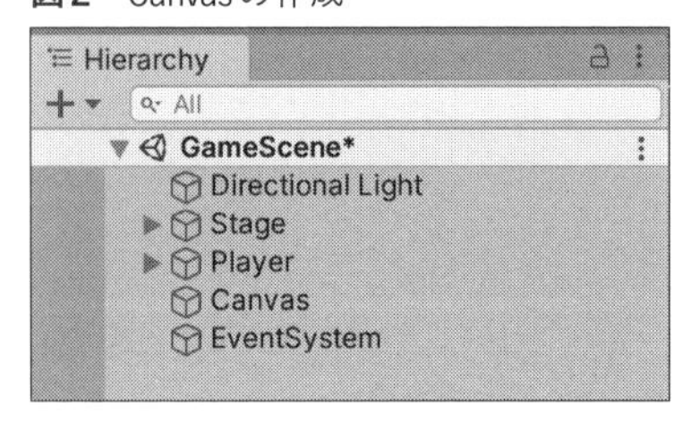

図3　CanvasScaler

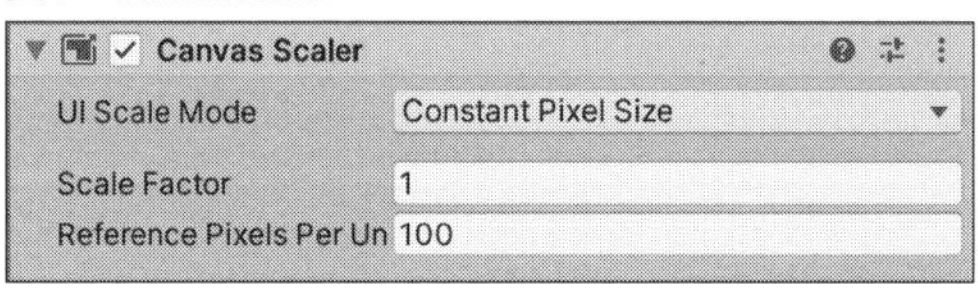

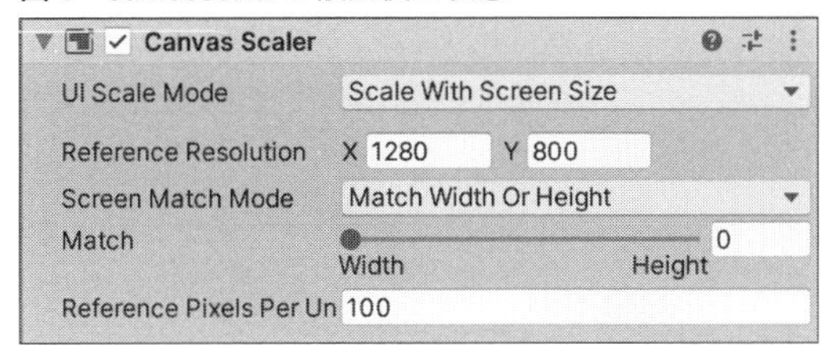

図4 CanvasScalerの設定後の状態

「800」にします(図4)。これは、画面サイズに合わせてCanvasを拡縮するモードです。

これにより、640×400の端末ではCanvasが1/2のサイズで表示され、1280×800想定で置かれた要素の表示崩れが起こらなくなります。

Matchは、縦横のどちらにフィットさせるかの設定を行います。今回は0(Width)が設定されているため、縦横比が異なる場合でも必ず横を1280として扱います。これにより、縦横比が異なる出力先に対しても画面を縦横どちらにフィットさせるかを決めることによって、表示崩れを起こさずに実装を行うことができます。

また、Matchのスライダーを0と1の間の値にした場合は、設定された割合で縦と横それぞれのサイズに応じた拡縮が行われます。

画像の追加と設定

画像の追加

本書のサポートサイト[注1]からダウンロードしたサンプルデータからUIフォルダをProjectウィンドウのAssetsフォルダにドラッグ&ドロップして追加してください。これにより、次の3つの画像が追加されます(図5)。

- UI/img_button_base.png
- UI/img_clear.png
- UI/img_count_base.png

画像の設定

まずは、追加した画像の設定から行っていきましょう。

注1 https://gihyo.jp/book/2021/978-4-297-11927-0

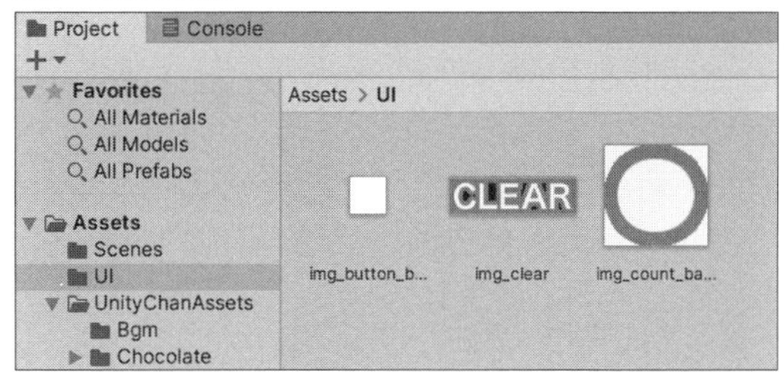

図5 画像の追加

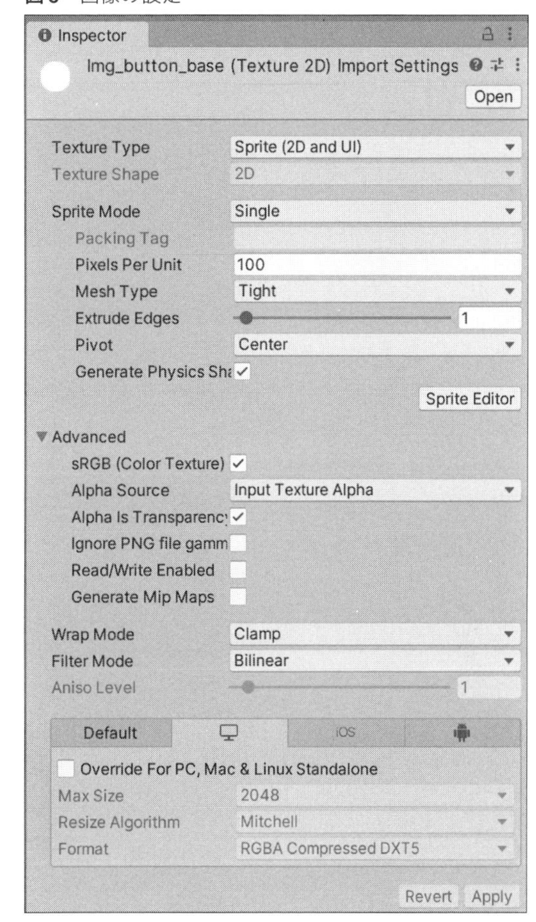

図6 画像の設定

それでは、「img_button_base」を選択してInspectorウィンドウを見てください。

まず一番上のTextureTypeが「Default」になっているので、これを「Sprite(2D and UI)」に変更してください。これにより、のちほど説明する画像を表示するためのUIで使用できるようになります。

設定したら右下に配置されている「Apply」ボタンを押して、変更を反映します(図6)。

同様に、今回読み込んだ残り2つの画像のTextureTypeも「Sprite (2D and UI)」に設定します。

クリア画像の配置

画像の配置

まずはクリア画像を配置します。これはクリア時に表示される画像です。

Hierarchyウィンドウ上で右クリックし、「UI→Image」を選択すると、Canvasの中にImageという画像を表示するためのオブジェクトが作られます。今回は名前を「Clear」にします(**図7**)。

Gameビュー上に真っ白な四角が表示されます(**図8**)。

Hierarchyウィンドウ上で「Clear」を選択し、InspectorウィンドウのImageの項目を確認します(**図9**)。

SourceImageでSprite画像を設定できます。右の丸を選択すると、**図10**のようにSprite画像の選択ウィンドウが表示されるので、「img_clear」を選択してSprite画像を設定します(**図11**)。

次に「Set Native Size」をクリックします。これによってClearオブジェクトのサイズがもとの画像の大きさと一致します(**図12**)。

図7　Clearのオブジェクトを作成

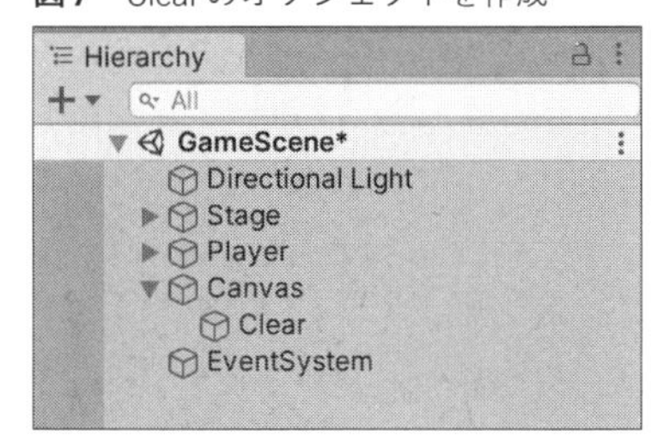

図8　Clearのオブジェクト作成後のGameビュー

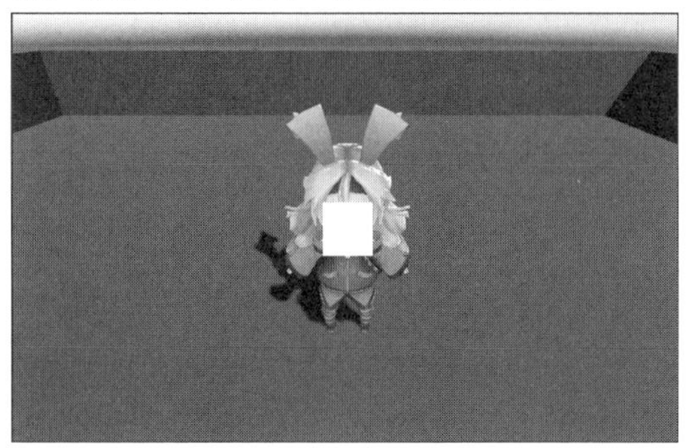

図9　ClearのImage項目

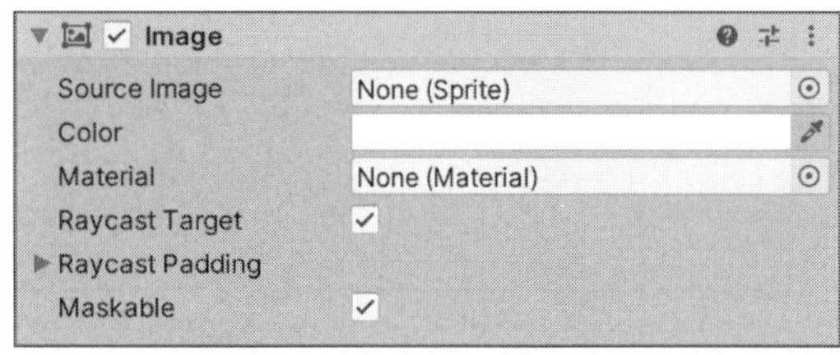

図10　Sprite画像の選択

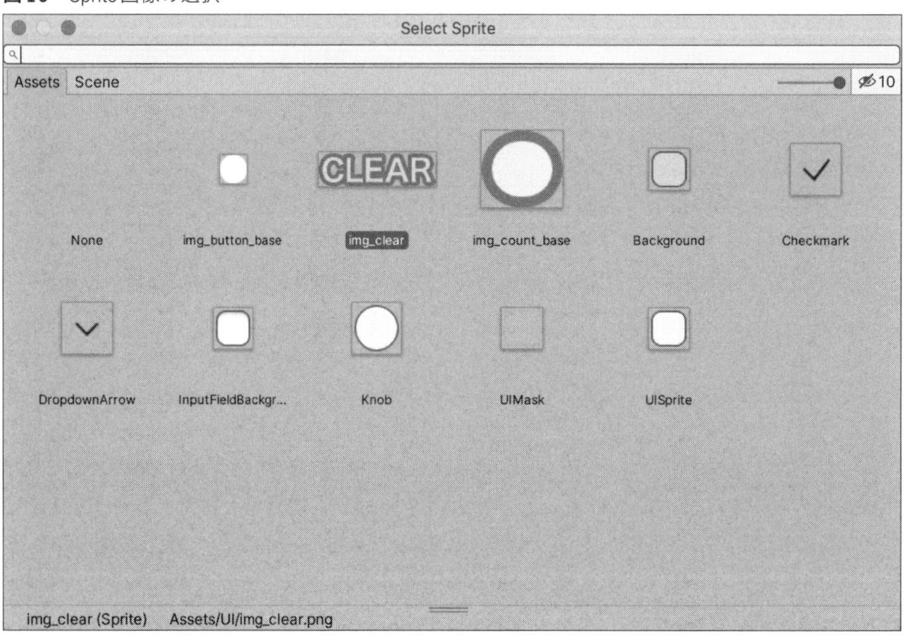

図11　Sprite画像選択後のInspectorウィンドウ

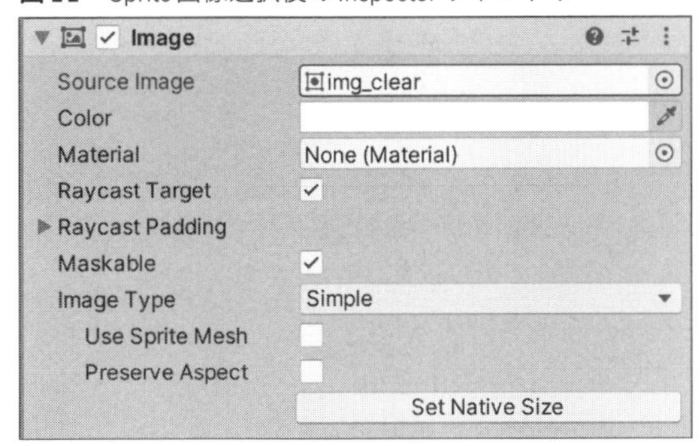

図12　Set Native Size後の見た目

位置の調整

次に位置を調整します。

ClearオブジェクトのInspectorウィンドウを確認すると、Transformの代わりにRectTransformという項目を確認できます(**図13**)。

RectTransformはTransformを継承したコンポーネントで、矩形の位置、サイズ、アンカー、ピボットなどの情報を扱うことができます。uGUIのUIではRectTransformを用いて矩形情報を扱います。

RectTransformは自身の1つ上の階層の矩形情報をもとに矩形情報を扱います。

今回のClearオブジェクトのRectTransformでは、AnchorsのMinのXとYが「0.5」、MaxのXとYが「0.5」になっています。この0.5という値は、1つ上の階層(今回はCanvasオブジェクト)を基準とした位置を割合で表します。Xの「0.5」はCanvasオブジェクトの矩形内での横方向の中央を表し、Yの「0.5」はCanvasオブジェクトの矩形内での縦方向の中央を表します。また、Xの0は左端、1は右端、Yの0は下端、Yの1は上端を表します。

AnchorsのMinとMaxの値が同じときは、アンカー地点からの距離と、要素の長さを指定します。今回はXのMinとMaxの値が同じなので、PosXでアンカー地点からの距離を指定し、Widthで要素の横幅を指定します。同様にYのMinとMaxの値が同じなので、PosYでアンカー地点からの距離を指定し、Heightで要素の縦幅を指定します。

今回はCanvasオブジェクトの縦横中央の位置に、624×172のサイズでClearオブジェクトが置かれています。このサイズはImageコンポーネントの「Set Native Size」をクリックすることよって設定された値です。

図13　RectTransform

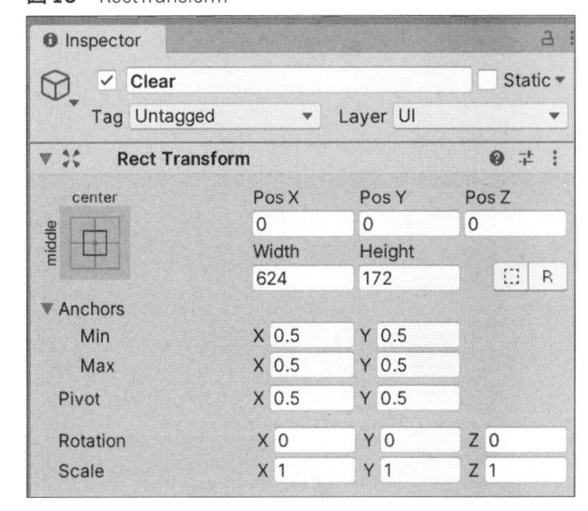

図14　AnchorsのMinのXを「0」、MaxのXを「1」に設定

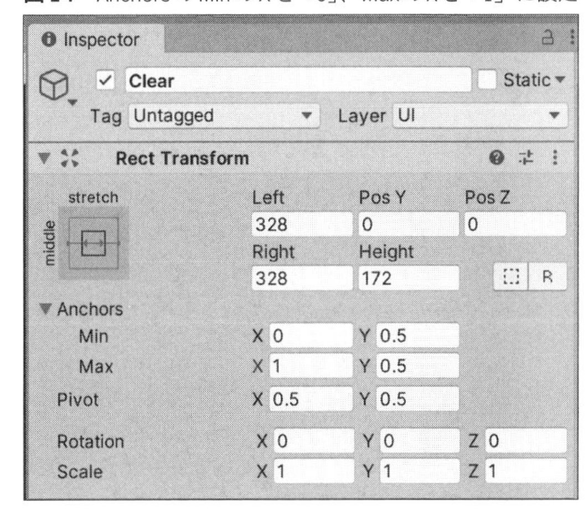

また、AnchorsのMinとMaxの値が異なる際の挙動も確認します。AnchorsのMinのXの値を「0」、Maxの値のXの値を「1」に設定します(**図14**)。

すると、RectTransformの上の項目が変更され、今までPosX、Widthだった項目が、Left、Rightに変更

図15 LeftとRightの値を「0」に設定

図16 AnchorsのMinのYを「0」、MaxのYを「1」に設定

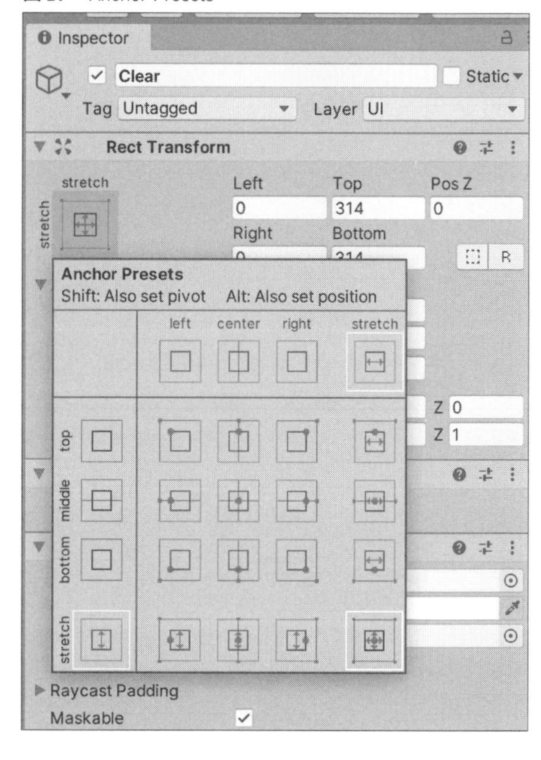

図17 Anchor Presets

されたことが確認できます。AnchorsのMinとMaxのXの値を別々の値にしたことで、X方向のアンカーがCanvasオブジェクトの左端とCanvasオブジェクトの右端の2つに分かれ、それぞれのアンカーからの距離で要素の配置を指定できるようになります。そしてLeftとRightの値が328のため、左のアンカーからの距離が328、右のアンカーからの距離が328になるように要素が配置されます。

ためしにLeftとRightの値を「0」にすると、要素が画面いっぱいに引き伸ばされることが確認できます(**図15**)。

同様に、AnchorsのMinとMaxのYも異なる値を設定すると、**図16**のようにPosYとHeightがTopとBottomに変わり、TopとBottomの2つのアンカーからの距離で要素の縦方向の配置を指定できるようになります。

また、RectTransformの左上の図を選択するとあらかじめ用意されている、Anchorsのよく使われる設定のPresetsが表示されます(**図17**)。 ここからAnchorsを設定することもできます。

Pivotは、要素内のどこを基準点とするかを設定できます。このPivotの位置が、要素の位置設定や回転、スケールの基準点になります。

それでは、Anchorsの値を戻し、ClearオブジェクトのRectTransformを**図18**のように設定します。今回はCanvasオブジェクトの中心を基準に、上方向に200だけずらした位置に配置をします。

残りのチョコレート数の配置

次に残りのチョコレート数の配置を行います。

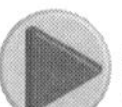 背景画像の配置

まずは背景の配置を行います。Hierarchyウィンドウ上で右クリックし、「UI→Image」を選択すると、Canvasオブジェクトの中にImageオブジェクトが作られます。今回は名前を「RestCount」にします(**図19**)。

そして、ImageコンポーネントのSourceImageに「img_count_base」を設定します(**図20**)。今回はCanvasオブジェクトの右上を基準に配置を行うため、

図18　最終的なClearオブジェクトのRectTransform

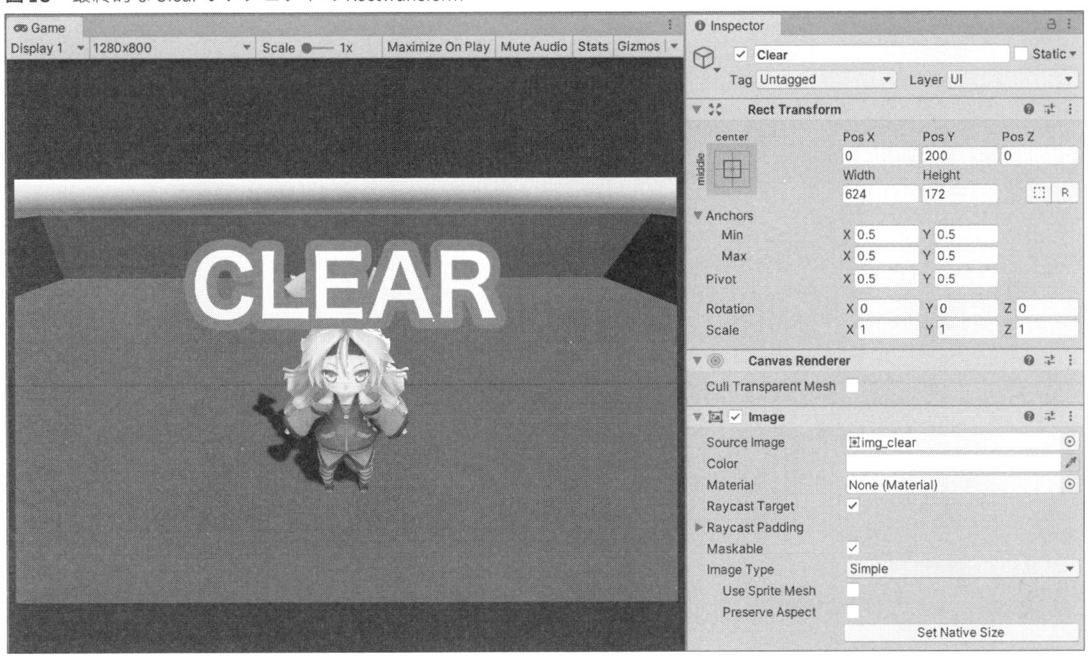

図19　RestCountのオブジェクトを作成

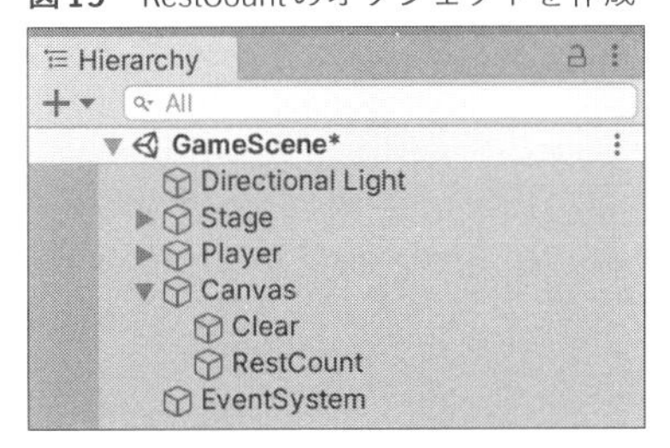

図21　画像全体が横に伸びている

RectTransformのAnchorsのMinとMaxのXとYをすべて「1」に設定します。次に、Widthを「220」に、Heightを「60」に、PosXを「-142」に、PosYを「-62」に設定し、サイズと右上からの位置を指定します。

このままだと、**図21**のように画像全体が横に伸び

図20　RestCountのComponent設定

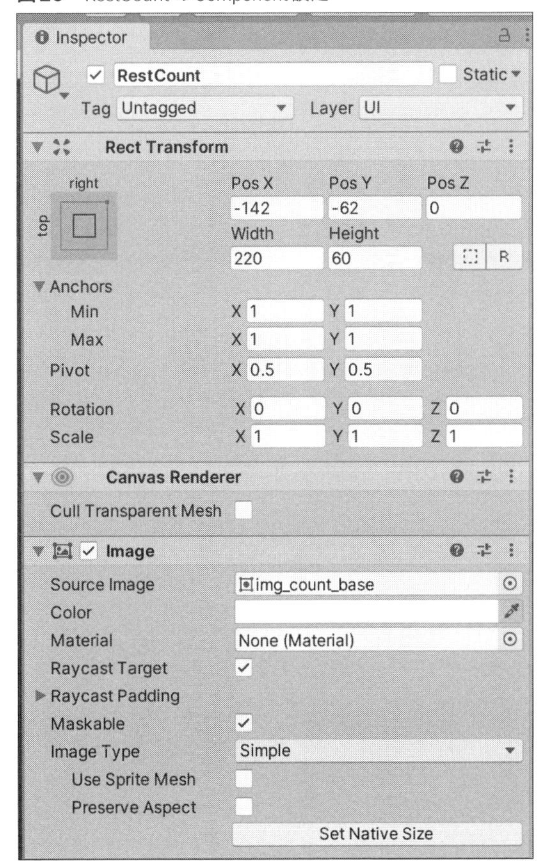

てしまいます。

ですので、今回は画像の一部を引き伸ばします。

画像の引き伸ばしの設定にはSprite Editorを利用します。Sprite Editorを利用するためには2D Spriteのパッケージをインストールする必要があります。「Window→Package Manager」を選択すると、Package Managerウィンドウが開くので、Packagesを「Unity Registory」に変更し、2D Spriteの「Install」を選択します(**図22**)。これにより2D Spriteのパッケージがインストールされたため、Sprite Editorが利用できるようになりました。

Projectウィンドウで「img_count_base」を選択し、Inspectorウィンドウから「Sprite Editor」を選択し、Sprite Editorウィンドウを開きます(**図23**)。

Sprite Editorウィンドウでは、Sprite画像の一部を伸ばす際に伸ばす範囲を設定できます。BorderのLとRに「30」を設定すると、エディタ上で左右それぞれから30の位置に境界線が表示されることを確認できます(**図24**)。Sprite画像の一部を伸ばした際には、その境界線の間の領域が伸びます。

ウィンドウの右上にある「Apply」を選択し変更を保存したら、Sprite Editorウィンドウを閉じます。

これだけでは背景は全体が伸びたままなので、Imageコンポーネントの設定を、一部を伸ばす設定に変更します。ImageコンポーネントのImageTypeを、「Simple」から「Sliced」に変更します(**図25**)。

これにより、背景画像の設定がSprite Editorウィンドウで設定した境界情報をもとに、一部だけ引き伸ばされる設定になりました(**図26**)。

文字の配置

次に文字を配置します。

Hierarchyウィンドウ上で「RestCount」を右クリックし、「UI→Text」を選択すると、RestCountオブジェクトの中にTextオブジェクトが作られます。今回は名前を「RestCountText」にします(**図27**)。

自身の1つ上の階層のRestCountオブジェクト(背景)の矩形情報をもとにRectTransformの値が反映さ

図22　2D Spriteのパッケージをインストール

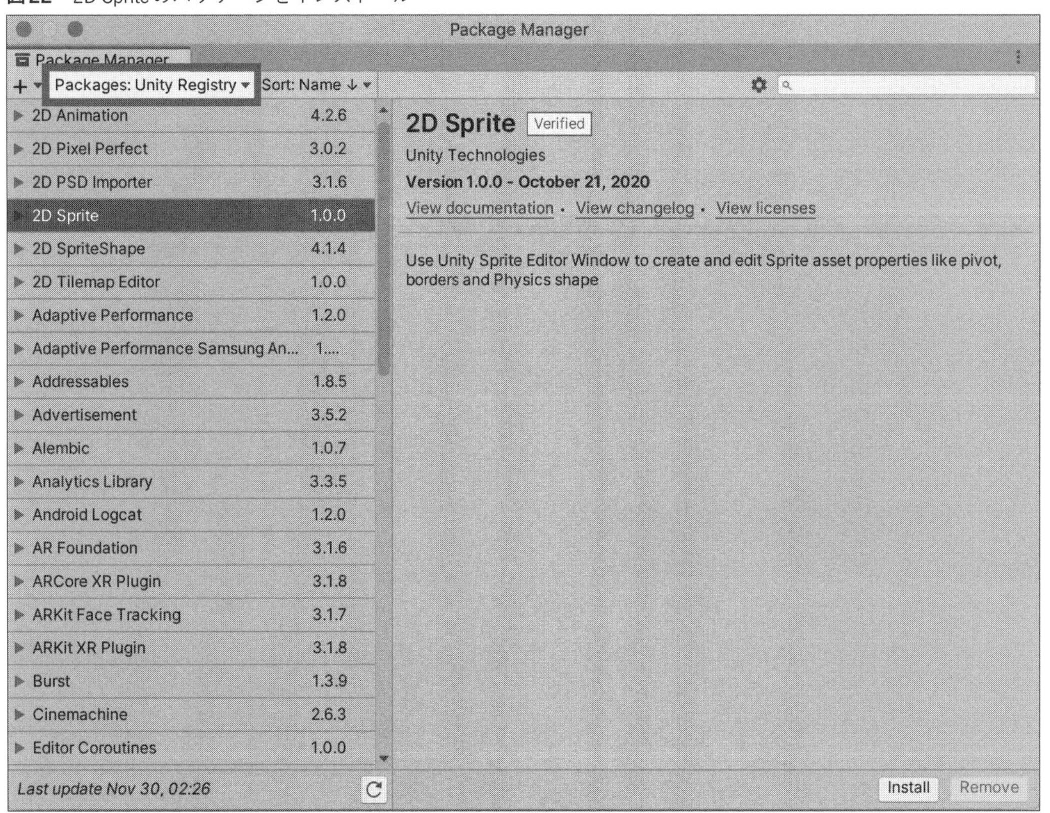

れるため、今回はAnchorsを**図28**のように指定することによって、背景のサイズをもとにテキストの領域が決定されるようにします。また、背景の枠線の内側をテキストの領域にするため、Left、Right、Top、Bottomのそれぞれの値を「8」に設定します。

図23 Sprite Editorウィンドウ

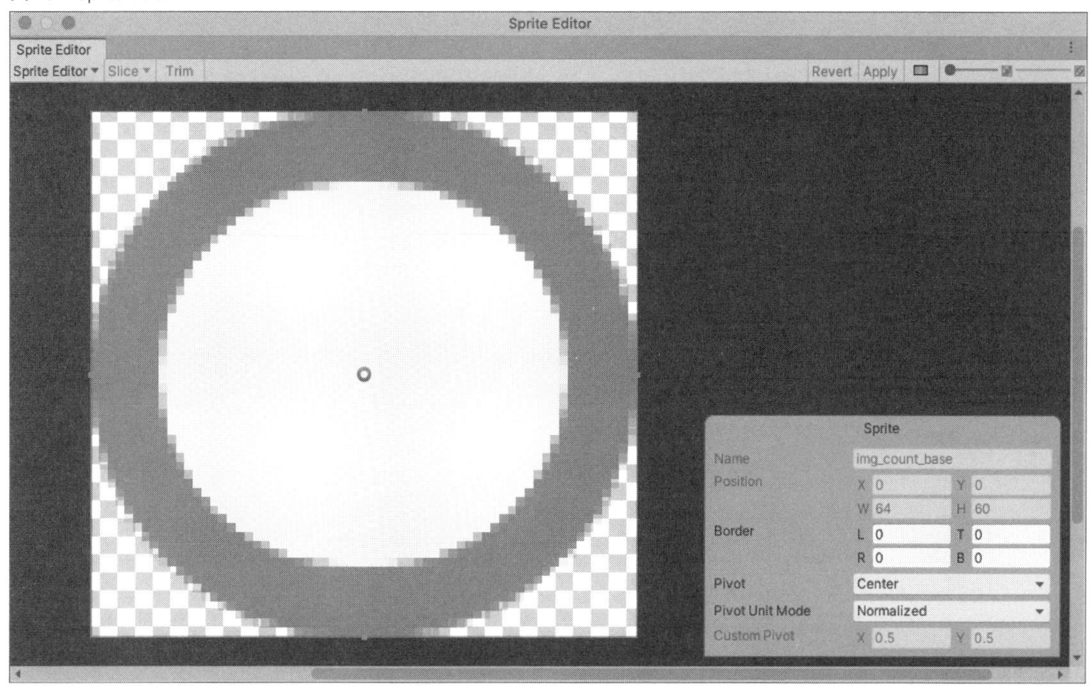

図24 LとRに「30」を設定

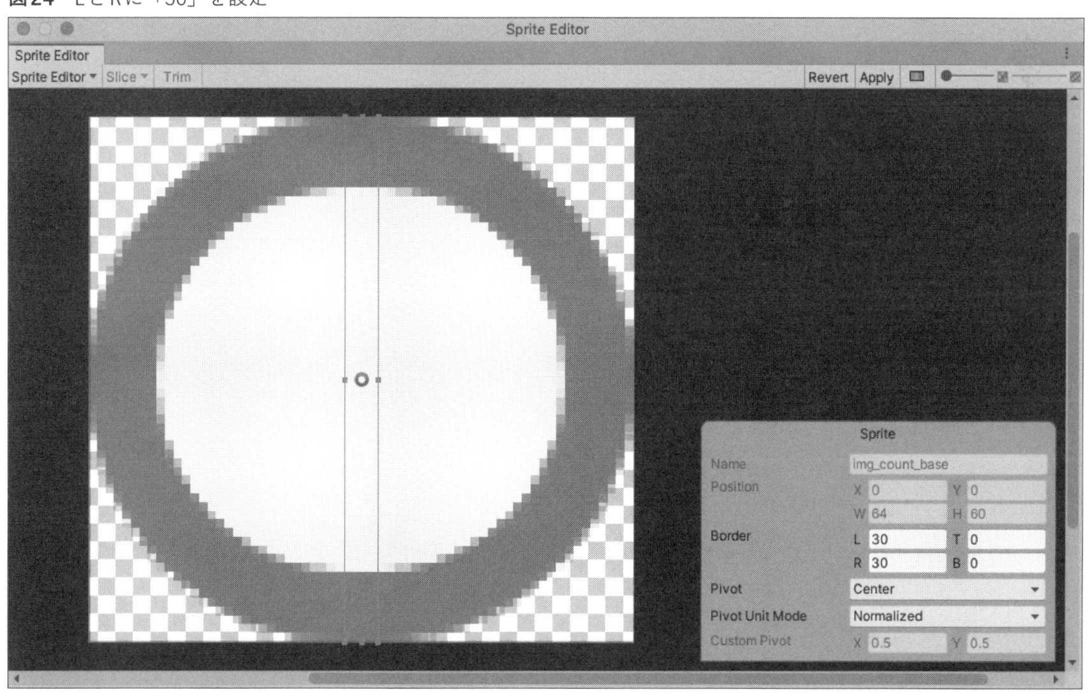

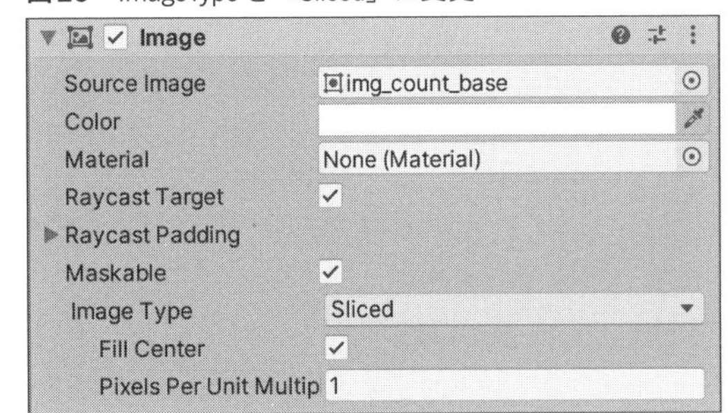

図25　ImageTypeを「Sliced」に変更

図26　画像の一部が引き伸ばされている

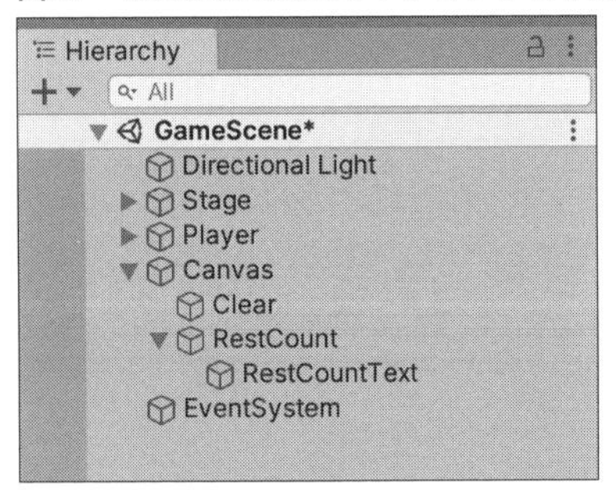

図27　RestCountTextのオブジェクトを作成

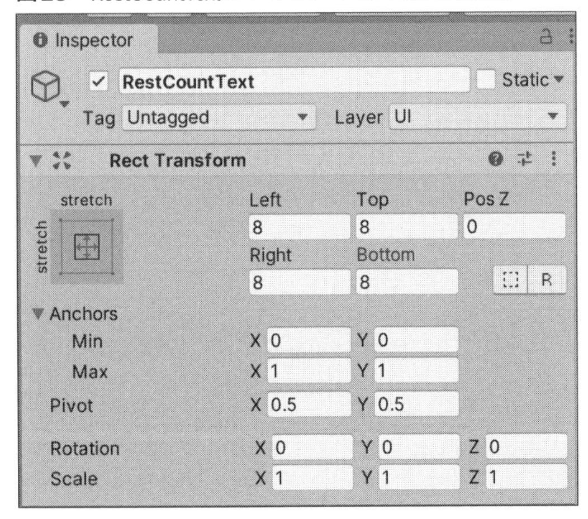

図28　RestCountTextオブジェクトのRectTransform

Textコンポーネントの設定

次にTextコンポーネントの値を設定します(**図29**)。Textコンポーネントは文字を表示するためのコンポーネントです。Textコンポーネント内のTextの項目は表示される文言です。スクリプトから表示する文字は最終的には設定しますが、確認のため「残り10個」と入力します。FontSizeではフォントサイズを設定できます。今回は「30」と設定します。そしてParagraphのAlignmentによってテキストのアライメント情報を決定できるため、「横中央」「縦中央」に設定します。また、Colorで文字色を設定できます。今回は「#FF3300」に設定します。

これにより、テキストの配置と設定が行われました(**図30**)。

「もう一度」ボタンの配置

最後に「もう一度」ボタンを配置します。これはクリア時に再度ゲームを遊ぶために表示するボタンです。

ボタンの配置

Hierarchyウィンドウ上で右クリックし、「UI→

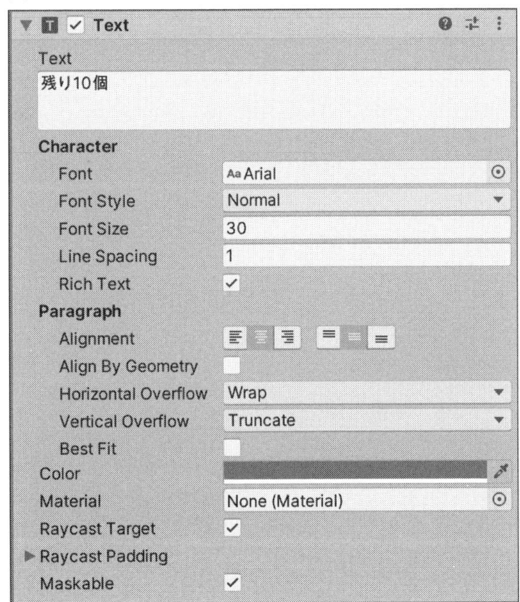

図29　Textコンポーネントの設定

Button」を選択すると、Canvasオブジェクトの中にButtonオブジェクトが作られます。今回は名前を「RestartButton」にします(**図31**)。

ボタンの背景に指定する画像も一部を引き伸ばすため、Projectウィンドウで「img_button_base」を選択し、InspectorウィンドウからSprite Editorウィンドウを開き、LとRとTとBに「10」を設定し、「Apply」を押します(**図32**)。

図33のように設定し、400×100のサイズのボタンを、Canvasオブジェクトの中央から下へ260の位置に配置します。また、画像は「img_button_base」のスプライトを指定し、画像の一部を伸ばすためにImageTypeを「Sliced」に変更します。そしてColorに「#FF3300」を設定します。Colorに色を指定することで画像に指定した色を乗算することができます。(**図34**)。

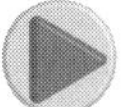

テキストの変更

次にボタンに乗っているテキストを変更します。

Hierarchyウィンドウ上でRestartButtonの中に配置されている「Text」を選択します(**図35**)。

そして、Inspectorウィンドウ上のTextコンポーネントのTextを「もう一度」に変更します(**図36**)。ま

図30 テキスト配置後の状態

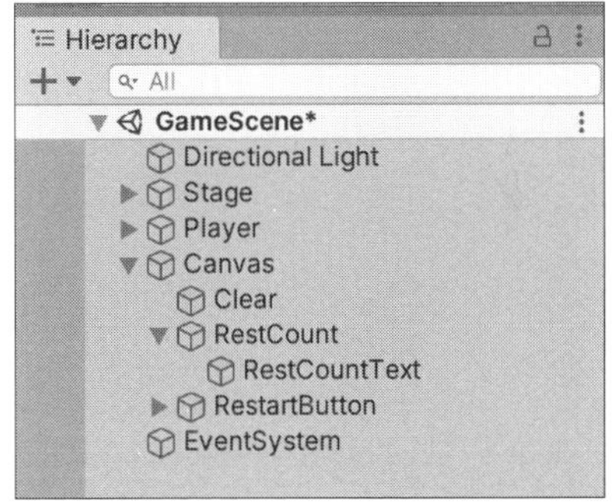

図31 RestartButtonのオブジェクトを作成

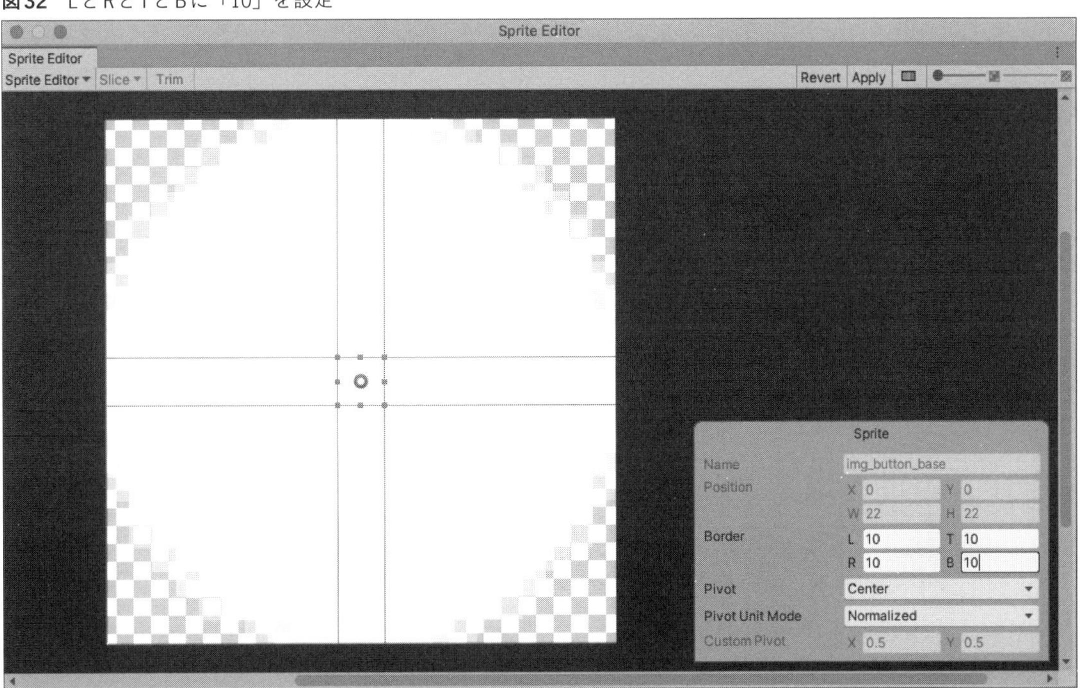

図32 LとRとTとBに「10」を設定

図33　RestartButtonの設定

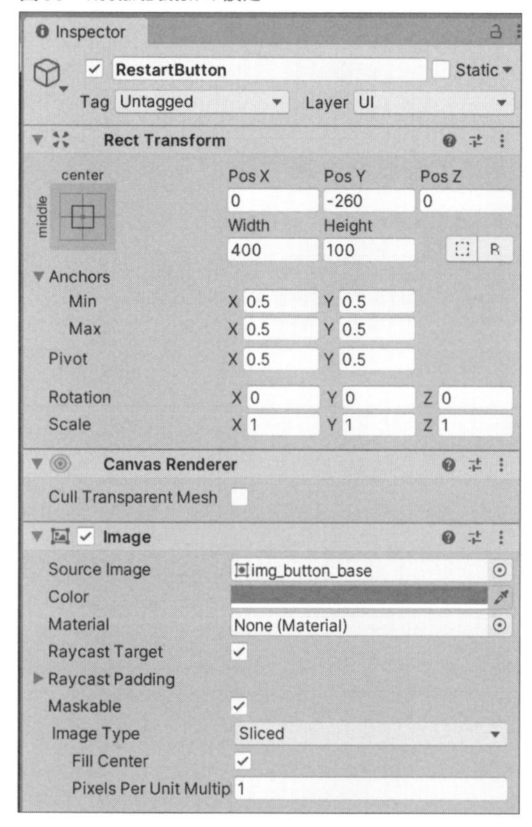

図34　RestartButtonの設定後の状態

図35　Textオブジェクトを選択

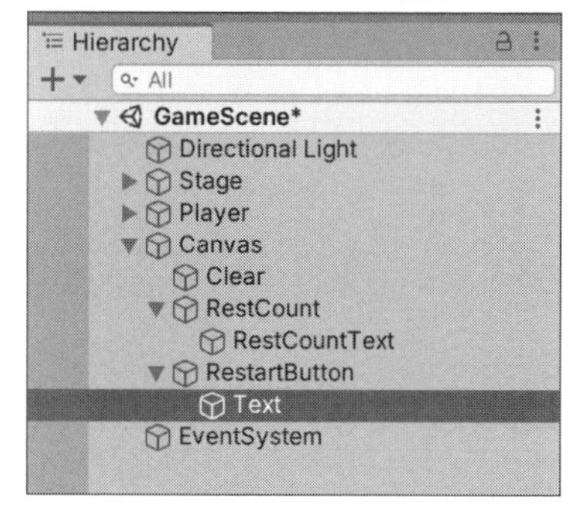

た、FontStyleを「Bold」に変更し、FontSizeを「50」にし、Colorに「#FFEEDD」を設定します。

これにより、ボタンの上に乗っているテキストが変更されました(**図37**)。

以上で、UIの配置は終了です。

最後に、クリア画像と「もう一度」ボタンはクリア時に表示するUIのため、非表示にしておきます。Hierarchyウィンドウ上で、「Clear」と「RestartButton」をそれぞれ選択し、Inspectorウィンドウの左上にあるチェックをそれぞれ外して要素を非アクティブにします(**図38**、**図39**、**図40**)。

以上でUIの配置が行われました。

図36　Textコンポーネントの設定

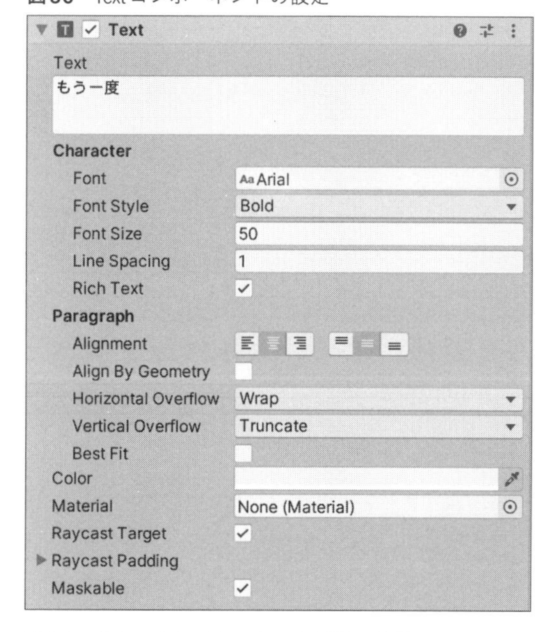

図37　ボタン上のテキストの変更後の状態

図38　Clearオブジェクトを非アクティブに変更

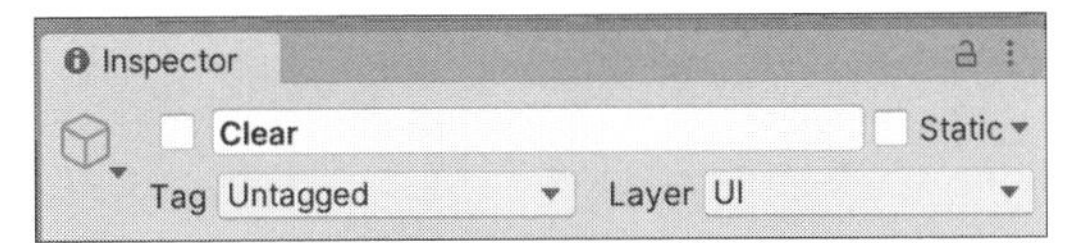

図39　RestartButtonオブジェクトを非アクティブに変更

Inspector
RestartButton
Static
Tag Untagged
Layer UI

図40　クリア画像と「もう一度」ボタンを非表示にした状態

第6章

ゲームシステムを実装しよう❶

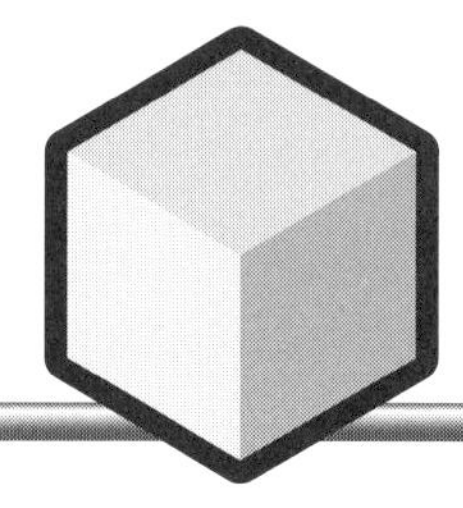

前章まででユニティちゃんを動かせるようになり、UIも配置されました。ここからは実際にゲームとして遊べるようにゲームシステムの実装を行います。

本章では、チョコレートを配置してユニティちゃんがチョコレートを獲得するまでの実装を行います。

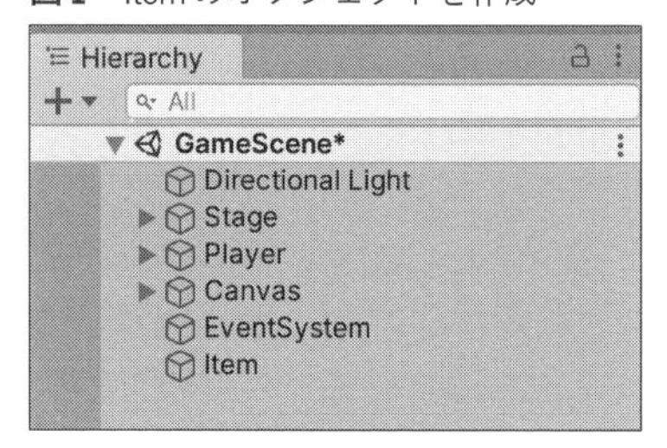

図1　Itemのオブジェクトを作成

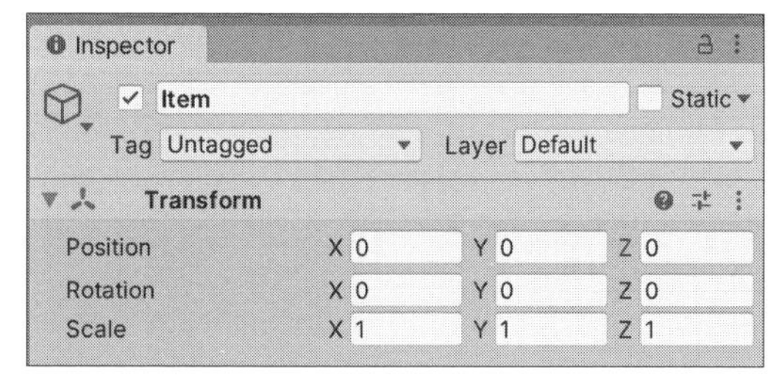

図2　ItemのTransform

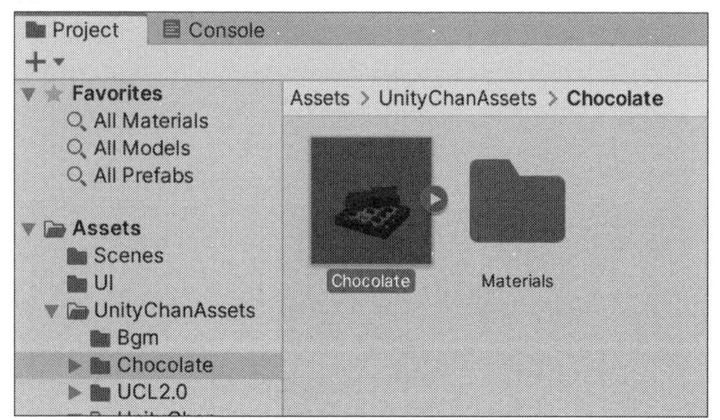

図3　ChocolateのPrefab

アイテムのPrefabの作成

まずはユニティちゃんが取得していくアイテム(チョコレート)のPrefabを作成します。

Hierarchyウィンドウ上で右クリックし、「Create Empty」を行い、GameObjectを作成し、名前を「Item」に変更し(**図1**)、Transformを**図2**のように設定します。

次に、Projectウィンドウ上の「Assets/UnityChan Assets/Chocolate」にある「Chocolate」のPrefab (**図3**)を、Itemの中にドラッグ&ドロップして追加します(**図4**)。

また、配置したChocolateのScaleの値を「2」に変更します(**図5**)。

次に、今作成したItemを使い回せるようにPrefab

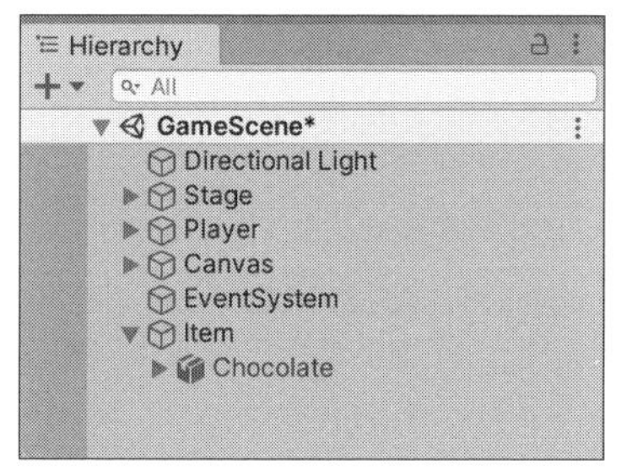

図4　ChocolateのPrefabをItemの中に追加

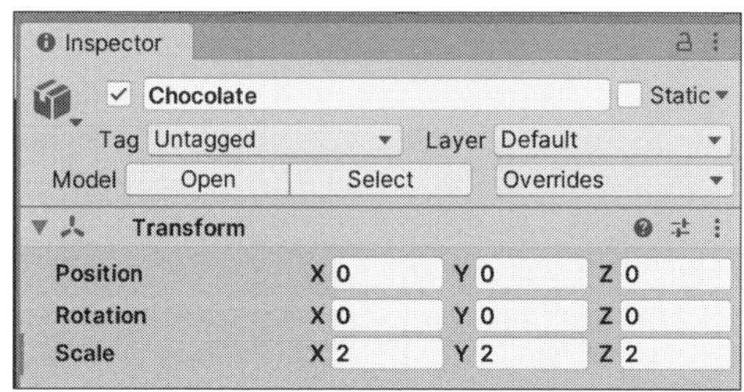

図5　ChocolateのScaleを変更

化します。Hierarchyウィンドウ上のItemをProjectウィンドウのAssetsフォルダの中にドラッグ&ドロップします。

これにより、ItemがPrefab化されました(**図6**)。

Prefab化を行ったらHierarchyウィンドウ上で「Item」を選択して右クリックし、「Delete」を行い(**図7**)、HierarchyウィンドウからItemを削除します(**図8**)。

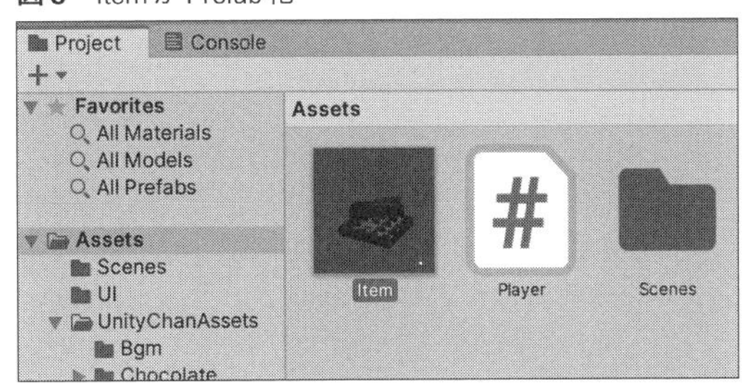

図6　ItemがPrefab化

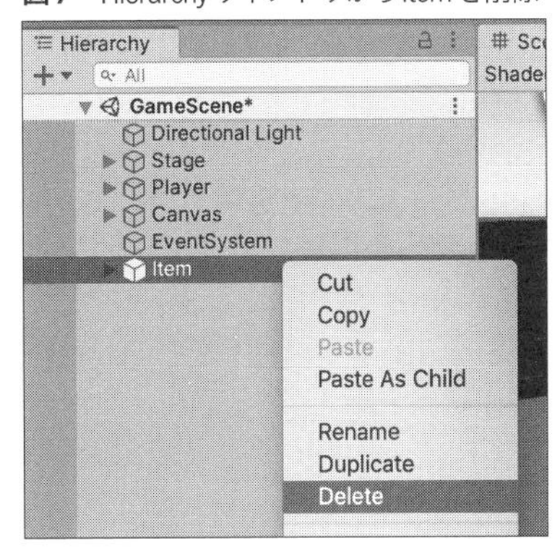

図7　HierarchyウィンドウからItemを削除

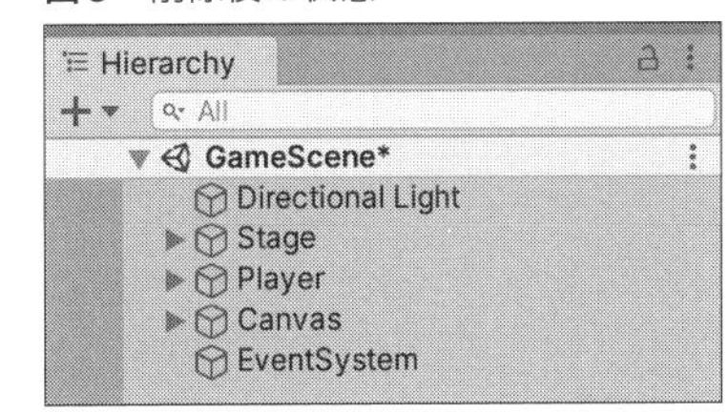

図8　削除後の状態

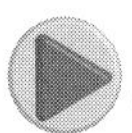

アイテムの配置

次に今作成したPrefabを用いて、ステージ上にアイテムの配置を行います。

スクリプトの生成

Projectウィンドウで右クリックし、「Create→C# Script」を行い、「Game」という名前のC#スクリプトを作成します。

作成したGameスクリプトをダブルクリックして開きます。

```
using System.Collections;
using System.Collections.Generic;
using UnityEngine;

public class Game : MonoBehaviour
{
    // Start is called before the first frame update
    void Start()
    {

    }

    // Update is called once per frame
    void Update()
    {

    }
}
```

スクリプトの変更

Gameスクリプトを次のように変更します。

```
using System.Collections;
using System.Collections.Generic;
using UnityEngine;

public class Game : MonoBehaviour
{
    // ❶
    // 生成するアイテムの総数
    public const int Total = 10;

    // ❷
    // アイテムのPrefab
    [SerializeField]
    private GameObject _itemPrefab;

    // ❸
    // Start is called before the first frame update
    void Start()
    {
        CreateItems();
    }

    // Update is called once per frame
    void Update()
    {
    }

    // ❹
    // アイテムを生成
    private void CreateItems()
    {
        for (int i = 0; i < Total; i++)
```

```
            {
                // ❺
                GameObject item = Instantiate(_itemPrefab);
                item.transform.position =
                    GetRandomItemPosition();
            }
        }

        // ❻
        // ランダムにアイテムを配置する座標を返す
        private Vector3 GetRandomItemPosition()
        {
            // 1f～3.5fの間でランダムにX座標を決定
            var x = UnityEngine.Random.Range(1f, 3.5f);
            // 1/2の確率で反転
            if (UnityEngine.Random.Range(0, 2) % 2 == 0)
            {
                x *= -1f;
            }

            // 1f～3.5fの間でランダムにZ座標を決定
            var z = UnityEngine.Random.Range(1f, 3.5f);
            // 1/2の確率で反転
            if (UnityEngine.Random.Range(0, 2) % 2 == 0)
            {
                z *= -1f;
            }

            return new Vector3(x, 0f, z);
        }
    }
```

Total (❶)は生成するアイテムの総数を表し、今回はアイテムを10個生成します。_itemPrefab (❷)は先ほど作成したItemのPrefabを保持します。

図9 Gameを作成

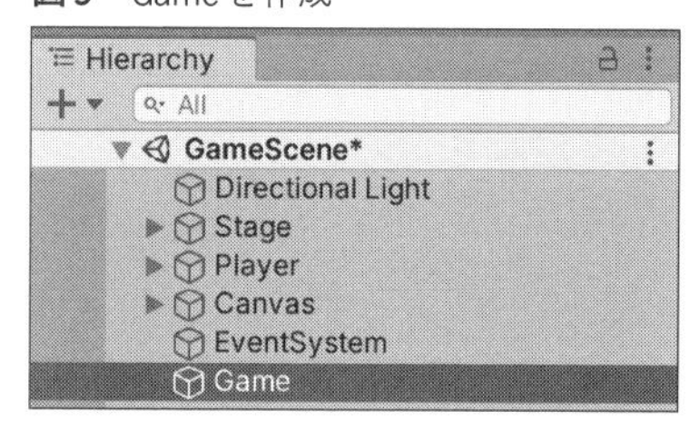

図10 Gameのコンポーネントの付与と設定

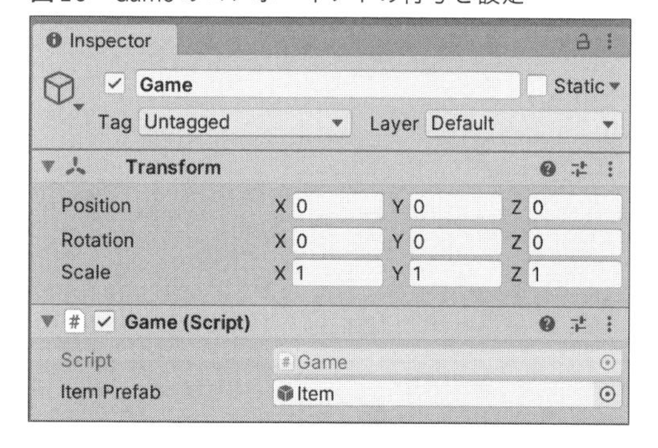

[SerializeField]属性を付けて、Inspectorウィンドウ上でPrefabを設定できるようにしています。

Startメソッド(❸)内でCreateItemsメソッドを呼ぶことによって最初にアイテムを生成しています。

CreateItemsメソッド(❹)は、for文でTotal数ぶんのアイテムを生成しています。Instantiateメソッド(❺)は、引数に与えられたオブジェクトをクローンして生成します。今回はPrefabを引数に与えることによって、Prefabのオブジェクトをクローンして生成します。クローンして生成されたアイテムのpositionはPrefabで設定されている値になるため、GetRandomItemPositionメソッドでランダムに配置する座標を後から設定しています。

GetRandomItemPositionメソッド(❻)では、xとzの値が「-3.5f～-1f、1f～3.5f」の中でランダムに設定されたVector3を座標として返します。「-1f～1f」の間の値を取らないようにしているのは、ユニティちゃんの初期位置とアイテムの位置が被らないようにするためです。またアイテムがステージ上に生成されるように「-3.5f」と「3.5f」の値を指定しています。

GetRandomItemPositionメソッドの中で使用されているUnityEngine.Random.Rangeメソッドは、第1引数と第2引数の間のランダムの値を返します。このメソッドは、引数がfloat型の際は第1引数も第2引数も含む範囲で値をfloat型で返し、引数がint型の際は第1引数は含むが第2引数は含まない範囲で値をint型で返します。

Hierarchyウィンドウ上で右クリックし、「Create Empty」を行い、GameObjectを作成し、名前を「Game」にします(**図9**)。次にInspectorウィンドウ上で「Add Component」をし、「Scripts→Game」を選択し、作成したGameコンポーネントを付与します。さらに、ItemPrefabにProjectウィンドウ上のAssetsフォルダ内にある「Item」を設定し、先ほど作成したItemのPrefabを設定します(**図10**)。

アイテム配置の確認

それではUnityで再生を行います。再生を行うと、GameコンポーネントのStartメソッドによって、アイテムがステージ上に10個生成されることが確認できます(**図11**)。

また、Hierarchyウィンドウ上を見るとクローンさ

図11　再生中のGameビュー

図12　再生中のHierarchyウィンドウ

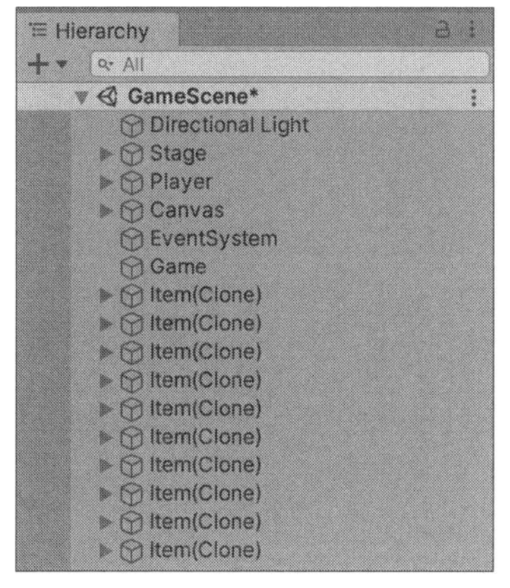

れたItemが10個配置されていることも確認できます(**図12**)。

確認が終わったら再生を停止します。

アイテムの取得

次はアイテムとユニティちゃんの衝突判定を行い、アイテムを取得する処理を実装します。今回はプレイヤーがアイテムをすり抜けた際にアイテムを取得するようにします。

コライダーというコンポーネントによって、物理衝突のためのオブジェクト形状を定義できます。

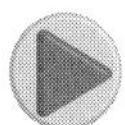 アイテムにコライダーを追加

Projectウィンドウで「Item」のPrefabを選択し、Inspectorウィンドウ上の「Open Prefab」をクリックして(**図13**)、Prefabの編集画面を開きます(**図14**)。

Hierarchyウィンドウ上の「Item」を選択し、Inspectorウィンドウ上で「Add Component」を選択し、「Physics→BoxCollider」を選択し(**図15**)、BoxColliderを付与します。

図13　Open Prefab

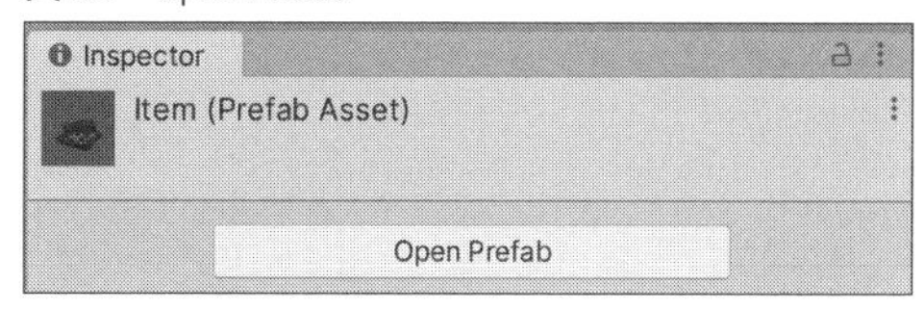

図14　ItemのPrefabを編集する画面

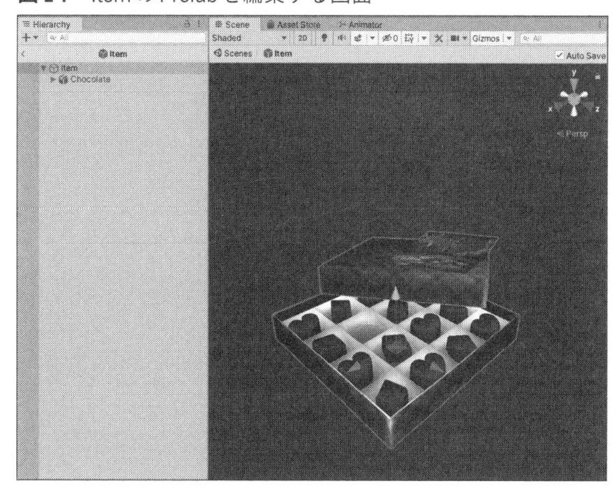

図15　BoxColliderを付与

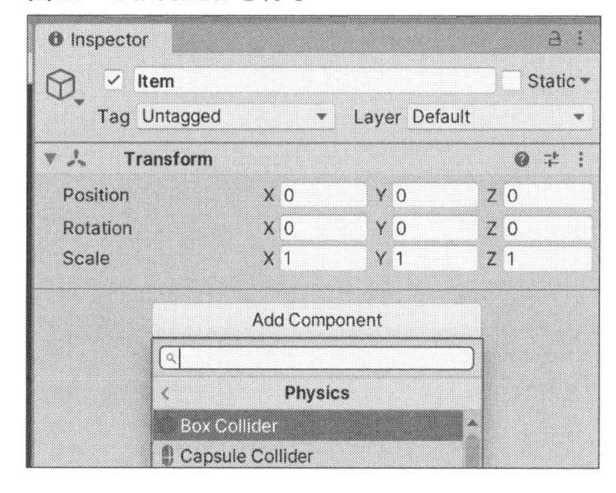

そして、BoxColliderの値を**図16**のように設定します。IsTriggerにチェックを入れることで、コライダーがすり抜け時の判定を行うためのトリガとして機能します。Centerはコライダーの中心位置、Sizeはコライダーのサイズを表します。

BoxColliderは箱型の形状のコライダーになります。

Hierarchyウィンドウ上で「Item」を選択している状態だと、コライダーの領域をSceneウィンドウで確認できます(**図17**)。

この領域がItemの物理衝突を検知する領域になります。

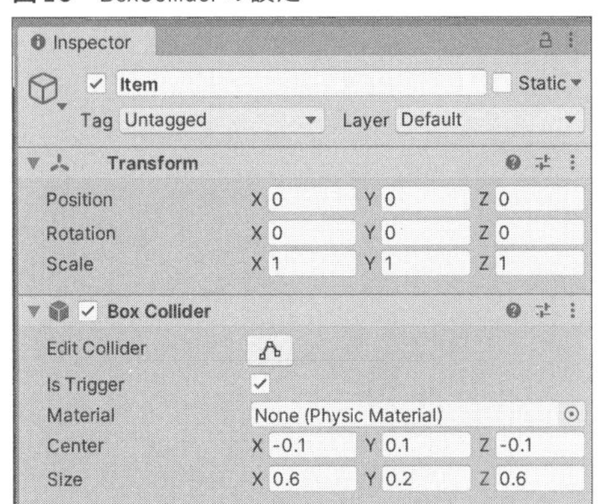

図16　BoxColliderの設定

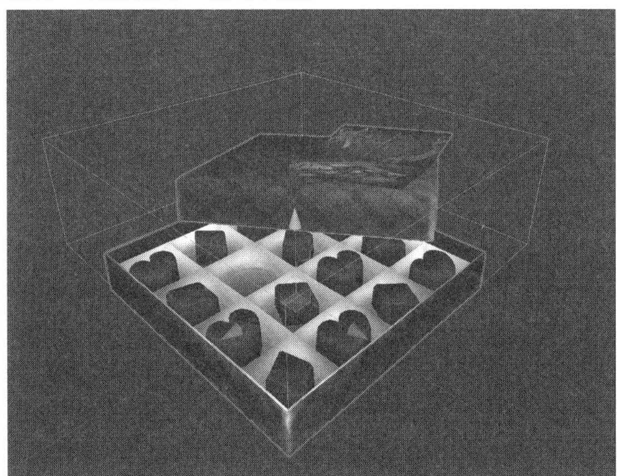

図17　BoxColliderの領域を確認

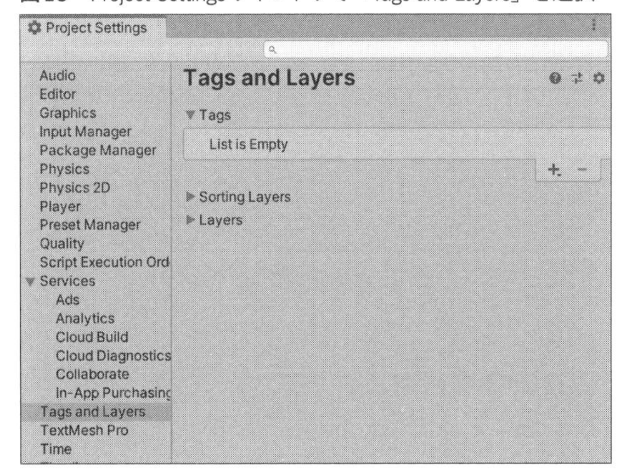

図18　Project Settingsウィンドウで「Tags and Layers」を選択

アイテムにタグを付与

Itemにこれがアイテムであることを判定するためのタグを付与します。まずはアイテム用のタグを用意します。上部メニューから「Edit→Project Settings...」でProject Settingsウィンドウを開き、「Tags and Layers」を選択します(**図18**)。

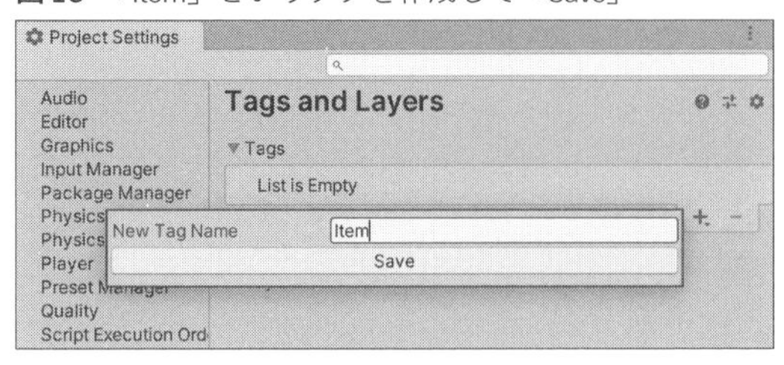

図19　「Item」というタグを作成して「Save」

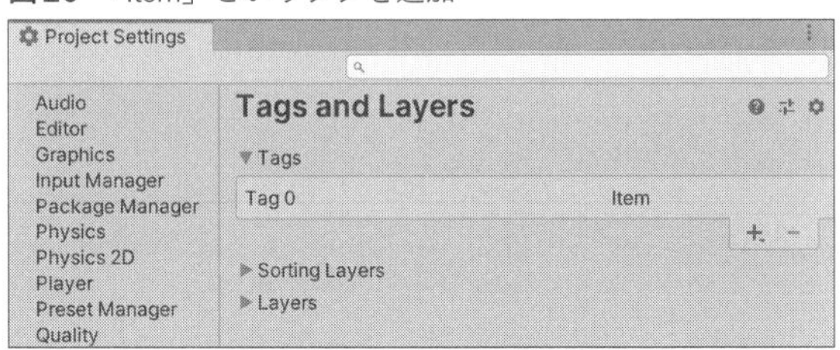

図20　「Item」というタグを追加

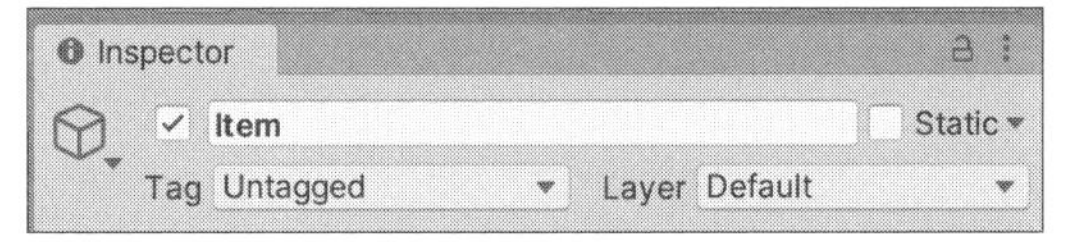

図21　Tagの選択ボックス

次にTagsの「+」を選択し、「Item」というタグを作成して「Save」をクリックします(**図19**)。

これにより、「Item」というタグが追加されました(**図20**)。

追加されたらProject Settingsウィンドウは閉じて大丈夫です。

ItemオブジェクトのTagの選択ボックスを開き(**図21**)、先ほど作成した「Item」のタグを選択します(**図22**)。

これにより、Itemオブジェクトに「Item」というタグが付与されました(**図23**)。

編集が終わったら、Hierarchyウィンドウ上の戻るボタンをクリックしてPrefabの編集を終了してください(**図24**)。

プレイヤーにコライダーを追加

まずはプレイヤーにコライダーを追加します。

Hierarchyウィンドウ上で「Player」を選択し、Inspectorウィンドウ上で「Add Component」を選択し、「Physics→CapsuleCollider」を選択し、CapsuleColliderを付与します。CapsuleColliderの値を**図25**のように設

図22 「Item」のタグを選択

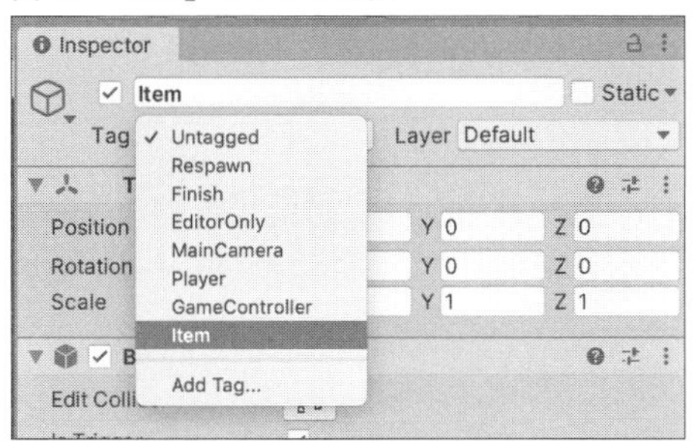

図23 「Item」のタグを付与

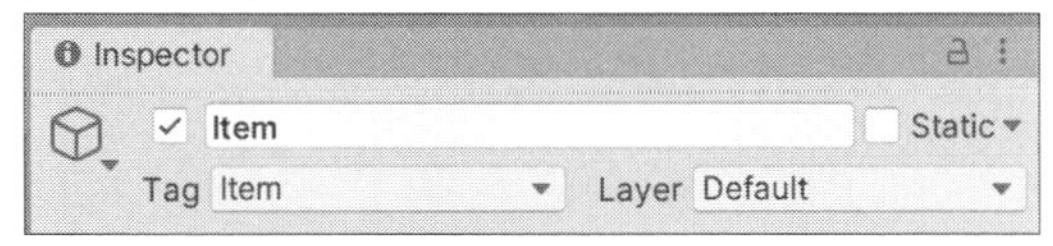

図24 Prefabの編集を終了

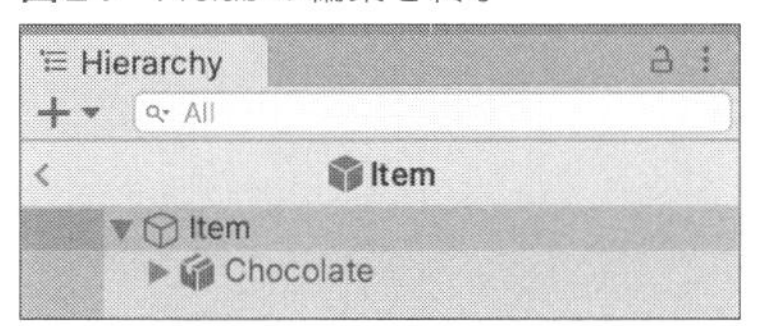

定します。

Centerはコライダーの中心位置、Radiusはコライダーの半径、Heightはコライダーの高さ、Directionはコライダーの向きを表します。

CapsuleColliderはカプセル型の形状のコライダーで、領域は**図26**のようになります。

今回はプレイヤーがアイテムをすり抜けた際にアイテムを取得するようにします。すり抜け判定をするために、判定をする物体の片方にRigidbodyというオブジェクトに物理属性を持たせるためのコンポーネントを付与する必要があります。

今回はプレイヤー側にRigidbodyを付与します。

Hierarchyウィンドウ上で「Player」を選択し、Inspectorウィンドウ上で「Add Component」を選択し、「Physics→Rigidbody」を選択し、Rigidbodyを付与します。今回は重力を働かせないため、RigidbodyのUseGravityのチェックを外します。また、今回は重力などの物理エンジンの影響は受けないようにするため、IsKinematicにチェックを入れます。

最終的なRigidbodyの設定は**図27**のようになります。

アイテムのスクリプトを用意

Projectウィンドウの Assetsフォルダ内で右クリックし、「Create→C# Script」を行い、「Item」という名前のスクリプトを作成します。

そして、Itemのスクリプトを次のように実装します。

図25 CapsuleColliderの設定

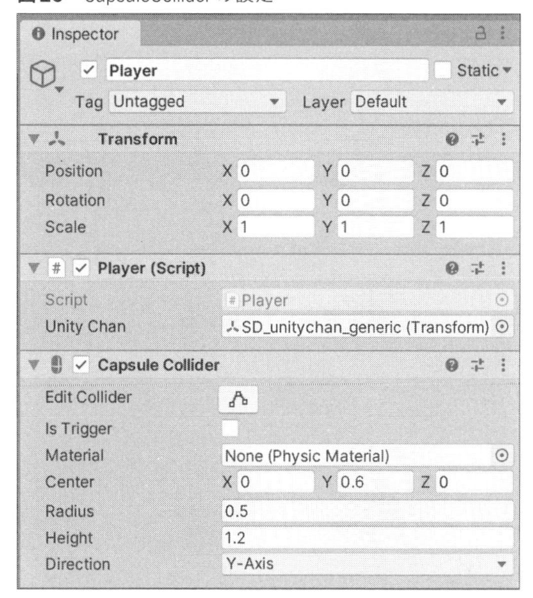

図26 CapsuleColliderの領域を確認

図27 Rigidbodyの設定

Rigidbody	
Mass	1
Drag	0
Angular Drag	0.05
Use Gravity	☐
Is Kinematic	✓
Interpolate	None
Collision Detection	Discrete

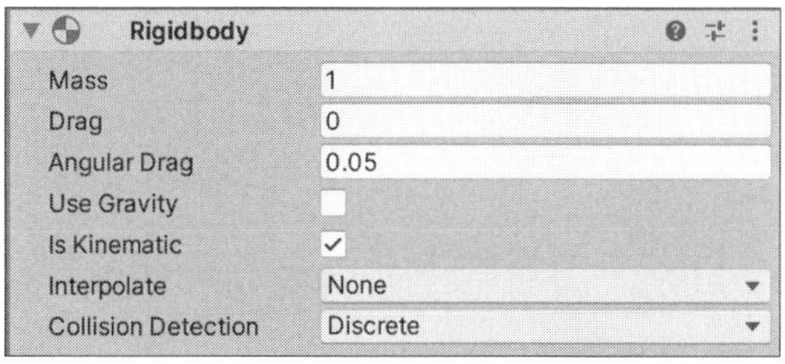

```
using System.Collections;
using System.Collections.Generic;
using UnityEngine;

public class Item : MonoBehaviour
{
    // ❶
    // チョコレートの3D
    [SerializeField]
    private GameObject _chocolate3d;

    // ❷
    // 衝突判定用のコライダー
    private BoxCollider _collider;

    // ❸
    // Start is called before the first frame update
    private void Start()
    {
        _collider = GetComponent<BoxCollider>();
    }

    // ❹
    // 取得された際の処理
    public void Gotten()
    {
        _chocolate3d.SetActive(false);
        _collider.enabled = false;
    }
}
```

_chocolate3d(❶)はチョコレートの3Dモデルで、_collider(❷)はアイテムに付与しているBoxColliderのコンポーネントです。

Startメソッド(❸)内で、GetComponentメソッドを呼び出すことで、自身に付いているコンポーネントからBoxColliderを取得し、保持します。

Gottenメソッド(❹)はアイテムが取得された際に呼ばれるメソッドです。このメソッドが呼ばれた際に、チョコレートの3Dモデルを非表示にし、衝突判定が複数回呼ばれないようにコライダーを無効化しています。

再度、Projectウィンドウで「Item」のPrefabを選択し、Inspectorウィンドウ上の「Open Prefab」をクリックして、Prefabの編集画面を開きます。

Hierarchyウィンドウ上の「Item」を選択し、Inspectorウィンドウ上で「Add Component」を選択し、「Scripts→Item」を選択し、作成したItemコンポーネントを付与します。

そして、Chocolate3dにはHierarchyウィンドウ上から「Item/Chocorate」をドラッグ＆ドロップして設定します。

設定後のItemコンポーネントは**図28**のようになります。

図28 Itemコンポーネントの設定

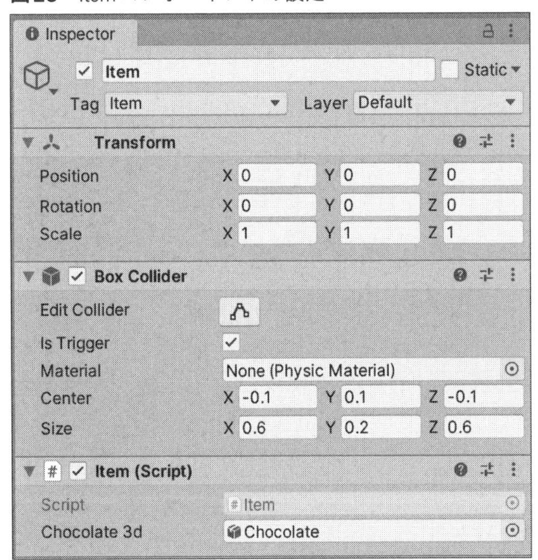

編集が終わったら、Hierarchyウィンドウ上の戻るボタンをクリックしてPrefabの編集を終了してください。

 プレイヤーのスクリプトを編集

Playerスクリプトに下記のメソッドを追加します。

```
    // 方向を更新
    private void UpdateRotation(Vector3 direction)
    {
        (略)
    }
+
+   // ❶
+   // ほかのトリガイベントに侵入した際に呼ばれる
+   private void OnTriggerEnter(Collider other)
+   {
+       if (other.gameObject.CompareTag("Item"))
+       {
+           Item item =
+               other.gameObject.GetComponent<Item>();
+           item.Gotten();
+       }
+   }
}
```

OnTriggerEnterメソッド(❶)は、コライダーがほかのトリガイベントに侵入した際に呼ばれます。今回はプレイヤーのコライダーがトリガ設定されているアイテムのコライダーに侵入した際に呼ばれます。

またこのとき、引数otherには接触したColliderが入っており、other.gameObjectでColliderのGameObjectにアクセスできます。

今回はアイテムに対してしか呼ばれませんが、接

触相手がアイテムかどうかの判定を行ないます。判定は接触相手に先ほど設定したItemのTagが設定されているかを、gameObjectのCompareTagメソッドで確認することで行います。

そして、GetComponentメソッドを呼ぶことによって、アイテムに付与されているItemコンポーネントを取得します。

さらに、itemのGottenメソッドを呼び出すことによって、先ほどItemクラスに実装したアイテム取得時のメソッドを呼び出します。

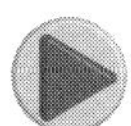

動作確認

それでは、Unityを再生し、プレイヤーがアイテムをすり抜けた際にアイテムが消えることを確認してください。

確認が終わったら、再生を停止してください。

アイテムの残数テキストの更新

次にアイテムを取得した際に、アイテムの残数(残りのチョコレート数)表示を更新する処理を実装します。

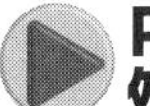

Playerスクリプトへの処理の追加

Playerスクリプトにアイテムが取得された際に呼ばれるコールバックメソッドをpublicのAction型で定義します。ActionはSystemのnamespaceに定義されているため、usingにSystemを追加します。

```
  using System.Collections;
  using System.Collections.Generic;
  using UnityEngine;
+ using System;

  public class Player : MonoBehaviour
  {
      (略)

      // ユニティちゃんのアニメーター
      private Animator _unityChanAnimator;

+     // アイテム取得時のコールバック
+     public Action OnGetItemCallback;
+
      // Start is called before the first frame update
      void Start()
      {
```

そして、アイテム取得時にコールバックを実行する処理を追加します。

```
      // ほかのトリガイベントに侵入した際に呼ばれる
      private void OnTriggerEnter(Collider other)
      {
          if (other.gameObject.CompareTag("Item"))
          {
              Item item =
                  other.gameObject.GetComponent<Item>();
              item.Gotten();
+             OnGetItemCallback();
          }
      }
```

Gameスクリプトへの処理の追加

次に、Gameスクリプトに残数を保持するint型の_restCount(❶)と、UIで配置している残数テキストを保持するText型の_restCountText(❷)を定義します。TextはUnityEngin.UIのnamespaceに定義されているため、usingにUnityEngine.UIを追加します。また、プレイヤーを保持するPlayer型の_player(❸)を定義します。

_playerと_restCountTextは、Inspectorウィンドウ上で値を設定するため[SerializeField]属性を付けておきます。

```
  using System.Collections;
  using System.Collections;
  using System.Collections.Generic;
  using UnityEngine;
+ using UnityEngine.UI;

  public class Game : MonoBehaviour
  {
      // 生成するアイテムの総数
      public const int Total = 10;

+     // ❶
+     // 残数
+     private int _restCount;
+
+     // ❷
+     // 残数のテキスト
+     [SerializeField]
+     private Text _restCountText;
+
+     // ❸
+     // プレイヤー
+     [SerializeField]
+     private Player _player;
+
      // アイテムのPrefab
      [SerializeField]
      private GameObject _itemPrefab;
```

次に残りアイテム数を設定するSetRestCountメソッドを追加します。

```
    // ランダムにアイテムを配置する座標を返す
    private Vector3 GetRandomItemPosition()
    {
        (略)
    }
+
+   // 残りアイテム数を設定
+   private void SetRestCount(int value)
+   {
+       _restCount = value;
+       _restCountText.text =
+           string.Format("残り{0}個", _restCount);
+   }
}
```

このメソッドではまず、引数で与えられた残りアイテム数を_restCountに設定します。string.Formatメソッドは、第2引数以降の値を第1引数の文字列に流し込むメソッドです。今回は{0}の部分に_restCountの値が入った文字列が返ります。_restCountText.textにstring.Formatメソッドの戻り値を代入することで、UI上に配置したテキストに残りアイテム数が反映された残数を設定しています。

次にStartメソッドにSetRestCountメソッドを呼び出す処理を追加します。

```
    // Start is called before the first frame update
    void Start()
    {
+       SetRestCount(Total);
        CreateItems();
    }
```

これによって、最初に残数としてTotalの値が設定されます。

次にアイテム取得時の処理を実装します。

```
    // 残りアイテム数を設定
    private void SetRestCount(int value)
```

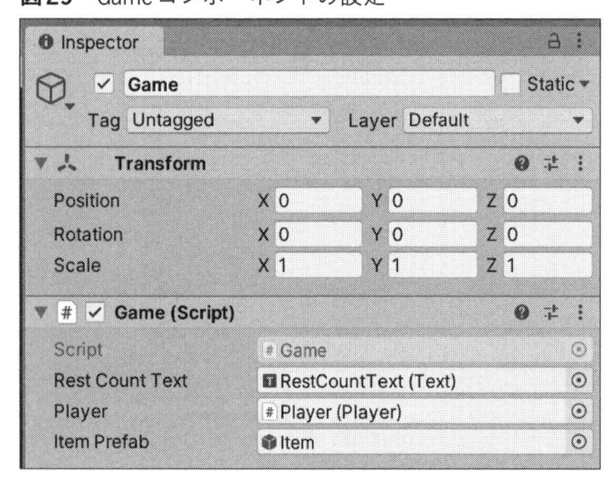

図29 Gameコンポーネントの設定

```
    {
        (略)
    }
+
+   // アイテム取得時の処理
+   private void OnGetItem()
+   {
+       SetRestCount(_restCount - 1);
+   }
}
```

アイテム取得時には残数が1減るので、現在の_restCountから1を引いた値を残数として設定します。

最後にStartメソッドの中で、Playerクラスに定義されているコールバックメソッドのOnGetItemCallbackに自身のOnGetItemメソッドを代入します。

```
// Start is called before the first frame update
void Start()
{
    SetRestCount(Total);
    CreateItems();
+   _player.OnGetItemCallback = OnGetItem;
}
```

これにより、Playerクラスのアイテム取得時にコールバックが呼ばれた際に、GameクラスのOnGetItemメソッドが呼ばれるようになります。

Hierarchyウィンドウ上で「Game」を選択し、Inspectorウィンドウ上のGameコンポーネントに値を設定します。RestCountTextにはHierarchyウィンドウ上の「Canvas/RestCount/RestCountText」をドラッグ＆ドロップして設定します。PlayerにはHierarchyウィンドウ上の「Player」をドラッグ＆ドロップして設定します(**図29**)。

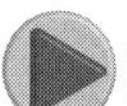

動作確認

それでは、Unityを再生し、プレイヤーがアイテムをすり抜けた際にアイテムの残数表示が更新されることを確認してください。

確認が終わったら、再生を停止してください。

以上より、アイテム(チョコレート)が開始時に10個ランダムに配置されるようになりました。

またプレイヤー(ユニティちゃん)がアイテムに触れた際に、アイテムが消え、残数表示も更新されるようになりました。

第7章

ゲームシステムを実装しよう②

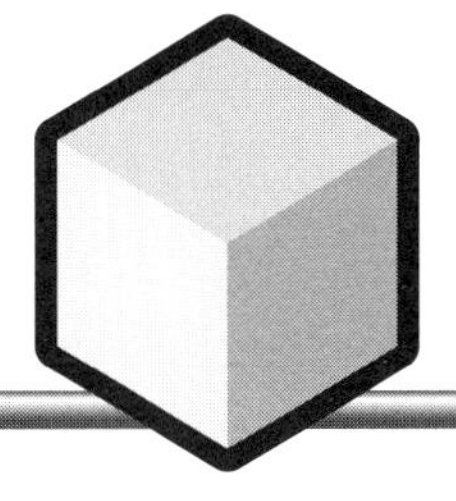

本章ではチョコレートをすべて獲得した際の終了処理を実装します。

終了処理の実装

アイテムをすべて取得し終わった際に、プレイヤーの移動を停止し、クリア画像と「もう一度」ボタンを表示します。そして「もう一度」ボタンを押した際にはゲームを再スタートします。

Playerスクリプトへの処理の追加

Playerスクリプトに、終了状態かどうかを表すbool型の_isFinishedを定義します。最初は終了していない状態なのでfalseを代入しておきます。

```
    // アイテム取得時のコールバック
    public Action OnGetItemCallback;

+   // 終了状態かどうか
+   private bool _isFinished = false;
+
    // Start is called before the first frame update
    void Start()
    {
        _unityChanAnimator =
            _unityChan.GetComponent<Animator>();
    }
```

次にUpdateメソッドの最初に、_isFinishedがtrueの際に即時returnする処理を追加します。

```
    // Update is called once per frame
    void Update()
    {
+       if (_isFinished)
+       {
+           return;
+       }
+
        // キーボード入力を進行方向のベクトルに変換して返す
        Vector3 direction = InputToDirection();
```

これにより、終了状態ではキーボード入力を取得してプレイヤーが移動する処理が走らなくなりました。

また終了処理のFinishメソッドをpublicで定義し、終了時に_isFinishedにtrueを代入します。

```
    // 他のトリガイベントに侵入した際に呼ばれる
    private void OnTriggerEnter(Collider other)
    {
        (略)
    }
+
+   // 終了処理
+   public void Finish()
+   {
+       _isFinished = true;
+   }
}
```

Gameスクリプトへの処理の追加

次はGameスクリプトにクリア画像をImage型の_clearImage(❶)で定義し、「もう一度」ボタンをButton型の_restartButton(❷)で定義します。どちらもInspectorウィンドウ上から値を設定できるように[SerializeField]属性を付与します。

```
    // アイテムのPrefab
    [SerializeField]
    private GameObject _itemPrefab;

+   // ❶
+   // CLEARの画像
+   [SerializeField]
+   private Image _clearImage;
+
+   // ❷
+   // 「もう一度」ボタン
+   [SerializeField]
```

```
+   private Button _restartButton;
+
    // Start is called before the first frame update
    void Start()
    {
```

次に終了処理としてFinishメソッドを定義します。

```
    // アイテム取得時の処理
    private void OnGetItem()
    {
        SetRestCount(_restCount - 1);
    }
+
+   // 終了処理
+   private void Finish()
+   {
+       _player.Finish();
+       _clearImage.gameObject.SetActive(true);
+       _restartButton.gameObject.SetActive(true);
+   }
}
```

Finishメソッドでは、Playerクラスで先ほど定義した終了処理を呼び出します。そのあと、クリア表示と「もう一度」ボタンを表示しています。gameObjectのSetActiveメソッドを呼び出すことにより、オブジェクトのアクティブ状態を変更することができます。

そしてアイテム取得時の処理で残数を更新したあとに、残数が0だった場合にFinishメソッドを呼び出すようにします。

```
    // アイテム取得時の処理
    private void OnGetItem()
    {
        SetRestCount(_restCount - 1);
+       if (_restCount == 0)
+       {
+           Finish();
+       }
    }
```

最後に「もう一度」ボタンを押された際に呼ぶRestartメソッドを実装します。

```
    // 終了処理
    private void Finish()
    {
        (略)
    }
+
+   // もう一度遊ぶ処理
+   public void Restart()
+   {
+       SceneManager.LoadScene("GameScene");
+   }
}
```

また、SceneManagerはUnityEngin.Scene Managementのnamespaceに定義されているため、usingにUnityEngine.SceneManagementを追加します。

```
  using System.Collections;
  using System.Collections.Generic;
  using UnityEngine;
  using UnityEngine.UI;
+ using UnityEngine.SceneManagement;
```

SceneManager.LoadSceneメソッドは、指定したシーンをロードするメソッドです。GameSceneは、最初に現在のシーンを保存した際のシーン名です。今回はGameSceneを再ロードして開きなおすことによって、ゲームを再スタートします。

スクリプトをコンポーネントとして付与

Hierarchyウィンドウ上で「Game」を選択し、Inspectorウィンドウ上のGameコンポーネントに値を設定します。ClearImageにはHierarchyウィンドウ上の「Canvas/Clear」をドラッグ&ドロップして設定します。RestartButtonにはHierarchyウィンドウ上の「Canvas/RestartButton」をドラッグ&ドロップして設定します(**図1**)。

次に「もう一度」ボタンをクリックした際にGameクラスに定義したRestartメソッドが呼ばれるようにします。

Hierarchyウィンドウ上で「RestartButton」を選択し、Inspectorウィンドウ上のButtonコンポーネントのOnClick()の「+」ボタンを選択します(**図2**)。

すると項目が追加されるので、Hierarchyウィンド

図1 Gameコンポーネントの設定

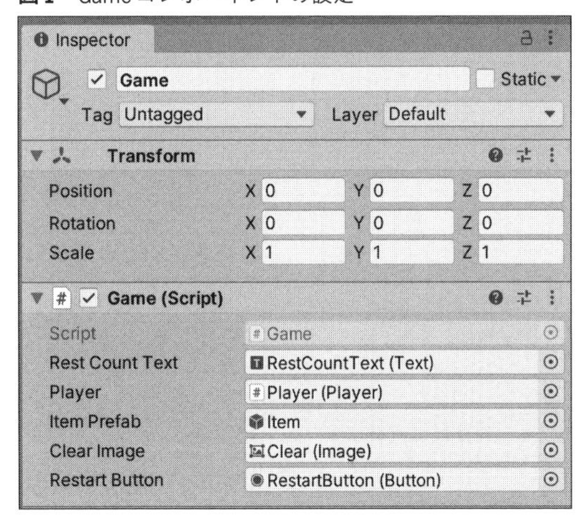

図2 OnClick()の「+」ボタン

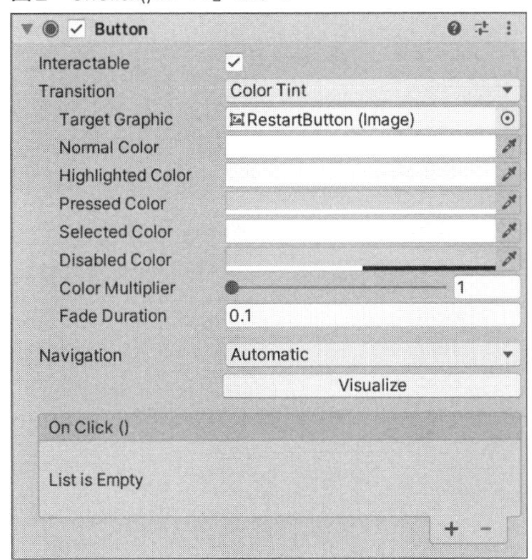

ウ上の「Game」をドラッグ＆ドロップして設定します(**図3**)。

そして右上の項目から「Game→Restart()」を選択します(**図4**)。

これにより、「もう一度」ボタンクリック時に、Hierarchyウィンドウ上のGameオブジェクトに付与されているGameコンポーネントのRestartメソッドが呼び出されるようになりました(**図5**)。

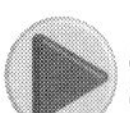

動作確認

それでは、Unityを再生し、アイテムの残り数が0になった際に、プレイヤーの移動が停止し、クリア画像と「もう一度」ボタンが表示されることを確認してください。また、「もう一度」ボタンを押した際にはゲームを再スタートすることも確認してください。

確認が終わったら、再生を停止してください。

終了時に決めポーズを取らせる

終了時にプレイヤーの移動は止まりましたが、ユニティちゃんが走っているモーションはそのままでした。終了時にユニティちゃんに決めポーズを取らせます。

AnimatorControllerの設定

Projectウィンドウ上で「UnityChanAnimatorController」をダブルクリックして、Animatorウィンドウを開きます。

図3 Gameを設定

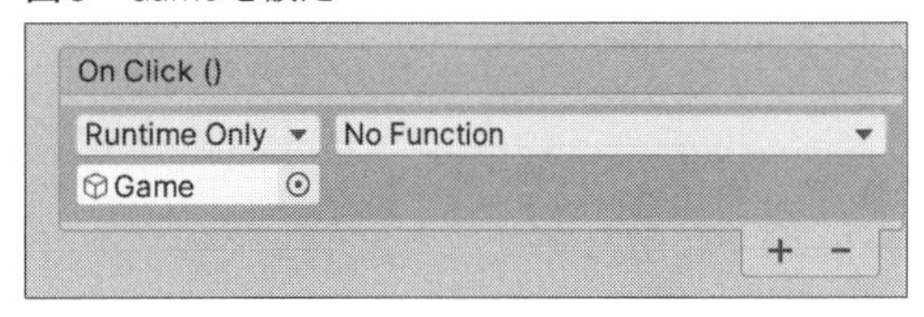

図4 Restart()を選択

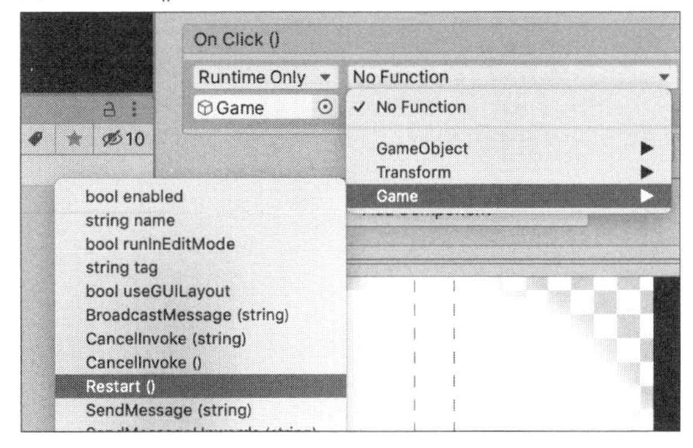

図5 OnClick()の設定後の状態

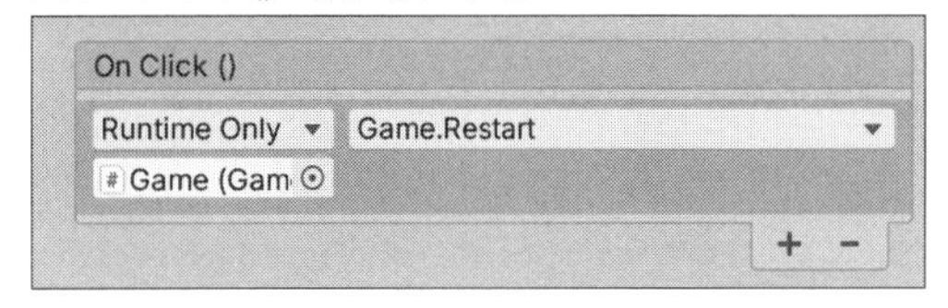

Animatorウィンドウ上で右クリックし、「Create State→Empty」を選択し、新しいStateを作成します(**図6**)。

そして、ノードの名前を「Finish」にし、Motionには「Salute」を設定します(**図7**)。

次にStateを切り替えるためのパラメータを用意します。

AnimatorウィンドウのタブはParametersを選択します。そして、「+→Bool」を選択し(**図8**)、「finish」というbool型の変数を用意します。また、初期状態を設定できるので、チェックボックスのチェックが外れているfalseの状態にしておきます(**図9**)。

次に状態を遷移させる矢印を作成します。

Any Stateのノードの上で右クリックし、「Make Transition」を選択すると(**図10**)、矢印を伸ばすことができます。

矢印が伸びている状態でFinishのノードをクリックすると、矢印がFinishのノードに接続されます(**図11**)。

Any Stateはすべての状態を指します。これにより、どの状態からでもFinishに状態を遷移させることが

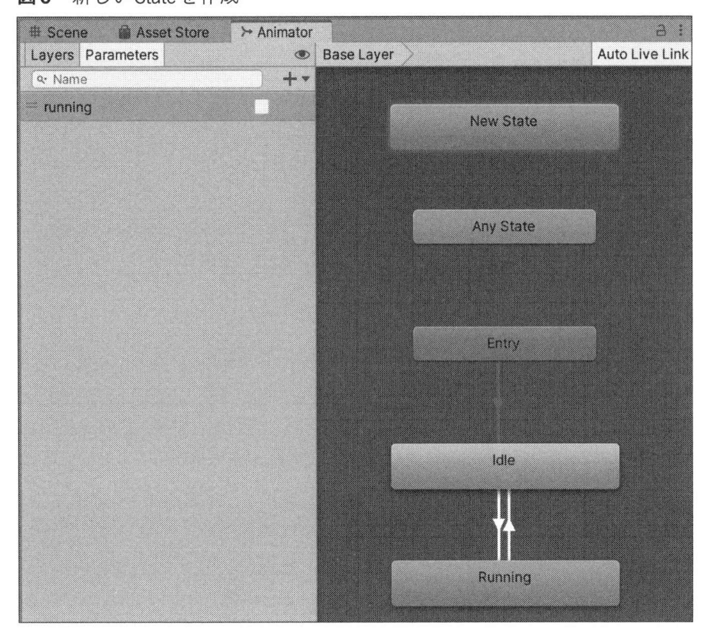

図6　新しいStateを作成

図7　Finishノードの設定

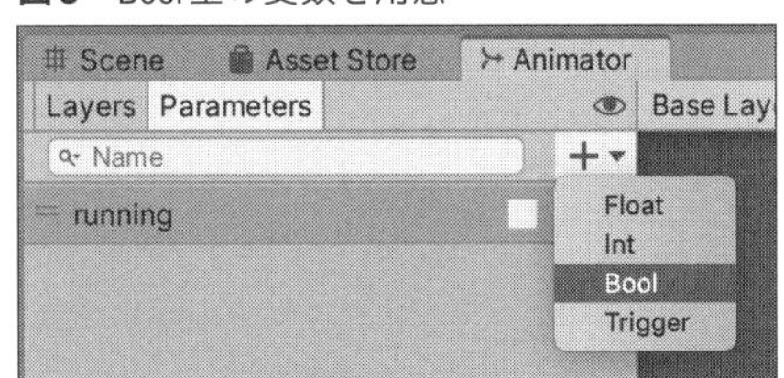

図8　Bool型の変数を用意

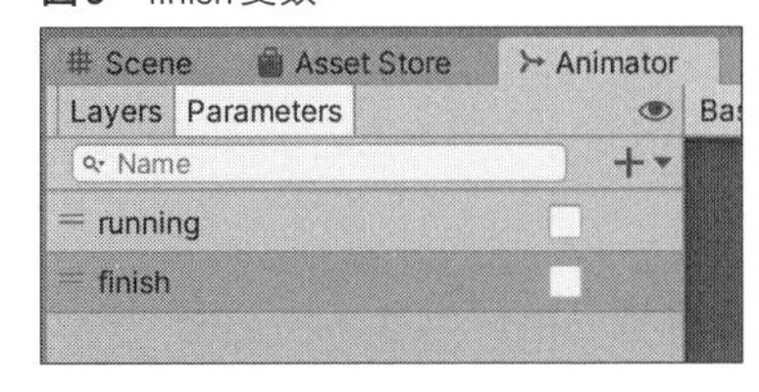

図9　finish変数

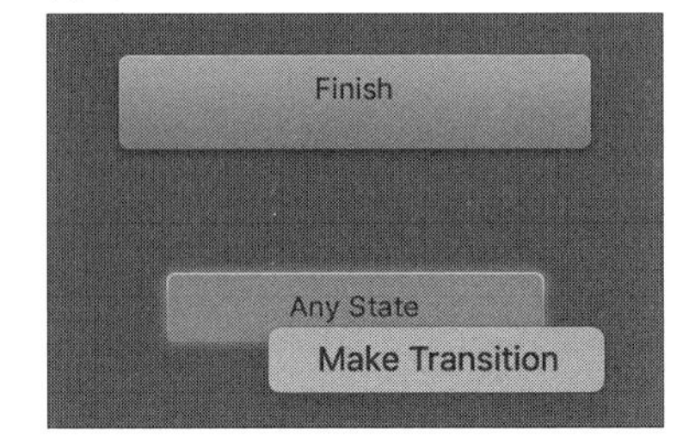

図10　Make Transition

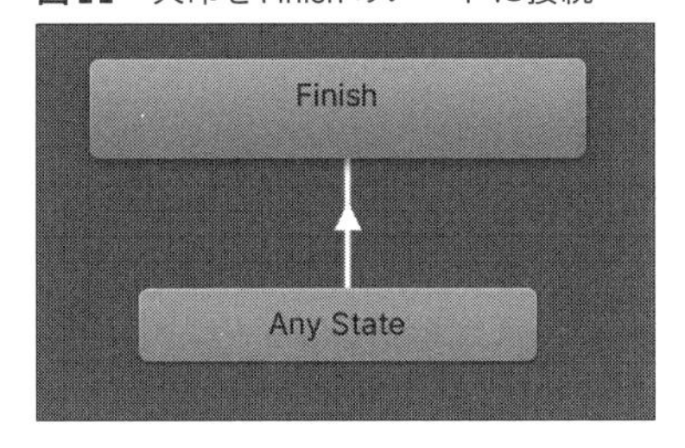

図11　矢印をFinishのノードに接続

できるようになりました。

次に、状態の遷移条件を設定します。

Any StateのノードからFinishのノードに伸びている矢印を選択します。

Inspectorウィンドウに矢印の情報が表示されるので、Conditionsの「+」を選択し、「finish」を「true」に設定します。また、モーションを即座に切り替えるためにHasExitTimeのチェックを外します(**図12**)。

また、Settingsを開き、Can Transition To Selfのチェックを外し、自分自身の状態に遷移を行わないようにします(**図13**)。

これにより、Finish以外の状態の際、finishのパラメータがtrueになった場合に、状態がFinishに変更されるようになりました。

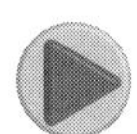 Playerスクリプトへの処理の追加

それではスクリプトからfinishのパラメータを操作して、UnityChanAnimatorControllerの状態を変更させます。

Playerスクリプトの`Finish`メソッドに処理を追加します。

```
// 終了処理
public void Finish()
```

```
    {
        _isFinished = true;
+       _unityChan.rotation =
+           Quaternion.Euler(0f, 180f, 0f);
+       _unityChanAnimator.SetBool("finish", true);
    }
```

まず、Quaternion.Eulerメソッドによってyが180度のQuaternionをユニティちゃんのrotationに代入し、ユニティちゃんを手前に向かせます。そして、UnityChanAnimatorControllerのfinishの値をtrueにし、状態をFinishにします。

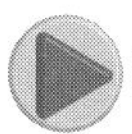動作確認

それでは、Unityを再生し、終了時にユニティちゃんが手前を向いて決めポーズをすることを確認してください。また、Animatorウィンドウ上の状態も状況に応じて変更されていることが確認できます(**図14**)。

確認が終わったら、再生を停止してください。

以上により、終了と再スタートの処理が実装されました。

図12 遷移の設定

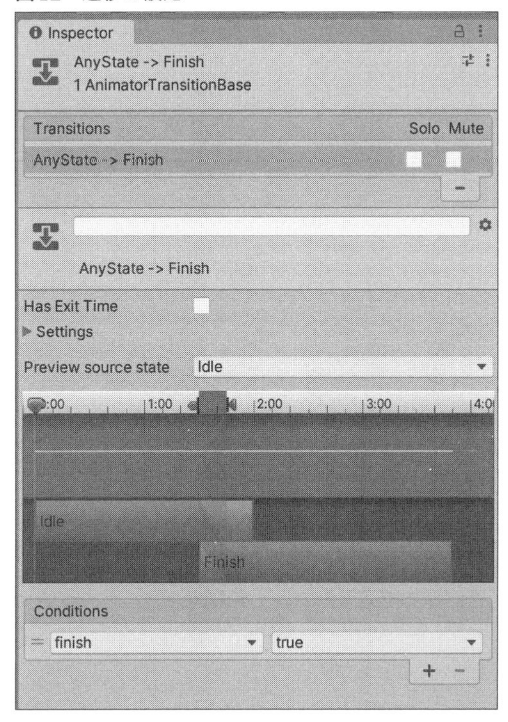

図13 自分自身の状態に遷移を行わないように設定

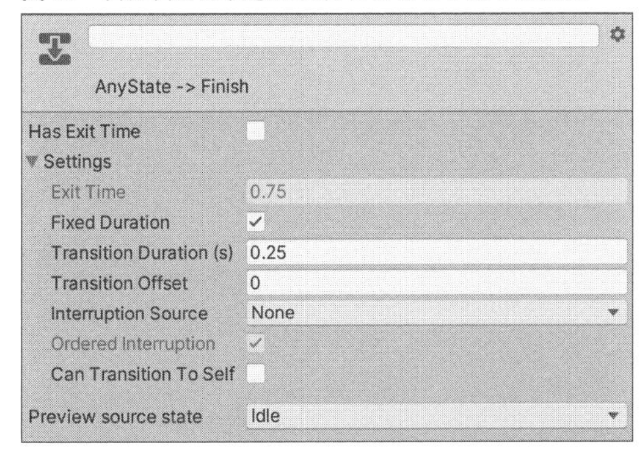

図14 終了時の状態

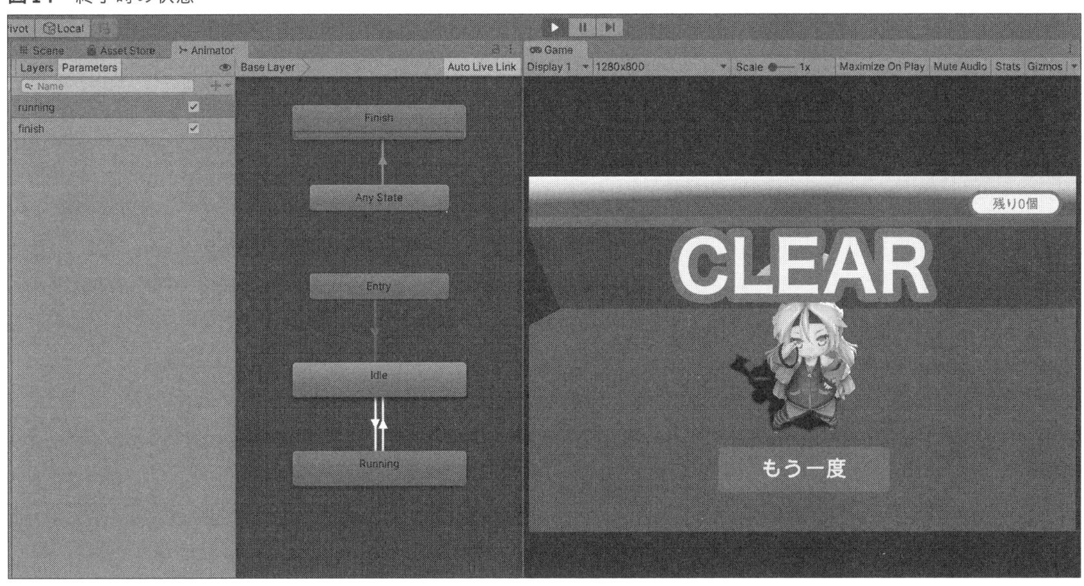

第8章

エフェクトで画面を盛り上げよう

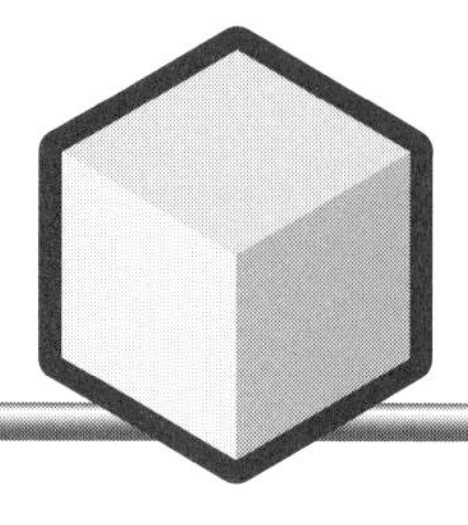

本章ではアイテム取得時にエフェクトを表示するようにして、ゲーム画面の盛り上げを行います。

エフェクトの作成と配置

Unityではshurikenと呼ばれるパーティクルシステムを用いることで、エフェクトを作成することが可能です。今回はチョコレートを取得した際に簡単なエフェクトを表示してみましょう。

Projectウィンドウで「Item」のPrefabを選択し、Inspectorウィンドウ上の「Open Prefab」をクリックして、Prefabの編集画面を開きます。

Hierarchyウィンドウ上で「Item」を選択して右クリックし、「Effects→Particle System」でItemの中にParticle Systemを作成します。作成されたParticle Systemの名前を「Glitter」に変更します。Hierarchyウィンドウ上で「Glitter」を選択すると、エフェクトが再生され、Sceneビューの右下に、Particle Effectというパネルが表示されます(**図1**)。このParticle Effectのパネルを用いると、エフェクトの再生や一時停止などを行えます。

それではエフェクトを編集していきます。

図1　Particle Effectパネル

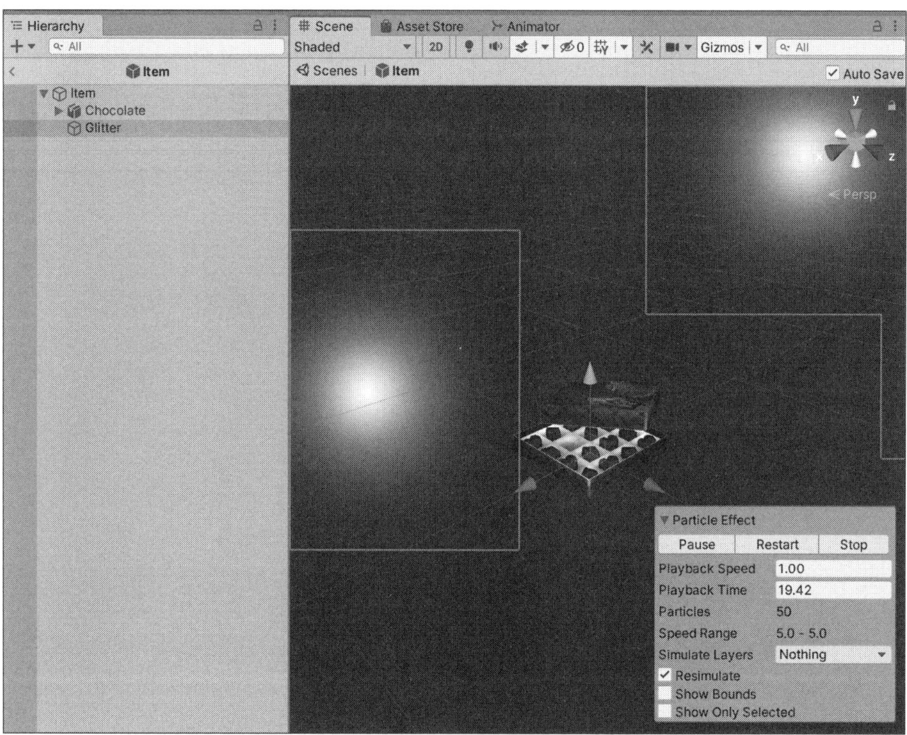

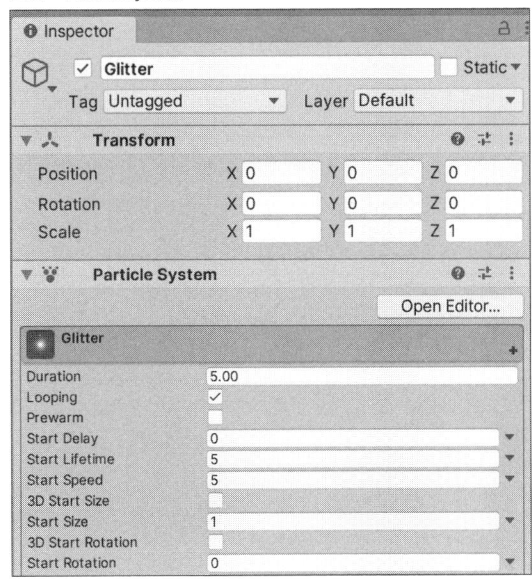

図2 ParticleSystem

「Glitter」を選択し、Inspectorウィンドウを確認をするとParticleSystemというコンポーネントがあります(**図2**)。ここでエフェクトを編集できます。

メインモジュールの設定

まず一番上のメインモジュールの項目を設定します(**図3**)。

Durationはシステムが動作する時間の長さを表します。今回はDurationを「0.1」にします。これにより5秒間発生し続けていたパーティクルが0.1秒間だけ発生するようになりました。

Loopingはパーティクルをループさせるかを表します。今回はLoopingのチェックを外します(**図4**)。これによりエフェクトがループしなくなります。パーティクルの確認の際にはSceneウィンドウ上のParticle Effectのパネルで「Restart」を押して確認をしてください。

Start Lifetimeはパーティクルの生存期間を表します。Start Lifetimeの右の▼をクリックし「Random Between Two Constants」を選択します(**図5**)。これによりStart Lifetimeの値が2つの定数の間でランダムに決定されるようになります。

数値を入力できる箇所が2つに増えるので「0.2」と「0.5」を入力します(**図6**)。これにより、発生した一

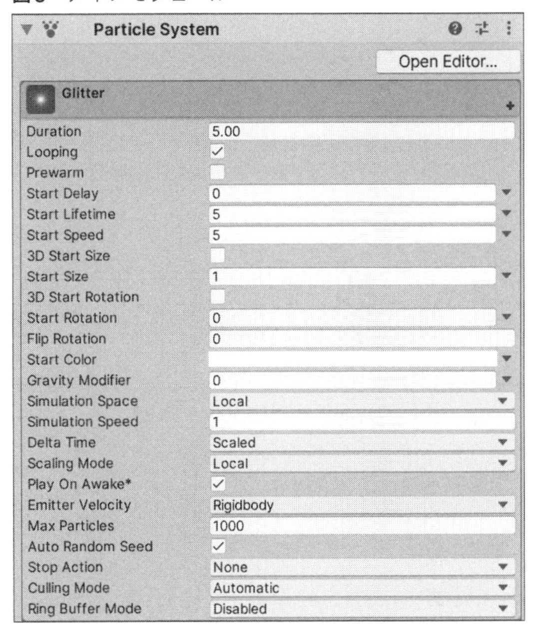

図3 メインモジュール

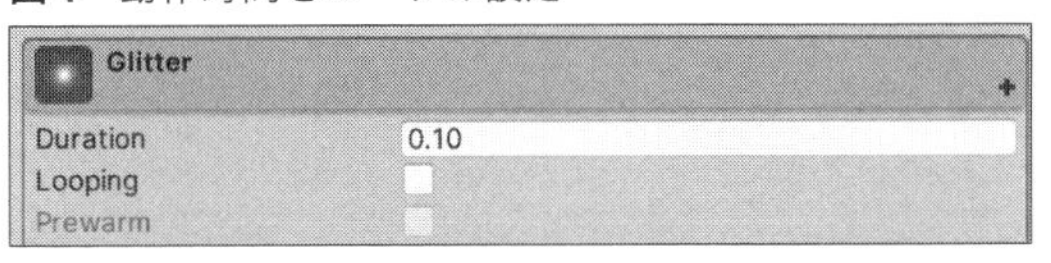

図4 動作時間とループの設定

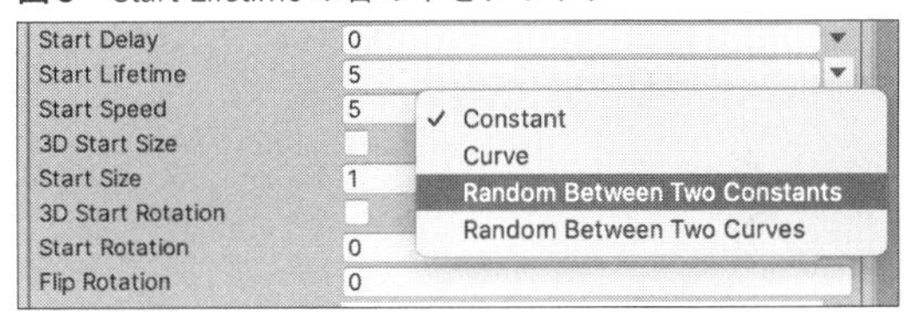

図5 Start Lifetimeの右の▼をクリック

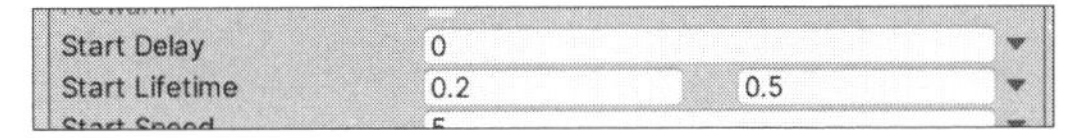

図6 生存期間を設定

つ一つのパーティクルが発生後0.2秒から0.5秒の間でランダムに消滅するようになります。

Start Speedはパーティクル発生時の速度を表します。こちらも右の▼をクリックし「Random Between Two Constants」を選択し、「0.1」と「5」を入力します。これにより、一つ一つのパーティクルが0.1から5の間のランダムな速度で発生するようになります。

Start Sizeはパーティクル発生時のサイズを表します。こちらも右の▼をクリックし「Random Between Two Constants」を選択し、「0.1」と「0.3」を入力します

図7　発生時の速度とサイズを設定

Start Speed	0.1	5
3D Start Size		
Start Size	0.1	0.3

図8　発生時の色を設定

Flip Rotation	0
Start Color	
Gravity Modifier	0

図9　エフェクトの自動再生を無効化

Scaling Mode	Local
Play On Awake*	
Emitter Velocity	Rigidbody

図10　Emissionの設定

✓ Emission

Rate over Time	1000
Rate over Distance	0

Bursts

Time	Count	Cycles	Interval	Probability
List is Empty				

図11　Shapeの設定

✓ Shape

Shape	Hemisphere					
Radius	0.5					
Radius Thickness	1					
Arc	360					
Mode	Random					
Spread	0					
Texture	None (Texture 2D)					
Position	X	0	Y	0	Z	0
Rotation	X	-90	Y	0	Z	0
Scale	X	1	Y	1	Z	1
Align To Direction						
Randomize Direction	0					
Spherize Direction	0					
Randomize Position	0					

(**図7**)。これにより、一つ一つのパーティクルが0.1から0.3の間のランダムのサイズで発生するようになります。

Start Colorはパーティクル発生時の色です。こちらは右の▼をクリックし「Random Between Two Colors」を選択します。これによりStart Colorの値が2つの色の間でランダムに決定されるようになります。それぞれの色はクリックすることで、色設定用のパネルが表示され、設定できます。今回はそれぞれの色の色設定用パネルのHexadecimalの項目に「FFDD33」(黄色)と、「33DDFF」(水色)を設定します(**図8**)。これにより、一つ一つのパーティクルが黄色と水色の間の色でランダムに発生するようになります。

Play On Awakeはオブジェクトが生成された際に自動でエフェクトを再生するかを表します。今回はチェックを外して自動でエフェクトが再生されないようにしておきます(**図9**)。

これで上の部分の項目の設定は終了です。

Emissionの設定

次にEmissionの項目を設定します。Emissionでは、Emitterと呼ばれるパーティクル発生装置がパーティクルを発生する頻度やタイミングを設定できます。「Emission」をクリックして開いてください。

Rate over Timeは1秒間に何個のパーティクルを発生させるかを表します。今回はRate over Timeに「1000」を設定します(**図10**)。これにより、1秒間に1,000個のパーティクルが発生することになります。ただ、今回はDuration設定により0.1秒間のみパーティクルが発生するので、実際に発生するパーティクルの数は100個になります。

これでEmissionの設定は終了です。

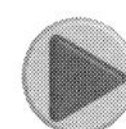

Shapeの設定

次にShapeの項目を設定します。Shapeでは、Emitterの形状などを設定できます。「Shape」をクリックして開いてください。

Shapeの中のShapeはEmitterの形状を表します。現在は「Cone」が設定されているため、パーティクルはコーンの形状に沿って発生します。今回はShapeの値を「Hemisphere」に設定します(**図11**)。これにより、パーティクルが半球の形状に沿って発生するようになります。

半球のサイズが大きいので、Radiusを「0.5」にして半球の半径を0.5にします。

また、半球が横を向いてしまっているので、RotationのXの値を「-90」に設定し、半球の曲面が上を向くようにします。

これにより、上向きの半球に沿ってパーティクルが発生するようになります。これでShapeの設定は終了です。

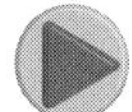

Limit Velocity over Lifetimeの設定

次にLimit Velocity over Lifetimeの値を設定します。Limit Velocity over Lifetimeでは生存期間の間の

パーティクルの速度の変化を設定できます。「Limit Velocity over Lifetime」をクリックして開いてください(**図12**)。また、現状Limit Velocity over Lifetimeは有効化されていないので、左上のチェックボックスにチェックを入れて有効化してください。

Speedの項目は生存期間の間の速度の変化を表します。右の▼をクリックし「Curve」を選択してください。これにより、速度のグラフを編集できるようになります。表示されたグラフの枠を選択すると、Inspectorウィンドウの一番下にグラフの編集画面が表示されます。グラフの編集画面が表示されない場合は、Inspectorウィンドウの一番下の「Particle System Curves」をクリックして編集画面を開いてください。ここで右の赤い丸をドラッグして一番下の速度0.0のところまで移動させてください。これにより、速度が最終的に0になるようにパーティクルの速度が変化するようになりました。

Speedの項目の中のDampenの値を「1」にします。これはスピードの勢いをどれだけ弱めるかの値です。この値が大きいほど急激にパーティクルのスピードが弱まります。

これでLimit Velocity over Lifetimeの設定は終了です。

 Color over Lifetimeの設定

次にColor over Lifetimeの値を設定します。Color over Lifetimeでは、パーティクルの色と透明度が時間経過によってどう変化するかを設定できます。「Color over Lifetime」をクリックして開いてください。また、現状Color over Lifetimeは有効化されていないので、左上のチェックボックスにチェックを入れて有効化してください。

Color over Lifetimeの中のColorの項目は、生存期間の間の透明度と色の変化を表します。色をクリックして、色の変化設定用のGradient Editorパネルを開いてください(**図13**)。この色のバーの左側が発生時の透明度と色、右側が終了時の透明度と色を表しています。またバーの上の爪は透明度を表し、バーの下の爪は色を表します。今回はパーティクルをキラキラさせたいので、透明度のみを変更します。

バーの上をクリックするとバーの上に爪を追加できます。Locationが50%、55%、60%、90%となる4ヵ所に爪を追加します。爪を作成したあとに数値で位置を調整することもできます。

図12 Limit Velocity over Lifetimeの設定

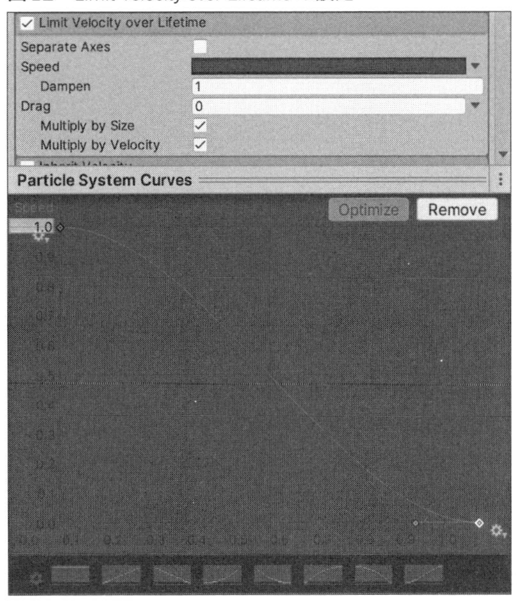

図13 Gradient Editor上での色の変化の設定

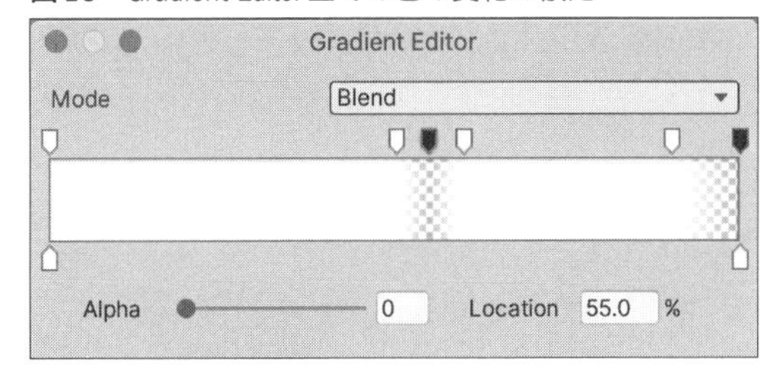

図14 Color over Lifetimeの設定

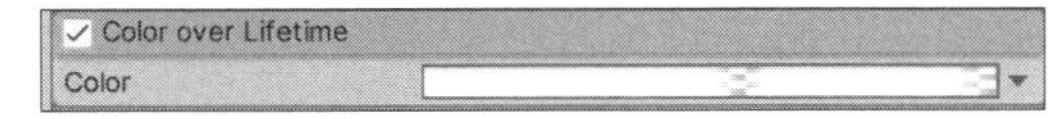

そして、55%と100%の爪のAlphaの値を「0」にします。

これにより一度透明になったあとに再度表示されて、最後は透明になって消えていくという色の変化を表現できます(**図14**)。

 Rendererの設定

最後にRendererの値を設定します。Rendererでは、パーティクルのレンダリング設定を行うことができます。「Renderer」をクリックして開いてください。

今回はマテリアルの変更を行います。

図15　画像の追加とマテリアルの作成

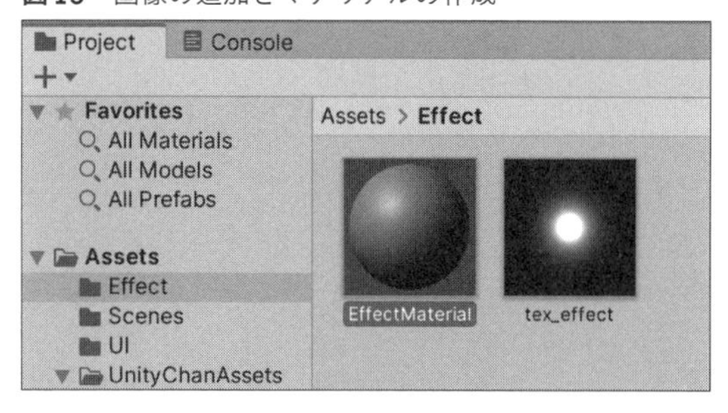

図16　Shaderの変更

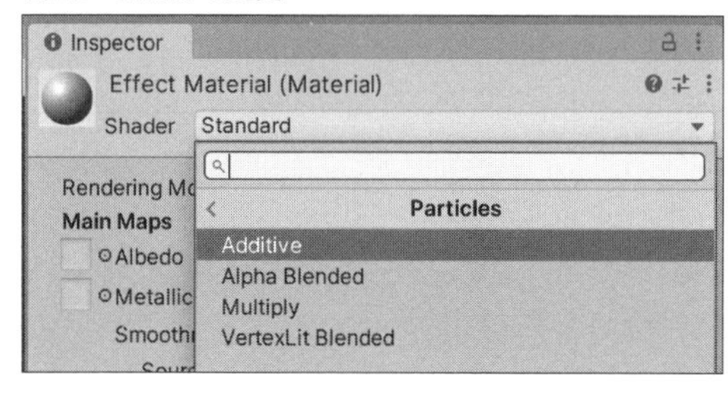

本書のサポートサイト[注1]からダウンロードしたサンプルデータからEffectフォルダを、ProjectウィンドウのAssetsフォルダにドラッグ&ドロップして追加してください。これにより、次の画像が追加されます。

- **Effect/tex_effect.png**

今回は読み込んだ画像のTextureTypeは「Default」のままで大丈夫です。

次にマテリアルを作成します。Projectウィンドウの「Assets/Effect」上で右クリックし、「Create→Material」でマテリアルを作成し、名前を「EffectMaterial」にします(**図15**)。

作成した「EffectMaterial」を選択し、InspectorウィンドウでShaderを「Mobile→Particles→Additive」に変更します(**図16**)。これは加算エフェクトを作成する際の設定です。

そして、ParticleTextureに、先ほど読み込んだ「tex_effect」の画像を設定します(**図17**)。

マテリアルの作成は以上です。マテリアルを作成したら、エフェクトのRendererのMaterialに作成したマテリアルを設定します(**図18**)。

これにより、エフェクトのマテリアルが変更されました。

図17　マテリアルに画像を設定

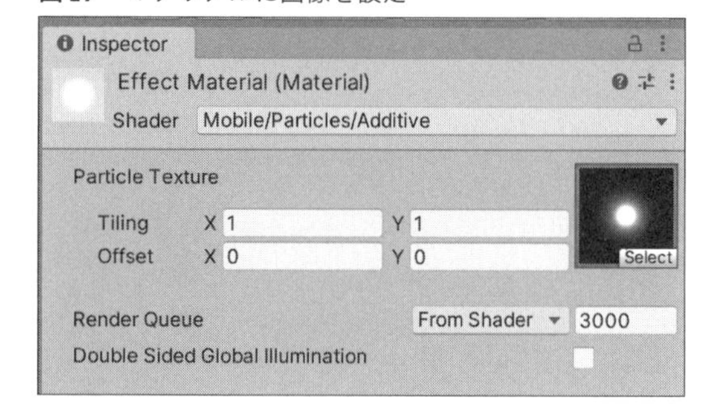

図18　エフェクトにマテリアルを設定

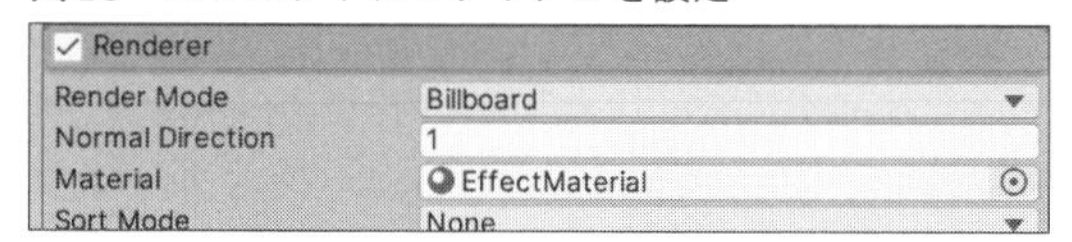

Sceneビュー上のParticle Effectパネルで「Restart」を選択することで、エフェクトを再生して確認できます(**図19**)。

編集が終わったら、Hierarchyウィンドウ上の戻るボタンをクリックしてPrefabの編集を終了してください。

スクリプトによるエフェクトの操作

次はスクリプトによるエフェクトの操作を実装します。

Itemスクリプトへの処理の追加

Itemスクリプトに今作成したエフェクトをParticleSystem型の`_glitter`として定義し、アイテムが取得された際に`_glitter`の`Play`メソッドを呼びます。`_glitter`はInspectorウィンドウ上で設定できるように`[SerializeField]`属性を付与します。

```
    // 衝突判定用のコライダー
    private BoxCollider _collider;

+   // キラキラのパーティクルシステム
+   [SerializeField]
+   private ParticleSystem _glitter;
+
    // Start is called before the first frame update
    private void Start()
    {
        _collider = GetComponent<BoxCollider>();
    }

    // 取得された際の処理
```

注1　https://gihyo.jp/book/2021/978-4-297-11927-0

```
    public void Gotten()
    {
        _chocolate3d.SetActive(false);
        _collider.enabled = false;
+       _glitter.Play();
    }
```

これにより、アイテムが取得された際にエフェクトが再生されるようになりました。

Projectウィンドウで「Item」のPrefabを選択し、Inspectorウィンドウ上の「Open Prefab」をクリックして、Prefabの編集画面を開きます。

Hierarchyウィンドウ上で「Item」を選択します。Inspectorウィンドウ上のItemコンポーネントのGlitterに、Hierarchyウィンドウ上の「Item/Glitter」を設定します(**図20**)。

編集が終わったら、Hierarchyウィンドウ上の戻るボタンをクリックしてPrefabの編集を終了してください。

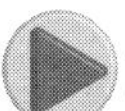

動作確認

それでは、Unityを再生し、アイテム取得時にエフェクトが再生されることを確認してください(**図21**)。

確認が終わったら、再生を停止してください。

以上により、アイテム取得時にエフェクトが表示されるようになりました。

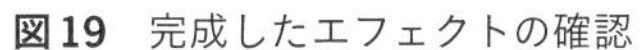

図19　完成したエフェクトの確認

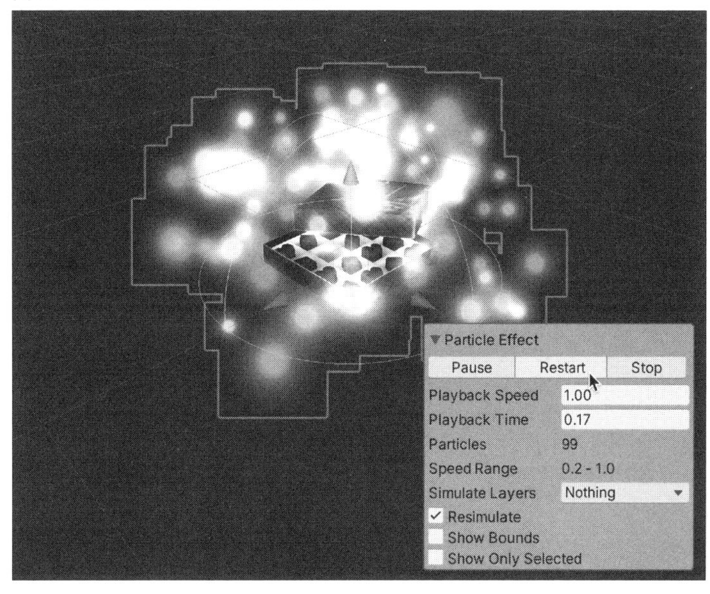

図20　Itemコンポーネントの追加設定

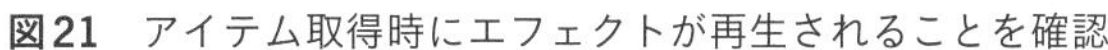

図21　アイテム取得時にエフェクトが再生されることを確認

第9章

操作に合わせて音を鳴らそう

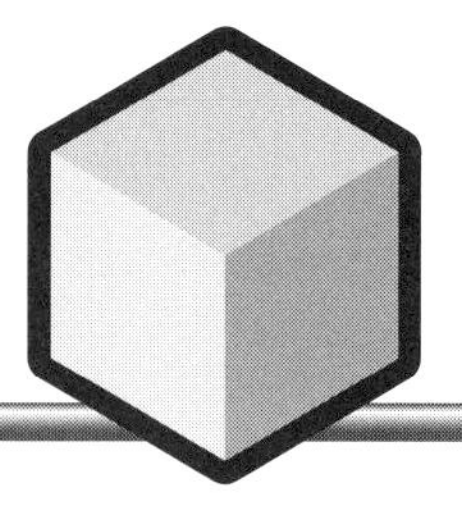

最後に本章ではサウンドの実装を行います。

サウンドシステムの説明

UnityではAudioClipというサウンドデータを、AudioSourceから再生します。そして、再生している音をAudioListenerで受け取ることによって、実際にサウンドが流れます。AudioClipはCD、AudioSourceはスピーカー、AudioListenerはマイクなどに例えられることが多いです。

また、サウンドを3Dとして扱うと、AudioSourceとAudioListenerとの位置関係によって音の聞こえ方が変わります。今回は距離などによってサウンドの聞こえ方を変えないため、サウンドを2Dとして扱います。

SEの実装

アイテム取得時に流すSEを実装します。

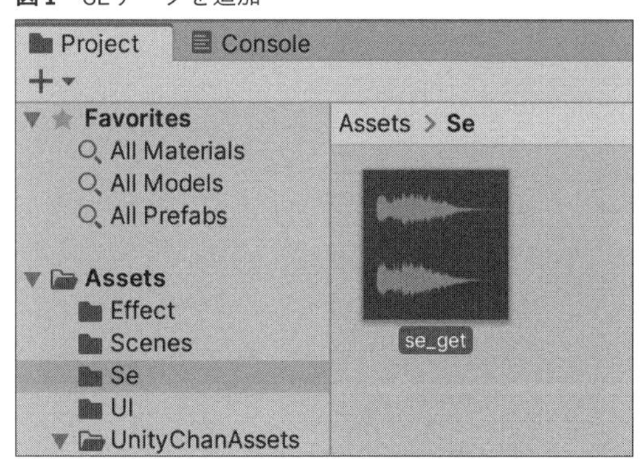

図1　SEデータを追加

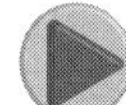

AudioClip、AudioSource、AudioListenerの用意

本書のサポートサイト[注1]からダウンロードしたサンプルデータからSeフォルダを、ProjectウィンドウのAssetsフォルダにドラッグ＆ドロップをして追加してください。これにより、次のサウンドデータが追加されます(**図1**)。

- **Se/se_get.mp3**

読み込んだサウンドデータはAudioClipとして扱われます。

次にこのAudioClipを再生するためのAudioSourceを用意します。アイテム取得時にSEを流すため、今回はアイテムを音源とし、アイテムにAudioSourceを設定します。

Projectウィンドウで「Item」のPrefabを選択し、Inspectorウィンドウ上の「Open Prefab」をクリックして、Prefabの編集画面を開きます。

そしてHierarchyウィンドウ上で「Item」を選択し、Inspectorウィンドウ上の「Add Component」をクリックし、「Audio→AudioSource」を選択して、アイテムにAudioSourceのコンポーネントを付与します(**図2**)。

そしてAudioClipに先ほど読み込んだ「se_get」を設定し、AudioSourceでse_getのAudioClipを再生するように設定します(**図3**)。また、アイテム取得時にSEを再生したいため、PlayOnAwakeのチェックを外して、サウンドを最初に自動再生しないようにします。

また、SpatialBlendが2Dになっているため、サウンドは2Dサウンドとして扱われ、AudioListenerとの位置関係で聞こえ方が変わらなくなっています。

注1　https://gihyo.jp/book/2021/978-4-297-11927-0

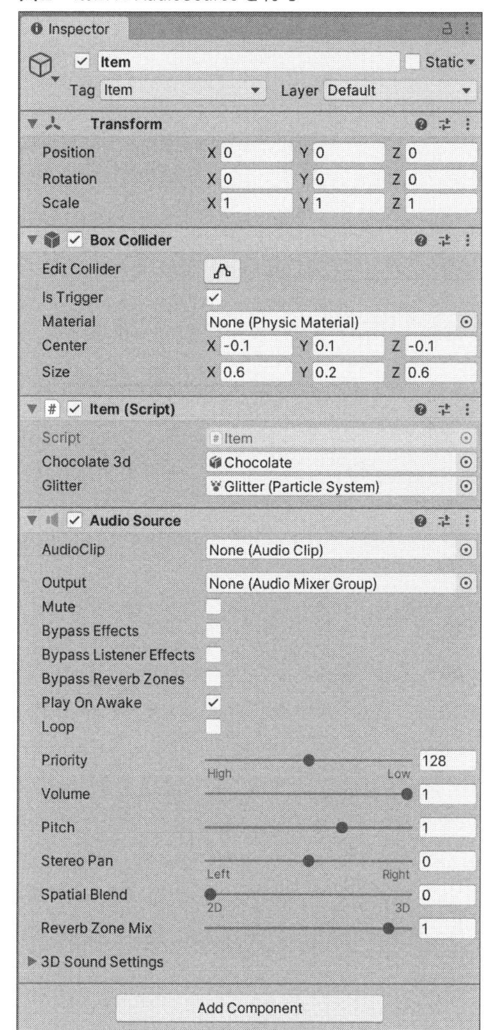

図2　ItemにAudioSourceを付与

編集が終わったら、Hierarchyウィンドウ上の戻るボタンをクリックしてPrefabの編集を終了してください。

AudioListenerはカメラにデフォルトで付与されています。Hierarchyウィンドウ上の「Player/Main Camera」を確認すると、AudioListenerが付与されていることを確認できます(**図4**)。

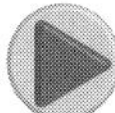 Itemスクリプトに処理を追加

以上で、AudioClipとAudioSourceとAudioListenerの用意ができたので、アイテム取得時に実際にSEを再生するスクリプトを実装します。

```
    // キラキラのパーティクルシステム
    [SerializeField]
```

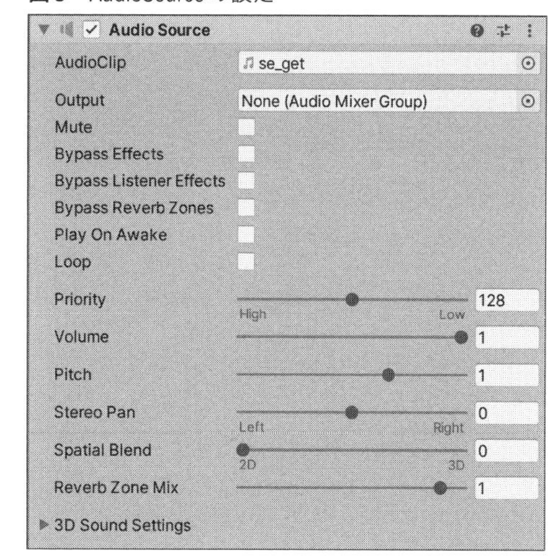

図3　AudioSourceの設定

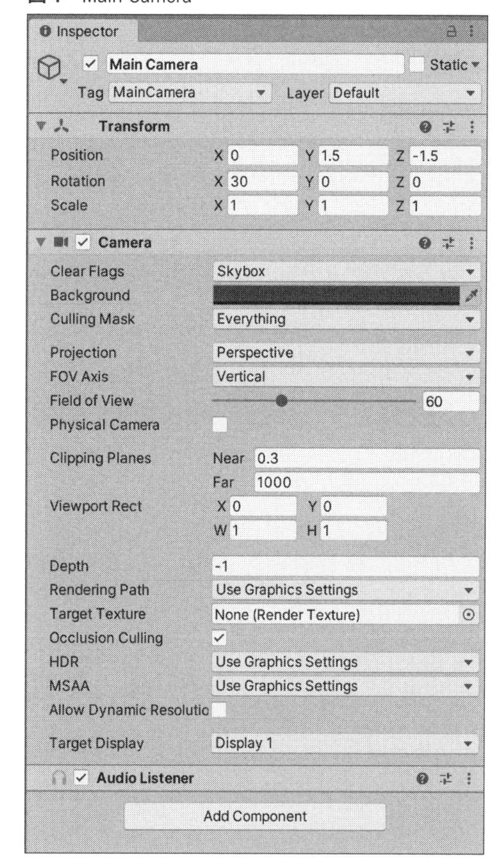

図4　Main Camera

```
    private ParticleSystem _glitter;

+   // SE用のAudioSource
+   private AudioSource _seAudioSource;
+
```

```
    // Start is called before the first frame update
    private void Start()
    {
        _collider = GetComponent<BoxCollider>();
+       _seAudioSource = GetComponent<AudioSource>();
    }

    // 取得された際の処理
    public void Gotten()
    {
        _chocolate3d.SetActive(false);
        _collider.enabled = false;
        _glitter.Play();
+       _seAudioSource.Play();
    }
```

Itemスクリプトのフィールドに`AudioSource`を`_seAudioSource`として定義し、`Start`メソッド内で、`GetComponent`メソッドを呼び出すことで、自身に付いているコンポーネントから`AudioSource`を取得し、保持します。

そして、アイテムが取得された際に`_seAudioSource`の`Play`メソッドを呼びます。

これにより、アイテムが取得された際にSEが再生されるようになりました。

動作の確認

それでは、Unityを再生し、アイテム取得時にSEが再生されることを確認してください。

確認が終わったら、再生を停止してください。

図5 AudioSourceの設定

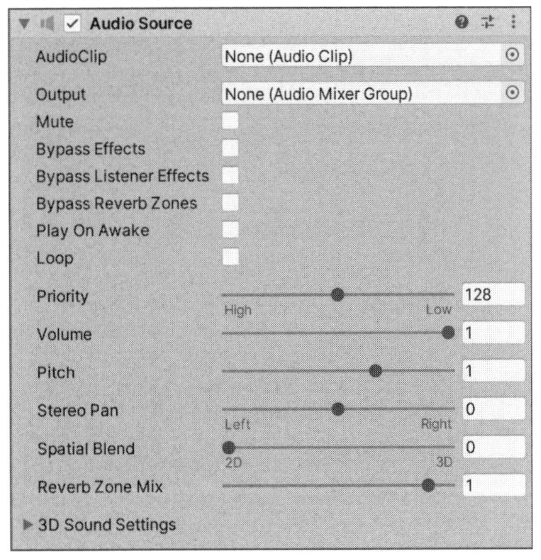

ボイスの実装

次にユニティちゃんのボイスを実装します。

AudioClip、AudioSource、AudioListenerの用意

ボイスのAudioClipはProjectウィンドウのAssets/UnityChanAssets/Voiceに読み込み済みです。

今回は開始時にvoice_startを再生し、終了時にvoice_finishを再生します。また、アイテム取得時にはvoice_get_00～voice_get_03をアイテム取得のたびに切り替えて再生します。

今回はプレイヤーを音源とし、プレイヤーにAudioSourceのコンポーネントを設定します。

Hierarchyウィンドウで「Player」を選択し、Inspectorウィンドウ上の「Add Component」をクリックし、「Audio→AudioSource」を選択して、アイテムにAudioSourceを付与します。

今回はこのAudioSourceですべてのボイスを再生するため、スクリプト上からAudioClipを指定してボイスを切り替えます。そのため、Inspectorウィンドウ上ではAudioClipは設定しないでおきます。また、PlayOnAwakeのチェックを外して、サウンドを最初に自動再生しないようにします(**図5**)。

AudioListenerはSEと同様に、カメラに付与されているAudioListenerが使用されます。

Playerスクリプトに処理を追加

それでは、ボイスの切り替えと再生を行うスクリプトを実装します。

Playerスクリプトにボイスのタイプを表すenumを定義します。`Start`が開始時、`Finish`が終了時、`Get`がアイテム取得時のボイスのタイプを表します。

```
public class Player : MonoBehaviour
{
+   // ボイスのタイプ
+   private enum VoiceType
+   {
+       Start,
+       Finish,
+       Get
+   }
+
```

次にPlayerスクリプトにボイスを設定できるよう

にします。また、ボイス再生のためのAudioSourceの取得も行います。

```
    // 終了状態かどうか
    private bool _isFinished = false;

+   // ❶
+   // ボイス用のAudioSource
+   private AudioSource _voiceAudioSource;
+
+   // ❷
+   // 開始時のボイス
+   [SerializeField]
+   private AudioClip _startVoice;
+
+   // ❸
+   // 終了時のボイス
+   [SerializeField]
+   private AudioClip _finishVoice;
+
+   // ❹
+   // アイテム取得時のボイス
+   [SerializeField]
+   private AudioClip[] _getVoices;
+
+   // アイテム取得時のボイスのインデックス
+   private int _getVoiceIndex = 0;
+
    // Start is called before the first frame update
    void Start()
    {
        _unityChanAnimator =
            _unityChan.GetComponent<Animator>();
+       // ❺
+       _voiceAudioSource =
+           this.GetComponent<AudioSource>();
    }
```

Playerスクリプトに AudioSource を _voiceAudioSource (❶)として定義し、開始時のボイスと終了時のボイスはそれぞれ AudioClip型として _startVoice (❷)と _finishVoice(❸)で定義します。また、アイテム取得時のボイスは複数指定できるように、AudioSourceの配列型として _getVoices(❹)で定義します。_startVoiceと _finishVoiceと _getVoicesは、Inspectorウィンドウ上で設定できるように [SerializeField] 属性を付与します。そしてStartメソッド内で、GetComponentメソッド(❺)を呼び出すことで、自身に付いているコンポーネントからAudioSourceを取得し、保持します。

次にPlayerスクリプトにボイスを切り替えて再生する処理を実装します。

```
    // 終了処理
    public void Finish()
    {
        (略)
    }
+
+   // ❶
+   // AudioClipをもとにボイスを再生
+   private void PlayVoice(AudioClip audioClip)
+   {
+       _voiceAudioSource.clip = audioClip;
+       _voiceAudioSource.Play();
+   }
+
+   // ❷
+   // VoiceTypeをもとにボイスを再生
+   private void PlayVoice(VoiceType voiceType)
+   {
+       switch (voiceType)
+       {
+           case VoiceType.Start:
+               PlayVoice(_startVoice);
+               break;
+           case VoiceType.Finish:
+               PlayVoice(_finishVoice);
+               break;
+           case VoiceType.Get:
+               PlayVoice(_getVoices[_getVoiceIndex]);
+               // ❸
+               // Indexを更新
+               _getVoiceIndex = (_getVoiceIndex + 1)
+                   % _getVoices.Length;
+               break;
+       }
+   }
}
```

AudioSourceはclip変数にAudioClipを設定することで、AudioClipの設定および切り替えができます。AudioClipを引数として受け取るPlayVoice(AudioClip audioClip)メソッド(❶)では、AudioSourceに引数のAudioClipを設定したのちに、ボイスの再生を行っています。

また、VoiceTypeを引数として受け取るPlayVoice(VoiceType voiceType)メソッド(❷)では、VoiceTypeに応じたAudioClipを指定して、先ほどのPlayVoice(AudioClip audioClip)メソッドを呼び出しています。また、アイテム取得時は現在のボイスのIndexを渡したのちに、Indexを更新しています(❸)。

これでボイスを再生する処理は実装できたので、実際にボイスを再生する処理を呼び出す実装を行います。

開始時のボイスはPlayerスクリプトのStartメソッド内で呼び出すことで、最初に再生されます。

```
    // Start is called before the first frame update
    void Start()
    {
        _unityChanAnimator =
            _unityChan.GetComponent<Animator>();
        _voiceAudioSource =
```

図6　Playerコンポーネントの設定後の状態

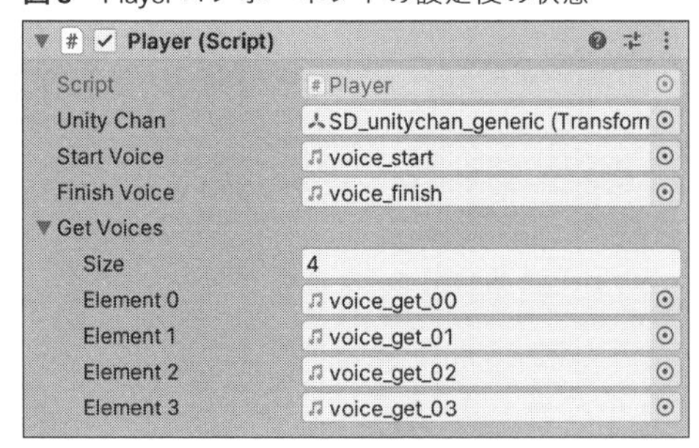

図7　Bgmオブジェクトを作成

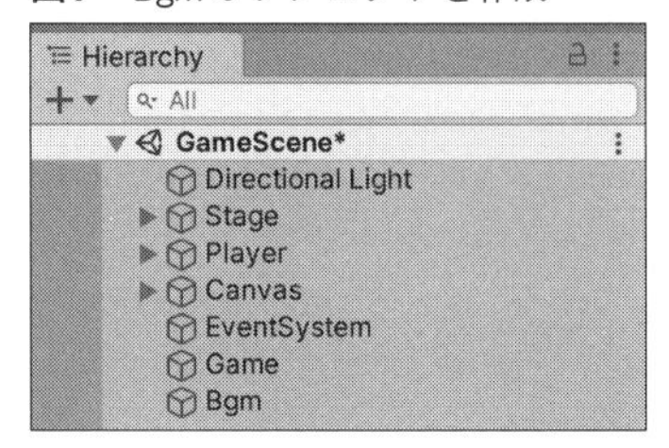


```
            this.GetComponent<AudioSource>();
+       PlayVoice(VoiceType.Start);
    }
```

終了時のボイスはPlayerスクリプトのFinishメソッド内で呼び出すことで、アイテムをすべて取得したタイミングで再生されます。

```
    // 終了処理
    public void Finish()
    {
        _isFinished = true;
        _unityChan.rotation =
            Quaternion.Euler(0f, 180f, 0f);
        _unityChanAnimator.SetBool("finish", true);
+       PlayVoice(VoiceType.Finish);
    }
```

アイテム取得時のボイスはPlayerスクリプトのOnTriggerEnterメソッド内で呼び出すことで、アイテム取得時に再生されます。

```
    private void OnTriggerEnter(Collider other)
    {
        if (other.gameObject.CompareTag("Item"))
        {
+           PlayVoice(VoiceType.Get);
            Item item =
                other.gameObject.GetComponent<Item>();
            item.Gotten();
            OnGetItemCallback();
        }
    }
```

また、AudioSourceをPlayしたタイミングで、そのAudioSourceでもともと再生されていたサウンドは停止するため、ボイスが重なって再生されることはありません。今回最後のアイテム取得でもアイテム取得のボイスを再生するようにしてしまっていますが、直後に終了時のボイスが再生されるため、アイテム取得のボイスと終了ボイスが重なって再生されることはありません。今回はスクリプトをシンプルにするためにこのような実装にしています。

以上でスクリプトの実装は終わりました。

Hierarchyウィンドウ上で「Player」を選択します。Inspectorウィンドウ上のPlayerコンポーネントに、Projectウィンドウの「Assets/UnityChanAssets/Voice」に格納されているAudioClipを設定していきます(**図6**)。StartVoiceには「voice_start」を設定し、FinishVoiceには「voice_finish」を設定します。また、GetVoicesはSizeに「4」を入れて Enter キーを押して、4つのボイスを設定する項目を出したのちに、「voice_get_00」「voice_get_01」「voice_get_02」「voice_get_03」を設定します。

動作の確認

それでは、Unityを再生し、開始時と終了時とアイテム取得時にボイスが再生されることを確認してください。

確認が終わったら、再生を停止してください。

BGMの実装

最後にBGMを実装します。

BGMの再生と確認

Hierarchyウィンドウ上で右クリックし、「Create Empty」で新しくgameObjectを作成し、名前を「Bgm」にします(**図7**)。このBgmを音源として扱います。

Hierarchyウィンドウ上で「Bgm」を選択し、Inspectorウィンドウ上の「Add Component」をクリックし、「Audio→AudioSource」を選択して、アイテムにAudioSourceを付与します。

AudioSourceのAudioClipにはProjectウィンドウ上の「Assets/UnityChanAssets/Bgm/04 Unite in the sky (Instrumental)」を設定します(**図8**)。また、今回は最初からBGMを再生するため、PlayOnAwakeのチェックは入れたままにし、再生を繰り返すためにLoopにチェックを入れます。

それでは、Unityを再生し、BGMが再生されることを確認してください。

BGMの音量が少し大きくてSEやボイスが聞こえづらくなってしまいました。また、アイテムを全部取得して「もう一度」ボタンを押した際にBGMが最初に巻き戻ってしまっています。

この2点の問題だけ追加で解決します。

確認が終わったら、再生を停止してください。

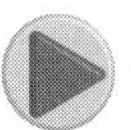

BGMの音量調整

サウンドの音量はAudioSourceのVolumeで調整ができます。Hierarchyウィンドウ上で「Bgm」を選択し、Inspectorウィンドウ上のAudioSourceのVolumeを「0.1」に変更します(**図9**)。

これにより、BGMの音量が下がりました。

BGMが巻き戻る問題の解決

次にBGMが最初に巻き戻ってしまう問題を解決します。今回「もう一度」ボタンをクリックした際に、自分自身へのシーン遷移を行っています。シーン遷移時にはもとのシーンが破棄され、新しいシーンが読み込まれます。そのため、もとのシーンが破棄されることにより、シーン上のBgmオブジェクトも破棄され、同時にBGMを再生するAudioSourceも破棄されるため再生が止まります。そして、新しく読み込みされたシーン上のBgmオブジェクトのAudioSourceによって新しくBGMが再生されていました。

この問題を解決するために、シーンを遷移してもBgmオブジェクトが破棄されないようにします。

Projectウィンドウで右クリックし、「Create→C# Script」を行い、「Bgm」という名前のC#スクリプトを作成します(**図10**)。

作成したBgmスクリプトをダブルクリックして開きます。

```
using System.Collections;
using System.Collections.Generic;
using UnityEngine;

public class Bgm : MonoBehaviour
{
    // Start is called before the first frame update
    void Start()
    {

    }

    // Update is called once per frame
    void Update()
    {

    }
}
```

図8　AudioSourceの設定

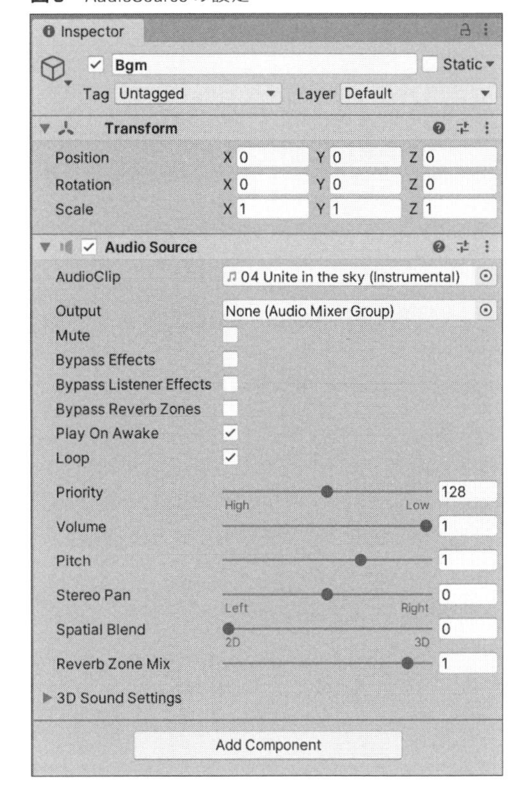

図9　音量調整後のAudioSrouce

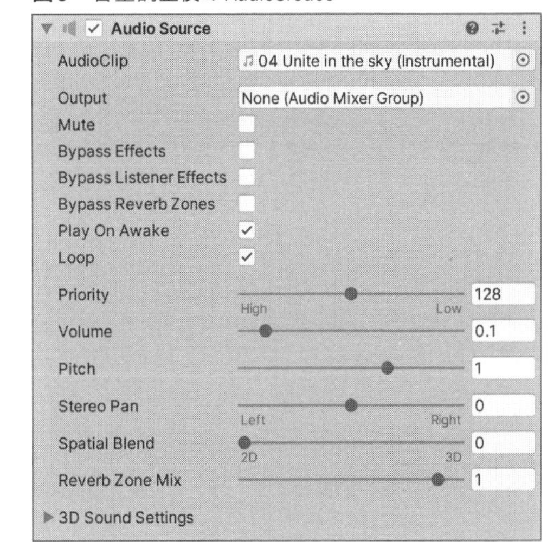

図10 Bgmスクリプトを作成

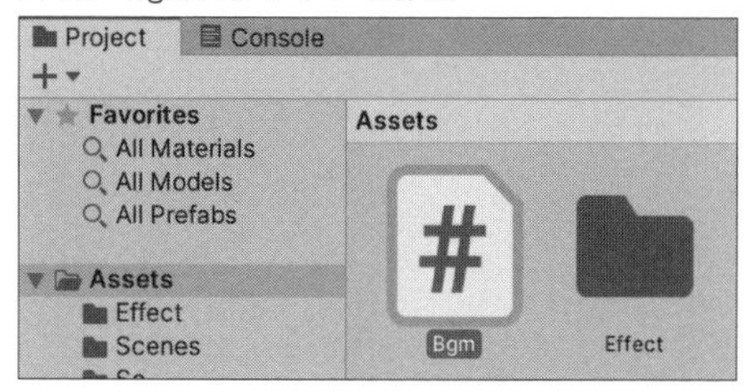

図11 Bgmコンポーネントを付与

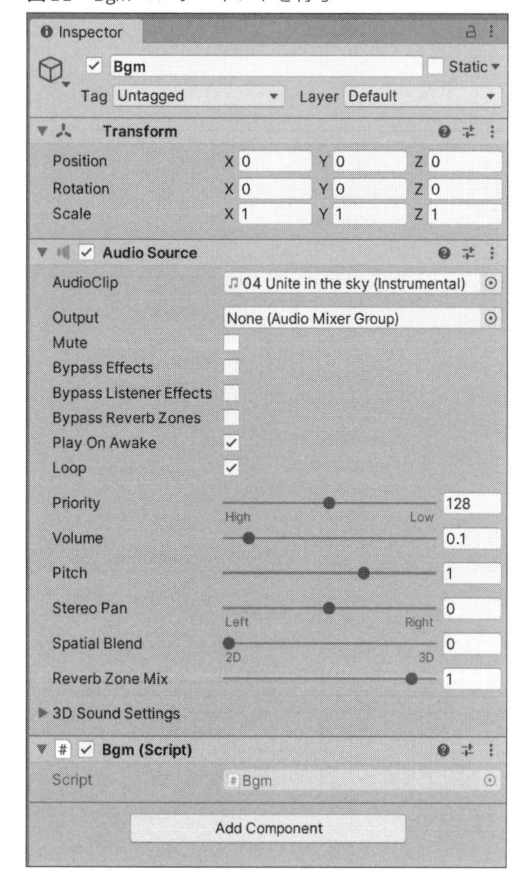

BgmクラスにAwakeメソッドを追加します。Awakeメソッドはスクリプトのインスタンスがロードされたときに一度だけ呼び出されるメソッドで、Startメソッドよりもさらに前に呼ばれます。

```
public class Bgm : MonoBehaviour
{
+   void Awake()
+   {
+       DontDestroyOnLoad(this);
+   }
+
```

DontDestroyOnLoadメソッドは引数のオブジェクトを、新しいシーンを読み込んでも自動で破壊されないように設定します。

これによってシーン遷移時にもBgmオブジェクトだけ破棄されずに残り続けるようになりましたが、シーン自体にBgmオブジェクトを配置しているため、シーン遷移のたびにBgmオブジェクトが増えていってしまいます。

そのため、BgmのAwakeメソッドに、すでにBgmオブジェクトが存在していたら自身を破棄する処理を追加します。

```
    void Awake()
    {
+       Bgm[] bgms = FindObjectsOfType<Bgm>();
+       if (bgms.Length > 1)
+       {
+           Destroy(gameObject);
+           return;
+       }
+
        DontDestroyOnLoad(this);
    }
```

FindObjectsOfTypeメソッドはHierarchyウィンドウ上のBgmコンポーネントが付与されているオブジェクトをすべて取得し、Bgm型の配列として返します。

そして、配列の長さが1より大きいときは、自身と前のシーンから残っているBgmオブジェクトが存在しているので、Destroyメソッドを用いて自身を破棄します。

実装は以上です。

Hierarchyウィンドウ上で「Bgm」を選択し、Inspectorウィンドウ上で「Add Component」をクリックし、「Scripts→Bgm」を選択して、BgmオブジェクトにBgmコンポーネントを付与します(**図11**)。

動作の確認

それでは、Unityを再生して確認を行ってください。

BGMの音量が下がったことと、アイテムを全部取得して「もう一度」ボタンを押してシーン遷移をした際もBGMが途切れずに再生され続けるようになったことを確認できます。

確認が終わったら、再生を停止してください。

以上でSEとボイスとBGMが再生されるようになりました。

第10章

ゲームのビルドと実行をしよう

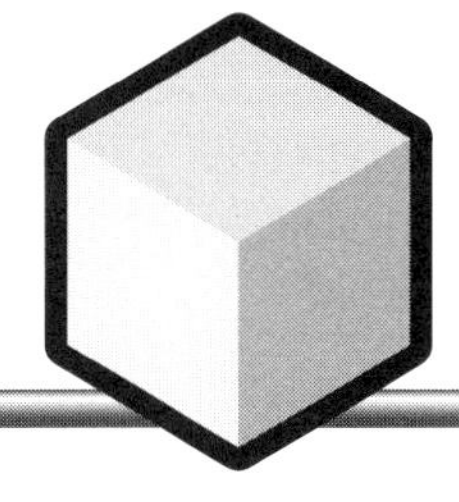

前章まででゲームの実装は終了しました。最後にゲームの書き出しを行うためにビルドを行い、実際に書き出したゲームを実行します。

ゲームのビルド

今回はPCアプリケーションとしてゲームのビルドを行います。上部メニューから「File → Build Settings...」を選択し、Build Settingsウィンドウを開きます(**図1**)。

図1 Build Settingsウィンドウ

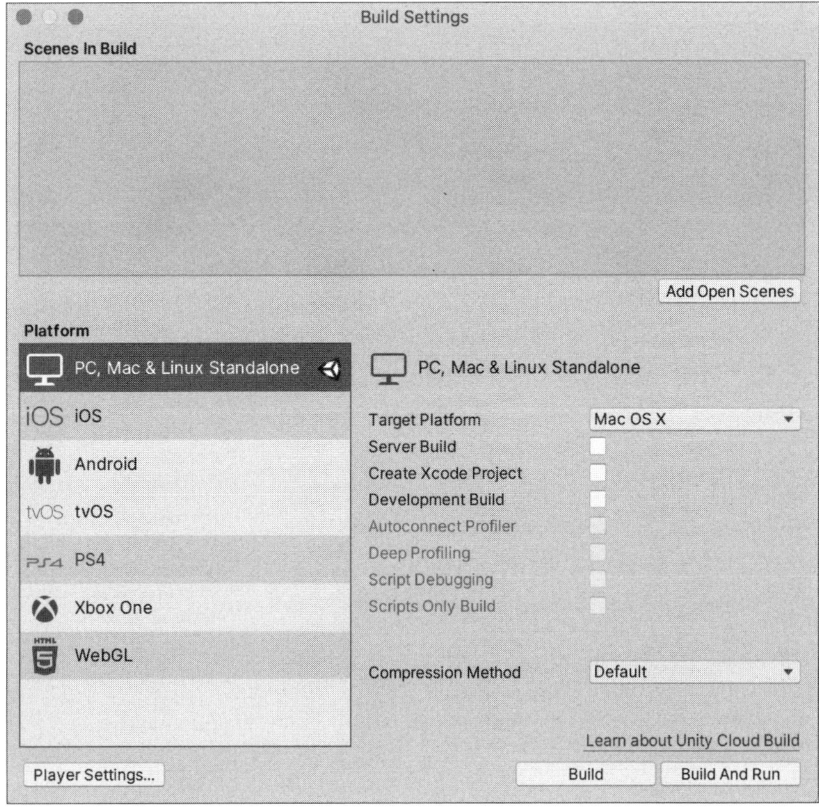

ビルドに含めるシーンはすべて、Scenes In Buildに設定する必要があります。今回はGame Sceneのみを使用するため、GameSceneをScenes In Buildに追加します。「Add Open Scenes」を選択し、現在開いているシーンをScenes In Buildに追加します。

これにより、現在開いているGameSceneが追加されました(**図2**)。

また、複数のシーンをScenes In Buildに設定した際は、最初に一番上のシーンが開かれます。

そしてPlatformが「PC, Mac & LinuxStandalone」になっていることを確認します。Platformを切り替えることでビルド形式を切り替えることができます。

また、デフォルトだとゲームがフルスクリーンで起動してしまうため、ウィンドウ形式でゲームを起動するように変更します。

Build Settingsウィンドウの「Player Settings...」を選択し、Project SettingsウィンドウのPlayerタブを開きます(**図3**)。

この時、FullscreenModeの設定が「Fullscreen Window」になっているので、「Windowed」に変更し、今

図2　GameSceneを追加

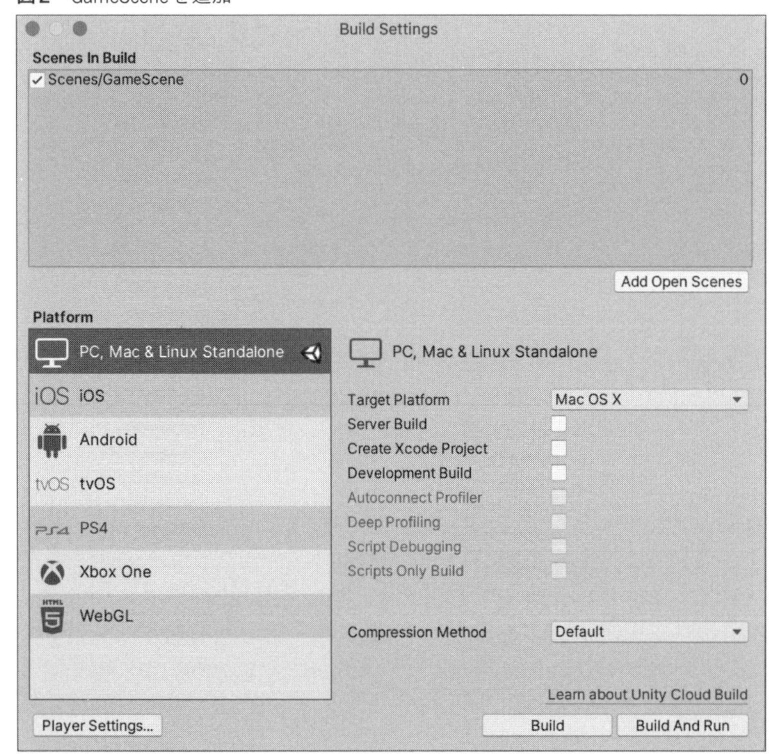

図3　Project Settingsウィンドウの Playerタブ

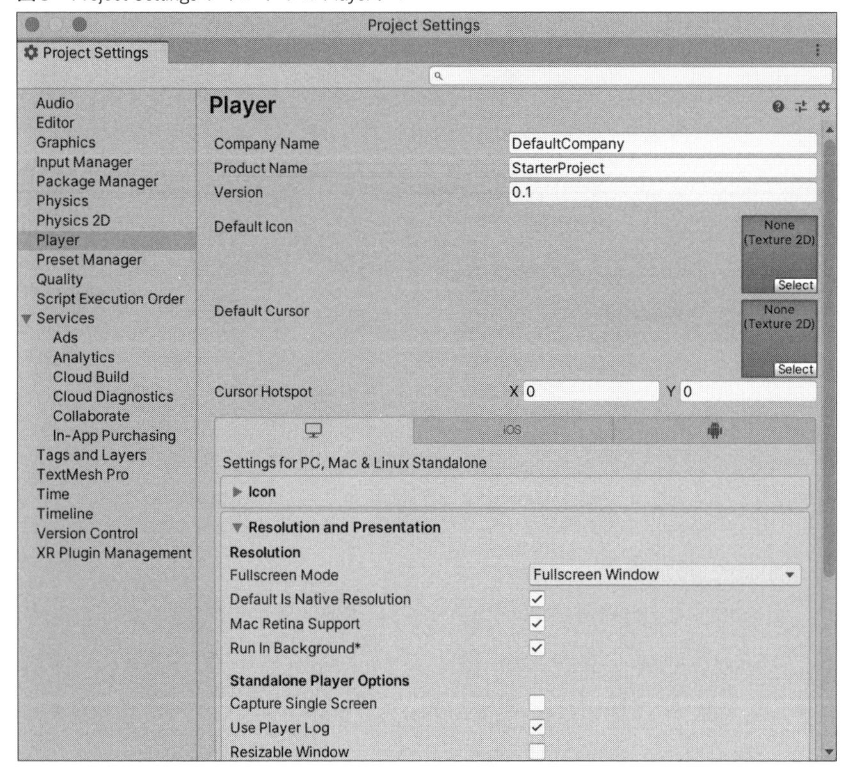

回は1280×800想定でゲームを作成したため、Default ScreenWidthの値を「1280」、DefaultScreenHeightの値を「800」に設定します(**図4**)。

また、現在はPC用のビルドを行うようになっていますが、PlatformでiOSやAndroidを選択し、Switch Platformを選択すると、ビルド形式が切り替わり、iOSやAndroidの書き出しを行うことができます(**図5**)。

それではタブを「PC, Mac & Linux Standalone」に戻して「Build」をクリックし、ビルドを行います。

ビルド結果の保存先を確認されるので、保存先を指定して「Save」をクリックします。今回は自身のProjectを保存場所に

指定しました(**図6**)。

ビルドが完了すると、**図7**のように指定した保存先にGame.appが書き出されていることを確認できます。

ゲームの実行

それではゲームの実行を行います。先ほど書き出したゲームを実行してください。

ゲーム画面が1280×800のウィンドウで開き、実際に遊ぶことができることを確認できました(**図8**)。

最後に

以上で「Unityでシンプル3Dゲーム作成」は終了です。本Partで紹介したUnityの基本的な使い方が、みなさんの今後のゲーム開発に役に立てば幸いです。

最後に今回実装したスクリプトの最終版を掲載しておきます。スクリプトは、本書のサポートサイト[注1]からダウンロードできます。

注1　https://gihyo.jp/book/2021/978-4-297-11927-0

図4　ゲームがウィンドウで開くように設定

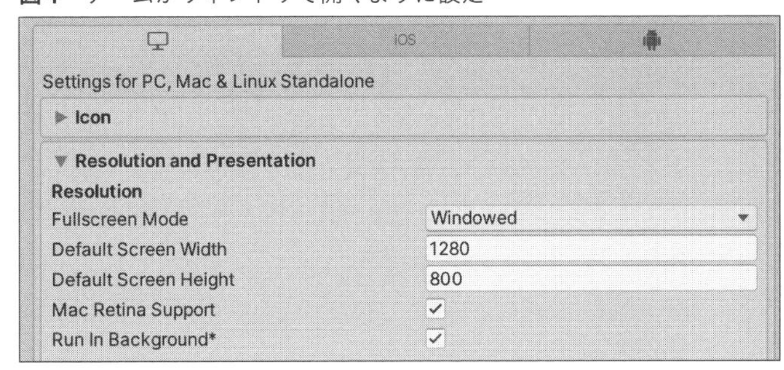

図5　iOSのビルド設定

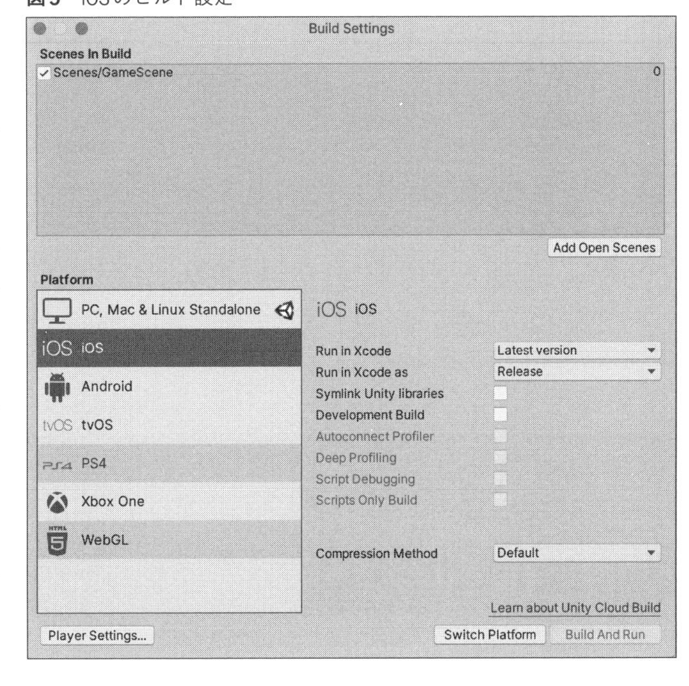

図6　保存場所の指定

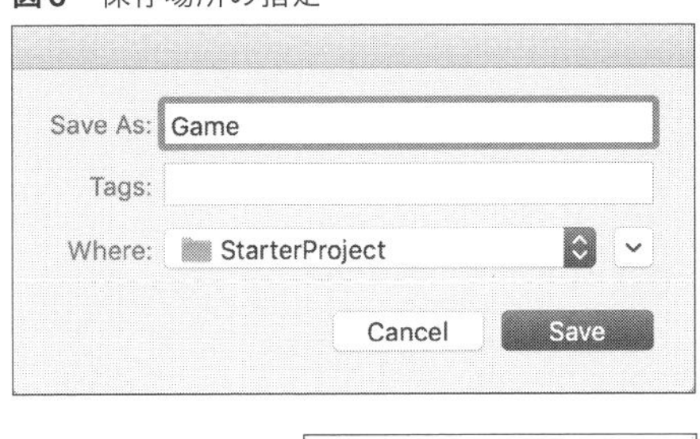

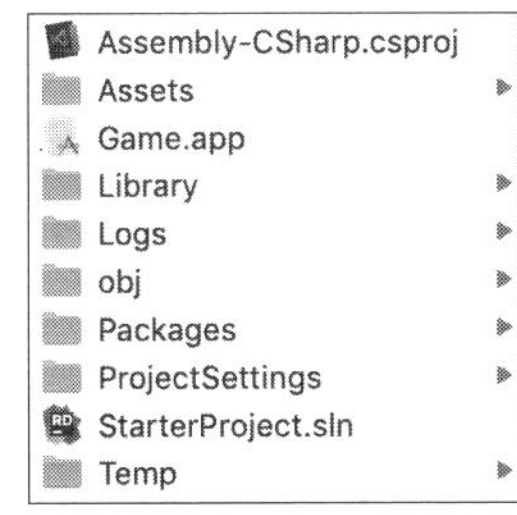

図7　Game.appが書き出されていることを確認

図8　ゲーム画面

Player.cs
```
using System.Collections;
using System.Collections.Generic;
using UnityEngine;
using System;

public class Player : MonoBehaviour
{
    // ボイスのタイプ
    private enum VoiceType
    {
        Start,
        Finish,
        Get
    }

    // ユニティちゃんの走る速さ
    private const float Speed = 3f;

    // ユニティちゃんの回転する速さ
    private const float RotateSpeed = 720f;

    // ユニティちゃん
    [SerializeField]
    private Transform _unityChan;

    // ユニティちゃんのアニメーター
    private Animator _unityChanAnimator;

    // アイテム取得時のコールバック
    public Action OnGetItemCallback;

    // 終了状態かどうか
    private bool _isFinished = false;

    // ボイス用のAudioSource
    private AudioSource _voiceAudioSource;

    // 開始時のボイス
    [SerializeField]
    private AudioClip _startVoice;

    // 終了時のボイス
    [SerializeField]
    private AudioClip _finishVoice;

    // アイテム取得時のボイス
    [SerializeField]
    private AudioClip[] _getVoices;

    // アイテム取得時のボイスのインデックス
    private int _getVoiceIndex = 0;

    // Start is called before the first frame update
    void Start()
    {
        _unityChanAnimator =
            _unityChan.GetComponent<Animator>();
        _voiceAudioSource =
            this.GetComponent<AudioSource>();
        PlayVoice(VoiceType.Start);
    }

    // Update is called once per frame
    void Update()
    {
        if (_isFinished)
        {
            return;
        }

        // キーボード入力を進行方向のベクトルに変換して返す
        Vector3 direction = InputToDirection();

        // 進行方向のベクトルの大きさ
        float magnitude = direction.magnitude;

        // 進行方向のベクトルが移動量を持っているかどうか
        if (Mathf.Approximately(magnitude, 0f)
            == false)
        {
            _unityChanAnimator.SetBool(
                "running", true);
            UpdatePosition(direction);
            UpdateRotation(direction);
        }
        else
        {
            _unityChanAnimator.SetBool(
                "running", false);
        }
    }

    // キーボード入力を進行方向のベクトルに変換して返す
    private Vector3 InputToDirection()
    {
        Vector3 direction = new Vector3(0f, 0f, 0f);

        // 「右矢印」を入力
        if (Input.GetKey(KeyCode.RightArrow))
        {
            direction.x += 1f;
        }

        // 「左矢印」を入力
        if (Input.GetKey(KeyCode.LeftArrow))
        {
            direction.x -= 1f;
        }

        // 「上矢印」を入力
        if (Input.GetKey(KeyCode.UpArrow))
        {
            direction.z += 1f;
        }

        // 「下矢印」を入力
        if (Input.GetKey(KeyCode.DownArrow))
        {
            direction.z -= 1f;
        }

        return direction.normalized;
    }

    // 位置を更新
    private void UpdatePosition(Vector3 direction)
    {
```

```
    Vector3 dest = transform.position
        + direction * Speed * Time.deltaTime;
    dest.x = Mathf.Clamp(dest.x, -4.7f, 4.7f);
    dest.z = Mathf.Clamp(dest.z, -4.7f, 4.7f);
    transform.position = dest;
}

// 方向を更新
private void UpdateRotation(Vector3 direction)
{
    Quaternion from = _unityChan.rotation;
    Quaternion to =
        Quaternion.LookRotation(direction);
    _unityChan.rotation =
        Quaternion.RotateTowards(from, to,
            RotateSpeed * Time.deltaTime);
}

// ほかのトリガイベントに侵入した際に呼ばれる
private void OnTriggerEnter(Collider other)
{
    if (other.gameObject.CompareTag("Item"))
    {
        PlayVoice(VoiceType.Get);
        Item item =
            other.gameObject.GetComponent<Item>();
        item.Gotten();
        OnGetItemCallback();
    }
}

// 終了処理
public void Finish()
{
    _isFinished = true;
    _unityChan.rotation =
        Quaternion.Euler(0f, 180f, 0f);
    _unityChanAnimator.SetBool("finish", true);
    PlayVoice(VoiceType.Finish);
}

// AudioClipをもとにボイスを再生
private void PlayVoice(AudioClip audioClip)
{
    _voiceAudioSource.clip = audioClip;
    _voiceAudioSource.Play();
}

// VoiceTypeをもとにボイスを再生
private void PlayVoice(VoiceType voiceType)
{
    switch (voiceType)
    {
        case VoiceType.Start:
            PlayVoice(_startVoice);
            break;
        case VoiceType.Finish:
            PlayVoice(_finishVoice);
            break;
        case VoiceType.Get:
            PlayVoice(_getVoices[_getVoiceIndex]);
            // Indexを更新
            _getVoiceIndex = (_getVoiceIndex + 1)
                % _getVoices.Length;
```

```
                break;
            }
        }
    }
```

Item.cs

```
using System.Collections;
using System.Collections.Generic;
using UnityEngine;

public class Item : MonoBehaviour
{
    // チョコレートの3D
    [SerializeField]
    private GameObject _chocolate3d;

    // 衝突判定用のコライダー
    private BoxCollider _collider;

    // キラキラのパーティクルシステム
    [SerializeField]
    private ParticleSystem _glitter;

    // SE用のAudioSource
    private AudioSource _seAudioSource;

    // Start is called before the first frame update
    private void Start()
    {
        _collider = GetComponent<BoxCollider>();
        _seAudioSource = GetComponent<AudioSource>();
    }

    // 取得された際の処理
    public void Gotten()
    {
        _chocolate3d.SetActive(false);
        _collider.enabled = false;
        _glitter.Play();
        _seAudioSource.Play();
    }
}
```

Game.cs

```
using System.Collections;
using System.Collections.Generic;
using UnityEngine;
using UnityEngine.UI;
using UnityEngine.SceneManagement;

public class Game : MonoBehaviour
{
    // 生成するアイテムの総数
    public const int Total = 10;

    // 残数
    private int _restCount;

    // 残数のテキスト
    [SerializeField]
    private Text _restCountText;

    // プレイヤー
```

```
    [SerializeField]
    private Player _player;

    // アイテムのPrefab
    [SerializeField]
    private GameObject _itemPrefab;

    // CLEARの画像
    [SerializeField]
    private Image _clearImage;

    // 「もう一度」ボタン
    [SerializeField]
    private Button _restartButton;

    // Start is called before the first frame update
    void Start()
    {
        SetRestCount(Total);
        CreateItems();
        _player.OnGetItemCallback = OnGetItem;
    }

    // Update is called once per frame
    void Update()
    {
    }

    // アイテムを生成
    private void CreateItems()
    {
        for (int i = 0; i < Total; i++)
        {
            GameObject item = Instantiate(_itemPrefab);
            item.transform.position =
                GetRandomItemPosition();
        }
    }

    // ランダムにアイテムを配置する座標を返す
    private Vector3 GetRandomItemPosition()
    {
        // 1f〜3.5fの間でランダムにX座標を決定
        var x = UnityEngine.Random.Range(1f, 3.5f);
        // 1/2の確率で反転
        if (UnityEngine.Random.Range(0, 2) % 2 == 0)
        {
            x *= -1f;
        }

        // 1f〜3.5fの間でランダムにZ座標を決定
        var z = UnityEngine.Random.Range(1f, 3.5f);
        // 1/2の確率で反転
        if (UnityEngine.Random.Range(0, 2) % 2 == 0)
        {
            z *= -1f;
        }

        return new Vector3(x, 0f, z);
    }

    // 残りアイテム数を設定
    private void SetRestCount(int value)
    {
        _restCount = value;
        _restCountText.text =
            string.Format("残り{0}個", _restCount);
    }

    // アイテム取得時の処理
    private void OnGetItem()
    {
        SetRestCount(_restCount - 1);
        if (_restCount == 0)
        {
            Finish();
        }
    }

    // 終了処理
    private void Finish()
    {
        _player.Finish();
        _clearImage.gameObject.SetActive(true);
        _restartButton.gameObject.SetActive(true);
    }

    // もう一度遊ぶ処理
    public void Restart()
    {
        SceneManager.LoadScene("GameScene");
    }
}
```

Bgm.cs

```
using System.Collections;
using System.Collections.Generic;
using UnityEngine;

public class Bgm : MonoBehaviour
{
    void Awake()
    {
        Bgm[] bgms = FindObjectsOfType<Bgm>();
        if (bgms.Length > 1)
        {
            Destroy(gameObject);
            return;
        }

        DontDestroyOnLoad(this);
    }

    // Start is called before the first frame update
    void Start()
    {
    }

    // Update is called once per frame
    void Update()
    {
    }
}
```

PART 2

モバイルAR開発の実践

伏木秀樹
FUSHIKI Hideki
㈱ CyberHuman Productions

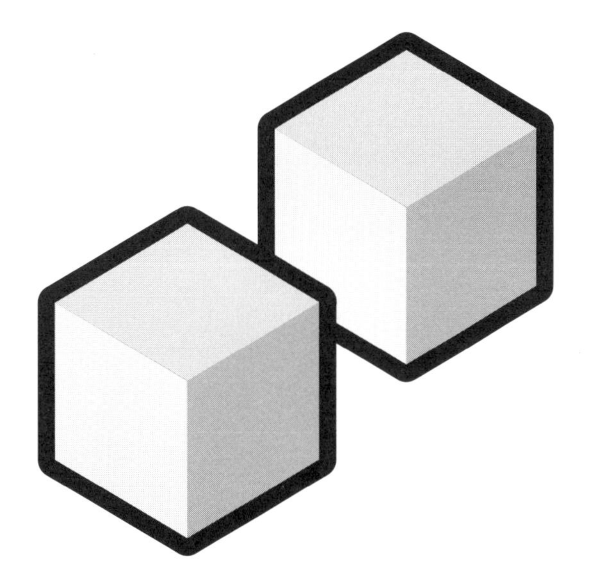

第1章

ARの概略と環境構築

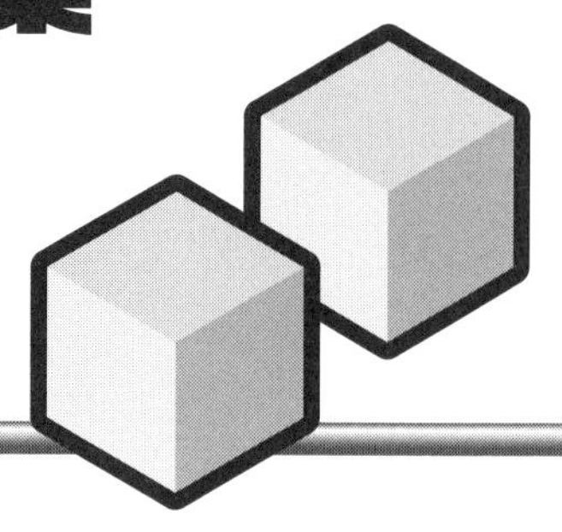

ARとは

最近ではARという単語が広く普及し、さまざまな場面で聞く機会が増えてきました。AR（*Augmented Reality*：拡張現実）とは、現実世界に対してコンピュータを用いて仮想情報を重ね合わせて拡張する技術です。

モバイルARとは、一般にスマートフォンなどの携帯端末上でARを体験することを指します。モバイルARアプリで有名なものといえば、Niantic社[注1]が制作しているPokémon GO[注2]が挙げられます。現実空間の上にモンスターを重ね合わせて表示させるAR+モードがあり、モンスターに近付いたりボールを投げてモンスターを捕まえることができます。

ARと聞くと実現が難しいイメージがありますが、Unityを用いれば簡単に実現できます。このPartではUnityを用いたARアプリケーションの作り方を、実際に簡単なARゲームを作成することを通して学んでいきましょう。

なお、このPartで作成したアプリケーションは最終的にiOS（iPhone、iPad）、Androidのモバイル端末で動作させることが可能です。筆者の開発環境はmacOSを使っていますので、スクリーンショットはmacOSのUnityEditorの見た目となっています。

開発環境

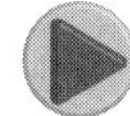使用するフレームワーク

Unityを使ってモバイルARアプリを開発するための環境を準備していきましょう。

モバイル端末でARを実現するためには、端末のOSごとに対応フレームワークが異なります。ここでフレームワークとは、アプリケーションを作るうえで必要な機能や枠組みを提供するものです。

iOS製品（iPhone、iPad）でAR体験を実現するためにはApple社のARKit[注3]、Android端末でAR体験を実現するためにはGoogle社のARCore[注4]を用いる必要があります。これらは端末のカメラから現実空間の情報を取り込み、AR体験を実現するために必要となるさまざまな機能をサポートしています。

ARKit、ARCoreを直接使用してARアプリを開発することもできますが、3D空間や3Dオブジェクトなどを扱う場合、Unityを使ったほうがさまざまな表現ができ便利です。その一方で、UnityからARKit用の処理、ARCore用の処理を別々に記述するのはとても手間がかかり、プログラムも複雑になってしまいます。

このPartでは、そういった異なるモバイル環境でのAR開発の煩雑さを解決してくれる「AR Foundation」[注5]を使用します。

AR Foundationとは、Unity社が提供している「Unityを用いてさまざまなARデバイスに対応したマルチプラットフォームで開発を行うためのフレームワーク」です。現在、先述したARKit・ARCoreといったスマートフォンにおけるAR開発や、Magic Leap[注6]・HoloLens[注7]といったARグラスアプリの開発にも対応しています。今後ほかのプラットフォームが増えるかもしれません。

注1　https://nianticlabs.com/ja/
注2　https://www.pokemongo.jp/
注3　https://developer.apple.com/jp/arkit/
注4　https://developers.google.com/ar/?hl=ja
注5　https://unity.com/ja/unity/features/arfoundation
注6　https://www.magicleap.com/
注7　https://www.microsoft.com/ja-jp/hololens

図1　Package Managerウィンドウ

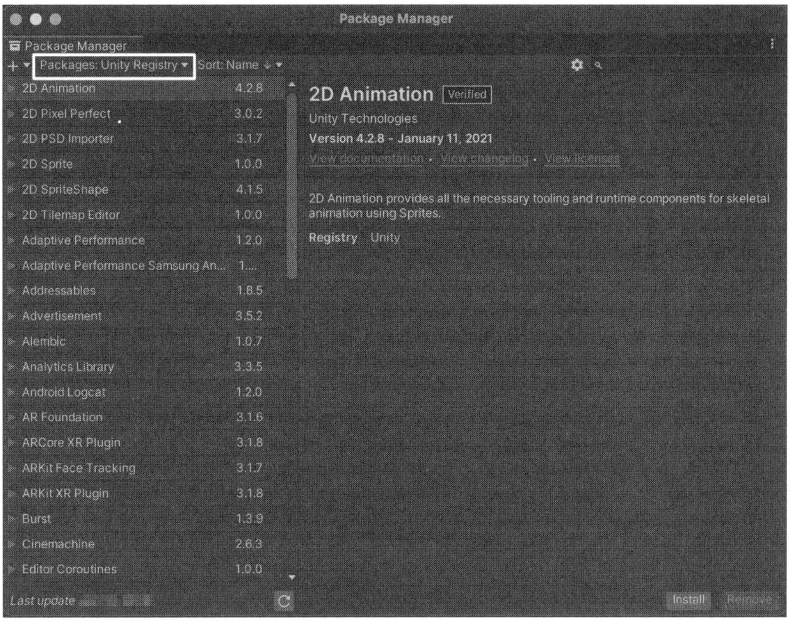

AR FoundationはARKitとARCoreの構造の差を吸収してくれ、どの環境かをあまり意識せずに開発を行うことができます。ただし構造の差を吸収してくれるのは共通機能に関してのみで、モバイル環境（端末）によって対応している機能が異なる場合があります。

AR Foundationで開発したアプリケーションをAR環境で動作させるにはiOS端末・Android端末にインストールが必要であり、そのためにはそれらの開発環境が必要です。iOS端末向けに開発を行う場合は、macOSとXcodeによるiOSアプリの開発環境が必要です。Android向けに開発を行う場合は、Unity HubでAndroid用のモジュールをインストールするだけで追加の開発環境は必要ありません。詳細に関しては後述します。

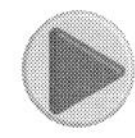

AR Foundationを使ってAR環境を構築

AR Foundationの導入方法

AR FoundationをUnityで用いるためには「Unity Package Manager」[注8]を使用します。

Unityで外部アセットを使う場合、その都度アセットストアなどからunitypackageをダウンロードしインポートして使用しなくてはなりません。また、そのアセットがアップデートされた際はそのたびに再度ダウンロードとインポートを行い、アップデートの追従を手動で管理しなければなりません。

Unity Package Managerは、そういったパッケージ管理の煩雑さを解消してくれるパッケージ管理システムです。パッケージマネージャという単語は、Webアプリケーションやソフトウェア開発の経験がある人は聞き覚えがあるのではないでしょうか。使用するパッケージを設定ファイルに記述しておき、その設定ファイルをもとにUnityが自動でパッケージを管理し、開発に使用できるようにしてくれます。Unity Package Managerで管理できるパッケージは、基本的にはUnityが公式にPackage Managerで配布しているパッケージ（アセット）のみとなります。設定変更でそのほかのパッケージを使用することも可能ですが、このPartではUnityが公式で配布しているパッケージのみを使用します。

注8　https://docs.unity3d.com/ja/2020.1/Manual/Packages.html

Unity Package Managerを用いてAR Foundationを導入

まずはAR Foundationを動作させるためのUnityプロジェクトを作成しましょう。UnityEditorの起動画面から、Newを選択し、Project nameは「ARFoundation Test」としておきましょう。Templateは3Dにして「Create」ボタンをクリックし、Unityプロジェクトを作成します。するとSampleSceneシーンが開きます。

続いて、Unity Package Managerを使用します。UnityEditorのファイルメニューから「Window→Package Manager」を選択するとPackage Managerウィンドウが開きます（**図1**）。

図1の枠の部分がUnity Registryになっているのを確認してください。左側にリスト表示されているのがUnity Package Managerで管理することが可能なパ

ッケージです。この中から実際に管理するパッケージをインストールしていきます。

項目がたくさんありすぎて目的のパッケージを見つけるのが大変ですね。右上の虫眼鏡マークの付いた検索ボックスに「AR」と入力してみましょう。するとARと名の付く項目だけに絞られます(**図2**)。

今回の開発に用いるのは、

- **AR Foundation (ARKit・ARCore両方の開発に必要)**
- **ARCore XR Plugin (ARCoreの開発に必要)**
- **ARKit XR Plugin (ARKitの開発に必要)**

の3つのパッケージです。それぞれ最新バージョンが異なりますが、このPartで用いるUnityEditorのバージョン2020.1.11f1で最新の検証済みパッケージを使用することにします。検証済みパッケージとは、特定のバージョンのUnityでテストを行ったパッケージのことです。動作確認がされているため、安心して使うことができます。検証済みパッケージは、図2のように名前の横にVerifiedと表示されています。

最新のバージョン以外を入手するには、パッケージ名の左の▼をクリックし、「See Other versions」をクリックすると過去のバージョンの一覧が表示されます。表示されている中で、Verifiedのマークが付いているものをクリックして選択しましょう(**図3**)。

それぞれ以下のバージョンになります。

- **AR Foundation (3.1.6)**
- **ARCore XR Plugin (3.1.8)**
- **ARKit XR Plugin (3.1.8)**

上記のバージョンをそれぞれ指定し、右下の「Install」ボタンをクリックしてインストールします。これらのインストールされたパッケージは、ProjectウィンドウのPackagesフォルダ以下に配置されます(**図4**。Assets以下ではないので注意が必要です)。

図2 ARと名の付くパッケージを絞り込む

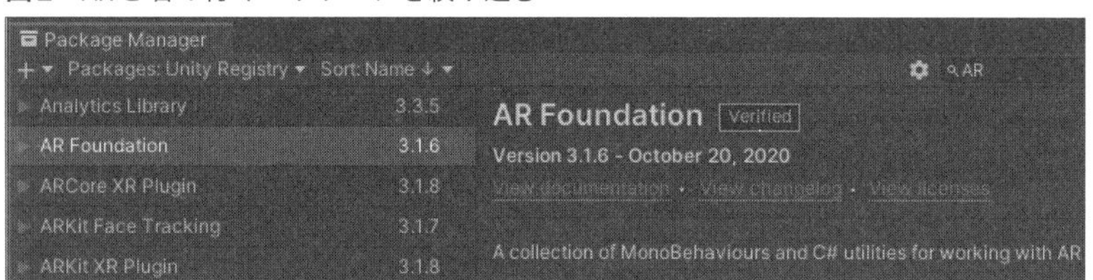

図3 パッケージのインストール

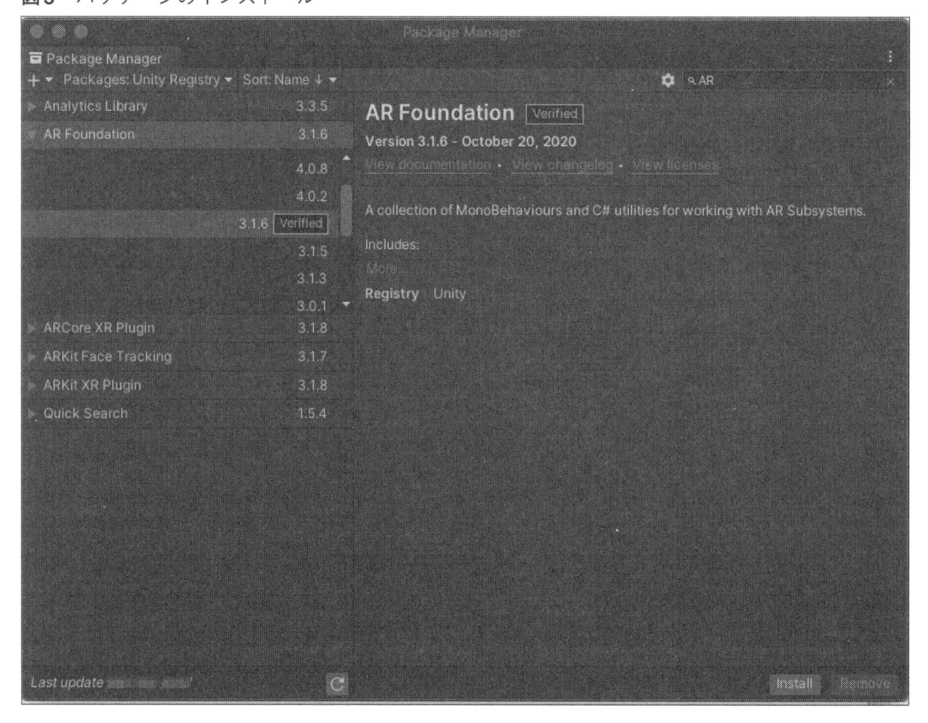

AR空間の構築に必要なコンポーネントを配置

続いて、実際にAR空間を構築するために必要なコンポーネントを配置していきましょう。現在SampleSceneシーンを開いているので、こちらを拡張していきましょう。Hierarchyウィンドウ上にMain Cameraというオブジェクトが配置されているかと思いますが、AR用のカメラを用いるため、こちらは削除してください。続いて、Hierarchyウィンドウ上で右クリックし、

- XR→AR Session Origin
- XR→AR Session

を選択してシーンに追加します(**図5**)。

ここでAR Session Originは、ARのセットアップに必要なオブジェクトをまとめる親オブジェクトです。これには、カメラから取得した画像の特徴点を可視化したpoint cloud、検出した平面などの情報が含まれます。

AR SessionはAR体験のライフサイクルを制御します。AR Sessionを有効または無効にすると、セッションの開始・停止が行えます。

検出した平面を表示する

検出した平面を表示するための準備をします。ARPlaneManagerというコンポーネントを用いることで平面を検出することができます。HierarchyウィンドウのAR Session OriginオブジェクトのInspectorウィンドウから「Add Component」をクリックし、ARPlaneManagerを追加しましょう(**図6**)。

ARPlaneManagerのDetection Modeのドロップダウンを開いてください(**図7**)。Nothing、Everything、Horizontal、Verticalと項目があります。ここでHorizontalは水平方向の面(平面)の検出、Verticalは垂直方向の面(壁)の検出、Everythingはそれら両方を検出するという設定です。Nothingは何も検出しないという設定です。今回、Detection ModeはHorizontal、Verticalを同時に検出する「Everything」にしましょう。

続いて検出した平面を可視化するPlane(平面)を作成します。Hierarchyウィンドウ上で右クリックし「XR→AR Default Plane」を選択してシーンに追加後、Projectウィンドウにドラッグ&ドロップしPrefab化します(**図8**)。Prefab化後、HierarchyウィンドウからAR Default Planeは削除しましょう。

作成したAR Default Plane Prefabを、ProjectウィンドウからAR Session OriginオブジェクトのARPlaneManagerコンポーネントのPlane Prefabにドラッグ&ドロップします(**図9**)。これで平面を検出した際にPlaneを表示する準備が整いました。UnityEditor上では動作確認ができないので、実機でアプリケーションを動かす必要があります。後述しますので、もう少々お待ちください。

図4 Packagesフォルダ

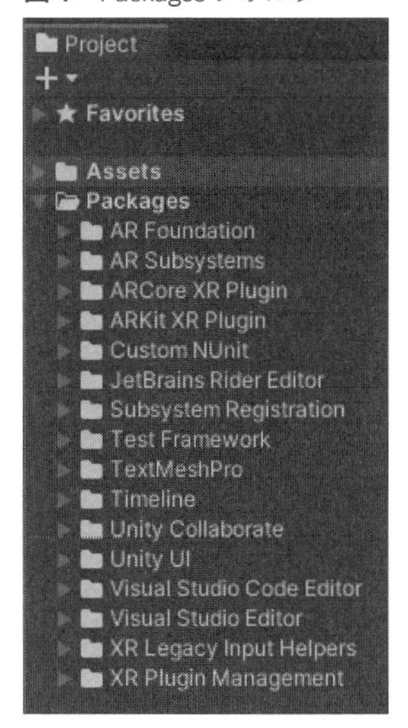

図5 HierarchyウィンドウにAR Session Origin・AR Sessionを追加

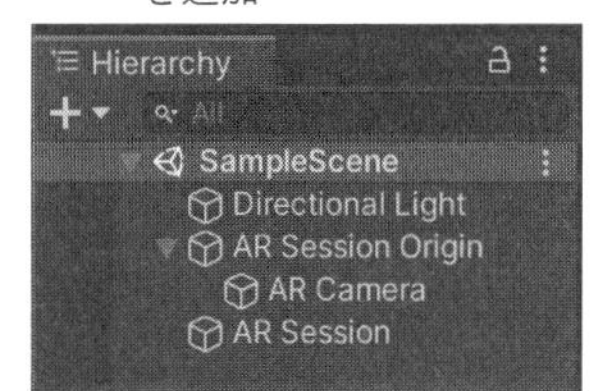

図6 ARPlaneManagerの追加

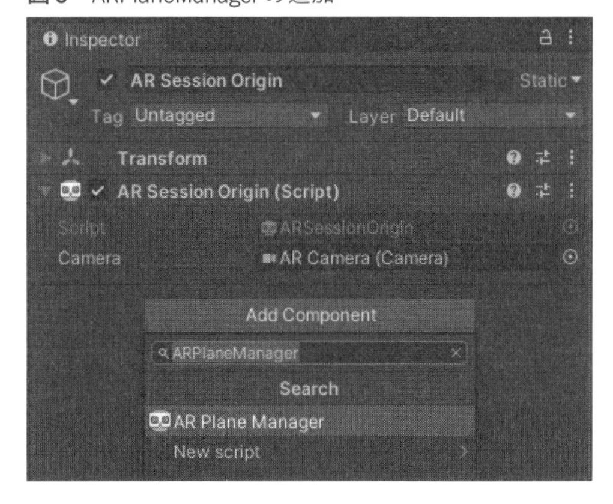

図7 ARPlaneManagerのDetection Mode

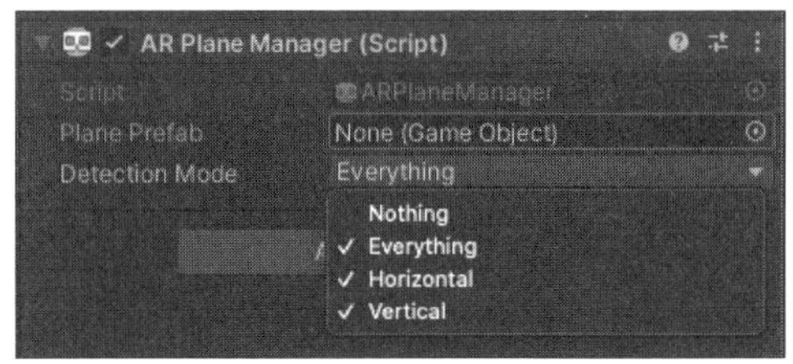

検出した平面をタップした位置にオブジェクトを配置

平面上をタップした位置にオブジェクトを置いてみます。平面上にオブジェクトを配置するために、画面のタップされた位置から検出した平面までRay(光線)を飛ばす必要があります。これをレイキャストと呼びます。レイキャストとは、ある点(ここではクリックした点)から線を延長していき、その線と別のオブジェクトが重なる(衝突する)かどうかを判定するものです。そのRayが平面と重なった位置にオブジェクトが配置されることになります。

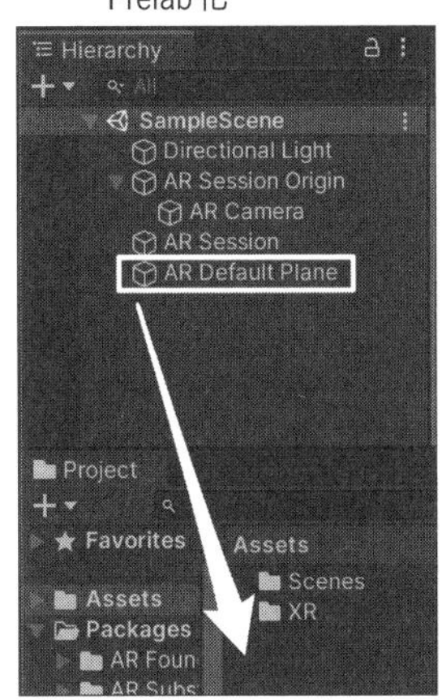

図8　AR Default PlaneのPrefab化

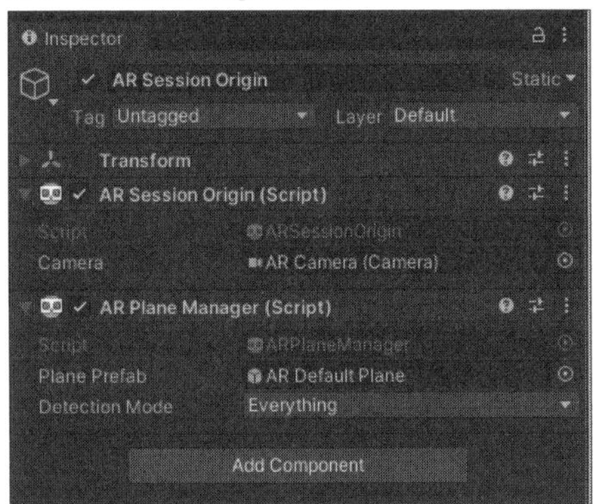

図9　ARPlaneManagerの設定

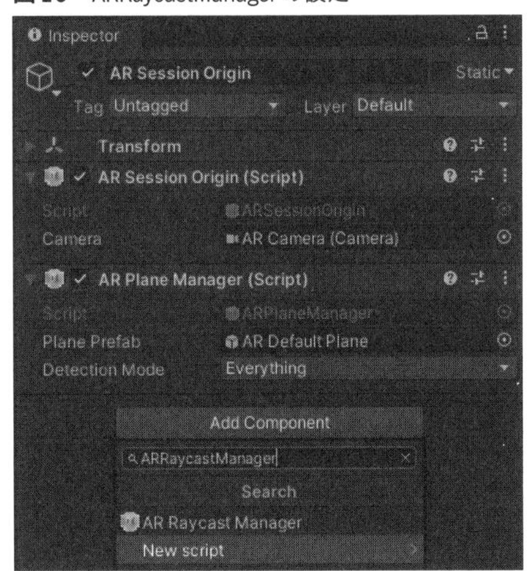

図10　ARRaycastManagerの設定

Rayを飛ばすための機能を使用するためには、AR RaycastManagerを使用する必要があります。HierarchyウィンドウのAR Session OriginオブジェクトのInsepcetorウィンドウから「Add Component」をクリックし、ARRaycastManagerを追加しましょう(**図10**)。

上記の処理を行うにはスクリプトでの処理が必要なので作成していきます。Projectウィンドウ上で右クリックし「Create→C# Script」をクリックして、「Place Object」と名前を付けます。作成したPlaceObjectファイルをテキストエディタなどを使い、以下のスクリプトの内容に書き換えてください。その後、書き換えたPlaceObjectスクリプトをHierarchyウィンドウのAR Session Originオブジェクトにドラッグ&ドロップし、アタッチします。

PlaceObject.cs

```
using System.Collections.Generic;
using UnityEngine;
using UnityEngine.XR.ARFoundation; //❶
using UnityEngine.XR.ARSubsystems; //❷

public class PlaceObject : MonoBehaviour
{
    [SerializeField] //❸
    GameObject objectPrefab;

    ARRaycastManager raycastManager; //❹
    List<ARRaycastHit> hitList = new List<ARRaycastHit>(); //❺

    void Start()
    {
        raycastManager = GetComponent<ARRaycastManager>();
    }

    void Update()
    {
        if (Input.GetMouseButtonDown(0))
        {
            if (raycastManager.Raycast(
                Input.GetTouch(0).position, hitList,
                TrackableType.Planes)) //❻
            {
                Instantiate(
                    objectPrefab, hitList[0].pose.position,
                    hitList[0].pose.rotation);
            }
        }
    }
}
```

スクリプトの解説をします。

❶に`using UnityEngine.XR.ARFoundation;`の記述があります。これはAR Foundationの機能を使用

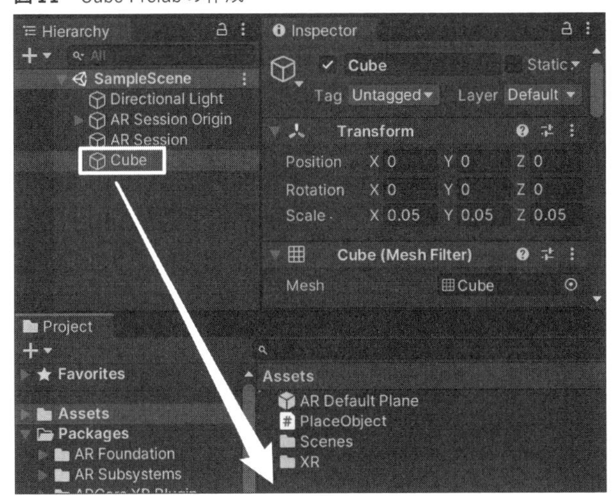

図11　Cube Prefabの作成

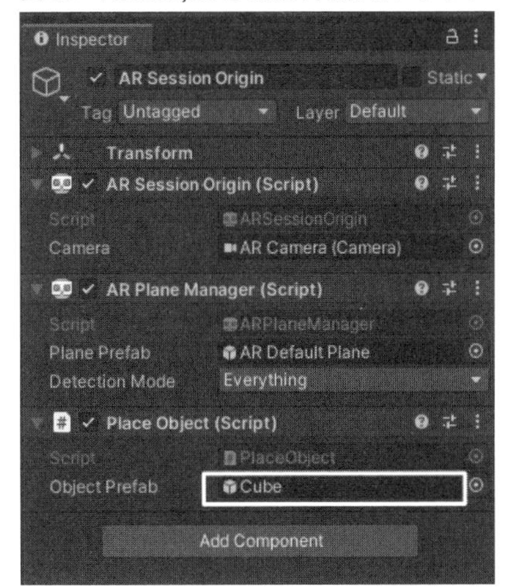

図12　PlaceObjectにCube Prefabをアタッチ

するために必要な宣言です。

❷の`using UnityEngine.XR.ARSubsystems;`の記述は、後述するTrackableTypeを使用するために必要な宣言です。

❸の`[SerializeField]`の記述は、Inspectorウィンドウに変数を表示し、外部から変数の値を設定できるようにするための記述です。ここでは、objectPrefab変数をInspectorウィンドウから設定できるようにしています。

❹でARRaycastManager型の変数`raycastManager`を宣言し、Startメソッドの中でARRaycastManagerコンポーネントをGetComponentメソッドで取得し代入しています。

❺でARRaycastHit型のListを宣言し、初期化しています。ARRaycastHitはレイキャストをして何かしらのオブジェクトに衝突(Hit)した場合の結果を表します。

続いてUpdateメソッドの中を見ていきます。Input.GetMouseButtonDownはクリック(タップ)入力があった際にtrueになります。入力があった場合、if文の{}内の処理が実行され、❻でRaycastメソッドを呼び出しています。この処理で、タップされた位置情報からのレイキャストの結果をhitList変数に格納しています。

ここで、Raycastメソッドの第3引数に`TrackableType.Planes`という値を渡しています。TrackableTypeは現実世界のトラッキングできるオブジェクトのタイプを示しています。ここではTrackableType.Planesと指定し、レイキャストの対象を平面のみに設定しています。

レイキャストの結果、もしほかのオブジェクトと衝突していたら、❻のRaycastの結果がtrueになり、if文の{}内の処理が実行されます。

ここで、Instantiateメソッドが実行されています。これは引数に与えたオブジェクトを複製してGameObjectを生成します。

ここで、`hitList[0].pose`はhitListのListの0番目、つまりレイキャストで最初に衝突したオブジェクトのpose情報が格納されています。これらはposition・rotation変数が含まれており、それぞれ位置・回転情報です。これらをInstantiateメソッドの第2、第3引数に与えて、生成したオブジェクトの位置と回転を決定します。

次にタップで移動させるダミーオブジェクトを作成します。

Hierarchyウィンドウで右クリックし、「Create→3D Object→Cube」をクリックしてCubeを作成します。そのままだと大きすぎるので、TransformのScaleを「0.05」「0.05」「0.05」に設定しましょう。そしてProjectウィンドウにドラッグ＆ドロップしてPrefab化しましょう(**図11**)。

HierarchyウィンドウからCubeは削除しましょう。Prefab化したCubeを、AR Session OriginオブジェクトのInspectorウィンドウのPlaceObjectに表示されているObject Prefabにドラッグ＆ドロップします(**図12**)。

以上でAR空間を構築する準備は整いました。次章でモバイル端末にアプリをインストールして動作確認してみましょう。

第2章

モバイル端末(実機)でアプリを動かす

本章では、第1章で作成したUnityプロジェクトをアプリケーションとしてモバイル端末(実機)で動かして確認するための手順について解説します。

ビルド用モジュールのインストール

モジュールの確認

Part1にて「Android Build Support」「iOS Build Support」のチェックを入れてインストールを行った場合は、すでにそれぞれのプラットフォームへのビルドに必要なモジュールが入っています。Unity Hubの画面で対象のバージョンの右上のマークをクリックし(**図1**)、「Add Modules」をクリックすることで、モジュール一覧が開きます。現在インストールされている項目にはチェックが入っているのが確認できます(**図2**)。

iOS・Android共通のビルド設定

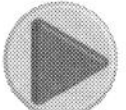

ビルド対象のシーンに追加

ビルドを行う前に、ビルド後のアプリケーション起動時に一番初めに起動するシーンを指定する必要があります。まず、ファイルメニューから「File→Build Settings...」を選択すると、Build Settingsのダイアログが表示されます。Scenes In Buildのリストに表示されている中で、チェックが付いていてかつ一番上のシーンが最初に起動するシーンです。最初はリストが空の状態なので、追加していきます。

「Scenes In Build」の右下の「Add Open Scenes」をクリックしてください。すると、現在開いているScenes/

図1　Unity Hubの画面

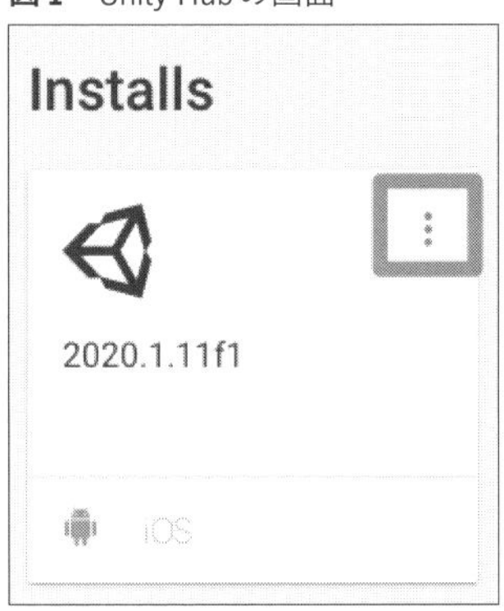

図2　現在インストールされているモジュール

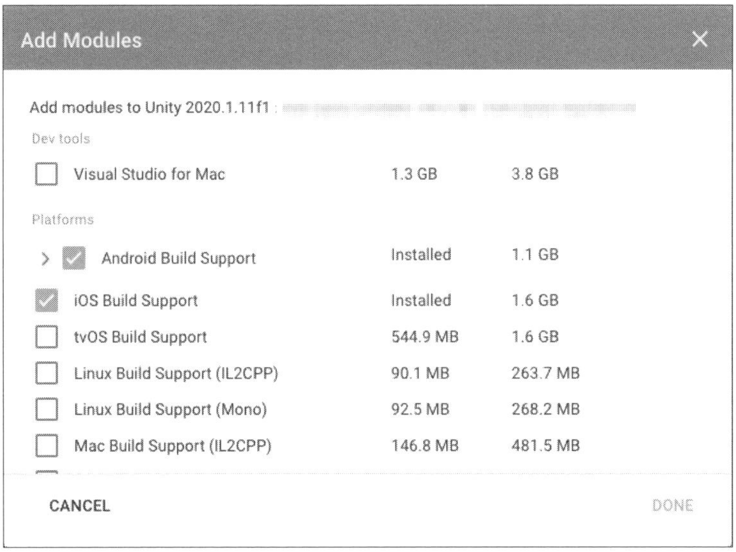

Add Modules

Add modules to Unity 2020.1.11f1 :

Dev tools

Visual Studio for Mac	1.3 GB	3.8 GB

Platforms

Android Build Support	Installed	1.1 GB
iOS Build Support	Installed	1.6 GB
tvOS Build Support	544.9 MB	1.6 GB
Linux Build Support (IL2CPP)	90.1 MB	263.7 MB
Linux Build Support (Mono)	92.5 MB	268.2 MB
Mac Build Support (IL2CPP)	146.8 MB	481.5 MB

CANCEL　DONE

SampleSceneがビルド対象に追加されます(**図3**)。

Player Settingsの変更

◉ Player Settingsの表示

続いて、ビルド時にエラーにならないようにPlayer Settingsの設定を行っていきます。Build Settingsウィンドウ左下の「Player Settings」をクリックするとProject Settingsウィンドウが開き、Playerの項目が選択されます(**図4**)。こちらはファイルメニューから「Edit→Project Settings...」を開き、Playerの項目を選択することでも同様の表示になります。

図4で枠で囲っているタブの部分は開発環境を表しており、左からPC、iOS、Androidのタブです。今後の設定は開発環境に応じて選択するタブを変更してください(図4ではiOSを選択しています)。

◉ Bundle Identifierの変更

Bundle Identifierとは、アプリケーションを一意に識別するために用いられるものです。ほかの開発者のものと重複しないように世界で固有のものにする必要があります。`com.Campany.AppName`のような形式で記述します。個人で制作するアプリケーションに関してはBundle Identifierは自由に設定できますが、デフォルトのPackageNameから変更する必要があります。

「Other Settings→Identification→Package Name」の項目を変更します。ここでは「com.DefaultCompany.ARFoundation

図3　ARFoundationTestのBuildSettings

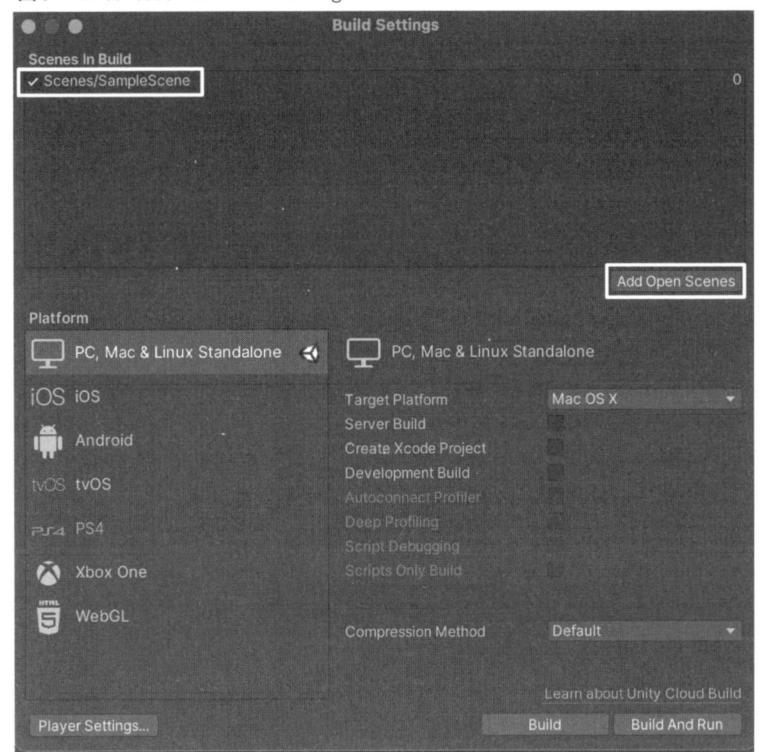

図4　Player Settings

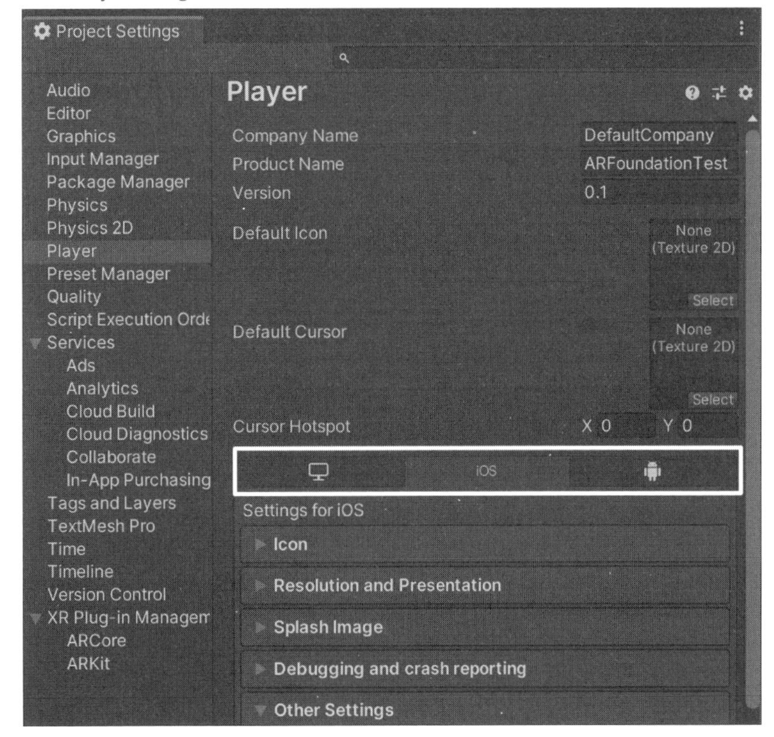

図5　Package Nameの変更

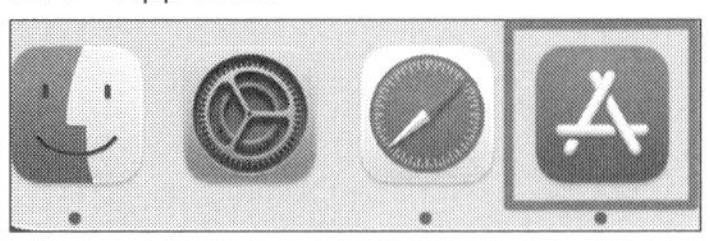

図6　App Store

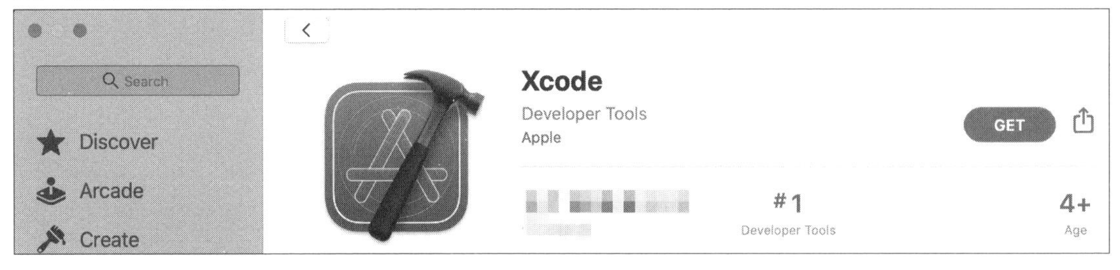

図7　Xcodeの検索結果

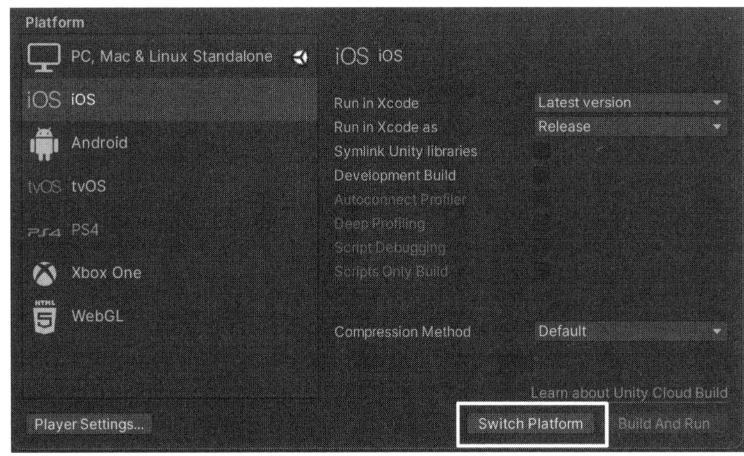

図8　Switch PlatformでTargetをiOSに切り替え

Test」から「com.gihyo.ARFoundationTest」に変更しました(**図5**)。世界で固有のものにするために、「gihyo」の部分をご自身のidなどに設定するとよいでしょう。

これで共通設定は終わりました。続いて各プラットフォーム向けの操作を行っていきましょう。

Xcodeを用いて実機(iOS端末)にインストール

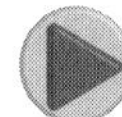

iOSにビルドするための準備

Unityで作成したARアプリをiOS端末で動作させるには、macOSとXcodeが必要です。Xcodeは、MacやiPhone、iPadなど用のアプリケーションを開発するための統合開発環境です。UnityプロジェクトをXcodeプロジェクトとして出力(ビルド)し、XcodeプロジェクトからXcodeを用いてiOS端末にアプリケーションをインストールします。ここでmacOS、Xcodeは以下のバージョンを使用しました(執筆時点の2020年11月現在で最新)。

- **macOS 11.0.1**
- **Xcode 12.2**

Xcodeをまだ入手していない方は、App Storeからダウンロードしておきましょう(**図6**)。

App Storeの検索窓に「Xcode」と入力して検索すると検索結果にXcodeが表示されるので、「GET」をクリックしてインストールを行いましょう(**図7**)。

Unity側のビルド設定

Build SettingsからPlatformをiOSに切り替えます。ファイルメニューから「File→Build Settings...」を選択すると、Build Settingsのダイアログが開きます。PlatformでiOSを選択している状態で右下の「Switch Platform」ボタンをクリックして、ビルド先のPlatformを変更しましょう(**図8**)。この作業は時間がかかります。

この状態で、ビルドと行きたいところですが、そのまま「Build」ボタンをクリックしてビルドすると**図9**のエラーが発生してしまいます。

これは、iOS端末でカメラを使用する際に、Privacy設定でカメラを使うことを明示的に示さなくてはならな

図9　Camera Usage Descriptionのエラー

```
[00:58:57] BuildFailedException: ARKit requires a Camera Usage Description (Player Settings > iOS > Other Settings > Camera Usage Description)
UnityEditor.XR.ARKit.ARKitBuildProcessor+Preprocessor.OnPreprocessBuild (UnityEditor.Build.Reporting.BuildReport report) (at Library/PackageCache/com.unity.xr.arkit@3.1.8/Editor/ARKitBuildProcessor.cs:144)
```

いという仕様によるエラーです。ビルドをすることは可能ですが、カメラが起動しなくなってしまいます。

そのため、カメラを使う設定をしましょう。Build Settingsダイアログ左下の「Player Settings...」ボタンをクリックし、Player Settingsのウィンドウを開きます。「OtherSettings→Configurations→Camera Usage Description」の項目に「for AR」と記述しましょう（図10）。カメラの使用目的を記述するのですが、内容は実はなんでもよいので別の文言でも大丈夫です。

図10　Camera Usage Descriptionの設定

 iOS端末へビルド

さて、いよいよビルドしていきましょう。ここではiPhoneへのビルドの想定で説明しますが、iPadへのビルド方法もほとんど同じ操作で行えます。

Build Settings右下の「Build」をクリックするとフォルダ名を尋ねられるので、「ARFoundationTest_iOS」と名前を付けて「Save」ボタンをクリックしましょう。ビルドが始まるのでしばらく待ちます。ビルドが終わるとXcodeプロジェクトが生成されています（図11）。

「Unity-iPhone.xcodeproj」をダブルクリックして開くとXcodeが起動します（図12）。

次にビルドに必要なSigningの設定をしていきます。

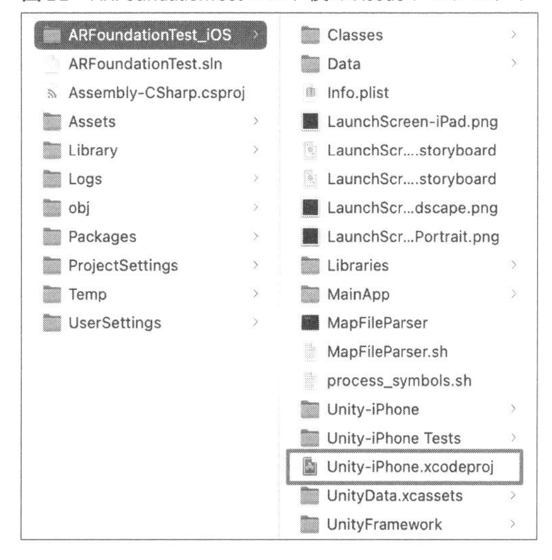

図11　ARFoundationTestビルド後のXcodeプロジェクト

図12　Xcode起動時の画面

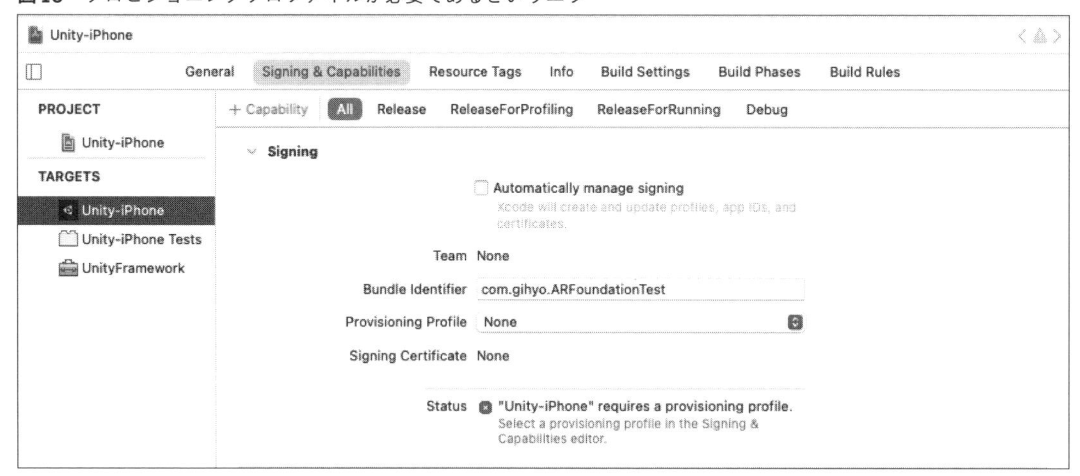

図13 プロビジョニングプロファイルが必要であるというエラー

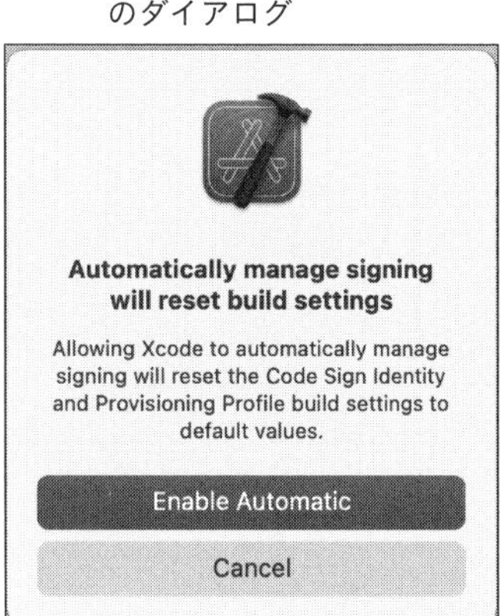

図14 Automatically manage signing のダイアログ

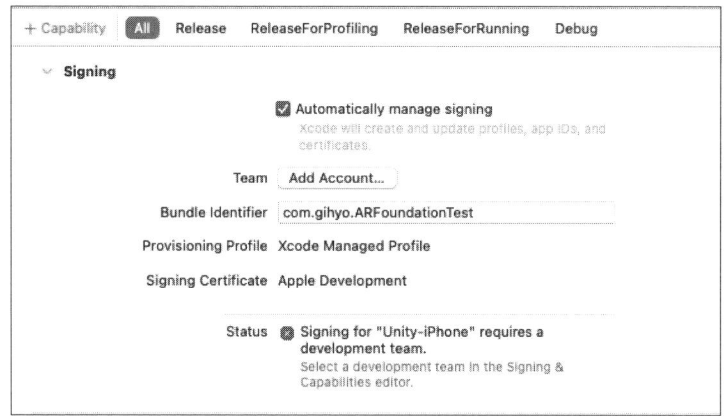

図15 「Add Account...」ボタン

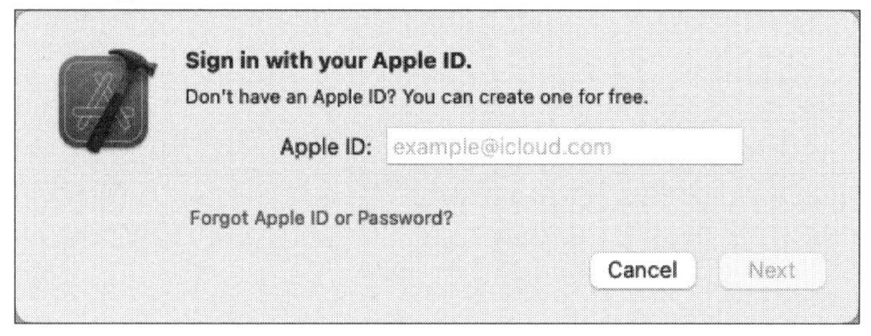

図16 Apple IDでサインインを促す画面

Signing & Capabilitiesタブを開いてください。

プロビジョニングプロファイルが必要であるというエラーが出ています(**図13**)。プロビジョニングプロファイルは、開発中のアプリケーションを実機にインストールするために必要なものです。こちらはAutomatically manage signingにチェックを入れることで自動で生成されるので、チェックを入れてください。コード署名やプロビジョニングプロファイルのビルド設定がリセットされるというダイアログが出ますが、そのまま「Enable Automatic」をクリックしましょう(**図14**)。こちらのチェックを入れることで、アプリケーションの実機インストールに必要な設定をXcodeが自動で生成してくれます。

すると、Teamの項目が「Add Account...」というボタンに切り替わっています(**図15**)。

「Add Account...」ボタンをクリックすると、Apple IDでサインインを促す画面が表示されます(**図16**)。お手持ちのApple IDでログインしてください。Apple IDを未取得の方は登録してください。

ログインが完了すると、Teamの項目に先ほどログインしたApple IDのアカウントが選べるようになっているので、選択します(**図17**)。

図17　TeamにAppleアカウントが表示される

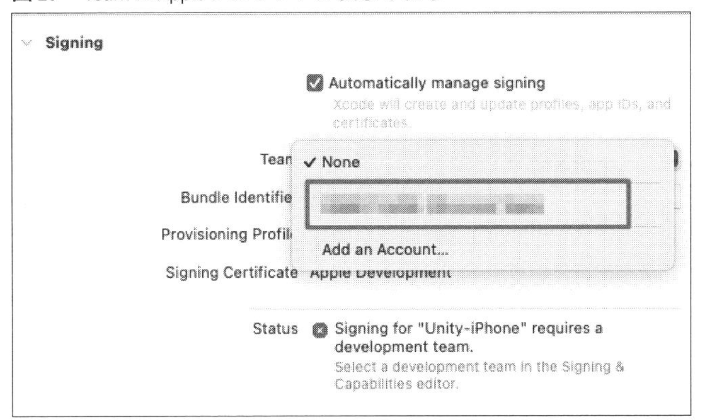

図18　設定完了画面

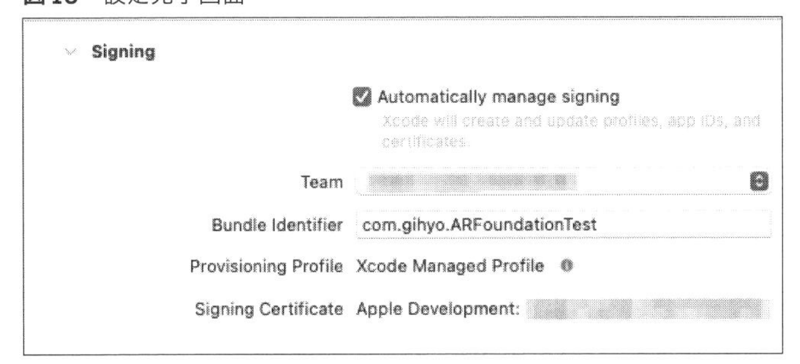

図19　Xcodeでビルド開始

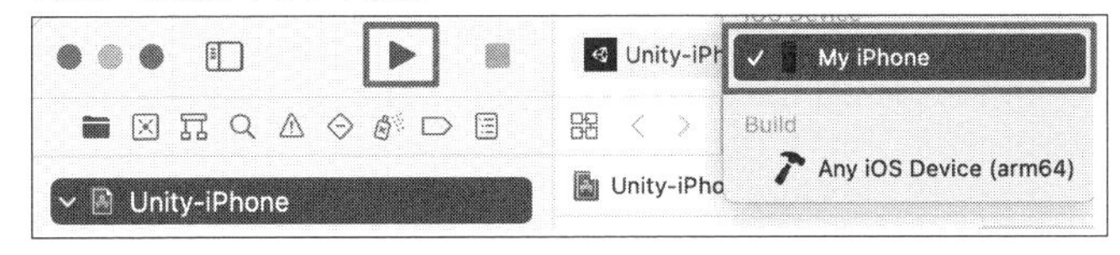

これで、ようやくビルドの準備が整いました(**図18**)。

設定が終わったら端末をケーブルでPCにつなぎ、ビルドターゲットを「接続しているご自身の端末名(ここではMy iPhone)」に設定してください。そしてXcodeの左上の実行ボタン(▶)をクリックしてビルドを開始します(**図19**)。

ビルドが終わるまでしばらく待ちましょう。すると、Xcode側でエラーダイアログが発生してしまいます(**図20**)。これは端末側でコード署名が信頼されていないという表示です。

iPhone側で信頼する操作を行います。iPhoneの「設定→一般→プロファイルとデバイス管理」をクリックします。**図21**の画面になるので、「Apple Development:」の項目をタップします。

続いて**図22**の画面になるので、青字の「Apple Development:」の項目をタップします。

図20　コード署名が信頼されていないエラー

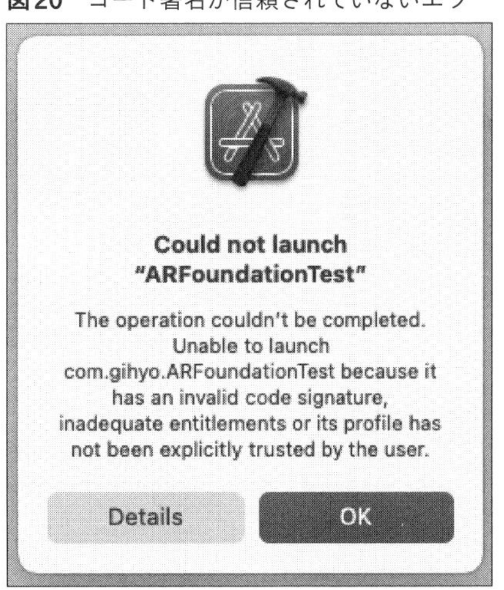

図21　iPhoneプロファイルとデバイス管理

図22　デベロッパのApp画面

アプリケーションの信頼を促すダイアログが表示されるので、「信頼」をタップします(**図23**)。

これで開発元が信頼されまし

図23　iPhone開発元の信頼

たので、再度Xcodeのビルドボタンを押しビルドを開始します。

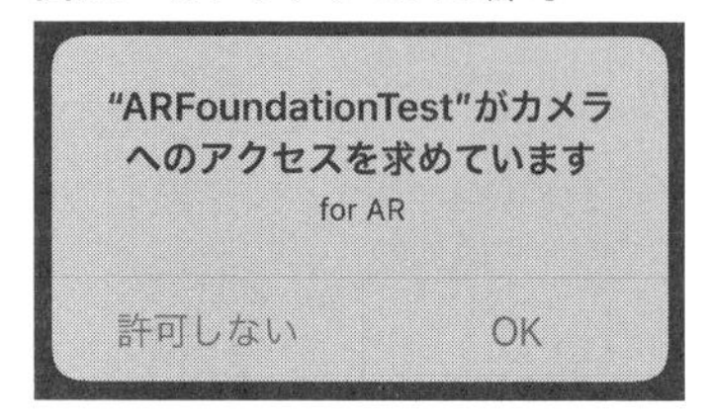

図24 カメラアクセスの許可

図25 ARFoundationTestを端末で動作

図26 Android Build Supportの画面

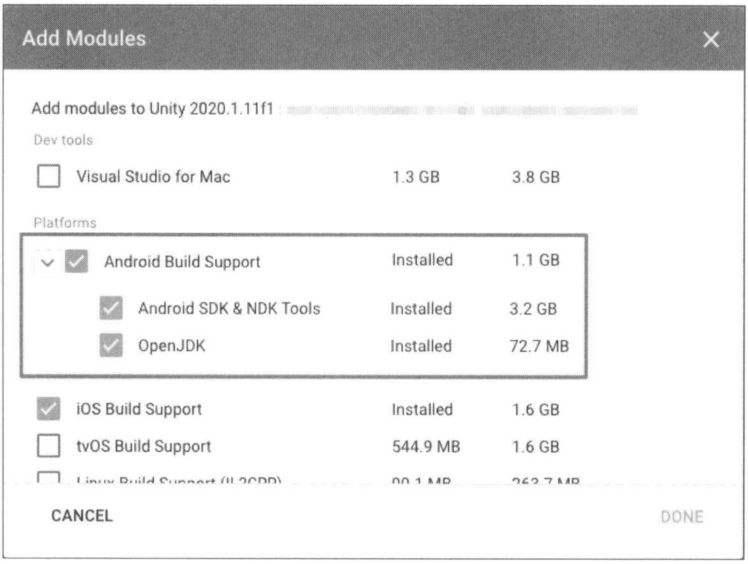

Add Modules

Add modules to Unity 2020.1.11f1 :

Dev tools

Visual Studio for Mac	1.3 GB	3.8 GB

Platforms

Android Build Support	Installed	1.1 GB
Android SDK & NDK Tools	Installed	3.2 GB
OpenJDK	Installed	72.7 MB
iOS Build Support	Installed	1.6 GB
tvOS Build Support	544.9 MB	1.6 GB

CANCEL　DONE

ビルドが完了すると端末でアプリケーションが起動します。端末でアプリケーションが起動すると、カメラへのアクセス許可の確認ダイアログが表示されるので、「OK」をタップします(**図24**)。

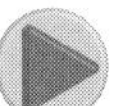

ARアプリの操作方法

上記手順でアプリケーションを起動すると、まずカメラが起動します。その状態で端末を持って上下左右に動かすと、地面や壁に**図25**のように薄黄色い平面が表示されるかと思います。検出に時間がかかるケースがあるので、根気よく動かしましょう。コツとしては、検出したい地面や壁をなぞって塗りつぶすようにするとうまくいくことが多いです。

垂直もしくは水平面に表示される平面をタップすると、その位置に立方体を出現させることができます。

Android端末にアプリをインストール

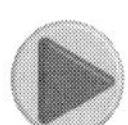

Androidにビルドするための準備

Unityで作成したARアプリをAndorid端末で動作させます。本書のUnityバージョン2020.1.11f1では追加の開発環境は必要ありません。Part1にてUnity Hubより「Android Build Support」のチェックを入れてインストールを行った場合は、すでにAndroidの開発に必要なAndroid SDK (*Software Development Kit*)やNDK (*Native Development Kit*)や、OpenJDKに基づくJava DevelopmentKitがインストールされています。

図26のように、「Android SDK & NDK Tools」「OpenJDK」にチェックが入っているか確認してください。もし入っていなければ、チェックをONにしてインストールを実行しましょう。

Unity側のビルド設定

Build SettingsからPlatformをAndroidに切り替えます。ファイルメニューから「File → Build Settings...」を選択すると、Build

Settingsのダイアログが開きます。PlatformでAndroidを選択している状態で右下の「Switch Platform」ボタンをクリックして、ビルド先のPlatformを変更しましょう（**図27**）。この作業は時間がかかります。

またARCoreを使うためには、Minimum API Levelが24以上である必要があるので、Minimum API Levelを「API level 24」にしましょう。こちらはお持ちのAndroid端末が対応していれば、それより新しいバージョンでもかまいません。

Build Settingsウィンドウ左下の「Player Settings」をクリックし、Player Settingsウィンドウを開きましょう。Player Settingsウィンドウの「Other Settings→Identification→Minimum API Level」の項目を**図28**のように設定します。

またARCoreではVulkanのGraphics APIは使えないため、OpenGLES3を一番上にドラッグして切り替えましょう（**図29**）。

BuildSettings右下の「Build」をクリックするとフォルダ名を尋ねられるので、「ARFoundationTest_Android」と名前を付けて「Save」ボタンをクリックしましょう。ビルドが始まり、`ARFoundation_Android.apk`という名前のapkファイルが生成されます。

apkファイルとは、Android専用ソフトウェアパッケージのファイルフォーマットです。このapkはほかのツールを使ってAndroid端末にインストールできますが、Unityのみで Android端末にインストールする方法を次項で紹介します。

図27　Switch PlatformでTargetをAndroidに切り替え

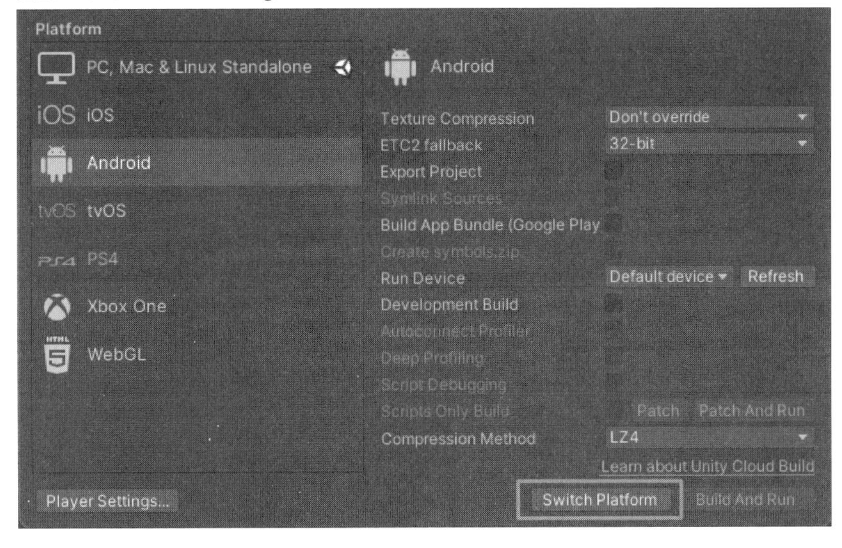

図28　Player Settingsの設定

Identification
Package Name　com.gihyo.ARFoundationTest
Version*　0.1
Bundle Version Code　1
Minimum API Level　Android 7.0 'Nougat' (API level 24)
Target API Level　Automatic (highest installed)

図29　Graphics APIの設定

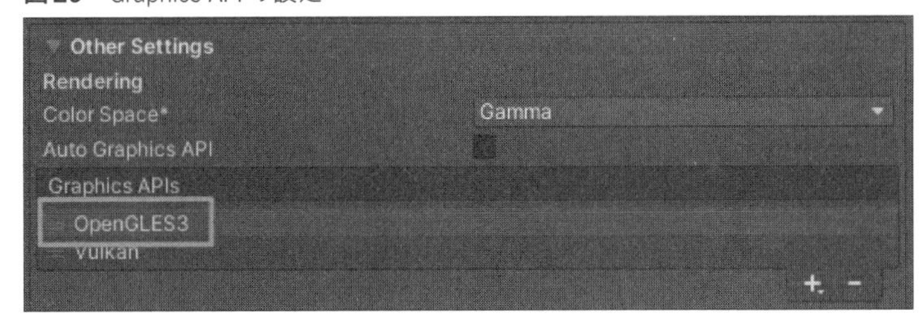

 Android端末へビルド

Android端末にアプリケーションをインストールする前に、端末側でUSBデバッグを有効にする必要があります。USBデバッグを有効にする方法は「設定→システム→詳細設定→開発者向けオプション」の画面を表示し、USBデバッグのトグルをONに切り替えます。

また開発者向けオプションは、Android 4.1以前の場合、デフォルトで表示されていますが、Android 4.2以降では、この画面を表示する必要があります。そのためには、「ビルド番号」オプションを7回タッ

図30　Build And Run

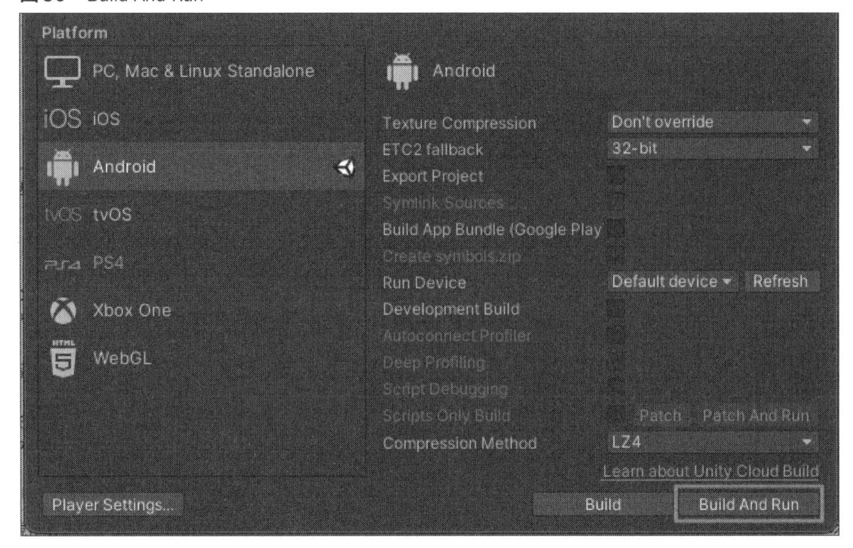

図31　USBデバッグの許可

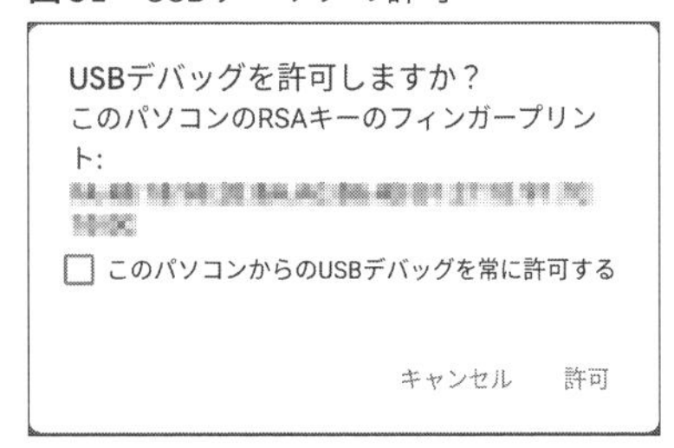

プします。ビルド番号の位置は端末により異なります。こちらはAndroid Studioのユーザーガイドの「デバイスの開発者向けオプションを設定する」[注1]に詳しく解説がされています。Android Studioとは、MacにおけるXcodeのようにアプリケーションを開発するための統合開発環境です。今回は使用しません。

USBデバッグをONにできたら、Android端末をUSBケーブルで接続しましょう。今度はBuild Settings右下の「Build And Run」をクリックします（**図30**）。

Build And Runはビルドを実行したあとに、ビルド結果のアプリケーションをAndroid端末に自動で転送してくれます。ビルドが終わると端末側で「USBデバッグを許可しますか？」というダイアログが表示されるので、「許可」をタップします（**図31**）。

すると、iOSと同様にアプリケーションが起動します。アプリケーションの操作方法はiOSと同様です。iOS端末の「ARアプリの操作方法」を参考にしてください。

これでUnityでAR Foundationを用いることで、モバイル端末でAR体験が実現できましたね。次章から、実際にARゲームを作っていきましょう。

注1　https://developer.android.com/studio/debug/dev-options?hl=ja

第3章

ARゲームを作ってみよう

ゲームの概要

実際にARゲームを作成していきます。本章で作成するARゲームは、その名も「ARバスケットボール」です(**図1**)。AR Foundationの垂直面(壁)の検出機能を使って、検出した壁にゴールを設置して、そのゴールに向かってボールを投げて、入ったらエフェクトを発生させ得点を加算するといった内容です。

以下の流れでゲームを作成していきます。

❶平面に物体を置いてみる
❷壁認識とゴール設置
❸ボールを投げて地面で弾ませる
❹ゴールリングでボールを弾く

このPartで作成するスクリプトは、本書のサポートサイト[注1]からダウンロードできます。

プラットフォーム依存コンパイル

AR開発で動作確認を行う際、毎回Unityプロジェクトをビルドし、モバイル端末にインストールしなければなりません。開発を進めながら動作確認のたびにその作業をするというのは大変ですよね。

そこである程度UnityEditor上でも動作確認ができるようにしましょう。Unityには「プラットフォーム依存コンパイル」という機能があり、スクリプト内で以下のように記述をすることで、プラットフォームごとに処理を分岐できます。これにより、AR実行環境がないUnityEditor上で動作確認が行えます。

```
#if UNITY_EDITOR
  // UnityEditor上での処理
#else
  // 実機上（UnityEditor以外のプラットフォーム）での処理
#endif
```

上記はif文と似ており、UNITY_EDITORの部分は、実行するプラットフォームごとに別の値が定義されます。UNITY_EDITORが定義されている場合、つまりUnity Editorでの実行時に#if以下の処理が実行されます。

#elseにはif文のelseと同じく、#ifに該当しなかった場合に実行される処理を記述します。UNITY_EDITORが宣言されていない、つまりUnityEditorで実行されていない(実機上で動作させている)場合、

図1　ゲーム完成イメージ

注1　https://gihyo.jp/book/2021/978-4-297-11927-0

#else内の処理が実行されます。処理の最後に#endifを記述する必要があります。

平面に物体を置いてみる

ARシーンの初期セットアップ

新しくUnityプロジェクトを作成します。Project nameは「ARBasketball」とし、第1章と同様に作成してください。

そのあと、ファイルメニューから「File→New Scene」を選択し、新しくシーンを作成したあと、ファイルメニューから「File→Save As ...」を選択し、「ARBasketball」というシーン名で保存しましょう。そして第1章と同様の手順で以下のセットアップを行いましょう。

- **AR Foundation/ARCore XR Plugin/ARKit XR Pluginの導入**
- **Main Cameraの削除**
- **AR Session Origin/AR Sessionオブジェクトの追加**
- **AR Default Plane Prefabの作成**
- **AR Session OriginにARPlaneManager、ARRaycastManagerをアタッチ。ARPlaneManagerにはAR Default Plane PrefabをPlane Prefabに設定**

上記を設定し終えたら**図2**のようになるかと思います。

図2 ARBasketballシーンの初期設定

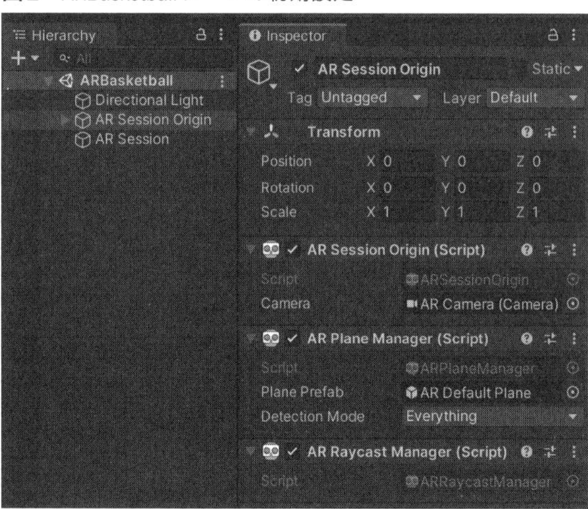

タップした位置にゴールを移動させるスクリプト

続いて、タップした位置にゴールを移動させるスクリプトを作成します。Projectウィンドウ上で右クリックし「Create→C# Script」をクリックして「GameManager」と名前を付けます。作成したGameManagerファイルを以下のスクリプトの内容に書き換えてください。

GameManager.cs

```
using UnityEngine;
using System.Collections.Generic;
using UnityEngine.XR.ARFoundation;
using UnityEngine.XR.ARSubsystems;

public class GameManager : MonoBehaviour
{
    // ❶
    [SerializeField]
    GameObject goal;

    float maxRayDistance = 30.0f;

    ARRaycastManager raycastManager;
    List<ARRaycastHit> hitList
    = new List<ARRaycastHit>();

    void Start()
    {
        raycastManager
        = GetComponent<ARRaycastManager>();
    }
    void Update()
    {
#if UNITY_EDITOR
        // UnityEditor上でARの挙動をシミュレート
        if (Input.GetMouseButtonDown(0))
        {
            Ray ray = Camera.main.ScreenPointToRay(
                Input.mousePosition);
            RaycastHit hit;
            if (Physics.Raycast(ray, out hit,
                maxRayDistance))
            {
                SetGoal(hit.point);
            }
        }
#else

        // 端末上での動作
        if (Input.touchCount > 0)
        {
            var touch = Input.GetTouch(0);
            if (touch.phase == TouchPhase.Began)
            {
                if (raycastManager.Raycast(
                    touch.position, hitList,
                    TrackableType.Planes))
                {
                    SetGoal(hitList[0].pose.position);
                }
            }
        }
```

```
#endif
    }

    // ゴールを設置するメソッド
    void SetGoal(Vector3 position)
    {
        goal.transform.position = position;
    }
}
```

スクリプトの説明をします。第1章で解説した部分に関しては割愛します。まず、

```
#if UNITY_EDITOR
#else
#endif
```

の記述に関しては、先述したとおりプラットフォーム別の分岐処理です。

❶でGameObject型のgoal変数を[SerializeField]で宣言しています。

❷は、UnityEditor上でARの挙動をシミュレートする処理です。

Camera.main.ScreenPointToRay(Input.mousePosition)の処理で、マウス位置からのRayを取得しています。続くPhysics.Raycastの処理で実際にRayを飛ばし、何かしらのGameObjectに衝突(Hit)したときに衝突情報をhit変数に格納しています。ここで、Raycastメソッドの第3引数にはmaxRayDistanceを与えています。これはRayが衝突を検知する最大距離です。

hit.pointには衝突位置情報が格納されており、それをSetGoalメソッドに渡しています。SetGoalメソッド内部でgoalオブジェクトの位置を変更しています。

❸は実機上で動作させる際の処理です。Input.touchCountはタッチ入力があった場合の入力数で、入力があった際、タッチ情報をInput.GetTouchで取得しています。

touch.phase == TouchPhase.Beganの処理で、タッチが開始された状態かどうかを判定しています。

タッチが開始された場合に、タッチ位置の先に検出された平面があるかをRaycastメソッドで判定しています。平面に衝突した場合はhitList[0](1つ目のタッチ位置)のpose.positionをSetGoalメソッドに渡しています。

さて、HierarchyウィンドウのAR Session Originオブジェクトに先ほど作成したGameManagerをアタッチしましょう。

図3 AR CameraのtagをMainCameraに変更

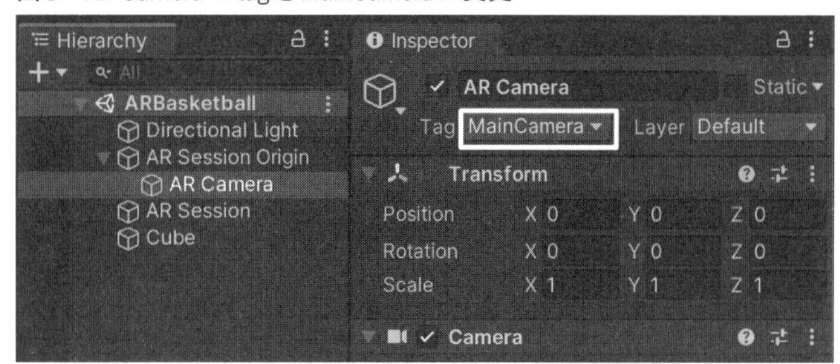

続いてタッチで移動させるダミーオブジェクトを作成します。Hierarchyウィンドウ上で右クリックし「3D Object→Cube」をクリックし、Cubeを作成しましょう。TransformのScaleを「0.2」「0.2」「0.2」とし、GameManagerのインスペクタに表示されているGoalにドラッグ&ドロップします。こちらのGameObjectはPrefabにはせずに使用します。

また、AR Session Originオブジェクトの子オブジェクトのAR Cameraのインスペクタを開いてください。Tag項目がUntaggedになっているかと思います。こちらを「MainCamera」に変更しましょう(**図3**)。これは、最初にMainCameraを削除してしまったために、スクリプト上でCamera.mainという変数がnullになってしまってエラーが発生するのを回避するためです。UnityがMainCameraのタグの付いたCameraをCamera.mainにセットしてくれています。

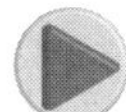 UnityEditor上での確認

ARの動作をUnityEditor上で擬似的に行えるように、デバッグ用の壁を作成します。Hierarchyウィンドウ上で右クリックし、「3D Object→Quad」を選択します。Quadは辺が1の長さの平面オブジェクトで、デフォルトでXY平面に向いています。カメラから見えるようにQuadのTransformのPositionを「0」「0」「1」にしましょう。Scaleは「1」「1」「1」のままでかまいません。Gameウィンドウに表示されているQuadをクリックすると、その位置にCubeが移動します(**図4**)。

 モバイル端末で動作確認

モバイル端末で動作確認してみましょう。端末確認時はQuadを非アクティブにしておきます(以降の動作確認でも用いるため、削除はしないでおきます)。

図4　UnityEditor上でCubeを置いてみる

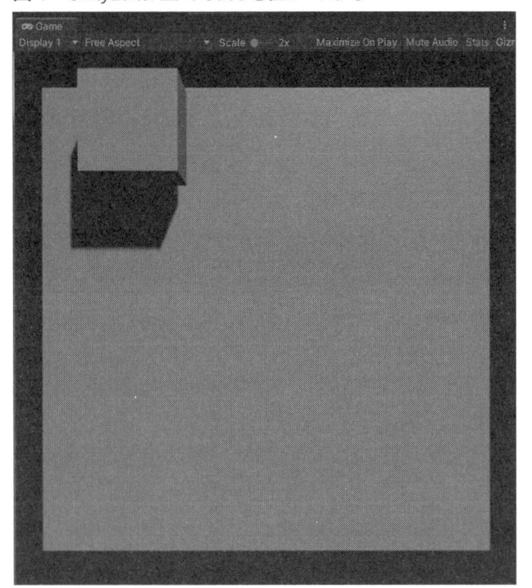

図5　ARBasketballシーンのScenes In Buildの設定

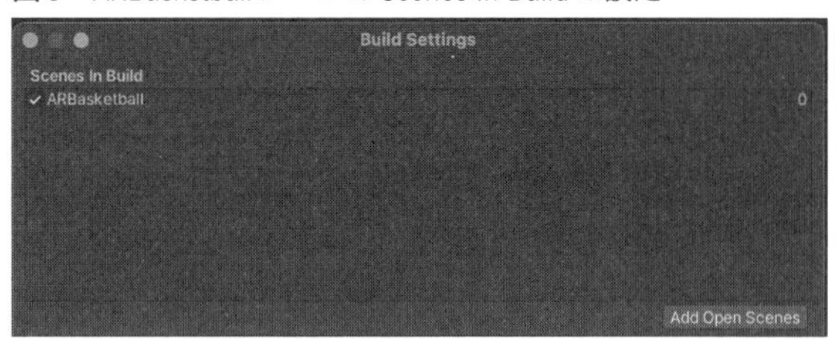

図6　インポート直後のGoal

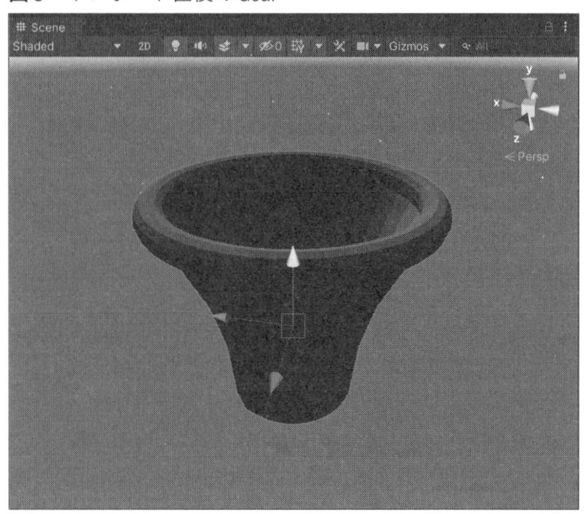

図7　UnlitTransparentのShader

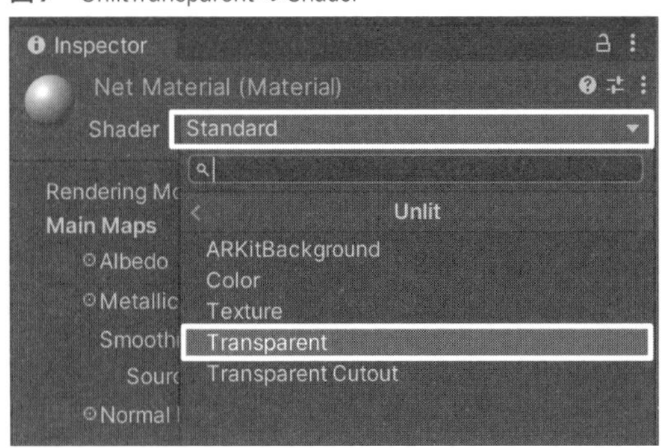

「Scenes In Build」で「Add Open Scenes」をクリックしてARBasketballシーンを追加しましょう(**図5**)。

次に、第2章で説明したとおりにOSごとにビルドしましょう。端末で確認すると、第1章のテストアプリと同様に平面が検出され、今度はタッチ位置にCubeが移動するのが確認できます。

ゴール設置

ゴールモデルのインポート

次にゴールを設置していきます。ゴールとなるオブジェクトをCubeから置き換えます。デバッグ用に作成したCubeはHierarchyウィンドウから削除してください。

本書のサポートサイト[注2]からサンプルデータをダウンロードしてください。サンプルデータの中に「Goal.fbx」「NetTexture.png」「BallTexture.png」というファイルがあります。それら3つを選択し、Projectウィンドウにドラッグ&ドロップし、インポートします。

インポートができたら、Goal.fbxをProjectウィンドウからドラッグ&ドロップでHierarchyウィンドウに置いてみましょう。するとSceneビューにGoalが表示されるかと思います(**図6**)。しかし見た目が暗く、ネットが表示されていませんね。ここで、Part1でも触れたマテリアルを設定します。

Projectウィンドウ上で右クリックし「Create→Material」を選択してマテリアルを作成し、「Net Material」という名前を付けます。NetMaterialのインスペクタを開き、Shaderを「Unlit→Transparent」に変更しましょう(**図7**)。

続いて先ほど取り込んだNetTextureを作成した

注2　https://gihyo.jp/book/2021/978-4-297-11927-0

NetMaterialのTexture部分にドラッグ&ドロップします(**図8**)。

これでマテリアルができたので、Projectウィンドウ の NetMaterial を Hierarchy ウィンドウの「Goal→Net」のインスペクタのMaterialの1番目の項目にドラッグ&ドロップします(**図9**)。

すると**図10**のような見た目になり、バスケットゴールらしくなりましたね。

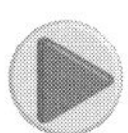 Goalの設置

そして AR Session Origin オブジェクトの GameManagerのGoalにドラッグ&ドロップします。この状態でUnityEditorを再生しましょう。Quadをクリックするとクリック位置にGoalが移動します。ですが壁に半分めり込んでしまいます(**図11**)。

そのため、手前に半分移動させるようにスクリプトを変更します。GameManegerのSetGoalメソッドの処理を以下のように変更します。なお、行頭の「+」のマークは追加個所、「-」のマークは削除個所を示します(マークは入力する必要はありません)。

```
  void SetGoal(Vector3 position)
  {
+     var rotation =
+         Camera.main.transform.forward.normalized;
+     var fixedPosition = position - rotation * 0.1f;
+     goal.transform.position = fixedPosition;
-     goal.transform.position = position;
  }
```

ここで「Camera.main.transform.forward」はカメラが向いている方向ベクトルです。このベクトルのnormalizedで正規化したベクトルを取得しrotation変

図8　NetMaterialのテクスチャにNetTextureを設定

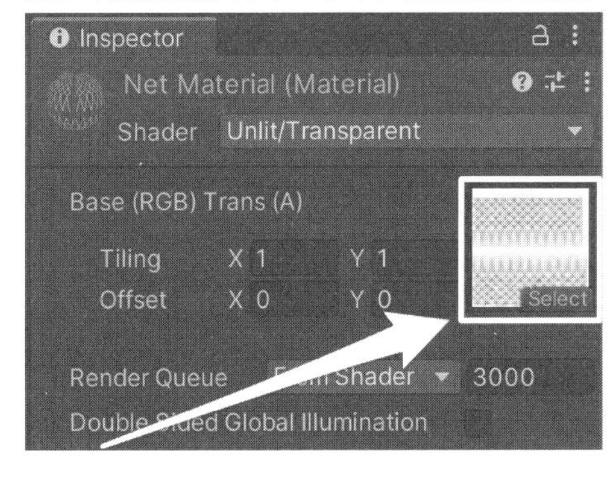

図9　NetMaterialをNetオブジェクトのMaterialに設定

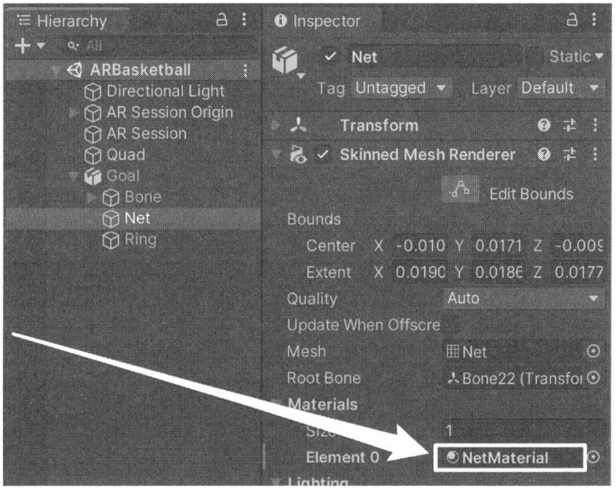

図10　マテリアルを設定したGoal

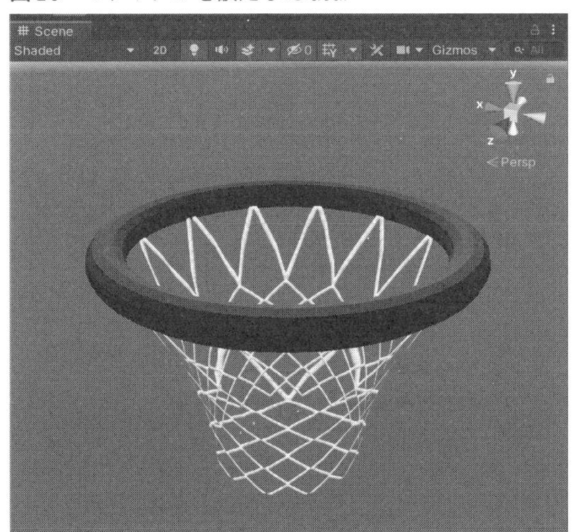

図11　ゴールがめり込んでしまう

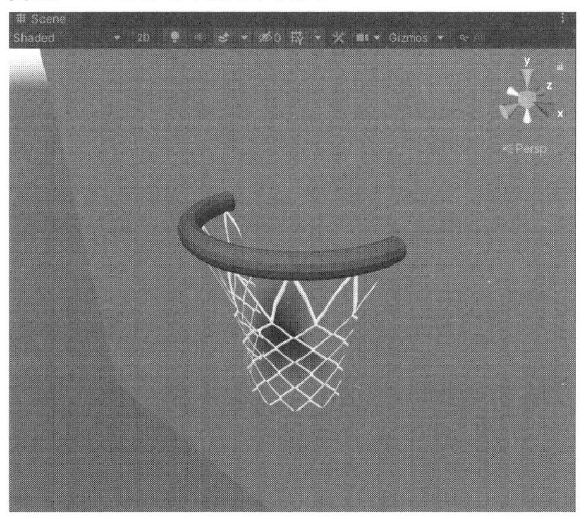

数に格納、タッチしたオブジェクト位置からGoalの半径分だけ減算することで手前に移動させます。これでゴールがめり込まなくなりました(**図12**)。

ボールを投げて地面で弾ませる

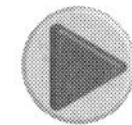

ボールを投げる

　ゴールの設置ができたので、ボールを投げていきます。上方向のフリック入力をした際にフリック距離に応じて投げる方向(y方向の角度)を制御します。厳密にはボール生成とゴール設置のスクリプトは分けたほうがよいですが、本アプリケーションでは簡易的に同じスクリプトに記述していきます。GameManagerを以下のように拡張します。

```
using UnityEngine;
using System.Collections.Generic;
using UnityEngine.XR.ARFoundation;
using UnityEngine.XR.ARSubsystems;

public class GameManager : MonoBehaviour
{
    [SerializeField]
    GameObject goal;

// ❶
+   [SerializeField]
+   GameObject ballPrefab;;



    float maxRayDistance = 30.0f;
```

図12　ゴールがめり込まなくなった

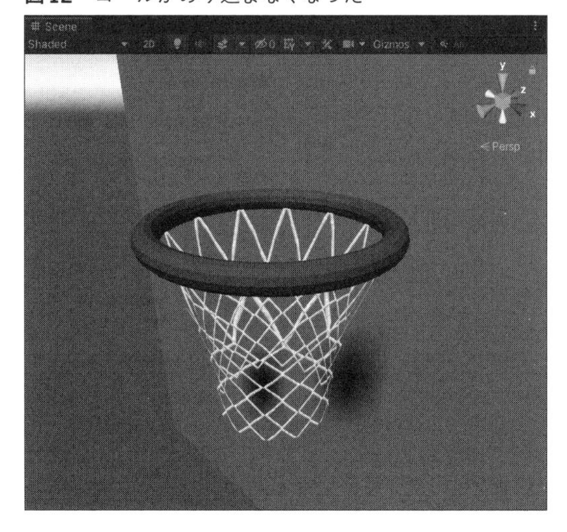


```
    ARRaycastManager raycastManager;
    List<ARRaycastHit> hitList =
        new List<ARRaycastHit>();

// ❷
+   private Vector3 touchStartPos;
+   private Vector3 touchEndPos;



    void Start()
    {
        raycastManager =
            GetComponent<ARRaycastManager>();
    }

    void Update()
    {
#if UNITY_EDITOR
        // UnityEditor上でARの挙動をシミュレート
        if (Input.GetMouseButtonDown(0))
+       {
+           touchStartPos = Input.mousePosition;
+       }
+       if (Input.GetMouseButtonUp(0))
+       {
+           touchEndPos = Input.mousePosition;
+           var flickDistance =
+               touchEndPos.y - touchStartPos.y;
+           if (flickDistance > 0)
+           {
+               CreateBall(flickDistance);
+           }                                         ❸
+           else
+           {
                Ray ray = Camera.main.ScreenPointToRay(
                    Input.mousePosition);
                RaycastHit hit;
                if (Physics.Raycast(
                    ray, out hit, maxRayDistance))
                {
                    var pos = hit.point;
                    SetGoal(pos);
                }
+           }
+       }
#else
        // 端末上での動作
        if (Input.touchCount > 0)
        {
            var touch = Input.GetTouch(0);
            if (touch.phase == TouchPhase.Began)
+           {
+               touchStartPos = touch.position;
+           }
+           if (touch.phase == TouchPhase.Ended)
+           {
+               touchEndPos = touch.position;
+               var flickDistance =
+                   touchEndPos.y - touchStartPos.y;
+               if (flickDistance > 0)                ❹
+               {
+                   CreateBall(flickDistance);
+               }
```

```
+               else
+               {
                    if (raycastManager.Raycast(
                        touch.position, hitList,
                        TrackableType.Planes))
                    {
                        SetGoal(
                            hitList[0].pose.position);
                    }
+               }
+           }
        }
#endif
    }

    // ゴールを設置するメソッド
    void SetGoal(Vector3 pos)
    {
        var rotation =
            Camera.main.transform.forward.normalized;
        var fixedPosition =
            position - rotation * 0.1f;
        goal.transform.position = fixedPosition;
    }

+   // ボールを生成するメソッド
+   void CreateBall(float flickDistance)
+   {
+       var worldPosition =
+           Camera.main.ScreenToWorldPoint(
+               Vector3.zero);
+       var go = Instantiate(
+           ballPrefab, worldPosition,
+           Quaternion.identity);

+       var ballPrefab =
+           Camera.main.transform.forward.normalized;
+       rotation.y += flickDistance / 200;
+       var rb = go.GetComponent<Rigidbody>();
+       rb.AddForce(
+           rotation * 2, ForceMode.VelocityChange);
+
+       Destroy(go, 5.0f);
+   }
}
```

（❹：else以降のブロック）

追加したコードについて解説します。

❶でGameObject型のballPrefab変数を[SerializeField]で宣言しています。

❷でタッチ開始位置、タッチ終了位置を一時的に格納しておく変数を宣言しています。

❸はUnityEditor上での動作についてです。フリック入力を判定するためにGetMouseButtonDown(タッチ開始)・GetMouseButtonUp(タッチ終了)時に、タッチ位置をそれぞれtouchStartPos・touchEndPosに保存し、それらのy座標の差をflickDistance変数に代入しています。flickDistanceが変化していればフリック入力とみなし、CreateBallメソッドを呼び出します。逆に変化していなければタッチ入力とみなし、SetGoalメソッドを呼び出します。

❹は端末上での動作で、❸のマウス入力をタッチ入力に書き換えたものです。ここでTouchPhase.Endedはタッチ終了時を表します。

続いて、CreateBallメソッドの説明をします。

Camera.main.ScreenToWorldPointで、画面の中心座標Vector3.zeroからカメラ位置の3D空間上の座標をworldPositionとして取り出します。

次に、InstantiateメソッドでballPrefabからGameObjectを生成します。Instantiateメソッドの第2引数には先ほど取得したworldPositionを位置情報として与えています。第3引数に与えているQuaternion.identityは回転していない状態を表します。

次はボールを投げる処理です。Camera.main.transform.forward.normalizedでカメラが向いている方向ベクトルを取得し、rotation変数に代入しています。rotation.y += flickDistance / 200;の処理は、フリック距離を係数(ここでは200)で割った値でrotation.yをインクリメントし、ボールを投げるy方向の傾きを変化させています。

go.GetComponent<Rigidbody>();でRigidBodyを取り出します。RigidBodyを用いることで、オブジェクトを物理制御できるようになります。続いてAddForceメソッドを呼び出します。これはオブジェクトに力を加えるメソッドです。第2引数のForceMode.VelocityChangeは質量を無視して、第1引数に設定した速度を与えます。Destroyメソッドで5.0秒後にBallオブジェクトを破棄します。

続いてボールのPrefabを作成していきます。Hierarchyウィンドウ上で右クリックし、「3D Object→Sphere」をクリックします。名前を「Ball」としましょう。

TransformのScaleを「0.15」「0.15」「0.15」に設定します。投げたときに落下してほしいので、RigidBodyを追加します。Ballオブジェクトのインスペクタから AddComponentをクリックし、Rigidbodyを追加しましょう。落下させるには、Use Gravityにチェックを入れます(**図13**)。

作成できたらHierarchyウィンドウからプロジェクトウィンドウにドラッグ&ドロップし、Prefab化しましょう。Prefab化したらHierarchyウィンドウから

Ballを削除してください。

作成したBall Prefabを、AR Session OriginオブジェクトのGameManagerのBall Prefabにドラッグ&ドロップしましょう。UnityEditor上で実行してみると、マウスで上方向のフリック入力(マウスのボタンを押したままの状態でマウスポインタを上方向に移動させてから離す)をするとBallが上方向に投射されます。フリック距離に応じて投射角度が上方向に傾いているのが確認できると思います。

 ボールを地面で弾ませる

続いて、ボールの地面とのぶつかりを確認します。

デバッグ用に地面を追加します。Hierarchyウィンドウ上で右クリックし、「3D Object→Plane」をクリックします。このPlaneを地面と見立ててテストしてみます。TransformのPositionを「0」「-1」「0」にします。その状態でUnityEditorを再生し、フリック入力をしてみます。するとPlaneでBallが衝突します。しかし、まったく弾みません。これではバスケットボールとは言えなさそうですね。

Ballを弾ませるには、「物理特性マテリアル(Physic Material)」を追加する必要があります。Physic Materialは、衝突するオブジェクトの摩擦や跳ね返りの増減を設定するために使われるものです。Physic Materialを作成するには、Projectウィンドウ上で右クリックし、「Create→Physic Material」を選択します。ファイル名は「BallPhysicMaterial」とします。数値は**図14**のように設定します。

ここでBouncinessとは反発係数のことで、0~1の範囲で設定できます。0の場合はまったく弾まず、1の場合は減衰せずに弾みます。ここではBouncinessは「1」に設定してください。Ball PrefabのSphere ColliderのMaterialにドラッグ&ドロップして設定します。気持ちよく弾むようになりましたね。追加したテスト用Planeは非アクティブにしましょう。

図13 RigidbodyのUse Gravity

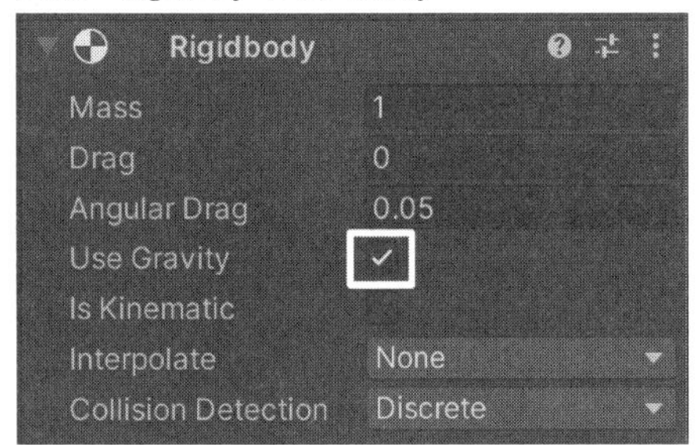

図14 BallPhsicMaterialのBounciness

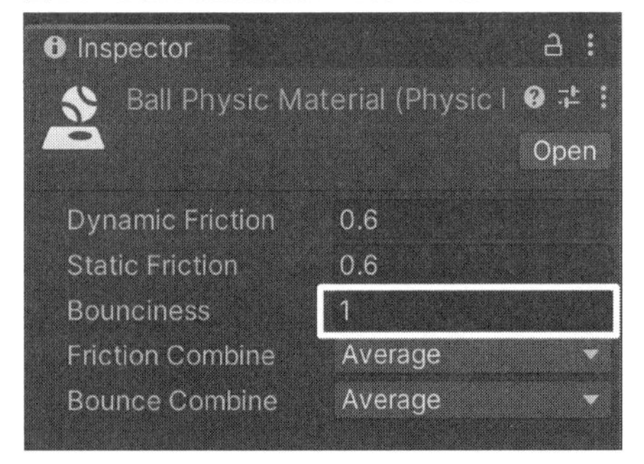

図15 UnlitTextureのShader

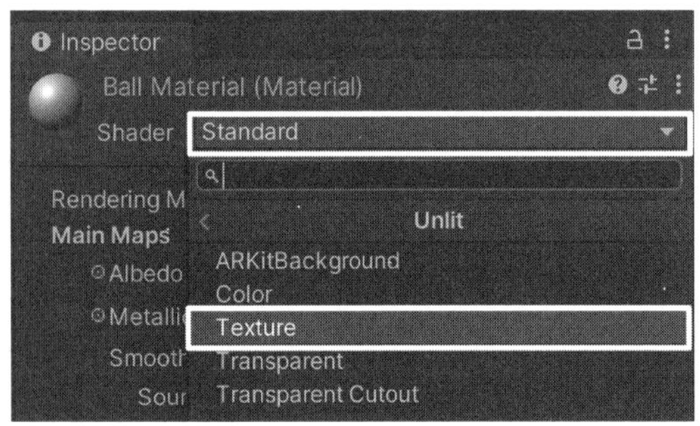

 ボールにテクスチャを設定

ボールがデフォルトの色味だと味気なく感じてしまいますね。バスケットボールの見た目になるようにボールのマテリアルを作成します。Projectウィンドウ上で右クリックし、「Create→Material」をクリックします。名前は「BallMaterial」としましょう。BallMaterialのインスペクタを開き、Shaderを「Unlit→Texture」に変更しましょう(**図15**)。

続いて先ほどGoalのfbxと同時にインポートしたBallTextureを使用します。こちらはバスケットボールの見た目に必要なテクスチャです。

BallTextureを先ほど作成したマテリアルのTexture部分にドラッグ&ドロップします(**図16**)。

これでマテリアルはできました。あとは上記で作成したBallMaterialをBall Prefabのインスペクタにドラッグ&ドロップします。ProjectウィンドウでBall Preafabをダブルクリックすると**図17**のようにPrefabのプレビューができます。だいぶバスケットボールらしくなりました。

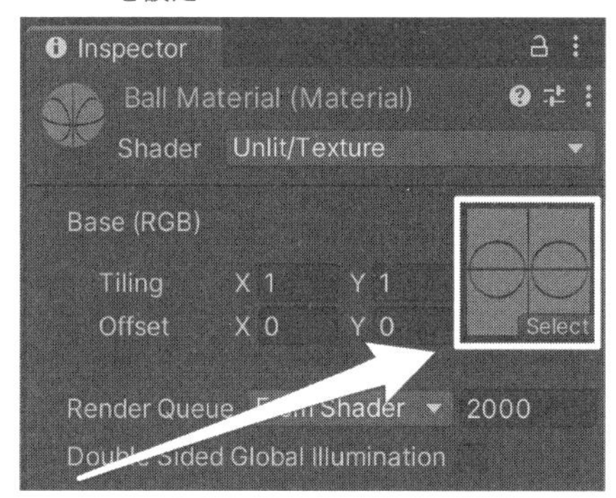

図16　BallMaterialのテクスチャにBallTextureを設定

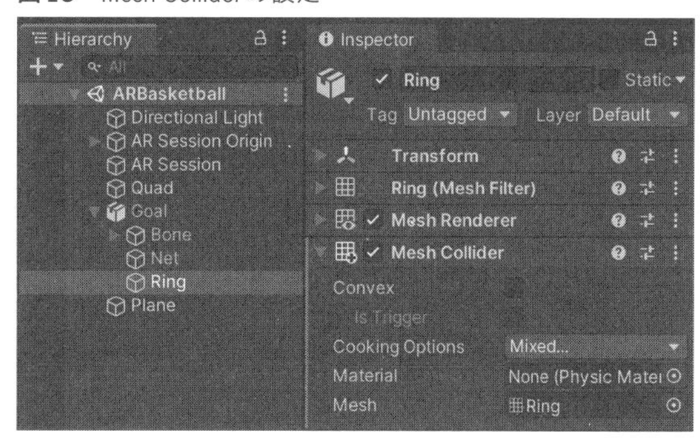

図18　Mesh Colliderの設定

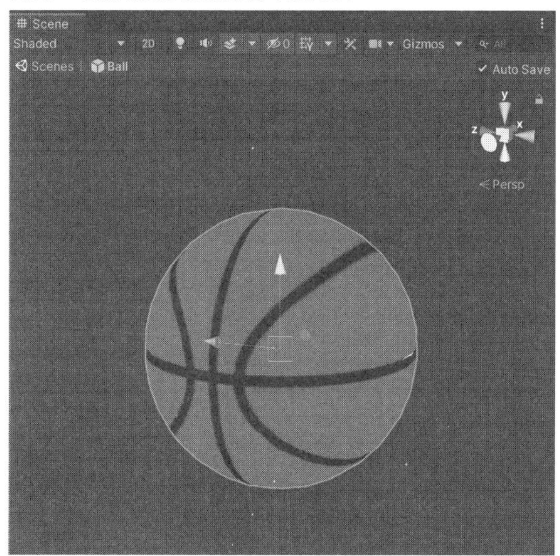

図17　BallTextureを設定後の見た目

図19　ボールがリングで弾かれる

ゴールリングでボールを弾く

現状はゴールに衝突判定がないので、ボールがすり抜けてしまいます。Goalの形状はドーナツ型で少し複雑なので、通常衝突判定に用いられるような単純な形状では表現しきれません。

このような形状の場合はMesh Colliderを使いましょう。Mesh Colliderとはモデルのメッシュの形状にColliderを生成する機能です。Hierarchyウィンドウに追加したGoalオブジェクトの子どものRingオブジェクトのインスペクタ上の「Add Component」をクリックし、Mesh Colliderを追加します。パラメータは**図18**のようにデフォルト値のままにしてください。

この状態でUnityEditorを再生しましょう。Ballがゴールのリングにぶつかると跳ね返るようになりました。ここまでの作業で、壁を認識してゴールを設置する機能、ボールを投げる機能、ゴールのリングに弾かれる処理(**図19**)、地面で弾む処理が作成できました。ようやくバスケットボールらしくなりましたね。

第4章

ARゲームを盛り上げてみよう

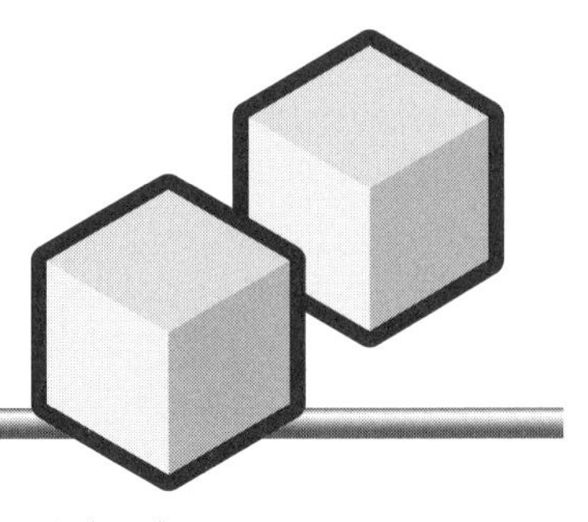

ゲームとして仕上げる

さて、前章まででバスケットボールとしての機能は整いましたが、ゲーム性がありません。本章では以下の流れでゲームとして仕上げていきます。

❶得点を表示する
❷エフェクトを付ける
❸得点時にアニメーションを再生する

ゴールに入ったかどうかの判定をして、得点を加算していきましょう。ゴール下にColliderを持つオブジェクトを配置して、それに衝突したらゴールに入ったという判定にします。Hierarchyウィンドウ上で右クリックし「Create Empty」を選択しGameObjectを作成したら「HitArea」という名前を付け、ドラッグ&ドロップしてGoalオブジェクトの子要素にしましょう(**図1**)。

図1　HitAreaの親子関係

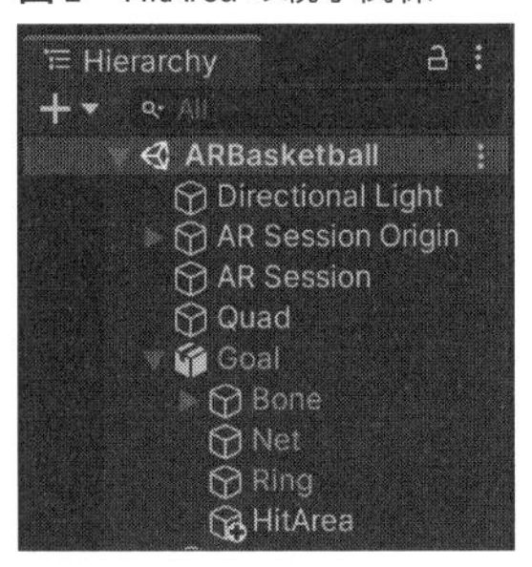

図2　Box Colliderの追加

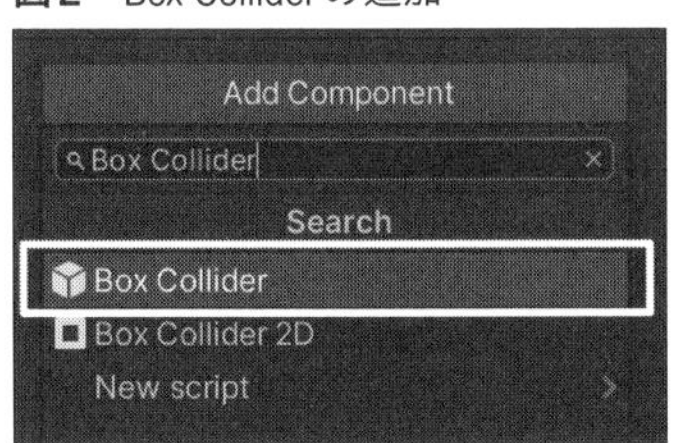

衝突判定を追加します。HitAreaオブジェクトのInspectorウィンドウで「Add Component」を選択し、Box Colliderを追加します(**図2**)。

Transform、Box Colliderの値を**図3**のように変更してください。Sceneビューでは**図4**のような見た目になります。

ここでBox Colliderの「Is Trigger」にチェックを入れます。Colliderはチェックを入れない場合は衝突オブジェクトとなり、ゴールを通り抜けなくなってしまいます。Is Triggerのチェックを入れた場合は衝突判定ではなく、範囲に入ったらスクリプトから特定のコールバックを呼び出す処理を行います。今回用いるコールバックは「OnTriggerEnter」です。これはオブジェクトが範囲内に入ったときに一度だけ呼ばれます。

図3　HitAreaの設定

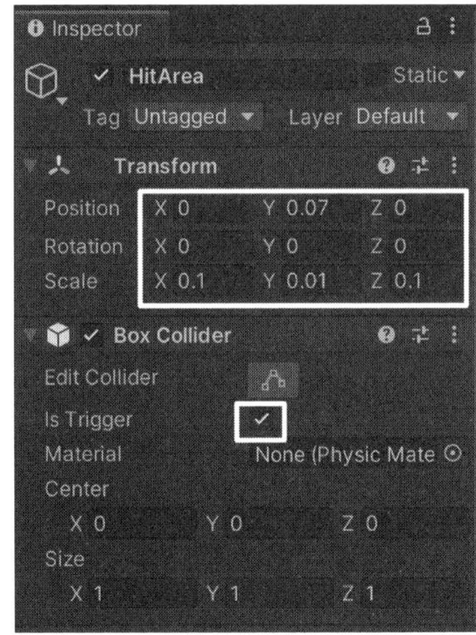

ゴール判定をするスクリプトを作成します。Projectウィンドウ上で右クリックし「Create→C# Script」をクリックして「GoalManager」と名前を付けます。作成したGoalManagerファイルをテキストエディタなどを使い、以下のスクリプトの内容に書き換えてください。

GoalManager.cs

```
using System.Collections;
using System.Collections.Generic;
using UnityEngine;

public class GoalManager : MonoBehaviour
{
    void OnTriggerEnter(Collider other)
    {
        Debug.Log("Goal!");
    }
}
```

これを先ほど追加したHitAreaオ

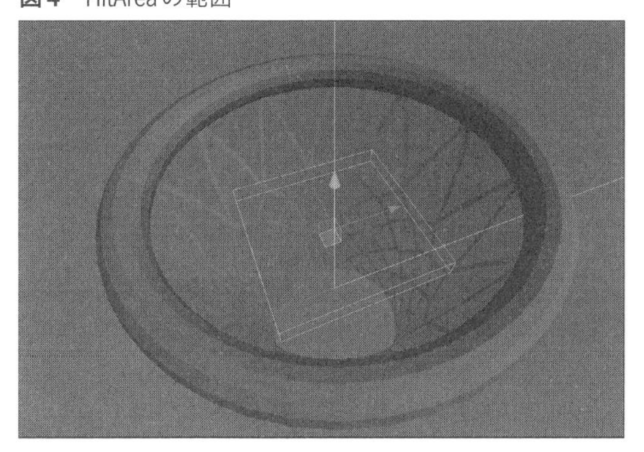

図4 HitAreaの範囲

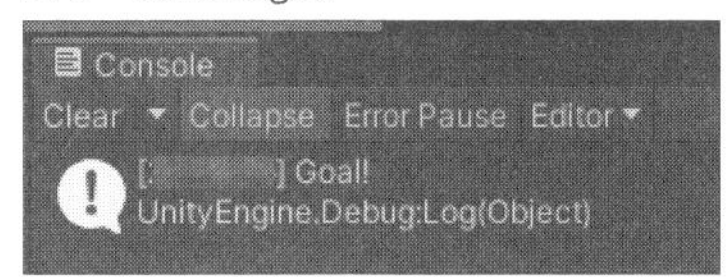

図5 console goal

ブジェクトにアタッチします。この状態でUnity Editorを再生し、ボールをゴールに入れてみましょう。**図5**のようにコンソールウィンドウにGoal!と表示されました。

得点を表示する

ゴール判定はできるようになったので、画面上に得点を表示し、リアルタイムに更新してみましょう。

UIの配置を端末に合わせるため、ゲームウィンドウの解像度を変更します。ゲームウィンドウのFree Aspectと表示されているドロップダウンをクリックし、ご自身の端末の解像度に合わせましょう。このときの表示はBuild Settings...のPlatformごとに異なります。縦向きで操作を行うため「Portrait」に設定してください(**図6**ではiPhone 1334×750 Portraitとしています)。

続いてHierarchyウィンドウ上で右クリックし、「UI→Text」を選択します。パラメータを**図7**のように変更しましょう(iPhone 1334×750 Portraitに合わせたパラメータになっています)。

図7において、Rect Transformは「top center」、文字サイズ(Text - Character - FontSize)は「90」に設定します。

また、文字色(Text - Color)について、色の部分をクリックするとカラーパレットが開くので、色を設定しましょう。Hexadecimalの欄に「FFFFFF」と入力

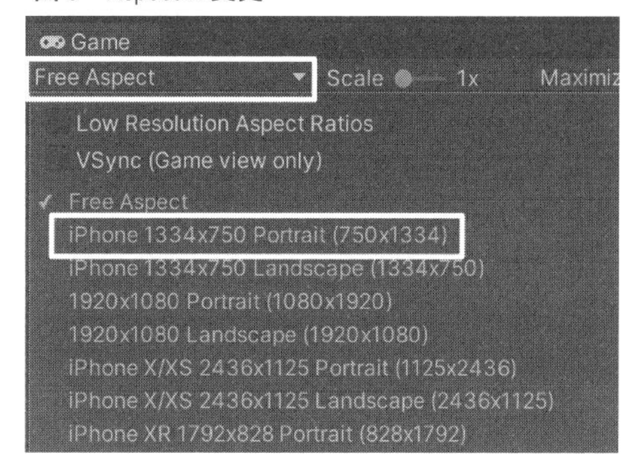

図6 Aspectの変更

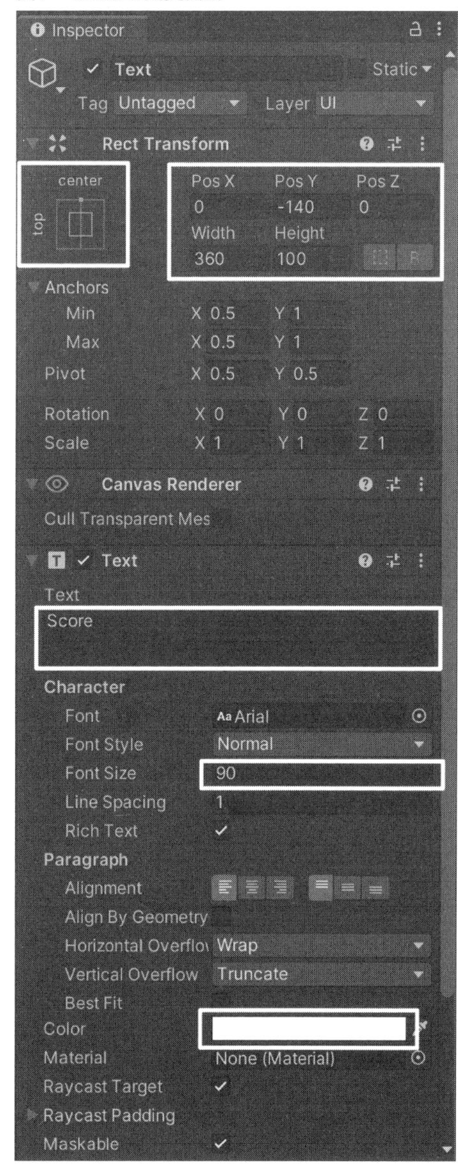

図7 UITextの変更箇所

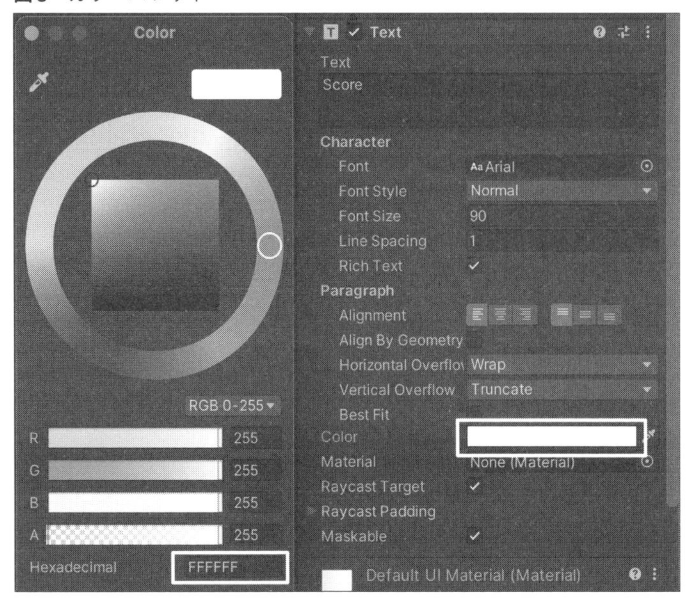

図8　カラーパレット

図9　Scoreを追加したゲーム画面

します(図8)。

次に、GoalManagerを以下のように変更してください。

```
using System.Collections;
using System.Collections.Generic;
using UnityEngine;
+ using UnityEngine.UI; // ❶

public class GoalManager : MonoBehaviour
{

// ❷
+   [SerializeField]
+   Text text;

+   int score = 0;


    void OnTriggerEnter(Collider other)
    {
-       Debug.Log("Goal!");
+       score++; // ❸
+       text.text = "Score " + score; // ❹
    }
}
```

追加したコードについて解説します。

❶の`using UnityEngine.UI;`の記述は、後述するTextを使用するために必要な宣言です。

❷でText型のtext変数を`[SerializeField]`で宣言しています。Text型の変数にはUIから生成したTextを設定することができます。

❸の記述でscoreをインクリメントさせ、scoreの値を1増加させます。

❹の`text.text`の変数を変更することで、UI上の実際のテキストを変更できます。ここでは増加したscoreの値を代入しています。

次に、HitAreaのInspectorウィンドウのGoalManagerのTextに、先ほど追加したUIのTextをドラッグ＆ドロップで設定します。この状態でUnityEditorを実行してみましょう。Ballがゴールに入るたびにScoreが加算されていくのが確認できると思います(図9)。

エフェクトを付ける

これでゲームとしての機能はそろいました。ただ、ゴールしたのに達成感がありませんね。ゴール時にエフェクトが飛び出すようにしてみましょう。Part1でも触れたParticle Systemを用います。復習も兼ねて再度解説します。

Hierarchyウィンドウ上で右クリックし、「Effects→Particle System」を選択します。Particle Systemという名前のGameObjectが生成されます。Particle Systemは初期状態では図10のように粒子が舞い上がるような見た目になります。このときInspectorウィンドウには、図11のようにParticle Systemという名前のコンポーネントがアタッチされています。

このコンポーネントを編集することでエフェクトを編集していきます。その前にGameObjectの名前を「GoalEffect」に変更しましょう。

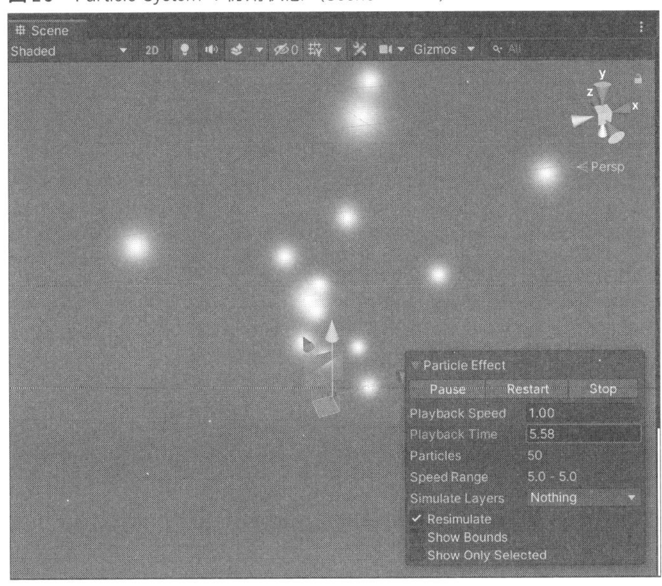

図10 Particle Systemの初期状態（Sceneビュー）

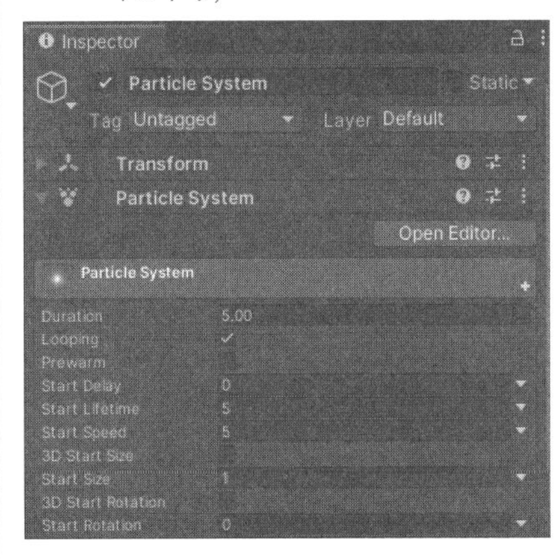

図11 Particle Systemの初期状態（Inspectorウインドウ）

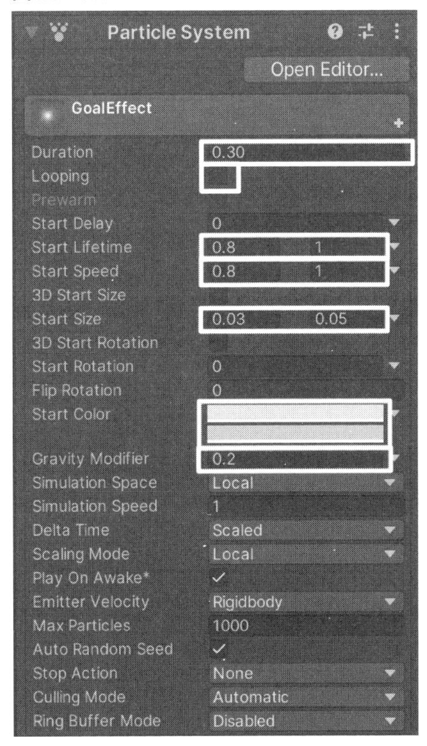

図12 GoalEffectのパラメータ

メインモジュールの設定

一番上のメインモジュールのパラメータを**図12**のように変更していきます。

変更した各項目について解説します。

Durationはシステムが動作する時間の長さです。ここで設定した時間だけパーティクルが発生して止まります。ここでは「0.30」と設定します。

Loopingはパーティクルの生成を繰り返すかどうかを表します。チェックを外すとエフェクトが一度だけ再生されて停止します。ここではチェックを外し、一度だけ再生されるようにします。

Start Lifetimeはパーティクルの生存期間を表します。Lifetimeで設定した時間が経過したら、自動的にパーティクルは消滅します。

ここで生存期間にばらつきを持たせます。パラメータ右の▼をクリックすると、オプションが開きます(**図13**)。その中から「Random Between Two Constants」を選択します。すると入力欄が2つ表示されるので、パラメータの最小値と最大値を設定しましょう。そうすることで、生成されるパーティクルごとに最小値と最大値の範囲内でばらついたパラメータが設定されます。ここでは「0.8」「1」とします。

Start Speedはパーティクルの初期速度です。方向に関しては後述するShapeモジュールで設定します。こちらも「Random Between Two Constants」を設定し、「0.8」「1」とします。

図13 パラメータのオプション

Constant
Curve
Random Between Two Constants
Random Between Two Curves

Start Sizeはパーティクル発生時の大きさです。こちらも「Random Between Two Constants」を設定し、「0.03」「0.05」と設定します。

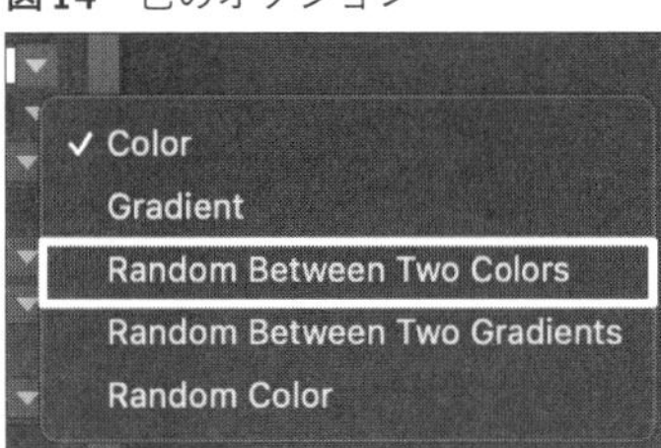

図14　色のオプション

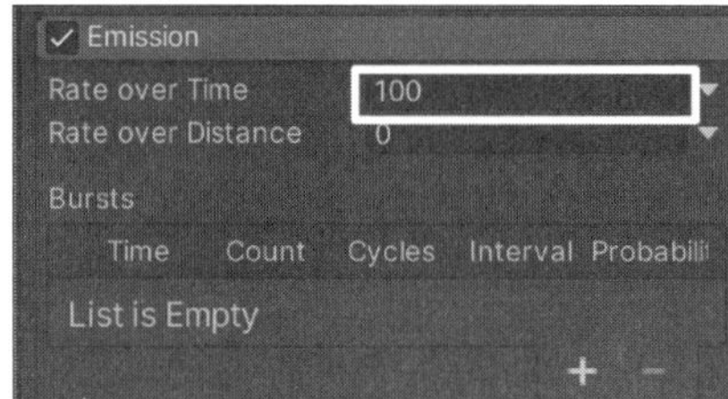

図15　Emissionの設定

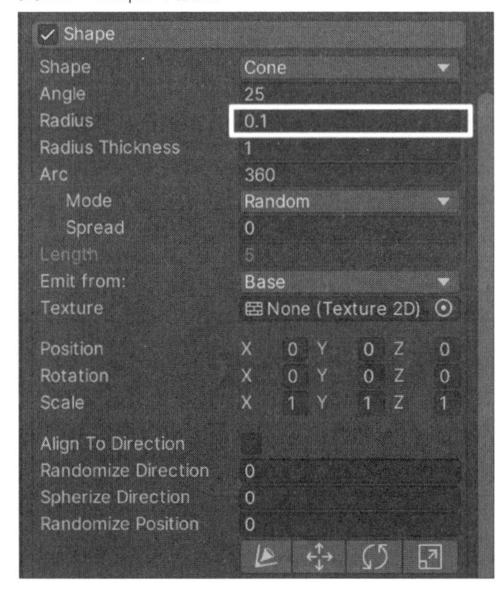

図16　Shapeの設定

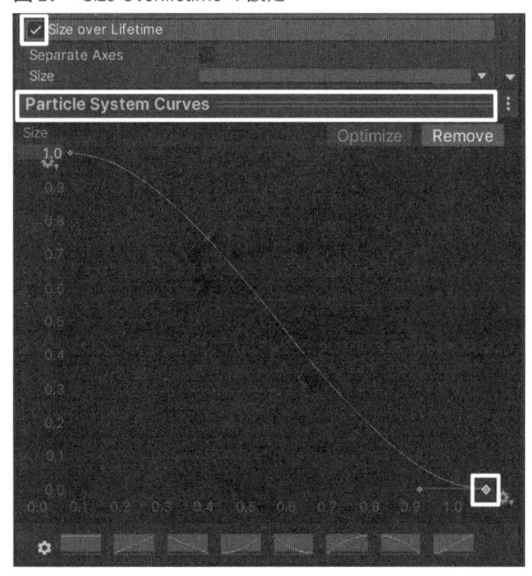

図17　Size Overlifetimeの設定

Start Colorはパーティクル発生時の色です。こちらもばらつかせるために、Random値を設定します。パラメータ右の▼をクリックするとオプションが開くので、その中から「Random Between Two Colors」を選択します(**図14**)。すると色の入力欄が上下に2つ表示されます。色の部分をクリックするとカラーパレットが開くので、色を設定しましょう。Hexadecimalの欄に「FFFF00」「FFCC00」とそれぞれ入力します。これで、生成されるパーティクルごとに、この2色の間の範囲内でばらついた色が設定されます。

GravityModifierはパーティクルに発生する重力値です。これを設定すると、現実の物体にかかる重力のように、パーティクルは徐々に下方向(y方向)に加速していきます。ここでは「0.2」を設定します。

Emissionモジュールの設定

続いてEmissionモジュールを設定します。これによりパーティクル発生の頻度とタイミングを制御できます。「Rate Over Time」は1秒間に何個のパーティクルを発生させるかを表します。ここでは「100」を設定します(**図15**)。

Shapeモジュールの設定

続いてShapeモジュールです。これはパーティクルを放出する形状、および開始速度の方向を定義します。初期状態で円錐状(Cone)になっているので、このまま使用します。Radiusの項目を「0.1」に設定しましょう(**図16**)。

Size Over Lifetimeモジュールの設定

続いてSize Over Lifetimeモジュールを設定します。これはパーティクル生存期間中の大きさの変化を制御します。

初期状態では有効になっていないので、左上のチェックを入れて有効にしましょう(**図17**)。続いてSizeの項目の右側のグラフをクリックします。するとInspectorウィンドウの一番下にグラフの編集画面が表示されます。グラフの編集画面が表示されない場合は、Inspectorウィンドウの一番下にある「Particle System Curves」の項目をクリックもしくはドラッグすると開きます。

グラフ編集画面から、左端の赤い丸をドラッグし、図

17のように減衰していくようにグラフを編集します。曲線の傾きは、赤い丸から横に伸びる白い丸をドラッグすると変更できます。

GoalEffectオブジェクトをProjectウィンドウにドラッグ&ドロップし、Prefab化します。例によってHierarchyウィンドウからは削除しましょう。

HitAreaにアタッチされているGoalManagerに以下のように追記します。

```
using System.Collections;
using System.Collections.Generic;
using UnityEngine;
using UnityEngine.UI;

public class GoalManager : MonoBehaviour
{

    [SerializeField]
    Text text;

// ❶
+   [SerializeField]
+   GameObject effectPrefab;

    int score = 0;

    void OnTriggerEnter(Collider other)
    {
+       GameObject effect = Instantiate(effectPrefab,
+           transform.position,
+           effectPrefab.transform.rotation); //❷
+       Destroy(effect, 1.0f); //❸



        score++;
        text.text = "score " + score;




    }
}
```

❶でGameObject型のeffectPrefab変数を宣言し、[SerializeField]の記述でInspectorウィンドウから設定できるようにしています。

❷でeffectPrefabに登録したPrefabをInstantiateメソッドで生成しています。Instantiateメソッドの第2引数には、transform.positionを与えています。これは、Goalオブジェクトの位置に合わせることを意味します。第3引数にはeffectPrefab.transform.rotationを与えています。これは、effectPrefabがもともと持つ向きに合わせて生成することを意味します。

❸のDestroyメソッドで生成したeffectオブジェクトを削除しています。Destroyメソッドの第1引数には削除対象のGameObjectを渡し、第2引数にはオブジェクトを削除するまでの遅延時間を設定します。ここでは1.0f(1秒)を設定しています。

図18 ゴール時のエフェクト

HitAreaのInspectorウィンドウを開き、GoalManagerのeffectに先ほど作成したGoalEffectをドラッグ&ドロップします。UnityEditorを実行してみましょう。ボールがゴールに入ると**図18**のようなエフェクトが発生します。

得点時に アニメーションを再生する

ゴールネットの アニメーション確認

最後に、得点時にゴールネットを揺らすアニメーションを再生してみましょう。

こちらのアニメーションはGoal.fbxに含まれています。ProjectウィンドウのGoal.fbxのInspectorウィンドウを見てみましょう(**図19**)。Animationタブを選択すると、一番下にアニメーションのプレビュー画面が表示されるので、再生ボタン(▼)を押してみましょう。ゴールネットが揺れるアニメーションが再生されます。このアニメーションを、得点時に再生します。

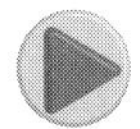

Animator Controllerの作成

アニメーションを再生するために、Animator Controllerを作成します。こちらはPart1でも触れましたが、再度紹介します。Animator Controllerとは、Animationの振る舞いを制御するものです。Projectウィンドウ上で右クリックし、「Create→Animator Controller」をクリック。「GoalAnimator」と名前を付けましょう。そしてHierarchyウィンドウ上のGoalオブジェクトのInspectorウィンドウにドラッグ&ドロップして設定しましょう(**図20**)。

◉アニメーションステートの作成

アニメーションステートとはオブジェクトがアニメーションを行う際の状態を表すもので、アニメーションステートごとに別々のアニメーションを登録できます。ステートを変更することで再生するアニメーションを制御できます。

Animatorウィンドウを開きます。図20のAnimatorコンポーネントの「GoalAnimator」をダブルクリックすると、Animatorウィンドウが開きます。Animatorウィンドウはファイルメニューから「Window→Animation→Animator」をクリックしても開けます。

図19　Goal.fbxのAnimationタブ

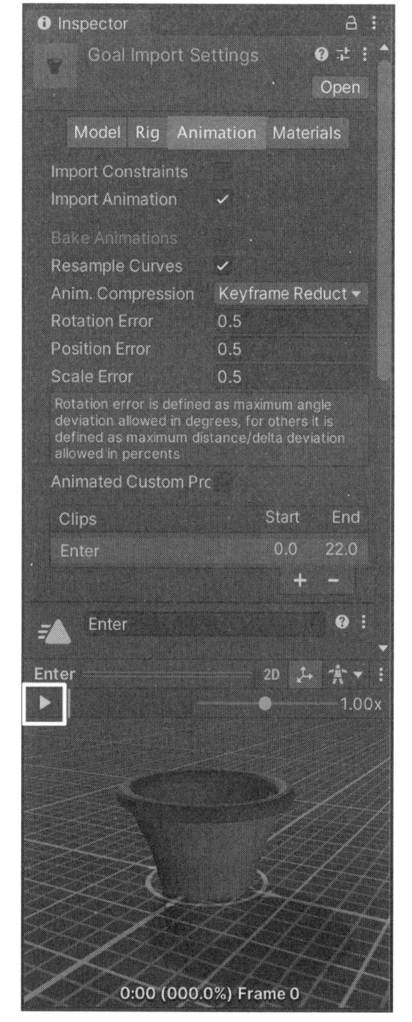

Animatorウィンドウが開けたら、Animatorウィンドウの何もないところで右クリックします。メニューが表示されるので「Create State→Empty」をクリックすると(**図21**)、New Stateというラベルの付いたオレンジ色の長方形(ステート)が生成されます。

この長方形をクリックし、Inspectorウィンドウで「Idle」という名前を付けましょう(**図22**)。Entryのステートから Idleステートにオレンジ色の矢印が伸びていると思います。こちらはAnimator実行時にすぐIdleステートに遷移することを意味します。

同様にもう1つ長方形を生成し、名前を「Goal」と付けましょう。ただ、ここではIdleステートからGoalステートへは矢印は伸ばしません。なぜかというと、条件を与えずに矢印でつないだ場合は、Idleステートに遷移してすぐにGoalステートまで再生されてしまうからです。

Goalステートをクリックし、InspectorウィンドウからMotionの右側の丸印をクリック、「Enter」Animationを選択しましょう(**図23**)。これは先ほど確認したGoal.fbxに登録されたアニメーションです。これで、ステートがGoalステートに遷移したとき、Enterアニメーションが再生されます。

ここでGoalステートからIdleステートへ矢印を伸ばしましょう。Goalステートを右クリックするとメニューが表示されるので、「MakeTransition」をクリックしましょう(**図24**)。

その状態でIdleステートをクリックすると、矢印がGoalステートからIdleステートへ伸びます(**図25**)。

こうすることでGoalステ

図20　GoalオブジェクトにGoalAnimatorを設定

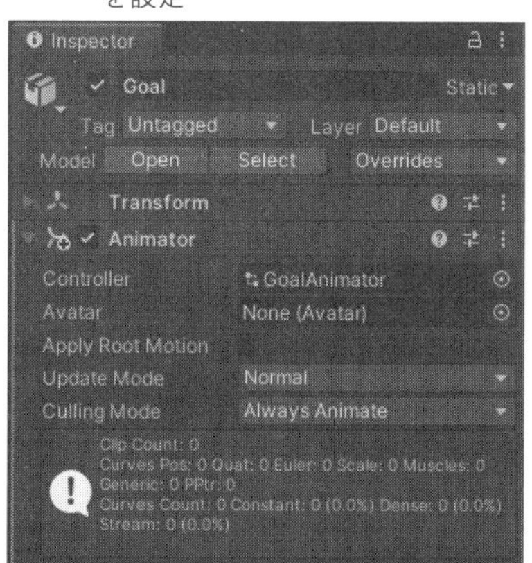

図21　Animatorのメニュー

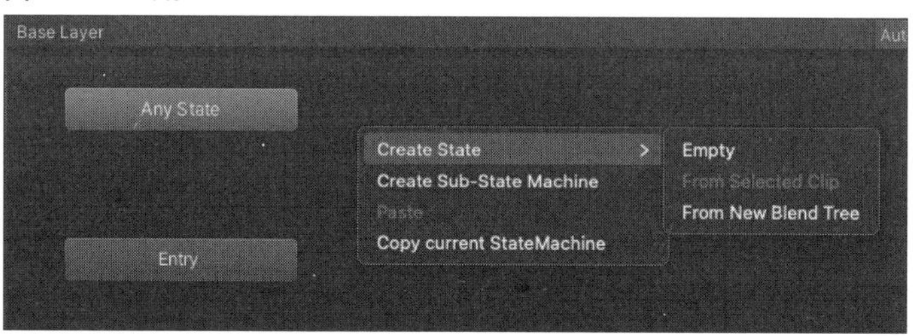

図22　初期ステート

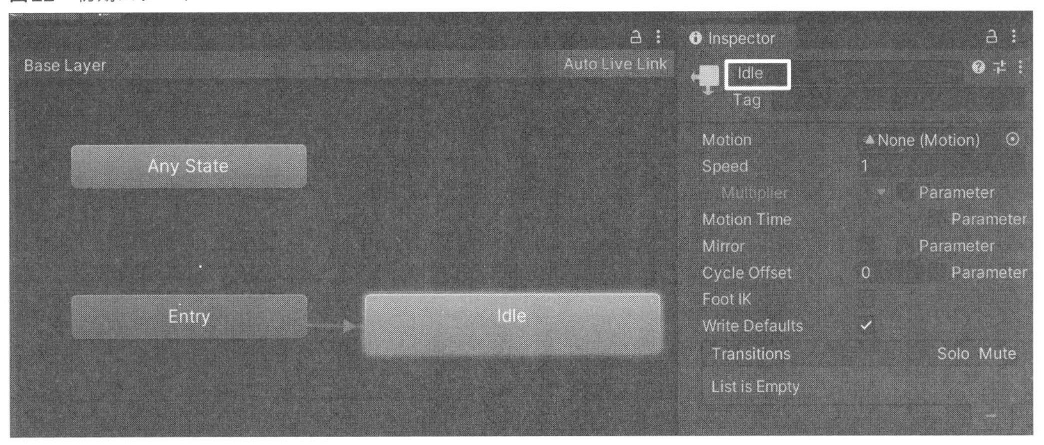

図23　GoalステートにEnter Animationを設定

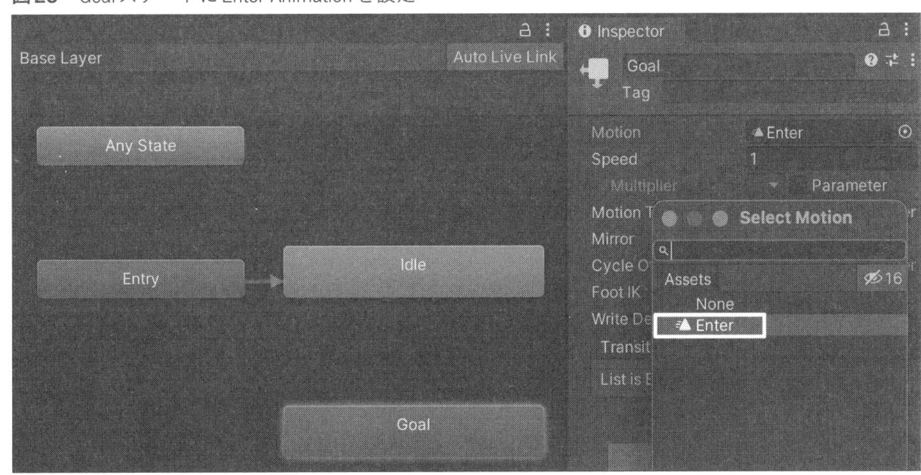

図24　Goalステートのメニュー

ートに登録されたアニメーションが再生されると、自動でIdleステートに遷移されるようになります。Idleステートに戻してあげることで、再度得点時にGoalアニメーションを再生できます。

続いてスクリプトでの制御です。GoalManagerを以下のように書き換えます。

```
using System.Collections;
using System.Collections.Generic;
using UnityEngine;
using UnityEngine.UI;

public class GoalManager : MonoBehaviour
{
    [SerializeField]
    Text text;
    [SerializeField]
    GameObject effectPrefab;

// ❶
+   [SerializeField]
+   Animator anim;



    int score = 0;
```

図25　Goalステートから Idleへの矢印

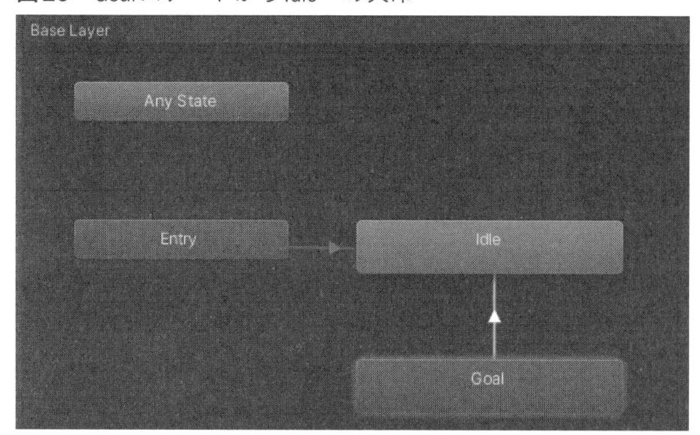

図26　GoalManagerにAnimatorをアタッチ

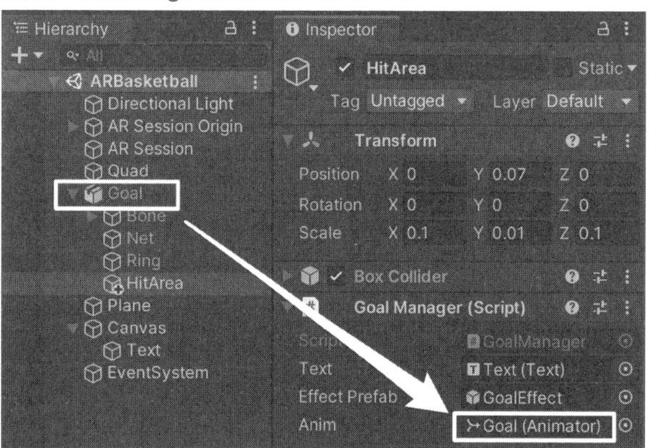

図27　ARバスケットボールの完成

```
    void OnTriggerEnter(Collider other)
    {
        GameObject effect = Instantiate(effectPrefab,
            transform.position,
            effectPrefab.transform.rotation);
        Destroy(effect, 1.0f);

        score++;
        text.text = "Score " + score;
+       anim.Play("Goal"); //❷
    }
}
```

スクリプトの解説をします。

❶でAnimator型のanim変数を宣言し、[SerializeField]の記述でInspectorウィンドウから設定できるようにしています。

❷でAnimatorに登録してあるGoalステートを再生しています。Playメソッドの引数にはステートの名前をstring型で渡すことで、その名前のステートを再生します。ここでは"Goal"を渡しています。先述したとおり、Goalステートに登録されたアニメーションが再生されると自動でIdleステートに遷移される、というわけです。

HitAreaのInspectorウィンドウからGoalManagerのAnimに、Hierarchyウィンドウ上のGoalオブジェクトをドラッグ＆ドロップします(**図26**)。

UnityEditor上で再生すると、得点時にゴールネットが揺れるアニメーションが再生されます。最後に実機で確認しましょう。**図27**のように動作するARゲームが完成しました。

これでAR Foundationを用いてモバイル端末上で壁を認識し、タッチでゴール設置、フリックでボールを投げ、ゴールに入ったら得点加算とエフェクトを表示しアニメーションを再生するゲームが完成しました。

なお、モバイル端末でAR表示をする際のデバッグ用の平面が残ってしまっています。この平面を非表示にする機能を追加したスクリプトをダウンロードサービスに用意しましたので、ご確認ください。

PART 3
現場で使えるUI実装

御厨雄輝
MIKURIYA Yuki
㈱グレンジ

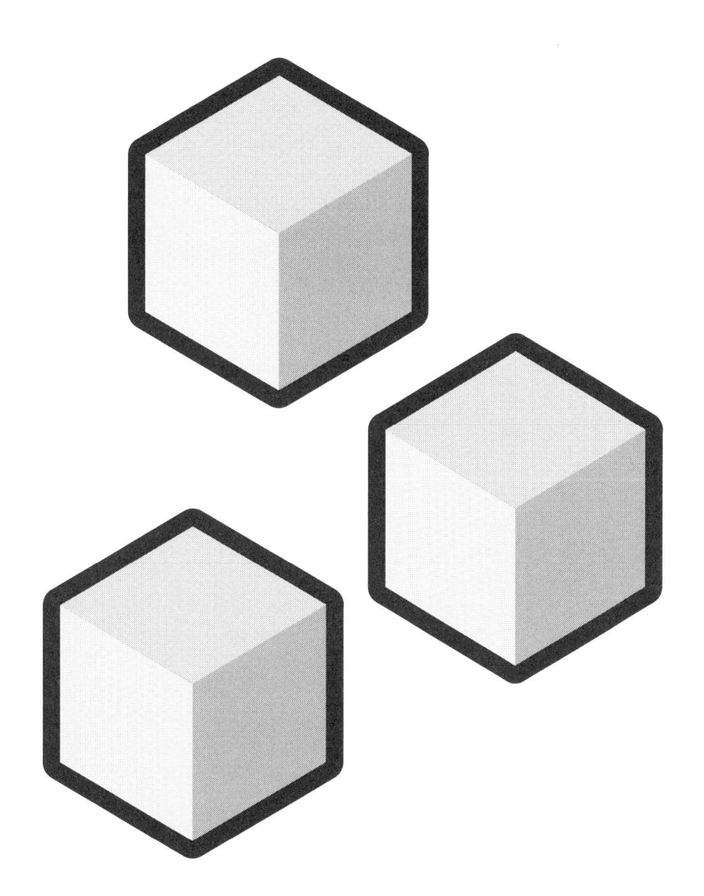

第1章

uGUI入門

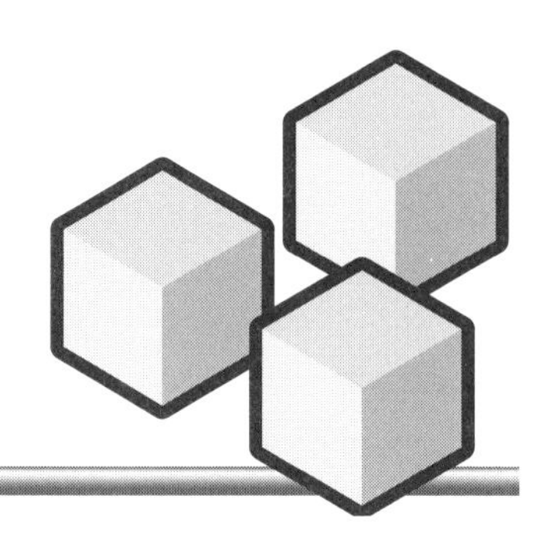

はじめに

ゲーム制作においてUIは切っても切れない存在です。ユーザーが触れて操作するUIはゲーム体験を向上させるためにも蔑ろにできず、一定の知識を持っておくことは重要です。

UnityでUIを制作するには、Unity標準機能のuGUIや、Tasharen Entertainmentから提供されているNGUI[注1]などがあります。このPartではuGUIについて紹介します。

注1　https://assetstore.unity.com/packages/tools/gui/ngui-next-gen-ui-2413

図1　Canvasの作成

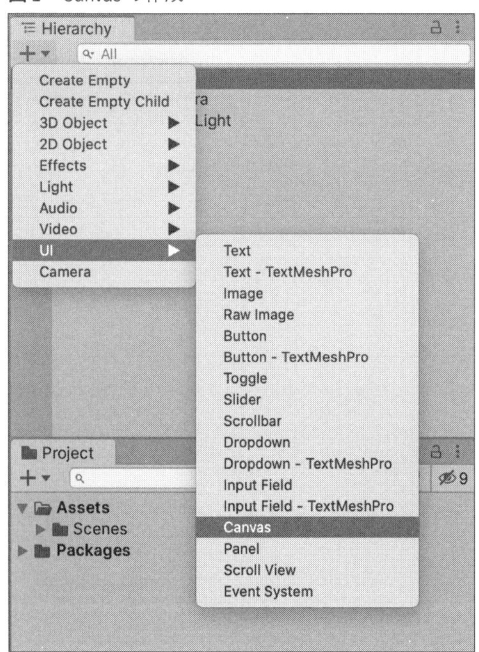

uGUIにはビジュアルコンポーネント(テキスト、画像、マスクなど)やインタラクションコンポーネント(ボタン、スクローラなど)が搭載されており、UIを実装するために必要な基礎的な機能がそろっています。また、拡張も容易なので、現場で必要な仕様に合わせた複雑な処理も実装できます。

本章ではuGUIの表示、使用法から、プログラムを使用した簡単な拡張機能の一部までを学んでいきます。

UI表示の基礎

Canvas――UI表示の土台

uGUIのUIの表示にはまずCanvasが必要です。uGUIで実装するUIは、Canvasオブジェクトの子に作成しなければならないからです。

それではCanvasを作成してみましょう。Hierarchyウィンドウの「Create→UI→Canvas」から作成します(**図1**)。**図2**のようにHierarchyウィンドウにCanvasが作成されました。

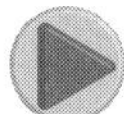

Image――画像の表示

画像を表示するコンポーネントであるImageを作成しましょう。作成したCanvasを選択した状態でHierarchyウィンドウの「Create→UI→Image」で作成します(**図3**)。**図4**のようにSceneにImageが作成されました。

次に画像の表示を行います。Projectウィンドウから Assetsフォルダ以下にSpritesフォルダを作成し、表示させる画像を入れます(**図5**)。入れた画像を選択後、Inspectorウィンドウから画像の設定を行います。ここではTexture Typeを「Sprite (2D and UI)」に

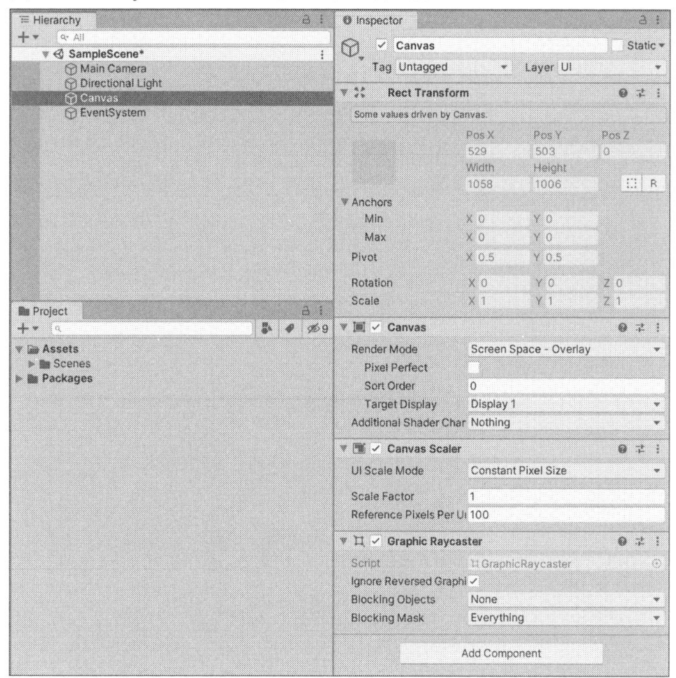

図2　HierarchyウィンドウにCanvasが追加されたCanvas

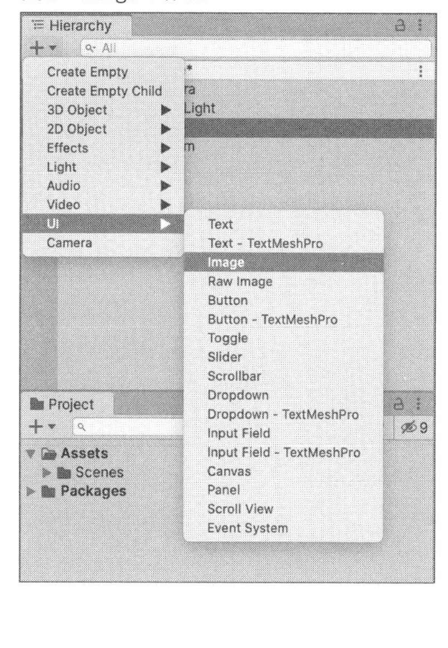

図3　Imageの作成

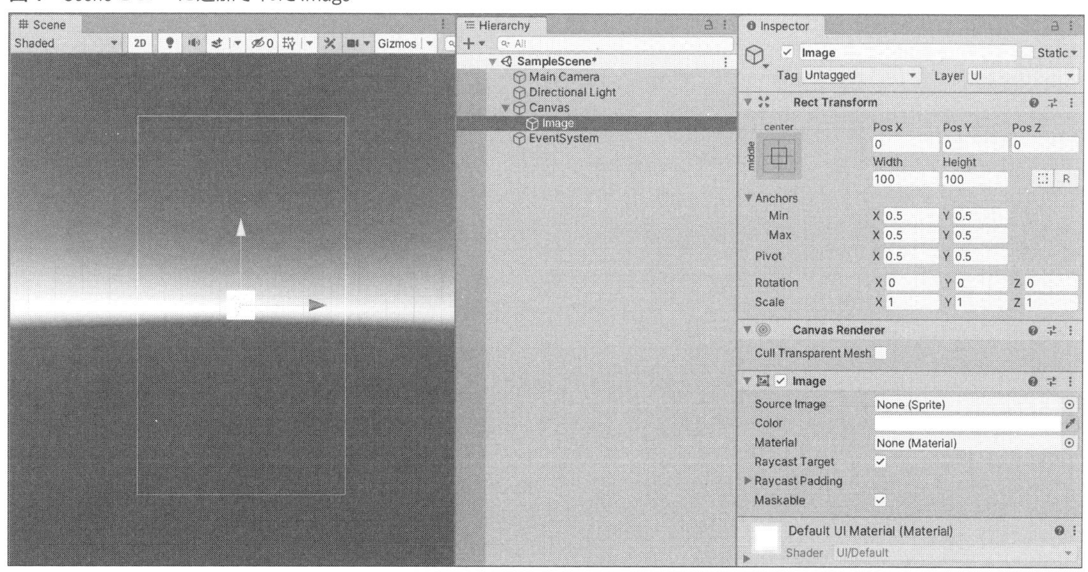

図4　Sceneビューに追加されたImage

設定し、下部の「Apply」をクリックしてください。「Sprite (2D and UI)」にすることでImageでの表示ができるようになります。

Hierarcyウィンドウの「Image」を選択し、InspectorウィンドウのImageコンポーネント内のSource ImageにProjectウィンドウのAssets/Spritesフォルダに入れた画像をドラッグ&ドロップします(**図6**)。するとSceneビュー上の白い四角がAssets/Spritesフォルダに入れた画像に変わりました。Inspectorウィンドウ上のImageコンポーネントにある「Set Native Size」ボタンをクリックすることで、画像のWidthとHeightをもともとの画像サイズにすることができます。

◉ 9Slice

9Sliceは、Spriteにボーダーを設定することでボーダー間を引き伸ばした見た目にして使用できる機能です。Sprite Editorでボーダーを設定後、Imageコンポーネントの Image TypeをSlicedにすることで9Sliceを使用できます。9Sliceはプロジェクト内のリソース容量を削減するためにも重要な機能です。

格納した画像を選択後、Inspectorウィンドウ内の「Sprite Editor」ボタンをクリックし(図5)、Sprite Editorで編集できます(**図7**)。Image Typeを「Sliced」に変更し、Rect TransformコンポーネントのWidthやHeightの値を変更すると、ボーダー間が引き伸ばされた見た目を確認できます(**図8**)。

図5　画像の設定

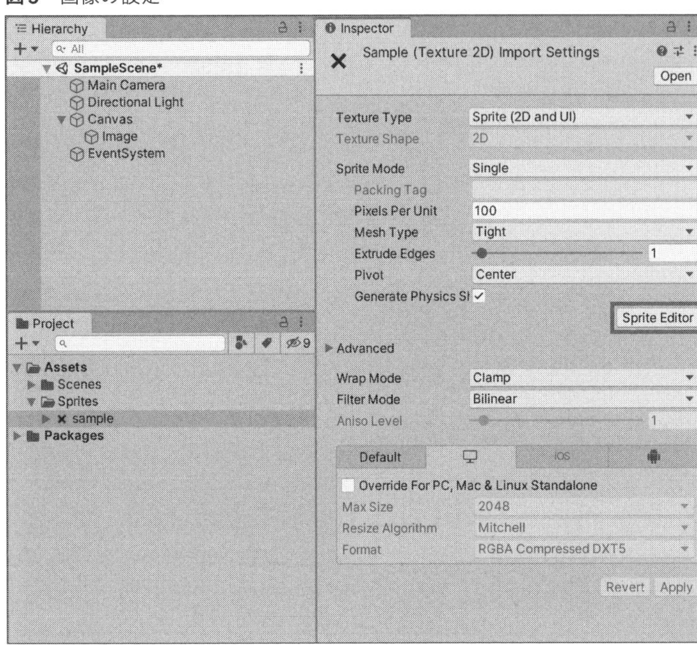

◉ Color

uGUIのColorはすべて乗算で設定されます。Imageも同様です。したがって、**図9**の例のように黒い画像の場合、ImageコンポーネントのColorを変更しても色は変わりません。画像の色をColorで設定した色に変更したい場合は、白い画像を使用しColorを設定します。また、形は同じだけど色だけが違う画像素材などは白い画像1つのみを用意し、Unity上でColorを指定します。こうすればリソース容量を削減できます。

図6　画像の表示

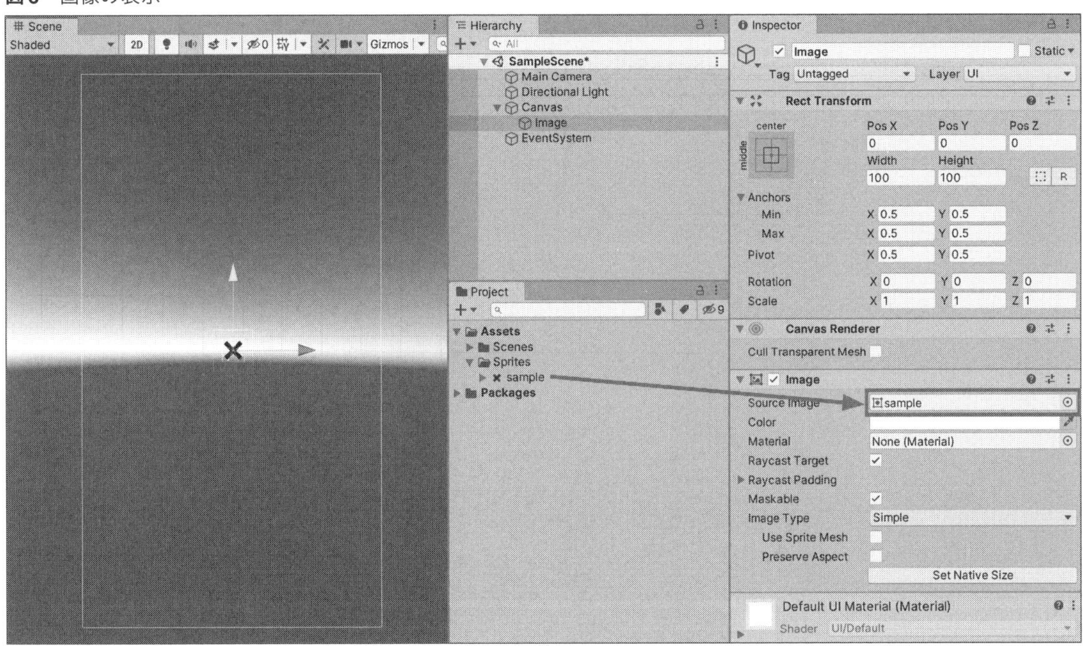

図7　Sprite Editor

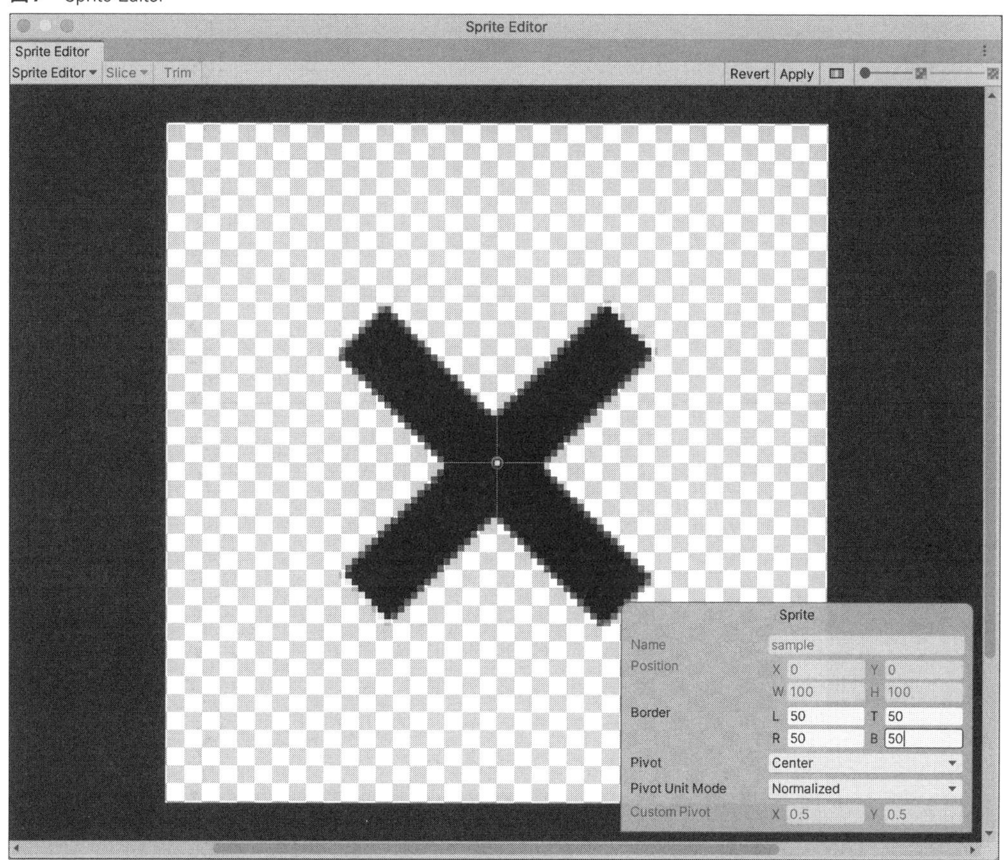

図8　ImageのSlice

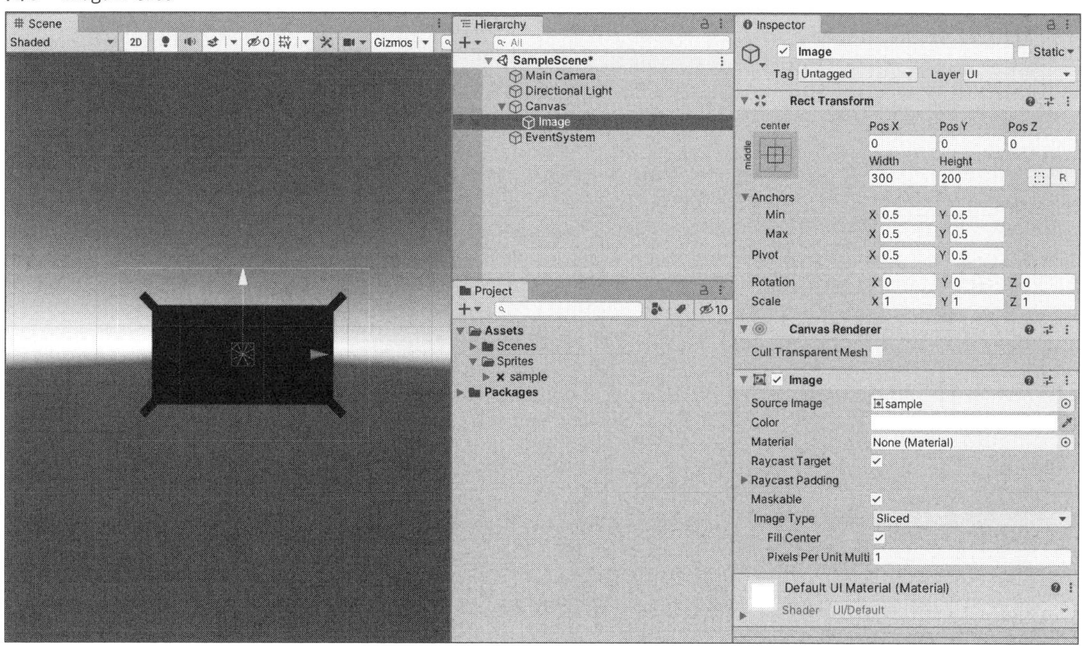

図9　uGUIのColor設定

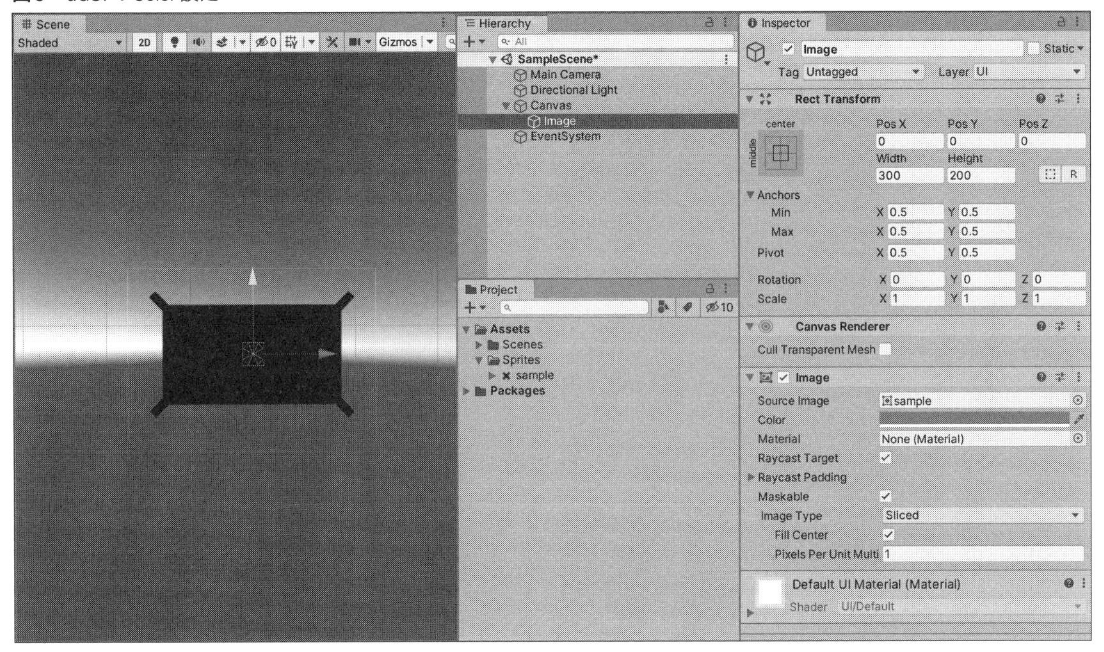

図10　Textの作成

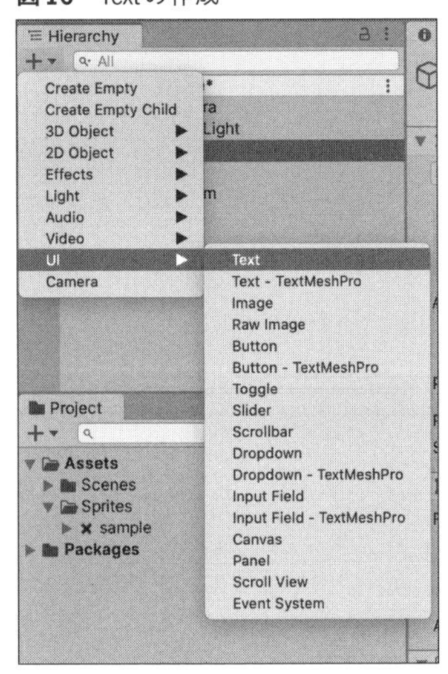

Text──文字の表示

文字を表示するコンポーネントであるTextを作成しましょう。Imageと同様に作成した「Canvas」を選択した状態で、Hierarchyウィンドウの「Create→UI→Text」から作成します(**図10**)。

Textコンポーネントで文字サイズやフォント、行間サイズなどの表示内容を変更できます(**図11**)。

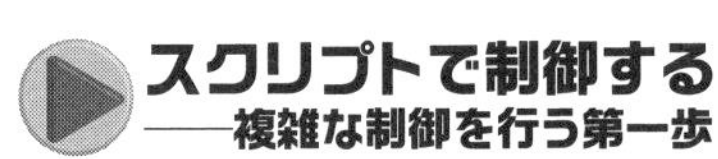

スクリプトで制御する
──複雑な制御を行う第一歩

次にImageとTextをスクリプトから制御してみます。Projectウィンドウの任意の位置で「Create→C# Script」からC#のファイルを作成します(**図12**、**図13**)。

以下のようにコードを編集します。

```
using System.Collections;
using System.Collections.Generic;
using UnityEngine;
using UnityEngine.UI;

public class UISample :
  MonoBehaviour {
  [SerializeField]
  private Image _image;
  [SerializeField]
  private Text _text;

  // Use this for initialization
  void Start() {

  }

  // Update is called once per frame
  void Update() {

  }
}
```

任意のGameObjectを選択し、Inspectorウィンド

図11　Sceneに追加されたText

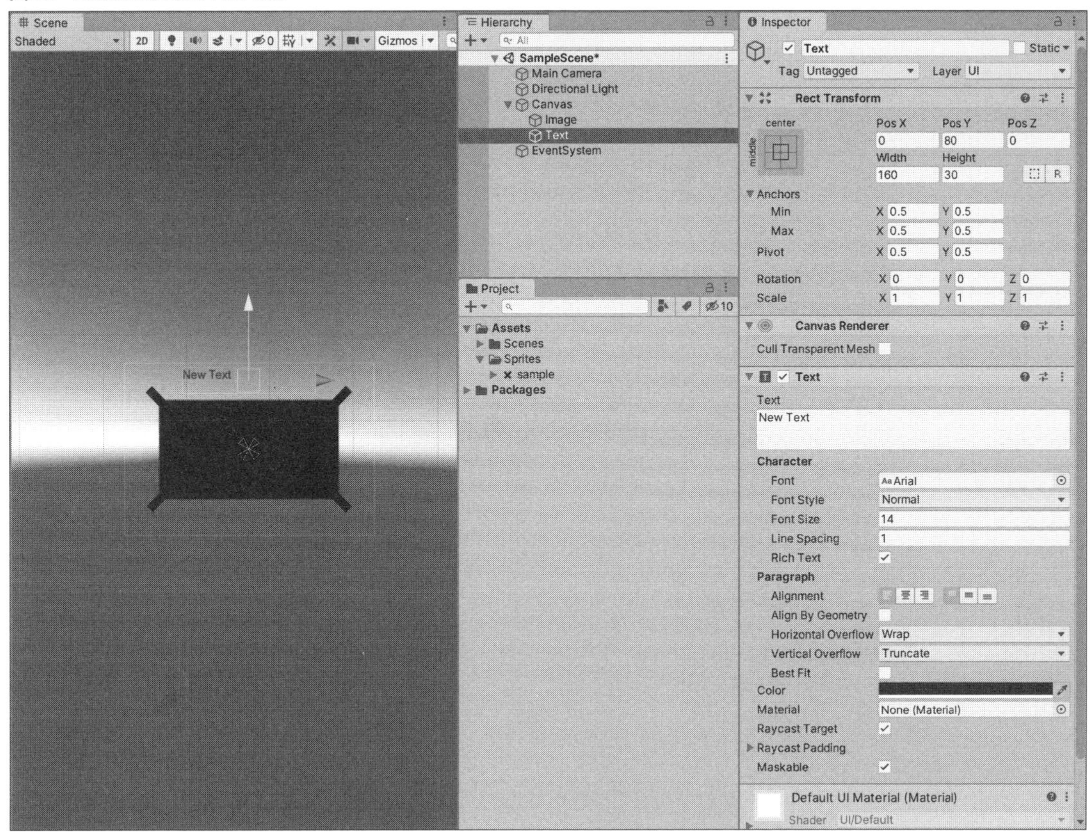

ウのAdd ComponentからUISampleを追加します(ここではCanvasのオブジェクトを指定します)。[SerializeField]属性を記述することで、UISampleのコンポーネントからImageとTextの参照を指定できます。publicの場合は[SerializeField]が不要ですが、公開範囲をpublic以外にする場合はこの方法を使います。

Inspectorウィンドウ上のUISampleコンポーネントにImageとTextの項目が確認できます(**図14**)。publicや[SerializeField]を記述したフィールドは、このようにInspectorウィンドウ上から参照を設定できます。作成したImageとTextを、それぞれUISampleコンポーネントのImageとTextへドラッグ&ドロップします。

Start ()内にImageとTextを制御する記述を追加します。_image.rectTransform.sizeDeltaでImageのサイズを変え、_text.textで文字の変更、_text.colorで文字色の変更を行います。

図12　C# Scriptの作成

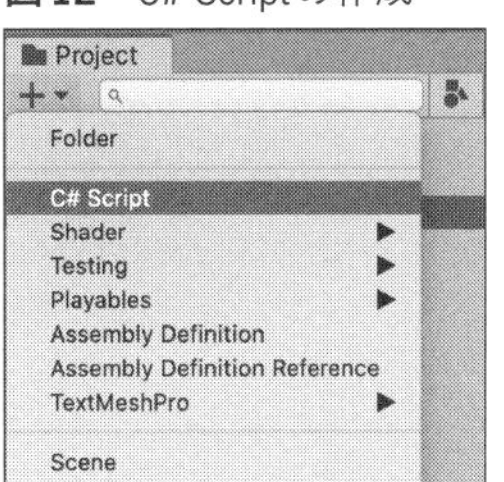

図13　Projectに追加されたC# Script

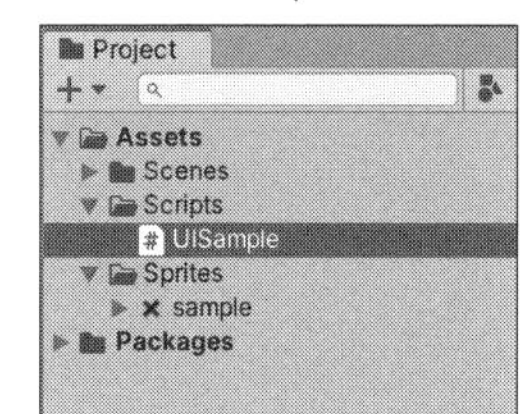


```
void Start() {
  _image.rectTransform.sizeDelta =
    new Vector2(300f, 300f);
  _text.text = "テキスト変更";
  _text.color = Color.red;
}
```

図15のようにImageのWidthとHeightが300になり、Textの文字が「テキスト変更」、文字色が赤になる実行結果になります。このほかにもInspectorウィンドウで指定できるものはスクリプトから制御できます。このようにしてスクリプトでuGUIの参照を取得し操作して、UIの多岐にわたる実装を実現していきます。

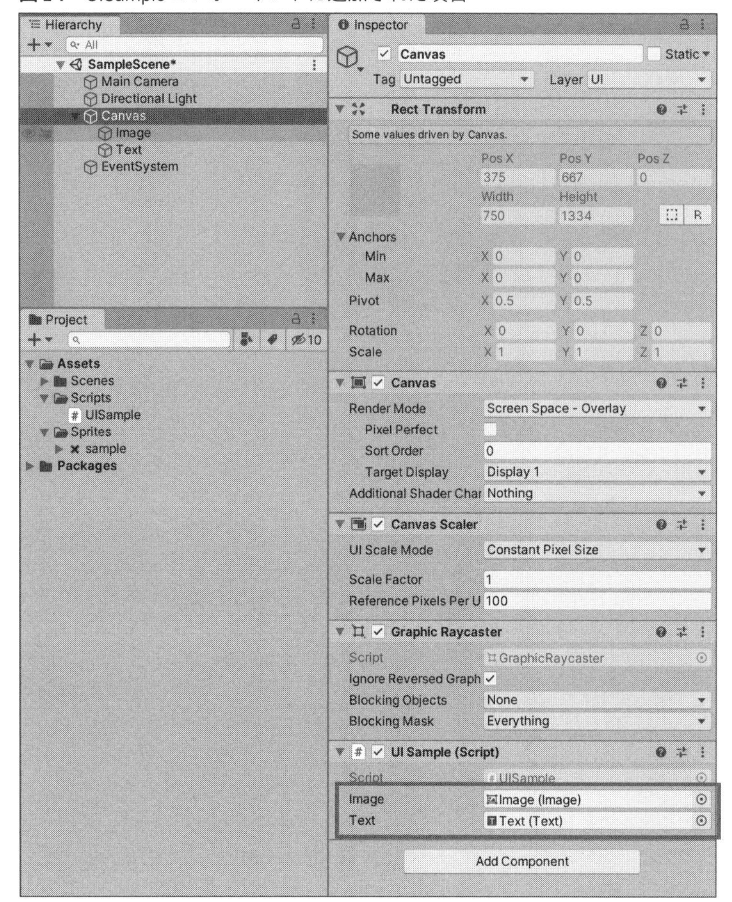

図14　UISampleコンポーネントに追加された項目

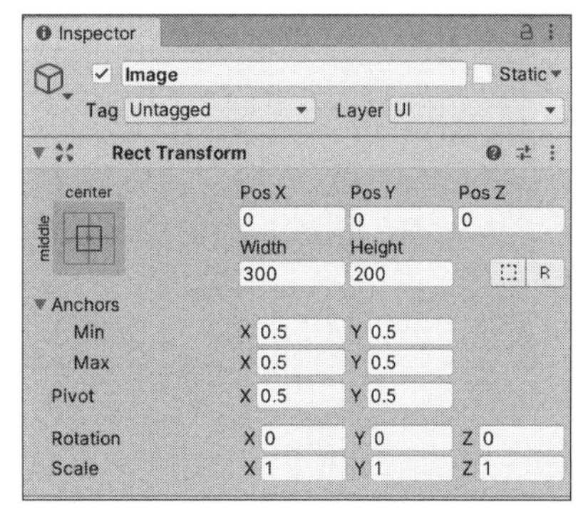

図16　RectTransform

RectTransform ——オブジェクトの位置調整

SceneにGameObjectを生成した場合には、Transformコンポーネントが付いており、座標、回転、拡縮を調整できます。uGUIでは代わりにRectTransformコンポーネントが付いています。RectTransformでは2D表示に便利な数値指定を行えます(**図16**)。

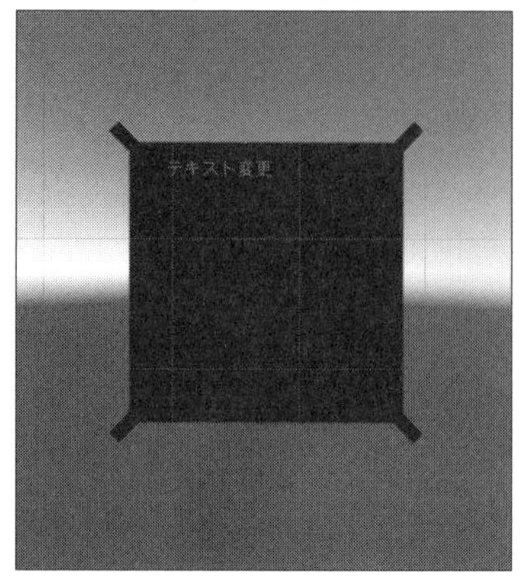

図15　UISampleの実行結果

Anchor ——画面端への追従

Anchorではプログラムを作成することなく、上下左右を親オブジェクトのどの位置に追従させるか設定できます。

Anchorを理解しておくことは、モバイルゲーム開発などで解像度を考慮する場合に重要です。異なる解像度の画面で、画面端に追従させるUIを作成することはよくあります。解像度ごとに座標を指定していては途方もないので、「画面中心」や「画面端」からの位置を指定するのが一般的です[注2]。Anchorでは、親オブジェクトのどの位置を起点としたローカル座標系にするかを設定できます。そのため、上端からの距離はどの解像度でも一定にするといった実装が簡単に行えます。Anchor文字上の図形をクリックすることで、視覚的にわかりやすいプリセットを選択することもできます(**図17**)。

Anchorで指定できるMin Xは自身の左端、Min Yは自身の下端、Max Xは自身の右端、Max Yは自身の上端を表します。それぞれの端を親オブジェクトの幅を1とした場合の割合の位置に追従する指定が

注2　https://docs.unity3d.com/ja/current/Manual/HOWTO-UIMultiResolution.html

可能です。

図18のようにAnchorを設定してみます。Anchor Min YとAnchor Max Yの値を「1」にすることで、原点座標の位置を親オブジェクトの上端にすることができます。Canvasのサイズを変更しても上端に追従します。

図19のようにAnchorを設定してみます。図18とはRect Transformの表示が少し変わり、左端からの距離(Left)と右端からの距離(Right)を指定できるようになりました。親オブジェクトの左端(Anchor Min X)と右端(Anchor Max X)を起点に距離指定ができる状態です。Rect TransformのLeftとRightの値は0になっているので、親オブジェクトの横幅が変わっても左端からの距離と右端からの距離は0を維持したままImageを伸縮することができます。このように自動でサイズを変える設定も可能です。

Pivot——原点の調整

Pivotではそのオブジェクトの中心位置を変更できます。画像の上端を画面の上端に合わせたい場合などに、原点座標を設定すると正確な上端位置に合わせられます(**図20**)。また画像の左位置は固定し、右に伸びていくゲージなどもPivotの設定で可能です。

このようにUnity上での配置やプログラムからの位置指定を便利に扱えます。

PositionとAnchoredPosition——座標の扱いの違い

プログラムから座標制御を行います。3DのGame Objectと同様に`transform.localPosition`を用いて作成したUISampleの`Start()`を以下のように書き換

図17 Anchorのプリセット

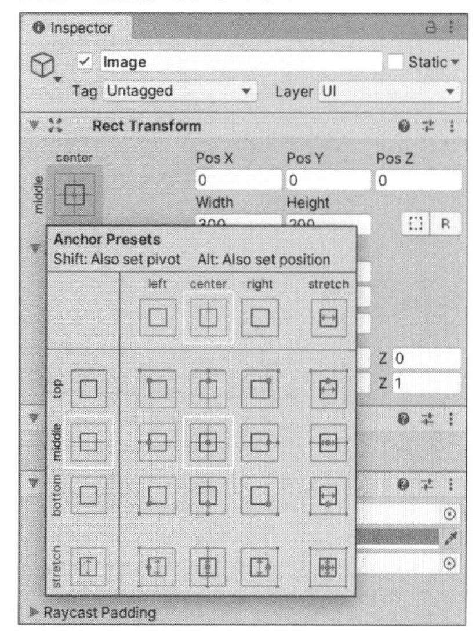

図18 上端に追従するAnchor

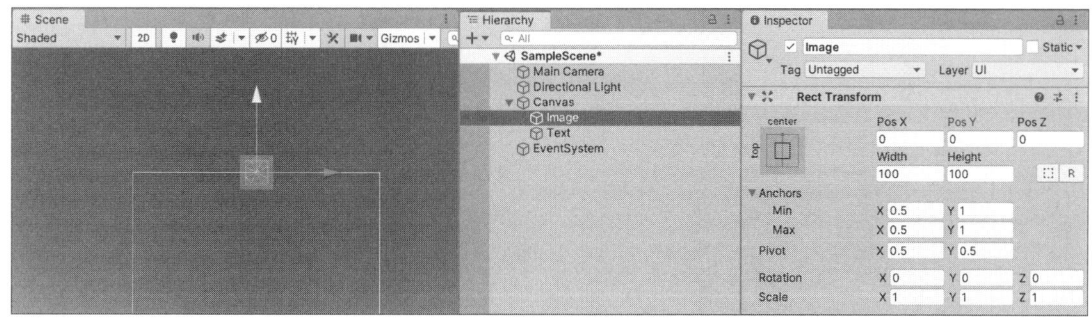

図19 左右に伸縮するAnchor

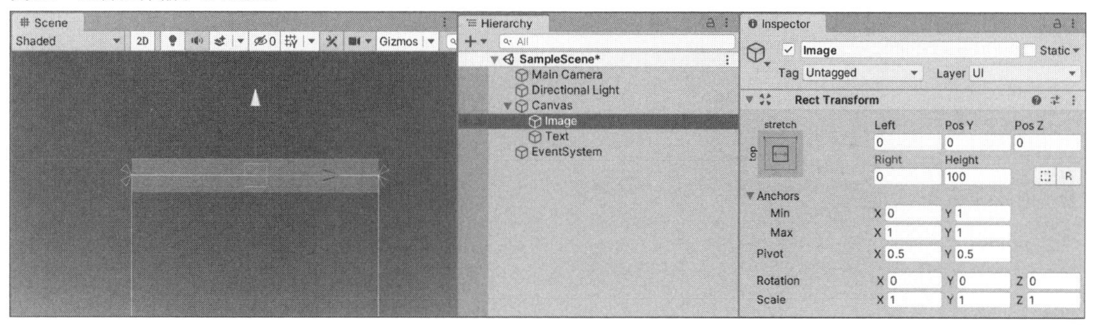

図20 上端が原点のPivot

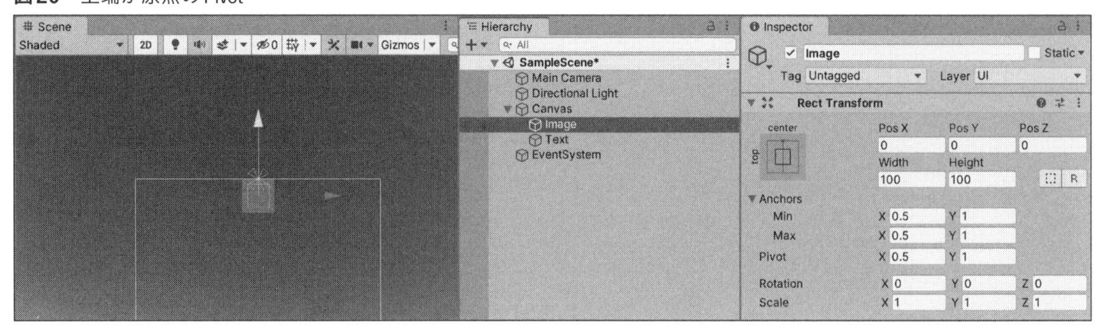

図21 InspectorウィンドウのDebugモード

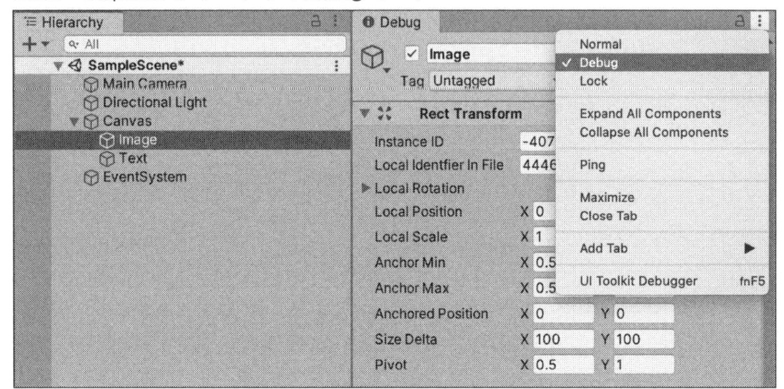

え、座標を動かしてみましょう。

```
void Start() {
  _image.transform.localPosition =
    Vector2.zero;
}
```

実行した結果、指定したAnchor起点の座標ではない位置に移動したと思います。Anchorを考慮した座標に動かすには、`rectTransform.anchoredPosition`を使用します。

```
void Start() {
  _image.rectTransform.anchoredPosition =
    Vector2.zero;
}
```

このような値の違いは、InspectorウィンドウのメニューからDebugモードにすることでUnity上でも確認できます（**図21**）。必要に応じて使用してください。

深度制御――重なり順

uGUIでの重なり順の優先度について基本的な部分を説明します。

Hierarchy制御

uGUIの基本的な深度制御はHyerarchyウィンドウで行います。Hierarchyの下にあるオブジェクトほど手前に表示されます（**図22**）。

Canvas制御

Canvasによる深度制御をしてみます。Canvasは1つだけではなく、複数配置できます。こちらも通常はHierarchyでの順番に依存します（**図23**）。

InstepectorウィンドウでCanvasAのCanvasコンポーネントのOrder in Layerを「1」にすると、CanvasAが手前に表示されます（**図24**）。Hierarchy順よりもOrder in Layerが優先されることがわかります。CanvasコンポーネントのRender Modeを「World Space」にすると、Pos Zの値が大きいほど奥に表示されますが、この場合もOrder in Layerの値が優先されます。

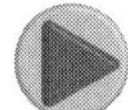

Camera制御

Canvasに指定するカメラでの深度制御をしてみます。InstepectorウィンドウでCanvasA、CanvasBそれぞれCanvasコンポーネントのRender Modeを「Screen Space - Camera」にし、UI用のCameraを指定すると**図25**の画面が表示されます。Cameraの深度制御はDepthで行われるため、UICameraBのDepthをUICameraAより小さくするとCanvasAが手前に表示されます。ここでCanvasBのOrder in LayerをCanvasAより大きくしてみます。すると表示順が変わらず、Order in LayerよりCameraのDepthが優先されることがわかります。

図22 Hierarchyの深度制御

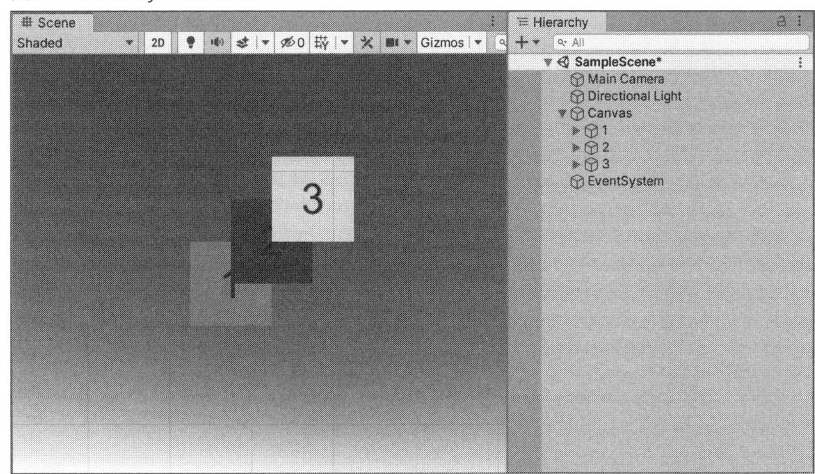

図23 Canvasの深度制御

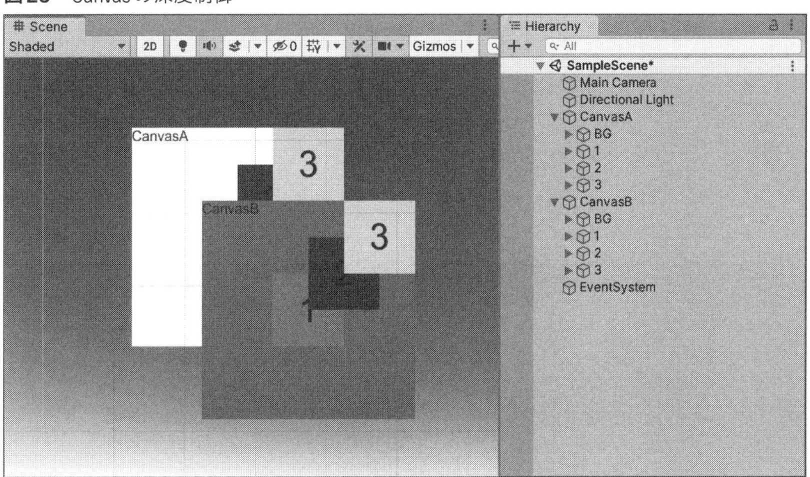

図24 Order in LayerによるCanvasの深度制御

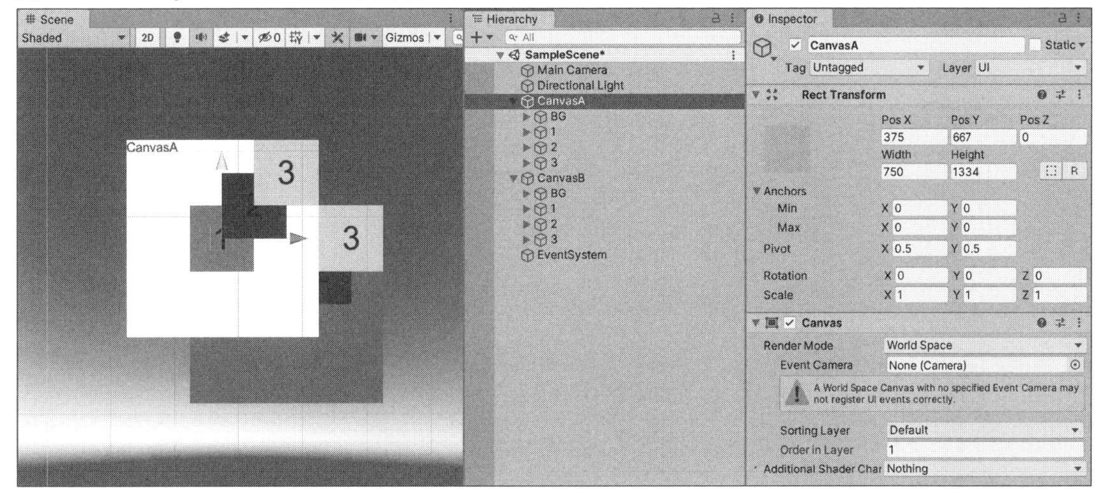

Screen Space——Overlay

Instepector ウィンドウの Canvas コンポーネントで Render Mode を「Screen Space - Overlay」にします。このモードは画面最前面に表示されるため Camera に関係なく手前に表示されます（**図26**）。このとき、Canvas のサイズは画面サイズと等しくなります。

まとめ

uGUI の深度制御は Hierarchy、Canvas、Camera で行うことができ、優先される順位が決まっています。Canvas（Screen Space - Overlay）> Camera > Canvas（Order in Layer）> Hierarchy というふうに記憶しておけば、uGUI の基本的な深度制御を行うことができるでしょう。

図25　Camera による Canvas の深度制御

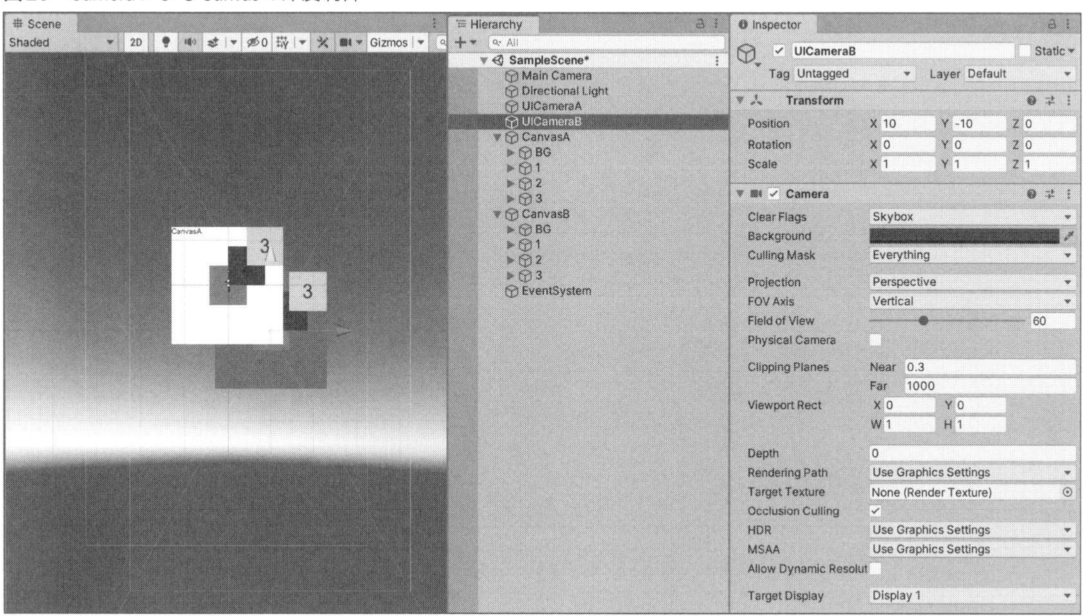

図26　Screen Space - Overlay 設定の Canvas

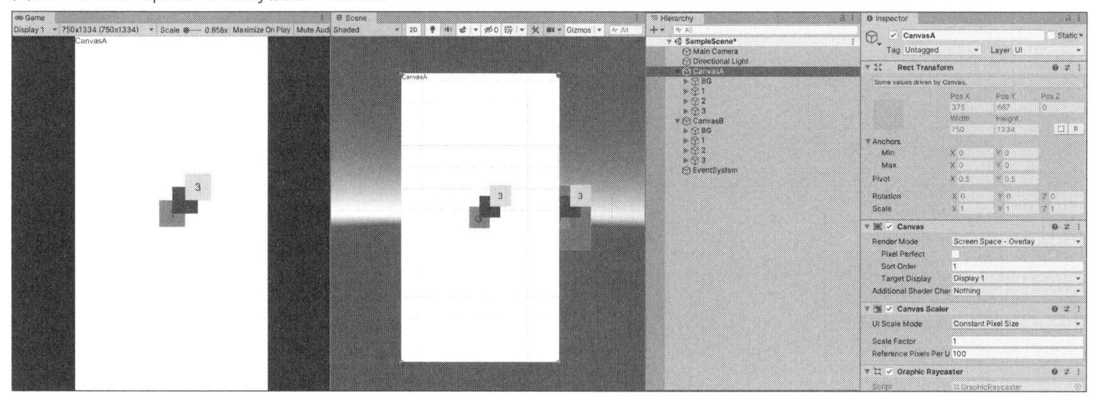

第2章

uGUIを便利に使う

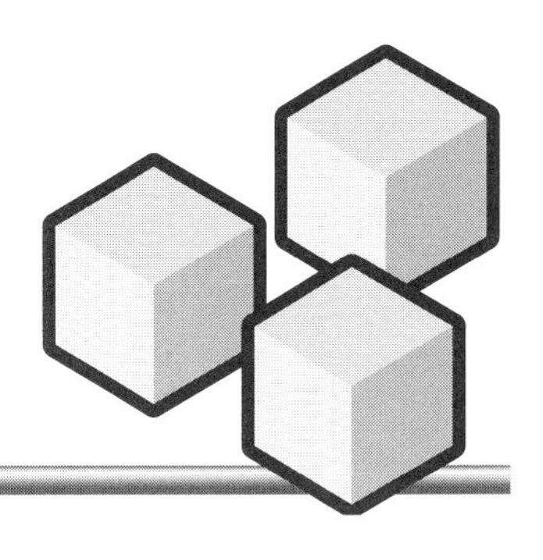

はじめに

第1章ではuGUIの表示に関する基礎について説明しましたが、本章では操作に関するuGUIの扱い方について説明します。uGUIのデフォルト機能だけでは補えない操作をスクリプトで行うことで、現場で使えるUI機能を作成できます。

本章で作成するスクリプトは、本書のサポートサイト[注1]からダウンロードできます。

ボタン ——Button の機能拡張

uGUIにはクリックしたときに処理を行ってくれるシンプルなボタンの機能としてButtonが存在します。しかしButtonの機能だけでは足りない状況になることは多く起こります。そのようなときは自前のボタン機能を作成することもUnityでは可能です。今回は自前のボタン機能を作成していきます。

uGUIのButton

uGUIでButtonを作成しましょう。SceneのImageにButtonコンポーネントを追加します。ImageのRaycast Targetがタッチ判定のオンオフになります。

スクリプトからuGUIのButtonにクリック処理を追加します。UISampleを以下の内容に変更しましょう。InspectorウィンドウのUISampleのコンポーネントにButtonの項目が現れるので(**図1**)、Buttonコンポーネントを追加したImageをドラッグ＆ドロップして参照を付けてください。

UISample.cs
```
[SerializeField]
private Button _button;
```

図1 Buttonの作成

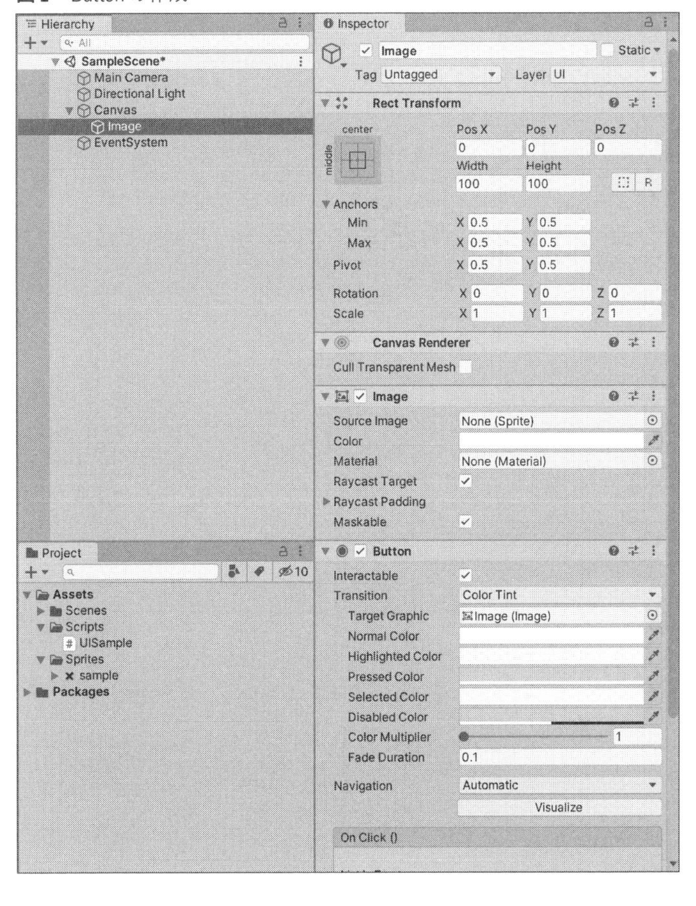

注1　https://gihyo.jp/book/2021/978-4-297-11927-0

```
// Use this for initialization
void Start() {
  _button.onClick.AddListener(() => {
    Debug.Log("Click");
  });
}
```

Buttonのクリック時に処理されるonClickにAddListenerで処理を追加しました。Gameビュー内でImageをクリックするとログが表示されます(**図2**)。

 カスタムボタンを作成する

uGUIのButtonではonClickに処理を追加できず、触れたとき、離れたとき、長押しなど実現できない機能があります。

そのような機能を実装したい場合には、Buttonの機能を拡張したカスタムボタンを作る必要があります。

Buttonの機能を拡張したCustomButtonクラスと、長押し判定後に処理を行うLongPressTriggerクラスを新しく作成します。まず各アクションに対するインタフェースの実装方法を説明します。

IPointerDownHandlerインタフェースを実装することで、プレス時の処理を実装できます。プレス時にUnityがOnPointerDownを処理します。

PressActionButton.cs

```
using System;
using UnityEngine;
using UnityEngine.EventSystems;

public class PressActionButton :
  MonoBehaviour,
  IPointerDownHandler {

  public Action OnPressAction;

  // プレス時のアクション
  public virtual void OnPointerDown(
    PointerEventData eventData) {
    if (enabled == false) {
      return;
    }
    if (OnPressAction != null) {
      OnPressAction();
    }
  }
}
```

図2 クリック時のログ出力

Console
Clear | Collapse | Error Pause | Editor
[20:53:26] Click
UnityEngine.Debug:Log(Object)

IPointerUpHandlerインタフェースを実装することで、リリース時の処理を実装できます。こちらもリリース時にUnityがOnPointerUpを処理します。

ReleaseActionButton.cs

```
using System;
using UnityEngine;
using UnityEngine.EventSystems;

public class ReleaseActionButton :
  MonoBehaviour,
  IPointerUpHandler {

  public Action OnReleaseAction;

  // リリース時のアクション
  public virtual void OnPointerUp(
    PointerEventData eventData) {
    if (enabled == false) {
      return;
    }
    if (OnReleaseAction != null) {
      OnReleaseAction();
    }
  }
}
```

IPointerClickHandlerインタフェースを実装することで、クリック時の処理を実装できます。プレス後にリリースしたタイミングでOnPointerClickがUnityから処理されます。プレスとリリースの間の時間に制限はありません。そのため長押しと組み合わせるときは、長押しとクリックを区別するための処理が必要になります(のちほど説明します)。

ClickActionButton.cs

```
using System;
using UnityEngine;
using UnityEngine.EventSystems;

public class ClickActionButton :
  MonoBehaviour,
  IPointerClickHandler {

  public Action OnClickAction;

  // クリック時のアクション
  public virtual void OnPointerClick(
    PointerEventData eventData) {
    if (enabled == false) {
      return;
    }
    if (OnClickAction != null) {
      OnClickAction();
    }
  }
}
```

ここまでで説明した3つのインタフェースを使用し、長押し判定をし、処理を行うLongPressTriggerクラスを作成します。

LongPressTrigger.cs
```
using System;
using UnityEngine;
using UnityEngine.EventSystems;

public class LongPressTrigger :
  MonoBehaviour,
  IPointerDownHandler,
  IPointerUpHandler,
  IPointerExitHandler {

  // 長押しと判定する時間
  public float IntervalSecond = 1f;

  // 長押し時に発火するアクション
  private Action _onLongPointerDown;

  private float _executeTime;

  private void Update() {
    if (_executeTime > 0f &&
      _executeTime <= Time.realtimeSinceStartup) { ❶
      _onLongPointerDown();
      _executeTime = -1f;
    }
  }

  private void OnDestroy() {
    _onLongPointerDown = null;
  }

  public void OnPointerDown(
    PointerEventData eventData) {
    // 押下時に長押しが発火する時間を設定
    _executeTime =
      Time.realtimeSinceStartup + IntervalSecond; ❷
  }

  public void OnPointerUp(
    PointerEventData eventData) {
    _executeTime = -1f;
  }

  public void OnPointerExit(
    PointerEventData eventData) {
    _executeTime = -1f;
  }

  public void AddLongPressAction(
    Action action) {
    _onLongPointerDown = action;
  }
}
```

プレス時にOnPointerDownが処理され、長押しが発火する時間を_executeTimeに設定します(❷)。MonoBehaviourで毎フレーム処理されるUpdateで時刻を監視し、現在時刻が_executeTimeを超えたところで_onLongPointerDownを処理する設計になっています(❶)。

次にプレス、クリック、リリースと長押しのアクションを行うCustomButtonクラスを作成します。

CustomButton.cs
```
using System;
using UnityEngine;
using UnityEngine.EventSystems;

[RequireComponent(typeof(LongPressTrigger))] ❶
public class CustomButton :
  MonoBehaviour,
  IPointerDownHandler,
  IPointerUpHandler,
  IPointerClickHandler {

  public Action OnClickAction;
  public Action OnPressAction;
  public Action OnReleaseAction;
  public Action OnLongPressAction;

  private bool _isLongPress;

  private void Awake() {
    var longPressTrigger =
      gameObject.GetComponent<LongPressTrigger>();
    longPressTrigger.
      AddLongPressAction(OnLongPress); ❷
  }

  private void OnDestroy() {
    OnClickAction = null;
    OnPressAction = null;
    OnReleaseAction = null;
    OnLongPressAction = null;
  }

  // プレス時のアクション
  public virtual void OnPointerDown(
    PointerEventData eventData) {
    if (enabled == false) {
      return;
    }
    if (OnPressAction != null) {
      OnPressAction();
    }
    _isLongPress = false;
  }

  // クリック時のアクション
  public virtual void OnPointerClick(
    PointerEventData eventData) {
    if (enabled == false) {
      return;
    }
    if (_isLongPress == false &&
      OnClickAction != null) {
      OnClickAction();
    }
  }
```

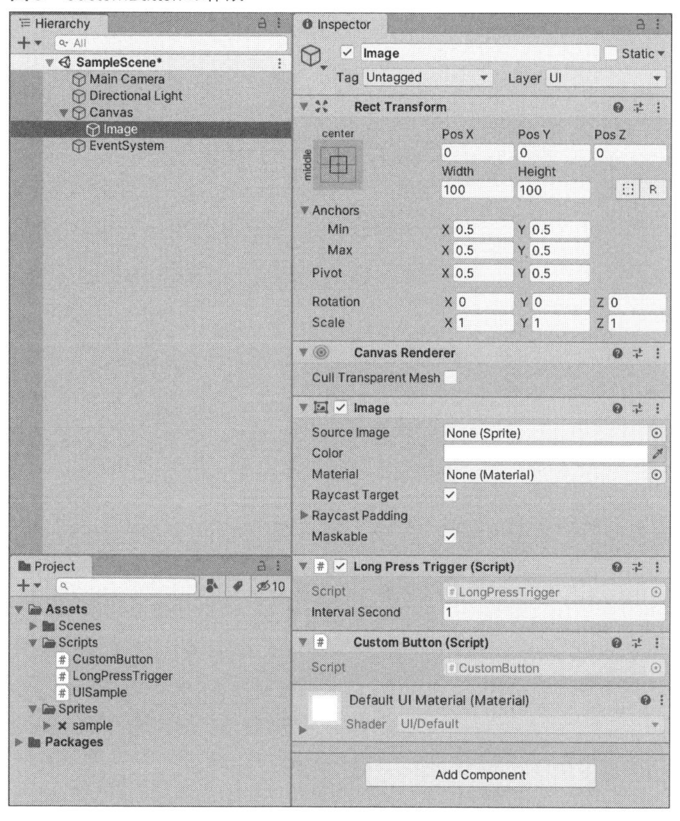

図3　CustomButtonの作成

図4　クリック、長押し時のログ出力

Console
Clear | Collapse | Error Pause | Editor
[21:00:14] Click
UnityEngine.Debug:Log(Object)
[21:00:16] LongPress
UnityEngine.Debug:Log(Object)

```
// リリース時のアクション
public virtual void OnPointerUp(
  PointerEventData eventData) {
  if (enabled == false) {
    return;
  }
  if (_isLongPress == false &&
    OnReleaseAction != null) {
    OnReleaseAction();
  }
}

// 長押し時のアクション
public virtual void OnLongPress() {
  if (enabled == false) {
    return;
  }
  if (OnLongPressAction != null) {
    OnLongPressAction();
  }
    _isLongPress = true;
  }
}
```

[RequireComponent(typeof(LongPressTrigger))]属性をCustomButtonクラスに記述することで(❶)、CustomButtonコンポーネントをアタッチしたオブジェクトにはLongPressTriggerもアタッチしなければならないという制限をかけることができます。CustomButtonをアタッチした際に、自動的にLongPressTriggerまでアタッチされます。

AwakeでLongPressTriggerにOnLongPressの処理を登録し、長押し判定時にOnLongPressが実行されるようにしておきます(❷)。OnLongPressが実行されると_isLongPressフラグが立つことで、クリック時のアクションを実行させないようにすることができます。

UISampleを以下のように書き換え、CustomButtonにクリックイベントと長押しイベントを設定してみましょう。

UISample.cs

```
[SerializeField]
private CustomButton _button;

// Use this for initialization
void Start () {
  _button.OnClickAction = () => {
    Debug.Log("Click");
  };
  _button.OnLongPressAction = () => {
    Debug.Log("LongPress");
  };
}
```

CustomButtonをアタッチしたImageを作成し、UISampleコンポーネントのButtonにドラッグ＆ドロップして参照を付けてください(**図3**)。

Unityを実行し、CustomButtonをアタッチしたオブジェクトのクリック時にClickというログが、長押し時にLongPressというログが表示され、クリックと長押しが検知できるようになりました(**図4**)。

CustomButtonの中に処理を加えていくと、クリック時の色、サイズ、音などさらにリッチにすることも可能なのでぜひ挑戦してください。

ドラッグ＆ドロップ ――uGUIにない機能の作成

ドラッグとドロップはuGUIの標準機能として存在しません。CustomButtonを作ったように、ドラッグ＆ドロップで使用できるアクションに対するインタフェースを実装した機能を作成することで実現できます。ドラッグ機能を実装したDragクラスとドロップ機能を実装したDropクラスを作成していきましょう。

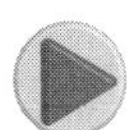

ドラッグを作成する

ドラッグする機能はIBeginDragHandler、IDragHandler、IEndDragHandlerを実装することで実現できます。IBeginDragHandlerで実装するOnBeginDragはドラッグが開始されたときに処理され、IDragHandlerで実装するOnDragはドラッグ中に処理され、IEndDragHandlerで実装するOnEndDragはドラッグを終了したときに処理されます。

Drag.cs

```
using System;
using UnityEngine;
using UnityEngine.EventSystems;

[RequireComponent(typeof(CanvasGroup))]
public class Drag :
  MonoBehaviour,
  IBeginDragHandler,
  IDragHandler,
  IEndDragHandler {

  // ドラッグ開始時処理
  public Action OnBeginDragAction;
  // ドラッグ中処理
  public Action OnDragAction;
  // ドラッグ終了処理
  public Action OnEndDragAction;

  private CanvasGroup _canvasGroup;
  private Vector3 _startPosition;
  private Camera _uiCamera;

  private void Awake() {
    _canvasGroup =
      gameObject.GetComponent<CanvasGroup>();
  }

  private void OnDestroy() {
    OnBeginDragAction = null;
    OnDragAction = null;
    OnEndDragAction = null;
    _uiCamera = null;
  }

  ❶
  public void SetScreenSpaceCamera(
    Camera uiCamera) {
    _uiCamera = uiCamera;
  }

  public void OnBeginDrag(
    PointerEventData pointerEventData) {
    if (enabled == false) {
      return;
    }

    ❷
    // ドロップ判定が取れるように
    _canvasGroup.blocksRaycasts = false;

    ❸
    _startPosition = transform.position;

    if (OnBeginDragAction != null) {
      OnBeginDragAction();
    }
  }

  public void OnDrag(
    PointerEventData pointerEventData) {
    if (enabled == false) {
      return;
    }

    if (_uiCamera != null) {
      ❹
      var position =
        _uiCamera.ScreenToWorldPoint(
          pointerEventData.position);
      position.z = transform.position.z;
      transform.position = position;
    } else {
      transform.position =
        pointerEventData.position;
    }

    if (OnDragAction != null) {
      OnDragAction();
    }
  }

  public void OnEndDrag(
    PointerEventData pointerEventData) {
    _canvasGroup.blocksRaycasts = true;
    ❺
    transform.position = _startPosition;

    if (enabled == false) {
      return;
    }

    if (OnEndDragAction != null) {
      OnEndDragAction();
    }
  }
}
```

Part 3 現場で使えるUI実装

OnDragでドラッグ中の位置をオブジェクトに設定することでドラッグの機能を行いますが、このときいくつか考慮すべきことがあります。

uGUIを表示しているCanvasがScreen Space - CameraやWorld Spaceなど描画するカメラを設定しているRender Modeに設定されている場合は、座標系をそのカメラでの位置に変換する必要があります。SetScreenSpaceCamera(Camera uiCamera)でカメラを設定し(❶)、ドラッグ中の座標計算に使用します(❹)。

ドラッグ中はドラッグしているオブジェクトの下にあるオブジェクトの当たり判定が取得できるように、つまりドロップの判定が取れるように、CanvasGroupを用いてRaycastがブロックされないようにします(❷)。

OnBeginDragでドラッグ開始時の座標を保存し(❸)、OnEndDragで開始時の座標をオブジェクトに設定することで、ドラッグをやめたときにもとの位置に戻すことが可能です(❺)。

ドロップを作成する

ドロップ側の機能はIDropHandler、IPointerEnterHandler、IPointerExitHandlerを実装します。IDropHandlerで実装するOnDropはドロップされたときに処理され、IPointerEnterHandlerで実装するOnPointerEnterはドロップ範囲内に入ったときに処理され、IPointerExitHandlerで実装するOnPointerExitはドロップ範囲内から出たときに処理されます。

ドロップ範囲内に入ったとき、ドロップ範囲内から出たときの処理は、ドラッグ中にドロップ範囲をアニメーションさせたい場合などに使用できます。

Drop.cs

```
using System;
using UnityEngine;
using UnityEngine.EventSystems;

public class Drop :
  MonoBehaviour,
  IDropHandler,
  IPointerEnterHandler,
  IPointerExitHandler {

  // ドロップ範囲内に入ったときの処理
  public Action OnPointerEnterAction;
  // ドロップ範囲内から出たときの処理
  public Action OnPointerExitAction;
  // ドロップ時処理
  public Action OnDropAction;

  private void OnDestroy() {
    OnPointerEnterAction = null;
    OnPointerExitAction = null;
    OnDropAction = null;
  }

  public void OnPointerEnter(
    PointerEventData pointerEventData) {
    if (OnPointerEnterAction != null) {
      OnPointerEnterAction();
    }
  }

  public void OnPointerExit(
    PointerEventData pointerEventData) {
    if (OnPointerExitAction != null) {
      OnPointerExitAction();
    }
  }

  public void OnDrop(
    PointerEventData pointerEventData) {
    if (OnDropAction != null) {
      OnDropAction();
    }
  }
}
```

UISampleを以下のように書き換えます。DragとDropの参照を[SerializeField]で取得し、ドラッグした画像の色をドロップした画像に反映させる処理を行います。

UISample.cs

```
[SerializeField]
private Drag _drag;
[SerializeField]
private Drop _drop;

// Use this for initialization
void Start () {
  _drop.OnDropAction = () => {
    var dropImage =
      _drop.GetComponent<Image>();
    var dragImage =
      _drag.GetComponent<Image>();
    dropImage.color = dragImage.color;
  };
}
```

SceneにImageを2つ作成し、それぞれにDrag(**図5**)、Drop(**図6**)を追加します。InspectorウィンドウでUISampleコンポーネントにDragとDropの項目が増えているので、それぞれに参照を設定しましょう。

DragImageを赤に設定しUnityを実行します。DragImageをドラッグする操作が可能になっており、

DragImageをDropImageにドロップするとDropImageが赤になることがわかります。

スクロール――Scroll Rectの機能拡張

スクロールすることができる機能もuGUIには用意されていますが、よりさまざまなケースに対応するにはスクリプトを用意して拡張する必要があります。今回はリストのスクロールについての拡張を行います。

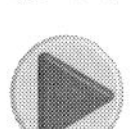

Scroll Rect

uGUIにはスクロールさせるための機能として、Scroll Rectが用意されています。「一枚板」を動かすだけの簡単なスクロールはこれで実装できます。こちらはHierarchyウィンドウの「Create→UI→Scroll View」から、基本的な設定がされたスクロールオブジェクトを作成できます（**図7**）。

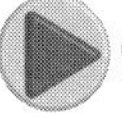

無限スクロール

まずは無限スクロールを作成しましょう。無限スクロールとはリストをスクロールする際に、最後の要素の次に最初の要素をつなげてループ表示できるスクローラのことを指します。

◉無限スクロールの設計

基本的にリスト表示で無限スクロールを実装する場合は、範囲外に出たオブジェクトを反対側へ移動させることで実現します。リストのオブジェクトをくるくるとリサイクルさせて使用していきます。

図5 Dragできる Imageの作成

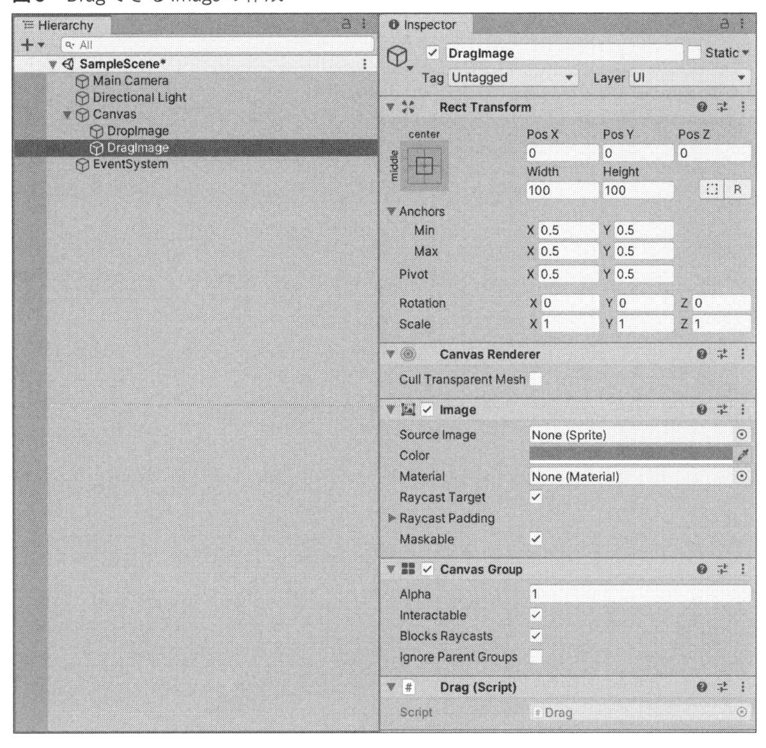

図6 Dropできる Imageの作成

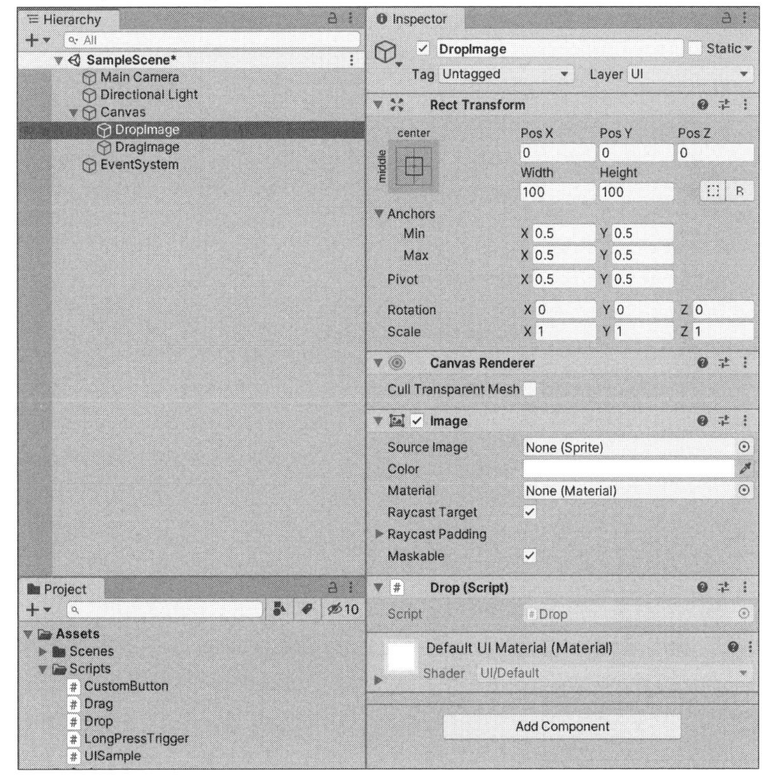

図7　Scroll Viewの作成

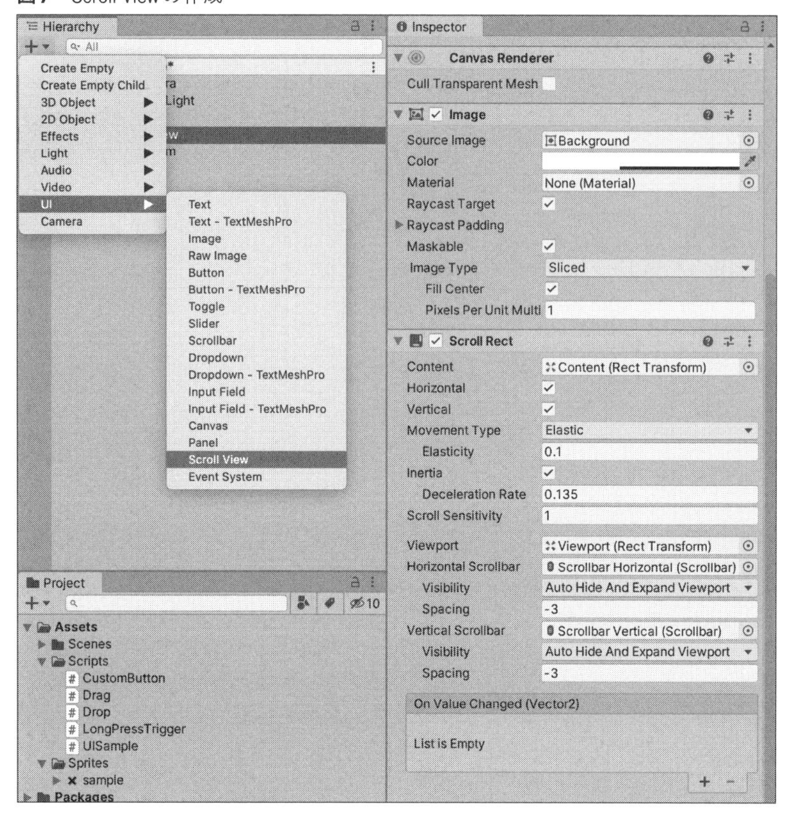

図8　無限スクロールの設計思想

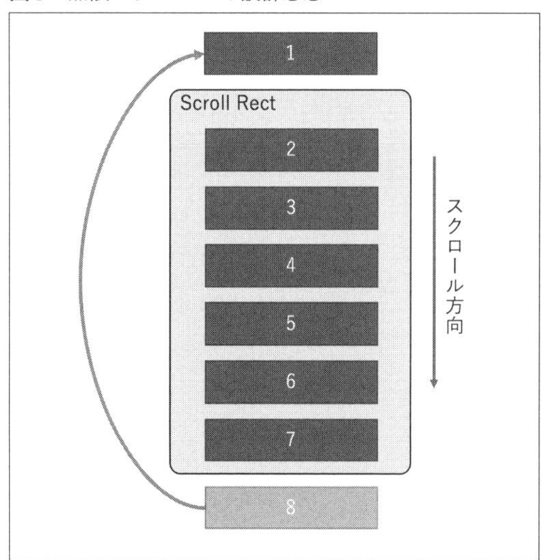

図8を例に考えます。下方向にスクロールし、範囲外に出た8のオブジェクトを一番上へと移動させ、2の前のデータ（すなわち1のデータ）を代入させます。固定数のオブジェクトをやりくりし、データを代入していくことで無限スクロールは完成します。

また、この考え方は無限スクロール以外にも応用できます。固定数のオブジェクトで長い配列のリストを表現できるので、パフォーマンス向上に役立てられます。100万個のデータのリストも数個のオブジェクトで表現できるのです。無限スクロールを簡単に実装できるアセットもありますが、今回はしくみを理解するために実際に実装してみます。

◉ 無限スクロールのリスト移動機能作成

この方針で無限スクロールを作成します。今回は縦スクロールのみに対応するものを作ります。下記のようにInfiniteScrollクラスを作成しましょう。

InfiniteScroll.cs

```
using UnityEngine;
using UnityEngine.UI;
using System.Collections.Generic;

public class InfiniteScroll :
  MonoBehaviour {
```

```
[SerializeField]
private RectTransform _cellPrefab; ❶
[SerializeField]
private int _instantateCellCount; ❷
[SerializeField]
private ScrollRect _scrollRect;
[SerializeField]
private float _cellHeight; ❸

private LinkedList<RectTransform> _cellList =
  new LinkedList<RectTransform>();

private float _lastContentPositionY = 0f;

void Start() {
  for(int i = 0; i < _instantateCellCount; i++) {
    var item =
      Instantiate(_cellPrefab, _scrollRect.content);

    // 上詰めするためにAnchorを設定
    item.anchorMin =
      new Vector2(0.5f, 1f);
    item.anchorMax =
      new Vector2(0.5f, 1f);

    // _cellHeight / 2fはPivotの差分
    item.anchoredPosition =
      new Vector2(
        0f,
        -_cellHeight * i + _cellHeight / 2f);
    _cellList.AddLast(item);
  }

  _scrollRect.horizontal = false;
  _scrollRect.vertical = true;
  _scrollRect.movementType =
    ScrollRect.MovementType.Unrestricted;
  _lastContentPositionY =
    _scrollRect.content.anchoredPosition.y;
}

❹
void Update() {
  if (_cellList.Count == 0) {
    return;
  }

  float diff = Mathf.Clamp(
    _scrollRect.content.anchoredPosition.y -
      _lastContentPositionY,
    -_cellHeight,
    _cellHeight);

  // スクロールの差分がセルの高さを超えたらセルの移動処理
  if (Mathf.Abs(diff) >= _cellHeight) { ❺
    _lastContentPositionY += diff;

    var first = _cellList.First.Value;
    var last = _cellList.Last.Value;

    if (diff > 0f) {
      // 上方向へのスクロール
      // 一番上の要素を一番下に移動
      _cellList.RemoveFirst();
      _cellList.AddLast(first);

      first.anchoredPosition =
        new Vector2(
          0f,
          last.anchoredPosition.y - _cellHeight);
    } else {
      // 下方向へのスクロール
      // 一番下の要素を一番上に移動
      _cellList.RemoveLast();
      _cellList.AddFirst(last);

      last.anchoredPosition =
        new Vector2(
      0f,
          first.anchoredPosition.y + _cellHeight);
    }
  }
 }
}
```

InfiniteScrollクラスを作成したら、ScrollRectコンポーネント(**図9**)がアタッチされているオブジェクトにInfiniteScrollコンポーネント(**図10**)をアタッチしてください。

このInfiniteScrollクラスでは、スクローラに並べるリストをPrefabから動的に生成します。今回はTextを子に持つImageをPrefab化し使用します。まずはPrefabを作成しましょう。作成したPrefabは`_cellPrefab`で参照します(❶)。InfiniteScrollコンポーネントのCellPrefab部分にProjectウィンドウから作成したPrefabをドラッグ&ドロップします。

作成したPrefabのheightをInspectorウィンドウから`_cellHeight`に指定してください(❸)。こちらはリストを並べる位置の計算に使用します。

`_instantateCellCount`は、作成するリストの実体数です(❷)。リストを並べたときにScrollsRectの表示領域を超える数を指定しましょう。

オブジェクトを再利用する処理は`Update()`内で行います(❹)。スクロールした距離を計算し、リスト一個分の高さを超えたら移動すべきオブジェクトの移動を実行します(❺)。上方向にスクロールしている場合は一番上のオブジェクトを一番下に、下方向にスクロールしている場合は一番下の要素を一番上に移動することで、見えなくなったオブジェクトを次に見えなければならない位置に配置できます。

Unityを実行すると作成したPrefabがリスト表示され、スクロールしていくと無限スクロールすること

図9　InfiniteScrollの作成

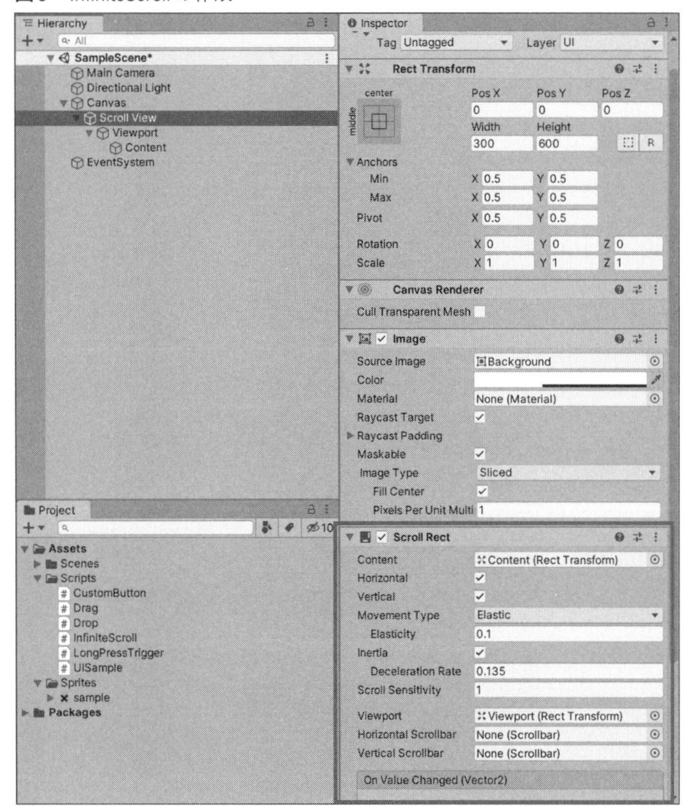

図10　InfiniteScrollの参照設定

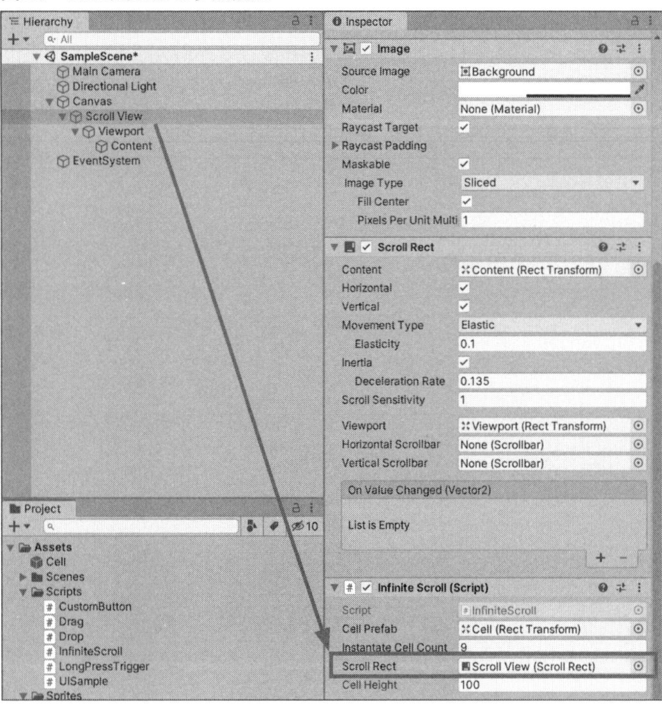

ができます(**図11**)。オブジェクトの移動はこれで実現できました。

◉ 無限スクロールのデータ代入機能作成

次にデータの部分を作成します。作成したリストのTextを変更できるように、以下のCellクラスを作成します。

Cell.cs

```
using UnityEngine;
using UnityEngine.UI;

public class Cell :
  MonoBehaviour {

  [SerializeField]
  private Text _text;
  [SerializeField]
  private RectTransform _rectTransform;

  public RectTransform rectTransform {
    get {
      return _rectTransform;
    }
  }

  public int data {
    get;
    private set;
  }

  public void UpdateData(
    int data) {
    _text.text = data.ToString();
    this.data = data;
  }
}
```

Cellクラスを作成したら作成したリストにCellコンポーネントをアタッチし、InspectorウィンドウでTextの参照と自身のRectTransformの参照を設定してください(**図12**)。

InfiniteScrollを以下のように改修します。

InfiniteScroll.cs

```
using UnityEngine;
using UnityEngine.UI;
using System.Collections.Generic;

public class InfiniteScroll :
  MonoBehaviour {

  [SerializeField]
  private Cell _cellPrefab; ❶
  [SerializeField]
```

```
private int _instantateCellCount;
[SerializeField]
private ScrollRect _scrollRect;
[SerializeField]
private float _cellHeight = -1f;

private LinkedList<Cell> _cellList =
  new LinkedList<Cell>();
private List<int> _dataList =
  new List<int> ();

private float _lastContentPositionY = 0f;
private int _index;

void Start() {
  ❷
  // データ作成
  for (int i = 0; i < 20; i++) {
    _dataList.Add(i);
  }

  for(int i = 0; i < _instantateCellCount; i++) {
    var item =
      Instantiate(_cellPrefab, _scrollRect.content);

    // 上詰めするためにAnchorを設定
    item.rectTransform.anchorMin =
      new Vector2(0.5f, 1f);
    item.rectTransform.anchorMax =
      new Vector2(0.5f, 1f);

    // _cellHeight / 2fはPivotの差分
    item.rectTransform.anchoredPosition =
      new Vector2(
        0f,
        -_cellHeight * i + _cellHeight / 2f);


    item.UpdateData(GetDataIndex(i)); ❸

    _cellList.AddLast(item);
  }

  _scrollRect.horizontal = false;
  _scrollRect.vertical = true;
  _scrollRect.movementType =
    ScrollRect.MovementType.Unrestricted;
  _lastContentPositionY =
    _scrollRect.content.anchoredPosition.y;
}

void Update() {
  if (_cellList.Count == 0) {
    return;
  }

  float diff =
    Mathf.Clamp(
      _scrollRect.content.anchoredPosition.y -
    _lastContentPositionY,
      -_cellHeight,
      _cellHeight);

  // スクロールの差分がセルの高さを超えたらセルの移動処理
  if (Mathf.Abs(diff) >= _cellHeight) {
    _lastContentPositionY += diff;
```

図11　InfiniteScrollの実行結果

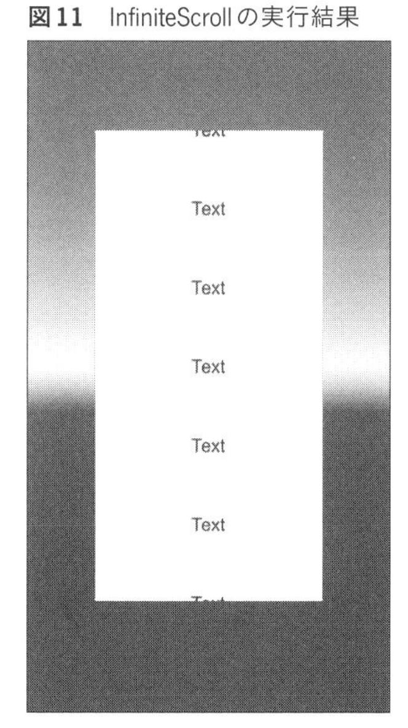

図12　Cellの作成

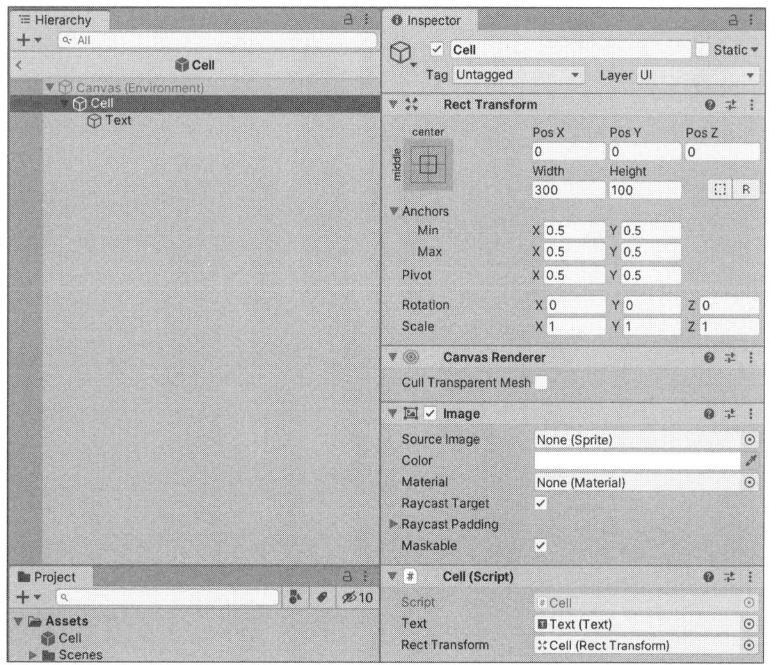

```
    var first = _cellList.First.Value;
    var last = _cellList.Last.Value;

    if (diff > 0f) {
      // 上方向へのスクロール
      // 一番上の要素を一番下に移動
      _cellList.RemoveFirst();
      _cellList.AddLast(first);

      first.rectTransform.anchoredPosition =
        new Vector2(
          0f,
          last.rectTransform.anchoredPosition.y -
          _cellHeight);

      first.UpdateData(
        GetDataIndex(
      _index + _instantateCellCount)); ❹
      _index++;
    } else {
      // 下方向へのスクロール
      // 一番下の要素を一番上に移動
      _cellList.RemoveLast();
      _cellList.AddFirst(last);

      last.rectTransform.anchoredPosition =
        new Vector2(
          0f,
          first.rectTransform.anchoredPosition.y +
        _cellHeight);

      _index--;
      last.UpdateData(GetDataIndex(_index)); ❺
    }
  }
}
```

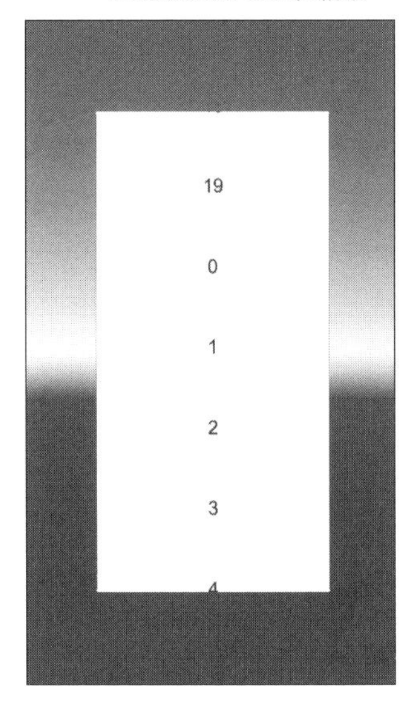

図13 データを設定するInfiniteScrollの実行結果

```
  private int GetDataIndex(
    int index) {
    if (index >= 0 && _dataList.Count > index) {
      return _dataList[index];
    }

    // 下に追加した要素のデータ
    // 次のデータを取得
    if (index >= _dataList.Count) {
      return _dataList[index % _dataList.Count];
    }

    // 上に追加した要素のデータ
    // 前のデータを取得
    if (index < 0) {
      return _dataList[
        _dataList.Count +
      (index + 1) % _dataList.Count - 1];
    }

    return index;
  }
}
```

Cellクラスの機能を使いたいので、`_cellPrefab`をCellクラスの参照に書き換えます(❶)。Inspectorウィンドウから再度prefabの設定を行ってください。

`_dataList`に20個のデータを用意します(❷)。まずは初期化時にリストを生成しているところでデータの代入を行います(❸)。オブジェクトのインデックスを`GetDataIndex(int index)`に渡し、データのインデックスを得てリストの内容を更新します。

次にオブジェクトを再利用するところです。オブジェクトの再利用は`Update()`で行っていました。再利用するオブジェクトを移動する際に移動先のインデックスを`GetDataIndex(int index)`に渡し、データを更新することで、次のデータを表示することができます(❹、❺)。実行すると、生成したリストのオブジェクトを再利用しながら20個のデータがループすることを確認できます(**図13**)。

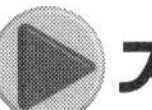

スナップスクロール

次はスナップさせるスクロールを実装します。フリックすると次の要素が中心に吸い付くようにアニメーションするスクロールのことを指します。iPhoneのホーム画面やスロットのリールなどを想像するとわかりやすいかと思います。今回は横方向のスナップスクロールを作っていきます。

◉ **スナップスクロールの移動機能作成**

スナップスクロールはScrollRectを継承したクラスを作成し、実装します。以下のプログラムを作成しましょう。

SnapScroll.cs
```
using UnityEngine;
using UnityEngine.EventSystems;
using UnityEngine.UI;
using UnityEditor;

public class SnapScroll :
  ScrollRect {

  [SerializeField]
  private float _smoothness = 10f; ❶
  [SerializeField]
  private float _swipeWeight = 0.4f;
  [SerializeField]
  private float _flickWeight = 35f;
  [SerializeField]
  private int _cellNum = 3; ❷
  [SerializeField]
  private float _cellWidth = 300; ❸

  private int _prevCellIndex = 0;
  private Vector2 _targetPosition;
  private bool _isSnap;
  private Vector2 _delta;

  ❹
  private void Update() {
    if (_isSnap) {
      // Lerpで吸い付くアニメーション
      content.anchoredPosition =
        Vector2.Lerp(
          content.anchoredPosition,
          _targetPosition,
          Time.deltaTime * _smoothness);

      // 一定距離以下になったら終了
      var diff =
        content.anchoredPosition - _targetPosition;
      if (diff.magnitude < 0.01f) {
        content.anchoredPosition = _targetPosition;
        _isSnap = false;
      }
    }
  }

  public override void OnBeginDrag(
    PointerEventData eventData) {
    base.OnBeginDrag(eventData);
    _isSnap = false;
  }

  public override void OnDrag(
    PointerEventData eventData) {
    base.OnDrag(eventData);
    // フレーム間の移動距離を保存
    _delta = eventData.delta;
  }

  ❺
  public override void OnEndDrag(
    PointerEventData eventData) {
    base.OnEndDrag(eventData);

    StopMovement();

    float weight =
      content.anchoredPosition.x / _cellWidth + _prev
CellIndex;
    int cellIndex = _prevCellIndex;

    ❻
    if (Mathf.Abs(weight) > _swipeWeight) {
      // スワイプ時のウェイト判定
      cellIndex += CalcCellIndexDiff(weight);
    } else if (Mathf.Abs(_delta.x) > _flickWeight) {
      // フリック時のウェイト判定
      cellIndex += CalcCellIndexDiff(_delta.x);
    }

    ScrollTo(cellIndex); ❼

    _delta = Vector2.zero;
  }

  private int CalcCellIndexDiff(
      float weight) {
      if (weight < 0f) {
        return 1;
      }
      if (weight > 0f) {
        return -1;
      }
    return 0;
  }

  public void ScrollTo(
      int index) {
    index = Mathf.Clamp(index, 0, _cellNum - 1);


    // スナップするインデックスの位置を算出
    float nextPosX = index * _cellWidth * -1f;
    _targetPosition =
      new Vector2(nextPosX, content.anchoredPosition.y);

    _isSnap = true;

    _prevCellIndex = index;
  }
}

❽
[CustomEditor(typeof(SnapScroll))]
public class SnapScrollEditor : Editor {
  public override void OnInspectorGUI() {
    base.OnInspectorGUI();
  }
}
```

Hierarchyウィンドウの「Create→UI→Scroll

図14　SnapScrollの作成

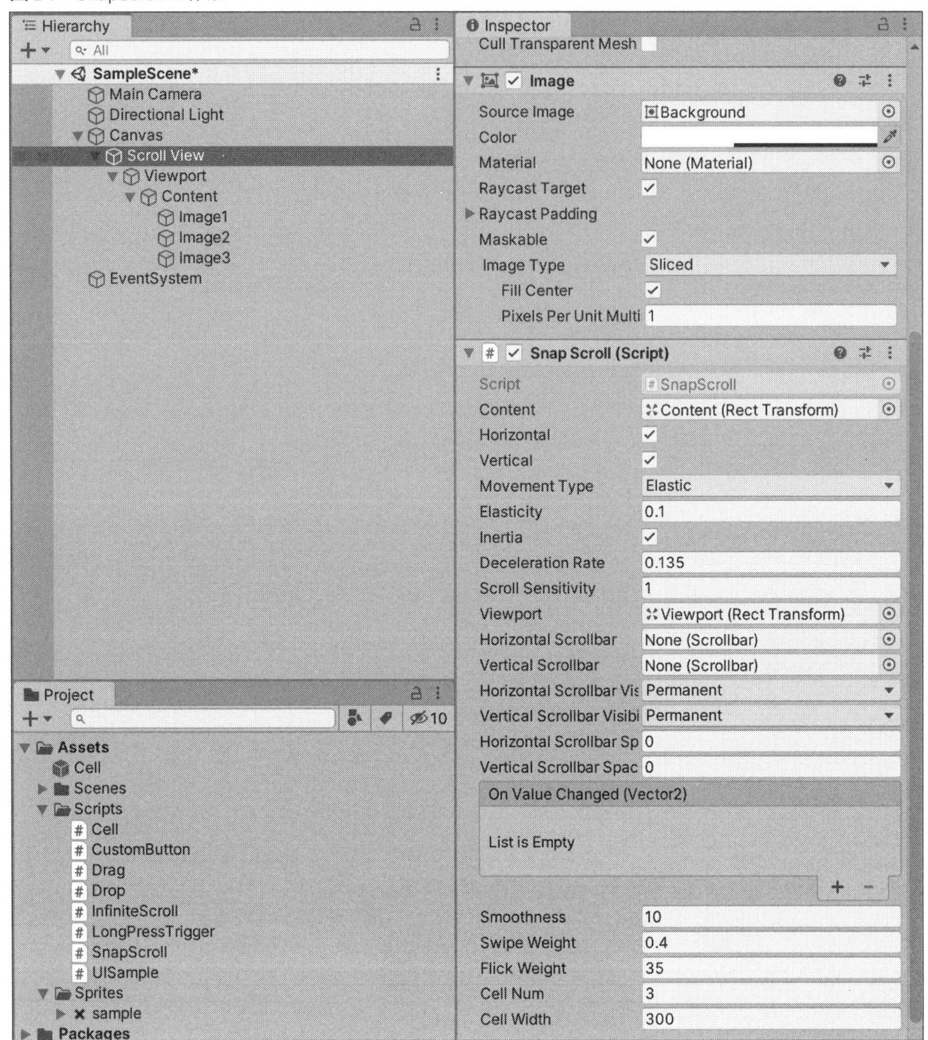

View」からScroll Viewを作成し、ScrollRectコンポーネントを削除してSnapScrollコンポーネントをアタッチします。**図14**のようにSnapScrollコンポーネントのCellNumには子オブジェクト数(❷)、CellWidthには子オブジェクトの幅を指定してください(❸)。

作成したScroll Viewの子にあるContent以下にImageを3つ作成します。それぞれColorを変更しておくと、動きがわかりやすくなります。

Contentは**図15**のように設定します。GridLayout Groupで子オブジェクトを横一列に並べ、ContentSize FitterでContentのサイズを子オブジェクトぴったりにします。GridLayoutGroupのCellSizeはScrollViewのサイズと合わせます。今回は左詰めにするため、ContentのAnchorとPivotは図15のように指定してください。

今回はScrollRectを継承するパターンでSnapScrollを実装しました。

❽の記述はScrollRectを継承した場合のInspectorウィンドウでの見た目を調整するものです。今回は触れないのでおまじない程度に記述してください。

動きの制御はScrollRectからオーバーライドした`OnBeginDrag(PointerEventData eventData)`、`OnDrag(PointerEventData eventData)`、`OnEndDrag(PointerEventData eventData)`で行います。名前のとおりそれぞれドラッグ開始時、ドラッグ中、ドラッグ終了時に呼ばれます。

図15　Contentの並び設定

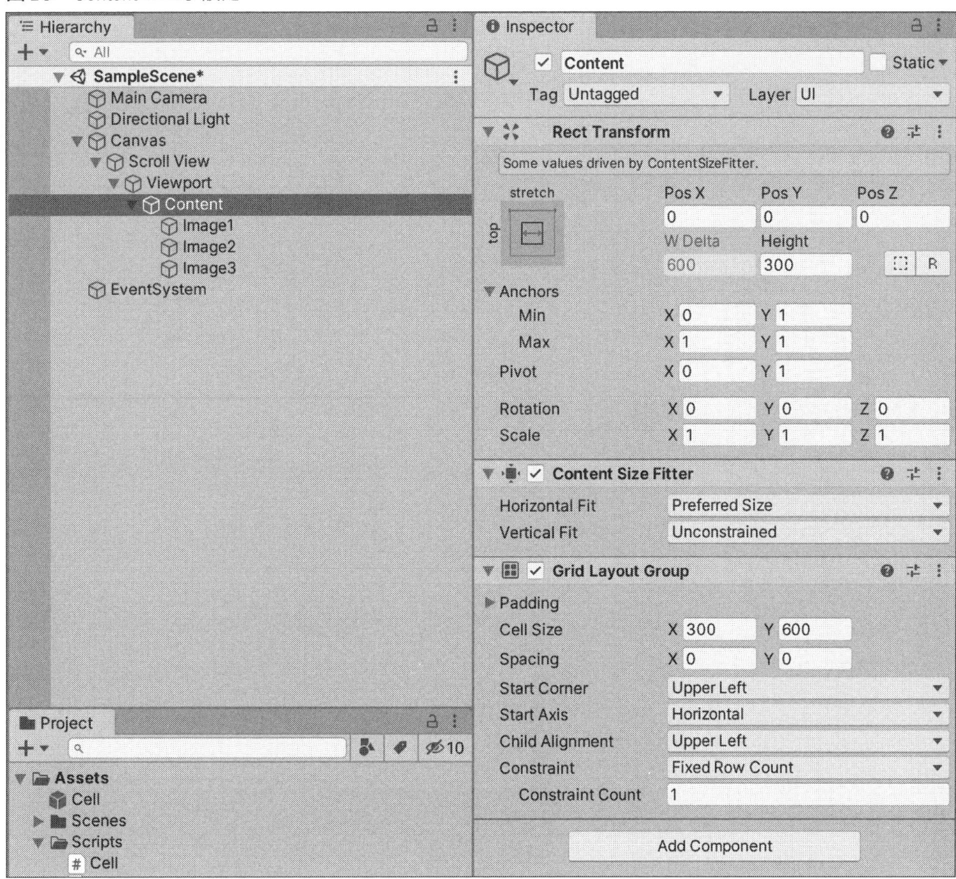

スナップさせるのはドラッグが終了したときに判定すればよいので、`OnEndDrag(PointerEventData eventData)`内で終了地点の座標を計算します(❹)。ドラッグしている距離を見て、指定したウェイトより大きい場合に次のインデックスへとスナップします(❼)。

スワイプの距離のみで判定するとフリックの場合に距離が短すぎてスナップされないので、フレーム間での移動距離`_delta.x`でも判定を行うようにします(❻)。スワイプとフリックでウェイトを分けることはさわり心地を向上するためにも重要です。

`ScrollTo(int index)`で`_targetPosition`を算出したら、`Update()`内で現在値から`_targetPosition`までのLerpを求めることでアニメーションを行います(❹)。`_smoothness`の値(❶)でLerpの具合を変えることができるので、スナップしていくアニメーションの調整が可能です。

まとめ

本章ではuGUIを拡張し、より便利な機能を作成しました。さらに拡張していくことでSEを鳴らしたりアニメーションさせたりなど、よりケースに沿った内容で充実させていくことができるでしょう。

今回作成したようなボタンやドラッグ&ドロップ、スクローラは、どのようなケースでも必要になってくるであろう機能です。これらはあらかじめ実装しておいて損がないものです。このような機能群をまとめておいてUI基盤として使用することは、実装スピードを上げるうえでも重要です。そのため使い回しを意識した実装を行うことも現場で使うためには必要になります。

第3章

DOTweenでアニメーションを付ける

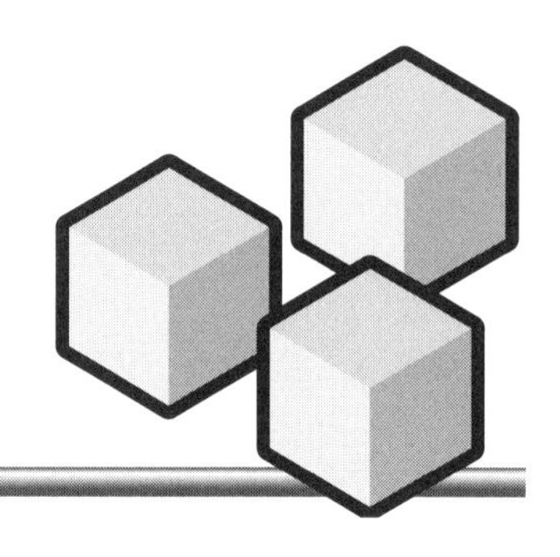

DOTweenの概要

Unityではキーフレームアニメーションを用いたAnimationファイルでアニメーションを付けることが可能ですが、実現したい内容によってはプログラムで制御しやすいアニメーションを付けたい場合があります。そのような場合にはプログラムでアニメーションを制作できるDOTween[注1]というアセットが便利です(**図1**)。ここではDOTweenを用いた簡単なUIアニメーションを作っていきます。

移動

DOTweenにはさまざまな拡張メソッドが用意されており、簡単にアニメーションを制作できます。

本章ではDO系メソッドを使用し、アニメーション例を作成します。DO系メソッドは現在値から指定された最終値へのアニメーションを行います。

```
public void PlayMoveAnimation() {
  // 座標(100, 100, 0)へ1秒で移動
  _image.transform.DOMove(
    new Vector3(100f, 100f, 0f), 1f)
    .Play();
}
```

拡縮

拡縮のアニメーションを作成します。SetEase()を使用することでイージングを実装できます。

イージングとは、初期値から最終値までの値の変化を加速度的にする方程式を表したものです。簡単に言うと徐々に速く、徐々に遅くといった動きを簡単に付けることができる機能です。イージングを付けることでアニメーションをリッチにでき、インタラクションの気持ちよさを表現することにもつながるので重要です。それぞれのイージングがどのように動くかを視覚的に確認できるWebサイト[注2]もたくさんあるので、参考にしてください。

```
public void PlayScaleAnimation() {
  // 2倍の大きさへ1秒で拡大
  _image.transform.DOScale(
    new Vector3(2f, 2f, 1f), 1f)
    .SetEase(Ease.OutQuart)
    .Play();
}
```

変色

変色のアニメーションを作成します。SetLoops()を使用することでループ回数を指定できます。「-1」を指定すると無限ループになります。

注1　http://dotween.demigiant.com/

図1　DOTween

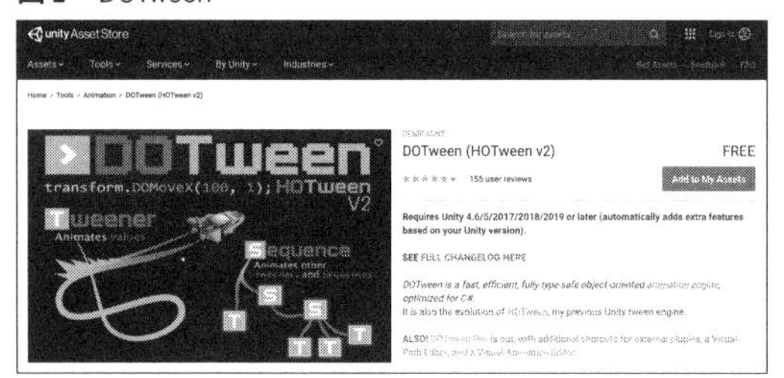

注2　https://easings.net/ja#

```
public void PlayColorAnimation() {
  // 初期色から赤、赤から初期色を無限ループする
  _image.DOColor(
    Color.red, 1f)
    .SetLoops(-1, LoopType.Yoyo)
    .Play();
}
```

例のように無限ループを指定する際はそのまま放置するとパフォーマンスに影響を及ぼすことがあります。そのため明示的にKillするメソッドを用意し、任意のタイミングで処理することも重要です。

```
private Tween _tween;

public void PlayColorAnimation() {
  // 初期色から赤、赤から初期色を無限ループする
  _tween =
    _image.DOColor(
      Color.red, 1f)
      .SetLoops(-1, LoopType.Yoyo)
      .Play();
}

public void StopColorAnimation() {
  if (_tween != null) {
    _tween.Kill();
  }
}
```

回転

回転のアニメーションを作成します。以下のプログラムを実行してみます。

```
public void PlayRotateAnimation() {
  // 1秒で反時計回りに一周?
  _image.transform.DORotate(
    new Vector3(0f, 0f, 360f), 1f)
    .Play();
}
```

このままでは回転のアニメーションが起こりません。0度と360度が同じ角度となり、値の変化が起きないためです。380度までにしても20度の変化しか起こりません。このような場合は第三引数のRotateModeを指定します。RotateMode.LocalAxisAdd(もしくはRotateMode.WorldAxisAdd)を指定することで最終値が初期値からの相対的な値となり、360度まで加算しながら変化していきます。

```
public void PlayRotateAnimation() {
  // 1秒で反時計回りに一周
  _image.transform.DORotate(
    new Vector3(0f, 0f, 360f),
    1f,
    RotateMode.LocalAxisAdd)
    .Play();
}
```

そのほかの値の操作

Dotween.To()によって数値を変化させることにより、さまざまなものにアニメーションを適用できます。

以下のように記述することで、DOMove()とは違い、初期値を指定したアニメーションを行えます。

```
public void PlayMoveAnimation() {
  // 座標(-200, 0, 0)から座標(100, 100, 0)へ1秒で移動
  DOTween.To(
    () => new Vector3(-200f, 0f, 0f),
    pos => _image.transform.localPosition = pos,
    new Vector3(100f, 100f, 0f), 1f)
    .Play();
}
```

Dotween.To()は数値を変化させるメソッドなので、テキストの内容をアニメーションさせることも可能です。

```
public void PlayTextAnimation() {
  // 0から10まで1秒でテキストをカウントアップさせる
  DOTween.To(
    () => 0,
    num => _text.text = num.ToString(),
    10,
    1f)
    .Play();
}
```

Sequence

Sequenceを利用すると複数のTweenを連結したり並行動作したりでき、複雑なアニメーションを作成しやすくなります。

```
public void PlayAnimation() {
  Sequence seq =
    DOTween.Sequence();
  // Append:現在のSequenceに追加
  seq.Append(
    _image.DOFade(0f, 0.5f));
  // Join:現在のSequenceの最後尾と同じ位置に追加
  seq.Join(
```

```
    _image.transform.DOLocalMoveX(0f, 0.5f));
  // Insert:指定位置に追加
  seq.Insert(0.5f, _image.DOFade(1f, 0.5f));
  // コールバック:Append,Join,Insert可能
  seq.AppendCallback(() => {
    _image.color = Color.red;
  });
  // インターバル:Append,Insert可能
  seq.AppendInterval(0.5f);
  // Tweenと同じ設定メソッドを使用できる
  seq.OnComplete(() => {
    _image.enabled = false;
  });
  seq.Play();
}
```

Tweenのnullチェックを行う拡張メソッドを作成すると、冗長な記述を省略できます。

```
public static class TweenExtensions {
  public static void SafeKill(
    this Tween tween,
    bool complete = false) {
    if (tween != null) {
      tween.Kill(complete);
    }
  }

  public static void SafePause(
    this Tween tween) {
    if (tween != null) {
      tween.Pause();
    }
  }

  public static void SafePlay(
    this Tween tween) {
    if (tween != null) {
      tween.Play();
    }
  }

  public static void SafeRestart(
    this Tween tween) {
    if (tween != null) {
      tween.Restart();
    }
  }
}
```

Tweenの終了を監視しておらず再びTweenを再生する可能性がある場合は、SafeKill()を呼んでから新たなTweenを生成すると安全です。

```
private Sequence _seq;

public void PlayAnimation() {
  // すでにSequenceが動いていたら
  // KillしてからしいSequenceを作る
  _seq.SafeKill();
  _seq = Dotween.Sequence();
  _seq.Append(...);
  ...
}
```

まとめ

この章ではDOTweenの基礎的な使い方を説明しました。簡素なアニメーションであればキーフレームアニメーションを用いたAnimationファイルを使用しなくても、エンジニアがプログラムのみで実装できます。

UIのアニメーションは、触り心地を良くするためにも重要な要素です。プログラムから簡単にアニメーションを付けることができるDOTweenは、エンジニアがリッチな表現を作成する第一歩としてお勧めです。

PART 4

Editor拡張で開発効率化

木原康剛

KIHARA Yasutaka
㈱ジークレスト

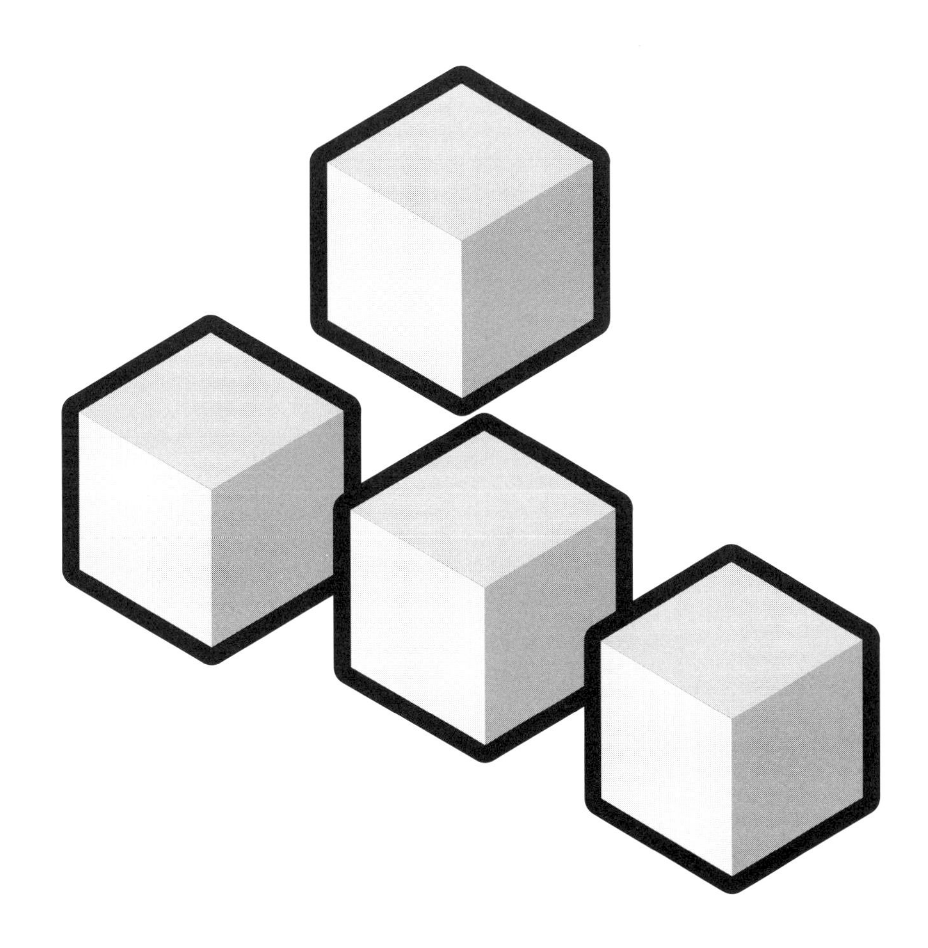

第1章

Editor拡張とは

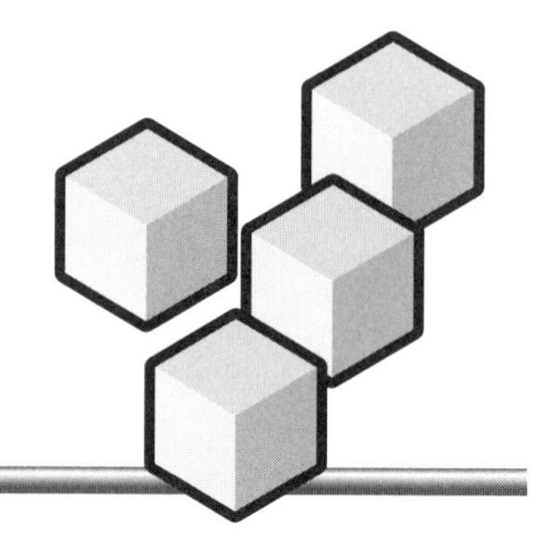

はじめに

近年、効率という言葉をよく耳にするようになりました。根性やマンパワーで何とかなってきたことでも、働き方改革によって以前のような時間の使い方ができなくなってしまい、残業をしなければ円滑に業務をこなすことができなくなってしまった方もいるでしょう。また、少子高齢化、労働力人口の減少によって、一人一人に課せられる業務量も増えている現場もあることでしょう。IT人材が数十万人不足する未来があるという記事も見かけるようになりました。そういう背景もあってか、各々のパフォーマンスを最大化させ、コストを安くし、効率化していこうという流れが来ているようです。

しかし、2015年ごろからスマートフォン向けのゲームでもよりリッチな表現が求められたり、家庭用ゲーム機もより高性能になり、できる幅が非常に広範囲になってきました。これらが示すことはディレクターやプランナーから求められることはさらにハードルが上がるが、それを実現する人間と時間を確保するのはより一層難しくなる可能性が高いということです。

ゲームとして求められることを達成できなければ、最低限の市場価値を担保できなくなります。一定のラインを超えるものを、どうにかして少ない人と時間でやりくりしなければなりません。ですが人間一人ができることには限りがあります。なので効率化や自動化という手段を用いて、より早く正確に多くのアウトプットを出せるようになることが一つの解決策と言えるでしょう。

このPartでは特にエンジニア向けの開発の効率を良くするためのUnityEditorの拡張について説明します。対象者は初めてUnityEditorを触る方から、ある程度触ったことのある中級者向けのエンジニアとします。また、C#の継承やメソッドのオーバーライドなど、ある程度C#について知見のある方を対象とさせていただきます。すでに現場でかなりの拡張機能を作っている方は物足りないかもしれませんが、少しでも現場で働く方の助けになれれば嬉しいです。

より効率的に開発をするには

ゲームが完成するまでには、さまざまな「手間」が生じているでしょう。デバッグ、チーム内ルール策定、データ投入、開発者どうしの認識合わせなどなど、多岐にわたります。何を効率化すべきか、という広い話だと、最も手間がかかっているものから効率化していくのがよいでしょう。

しかしながら、現場では何に時間を費やしており、どこに無駄が生じているのかが見えない場合が多くあるはずです。個人の力量に問題があるのか、チームの情報伝達に問題があるのかはわかりません。プロジェクト全体が遅れている場合は、その組織体制に問題がある可能性が高いです。とある一つの機能の実装が遅れているのであれば、担当チーム、もしくは個人の力量と与えられた仕事の難易度がマッチしていない可能性があるでしょう。

プロジェクト全体のことはプロジェクトマネージャーやリーダー職の方が積極的に取り組むべきですが、細かな一つ一つのタスクをこなすうえでは個人個人がより効率的に、より早く開発をする意識を持つべきだと思います。このPartではその個人個人ができる、小さな効率化の導入から、実際の例までを紹介していきます。

Editor拡張とは

UnityEditorとは、みなさんが開発に使っているアプリケーションのUnityそのものです。GameビューやSceneビューなどもUnityEditorの機能の一つです。それらは開発者が独自に拡張できるようになっています。たとえば、インスペクタ(Inspectorウィンドウ。このPartではインスペクタと表記します)が見にくいので、デザイナーでもプランナーでも見やすいような表記に変えたり、デバッグ用のボタンを表示したりもできます。

ただし、これらの拡張は、アセットストアで購入するか、自分たちでC#を書くしかありません[注1]。ですが、Unityそのものを自分たちのプロジェクトに最適化できる非常に強力な武器となります。この機会にぜひ、Editor拡張について少しでも知見を深めていきましょう。

GUILayoutとEditorGUILayout

すでに拡張を少しでも触っている方は、「GUILayout」と「EditorGUILayout」というクラスを見かけたことがあるかもしれません。Editor拡張していくうえでは、特に「EditorGUILayout」についてある程度知識が必要になっていきます。これは文字列を表示したり、クラスのプロパティに参照を渡したりと、拡張していくうえで必須となる機能を備えています。GUILayoutも同じようにEditor拡張に使うことができます。

両者の違いは、namespaceの違いです。GUILayoutは「UnityEngine」、EditorGUILayoutは「UnityEditor」です。これがどういう違いになるかと言うと、GUILayoutは実際に作ったアプリケーションでも使えるのに対して、EditorGUILayoutはUnityEditor上でしか使えないことを意味しています。EditorGUILayoutはEditorフォルダ外にあるC#ファイルで使う、もしくは「UNITY_EDITOR」のdefineのスコープ内になければ、コンパイルエラーでビルドができなくなるので気を付けましょう。

注1 Unity2017.2ベータ版からJavaScriptが廃止され、C#のみとなりました。ですのでC#のみの解説となります。

このPartのゴール

Editor拡張はやろうと思えば本当にいろんなことができます。いろんな機能があるのでそれらをできるだけ紹介するのもよいかと思いましたが、それでは具体的にどういった場面で役に立つのかまでの理解を得ることが難しいでしょう。

そこでこのPartでは、ある程度、機能の解説をしつつ、具体的にどういう目的でどんな機能を使っているかまでを解説します。みなさんに「こんなこともできるんだ」という気付きから、「じゃあ、こんなこともできるかな?」という興味を抱いてもらえれば幸いです。

第2章では、EditorGUILayoutを用いた簡単な表示のカスタマイズから`Attribute`の解説を行います。第3章では、Unityのアセット管理のしくみを解説し、それを用いて参照を探すツールを作成します。第4章ではPrefabのしくみを解説し、それを用いてリファクタリングの手助けとなるツールを作成します。

コードを交えて解説をしているので、この機会にぜひ自作でEditor拡張ができる技術を身に付けましょう。

第2章

インスペクタを拡張して情報を見やすく

普段、Unityで開発しているとき、インスペクタを見ることが多いと思います。さまざまな情報が表示されるとともに、ボタンやプルダウン選択など、多種多様な機能がそこにあるからです。プロジェクトによってはエンジニアだけでなく、デザイナーも触れる機会が多くなってきているのではないでしょうか。

Mayaとの連携はもちろん、シェーダーグラフやTextMeshProなどの強力なアセットも組み込まれることから、Unityというツールは一つの職種だけのものではないでしょう。だからこそ、多く目にするインスペクタをより良くしていくことは開発のスピードを早めたり、情報の共有の速度を上げたりすることにつながります。

本章では簡単なインスペクタの拡張として、Attributeについて説明していきます。

Attributeとは

Attributeとは Unity 独自の機能ではなく、C#の機能です。クラスや変数に属性というものを付与することで、ほかの変数と区別したり違う挙動を設定したりできます。たとえば、`ObsoluteAttribute`は、古いコードであることをコンパイラに知らせることのできる属性です。Visual StudioやほかのIDE(*Integrated Development Environment*、統合開発環境)を使っている方は、コードを書いている最中に見かけることがあるのではないでしょうか。また、`ConditionalAttribute`を使えば、デバッグ時のみそのメソッドの呼び出しを無視することもできます。

このようにさまざまな制約を与えたり、コードを読み書きするときに役に立つので、ぜひご自分でC#の勉強もしてみてください。

Unity C#で用意されているAttribute

Unityではさまざまな種類のAttributeが用意されています。インスペクタを拡張する属性、コンポーネントの動作を制御する属性、ゲーム動作に影響する属性、Editorの動作を拡張する属性などがあります。今回はインスペクタを拡張する属性にフォーカスを当てていきます。

 SerializeField

`SerializeField`属性を使うとPrefabやSceneに値を保存できます。`SerializeField`を使うことをシリアライズする、されると呼ぶこともあります。これはprivateな変数、protectedな変数にも有効です。また、public変数はこの属性を使わなくてもインスペクタに表示されます。

このインスペクタに表示される際の変数名[注1]は、C#で定義した変数名と同じになるとは限りません。「_」「m_」「k」で始まっている場合は、この部分が削除されて表示されます。自分が定義したとおりの表示がされなくても、それはバグではないので安心してください。しかし、この`SerializeField`で表示できる変数の型は、限りがあるので注意が必要です。

- **インスペクタで表示される型**
  - プリミティブ型(`int`、`float`、`double`、`bool`、`string`など)
  - コンテナ型(`List`と配列)
  - `Enum`型

注1　インスペクタに表示される変数名は、`ObjectNames.NicifyVariableName`というメソッドで作成されています。

- Unityに組み込まれている独自の型（Vector2、Vector3、Vector4、Color、Boundsなど）

図1は以下のソースコートがインペクタ上でどのように表示されるかを示したものです。

```
public int public_int;

[SerializeField]
private int private_int;

[SerializeField]
protected int protected_int;

//インスペクタ上では「m_」は消える
[SerializeField]
private int m_int;

[SerializeField]
private int[] intArray;

[SerializeField]
private List<GameObject> GameObjectList;
```

 Range

int型やfloat型などの数値にRange属性を使うと、インスペクタにスライダーが表示され、そこで指定した範囲内の値を設定できます（**図2**）。

```
[Range(1,10)]
public int RangeInt;

[SerializeField,Range(-1f,1f)]
private float rangeFloat;
```

インスペクタ上では値は制限されますが、スクリプト内ではその値は制限されないので注意が必要です。たとえば、範囲を1～100にしたとしても、スクリプト内で200という数値を入れれば200になってしまいます。あくまでインスペクタ上でしか効果がないので、使用する際はそのことを念頭に置いておくようにしましょう。

 Tooltip

Tooltip属性は、マウスカーソルがインスペクタのフィールド上にあるときに説明文を表示する属性です（**図3**）。

```
[SerializeField,Tooltip("整数の値")]
private int intValue;
```

これはSerializeFieldと一緒に使うこともできます。インスペクタに表示はされたのですが、その変数がいったい何に使われているかわからなくなるときもあるので、こういった手段でほかの開発者の方が迷わないようにする工夫ができます。

 Header

Header属性も、Tooltipと同じようにその変数の説明などを表示できます（**図4**）。

```
[SerializeField,Header("浮動小数点数型です")]
private float floatValue;
```

Tooltipと違うところは、Headerを使えば直接インスペクタに表示できる点です。こちらも複数の開発者がいるときにどんな目的の変数なのかを残したり、自分用のメモとしても使えるでしょう。

特に多くの変数を使うクラスなどではいったいどんな理由で使っているのかを忘れたり、いつの間に

図1 SerializeFieldのインスペクタ上での表示

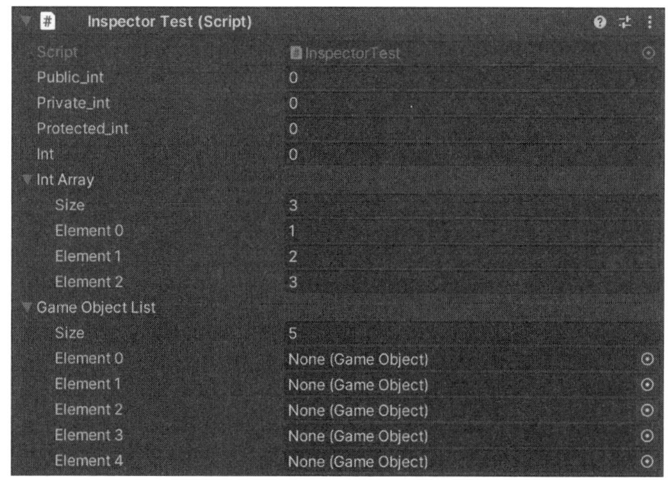

図2 インスペクタに表示するRangeの例

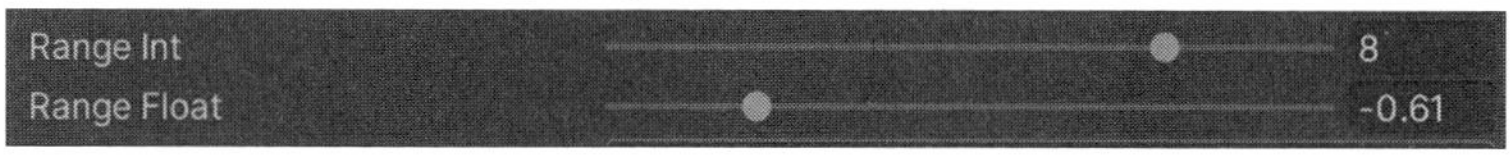

Range Int 8
Range Float -0.61

図3 インスペクタに表示するTooltipの例

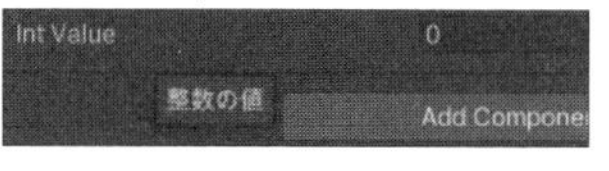

か誰も知らないような状態になることがあります。余計な調査で時間を使ってしまうのはもったいないので、変数名だけで用途がわかりにくいものは名前を変えたり、このような属性を使って誰もがわかるようにしましょう。

Space

Space属性は、単にインスペクタのフィールドとフィールドの間にスペースを作ります(**図5**)。

```
[SerializeField]
private int intValue1;

[SerializeField,Space(10)]
private int intValue2;

[SerializeField]
private float floatValue1;

[SerializeField,Space(20)]
private float floatValue2;
```

密集している場合には区切りとしても使えるでしょう。見た目にこだわりたい方は使ってみるといいでしょう。

Multiline

stringをSerializeFieldで表示しても、1行しか入力できません。複数行の入力をしたい場合にはこのMultiline属性を使えば可能になります(**図6**)。行数はあらかじめ入力する必要があります。

```
[SerializeField,Multiline(3)]
private string stringValue;
```

図4　インスペクタに表示するHeaderの例

浮動小数点数型です
Float Value　0

図5　インスペクタに表示するSpaceの例

Int Value 1　0
Int Value 2　0
Float Value 1　0
Float Value 2　0

図6　インスペクタに表示するMultilineの例

String Value　1行目です
2行目です
3行目です

図7　インスペクタに表示するTextAreaの例❶

String Value
1行目入力。最小値が2なので2行分あります

図8　インスペクタに表示するTextAreaの例❷

String Value
1行目入力。最小値が2なので2行分あります
2行目を入力しようとすると1行分広がります

TextArea

TextArea属性も複数行の入力が可能なテキストフィールドです(**図7、図8**)。Multilineとの違いは、行の最小値と最大値を設定できるところです。

```
[SerializeField,TextArea(2,4)]
private string stringValue;
```

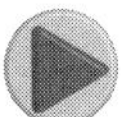

HideInInspector

HideInInspector属性は、SerializeFieldで値は保持しておきたいが、インスペクタから表示を隠したいときに使います。

```
[HideInInspector]
public int intValue;

//HideInInspectorを使うとHeaderも見えなくなる
[SerializeField,HideInInspector,Header("a")]
private float floatValue;
```

拡張機能で余計なものを表示したくないなど、意図的に隠したい場合に便利です。また、そもそもシリアライズしたくない場合は、System.NonSerializedというC#の属性を使いましょう。

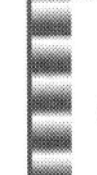

Attributeを自作する

Attributeは自作することができます。C#やUnityで用意されているAttributeにない機能を独自で作成できます。もちろん、インスペクタでの表示も制御が可能です。試しに、インスペクタで表示はされるが編集はできないような属性、ReadOnlyというAttributeを作ってみましょう。自作する際には基本的に以下の2つのクラスが必要になります。

- **Attributeの定義をするクラス**
- **そのAttributeを描写するクラス**

PropertyDrawerとは

Unityはシリアライズされたデータを自動で判断し、それに応じた適切な見た目(GUI)を構築します。その結果としてインスペクタにさまざまなものを表示するようになっています。

PropertyDrawerはそのUnityが自動でデータを判断している処理に自分たちでカスタマイズした処理を追加し、見た目を調整できます。1つのコンポーネントに対して独自のGUIを表示するにはCustomEditorを使うことをお勧めしますが、1つの変数をカスタマイズしたい場合にはこのPropertyDrawerを使いましょう。

Attributeの定義

まずはUnityEditorで「ReadOnlyAttribute.cs」というC#スクリプトファイルを作りましょう。クラス名に「Attribute」を付けておくとほかの人や後から自分で見たときも、どういうクラスなのかがわかりやすくなります。なお、クラス名にAttributeと付いている場合、このAttributeを除いた部分が、実際に使うAttribute名になります。ですのでReadOnlyAttributeというクラスの場合は、「ReadOnly」という名前のAttributeとなります。

さて、作ったスクリプトはデフォルトでは、MonoBehaviourというクラスを継承していると思いますが、この部分を書き換え、PropertyAttributeというクラスを継承させましょう。PropertyAttributeとは、シンプルにAttributeを継承したクラスです。特にインスペクタで表示をしないのであれば、Attributeというクラスを継承して自作できます。今回はインスペクタの拡張を主軸においているので、PropertyAttributeを継承させて作っていきましょう。

```
using System.Collections;
using System.Collections.Generic;
using UnityEngine;

/// <summary>
/// ReadOnlyというAttributeを定義するためのクラス
/// クラス名に「Attribute」を入れる必要がある
/// </summary>
public class ReadOnlyAttribute : PropertyAttribute {

}
```

参考までにPropertyAttributeクラスの中身を載せておきます。このクラスがAttributeクラスを継承していることがわかります。

```
using System;

namespace UnityEngine
{
    [AttributeUsage(AttributeTargets.Field, Inherited
= true, AllowMultiple = false)]
    public abstract class PropertyAttribute : Attribute
    {
        protected PropertyAttribute();

        public int order { get; set; }
    }
}
```

Propertyの描写

次はインスペクタに表示する部分を作っていきます。完成したソースコードを最初に示しておきましょう。これらの中身について詳しく解説していきます。

```
using System.Collections;
using System.Collections.Generic;
using UnityEngine;

#if UNITY_EDITOR
using UnityEditor;
#endif

public class ReadOnlyAttribute : PropertyAttribute
{

}

#if UNITY_EDITOR
[CustomPropertyDrawer (typeof (ReadOnlyAttribute))]
public class ReadOnlyAttributeDrawer : PropertyDrawer
{

    public override void OnGUI(
        Rect position,
        SerializedProperty property,
        GUIContent label)
    {
        EditorGUI.BeginDisabledGroup(true);
        EditorGUI.PropertyField(
            position,
            property,
            label,
            true
        );
        EditorGUI.EndDisabledGroup();
    }
}
#endif
```

見た目のカスタマイズをするにはPropertyDrawerを継承したクラスが必要になります。さらにそのクラスはCustomPropertyDrawerという属性が使用されている必要があります。このCustomPropertyDrawerの引数に、先ほど作成したReadOnlyAttributeというクラスの型を渡すことで、ReadOnlyAttributeを操作することが可能になります。

ReadOnlyというAttributeは、とある変数がインスペクタに表示はされていますが、編集できない状態にすることが目的です。編集できない状態を作るには、EditorGUI.BeginDisabledGroupと、EditorGUI.EndDisabledGroupというメソッドを使用します。この2つのメソッドで囲んだGUIは操作が不能になります。また、EditorGUI.BeginDisabledGroupの引数をtrueにすると操作不能になり、falseだと特に何も起きません。

これで「編集ができない」ということができるようになりました。あとは表示をするだけです。インスペクタで表示をするためには、OnGUIというメソッドをオーバーライドして実装する必要があります。このOnGUIというメソッドの中でインスペクタの表示をしていきましょう。

まずはOnGUIの引数に注目してください。3つの引数があります。それぞれの意味は**表1**のようになっています。

この中で着目すべきはproptertyです。この中にintやfloatなどGameObjectなどのデータが格納されています。これを表示用のメソッドに渡してあげないと、インスペクタに表示されるはずのものが表示されません。理由はOnGUIというメソッドをオーバーライドしているからです。本来はBaseクラスで表示されていたものを上書きしているので、再度、描写メソッドを呼ぶ必要があるわけです。

表示するにはEditorGUI.PropertyFieldを使います。EditorGUI.IntFieldなどの各型に合ったメソッドも用意されていますが、どんな型が来るのかわからないのでEditorGUI.PropertyFieldを使用しています。このメソッドにもともと表示されていた位置やデータを渡せば、今までどおりのインスペクタで表示されていたものが表示されます。

実際にできたAttributeを使ってみましょう。使い方は簡単で、ほかのAttributeと同じように指定するだけです。

```
[ReadOnly]
public int ReadOnlyPublicInt;

[SerializeField,ReadOnly]
private int ReadOnlyPrivateInt;
```

これで編集はできませんが、表示はされるAttributeが実現できました(**図9**)。インスペクタには表示しておきたいが、数値を無闇に変更されたくない場合に使えるでしょう。

本章ではAttributeについて紹介しました。Unity開発者が普段よく使うであろう、SerializeField以外の一歩踏み込んだAttributeについて、知識が増えたのではないでしょうか。開発をしている最中、インスペクタでの表示をカスタマイズしたいと思ったときに、Attributeという手段もあるということを覚えていただければ幸いです。

表1　OnGUIの引数

引数名	型	意味
position	Rect	インスペクタ上で表示されている位置
property	SerializedProperty	シリアライズされたデータ
label	GUIContent	表示される文字列やテクスチャ

図9　ReadOnlyになった変数

Editable Int　0
Read Only Public Int　0
Read Only Private Int　0

第3章

Editor拡張によるリソース整理の自動化

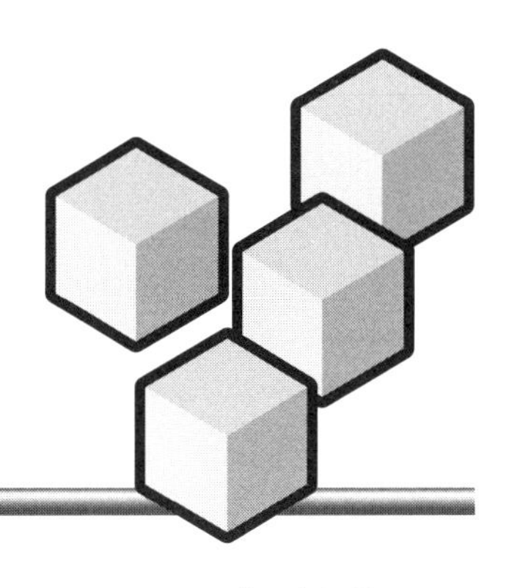

開発を長く続けていると、不必要なリソースが増えてきます。最初は必要だったはずの画像、マテリアル、Prefabなどのさまざまなものが、いつの間にか不必要になっていたことがあるかと思います。それらはアプリケーションの肥大化や、開発スピードの鈍化、開発者どうしの混乱などを招くことがあります。

それならばどんどん削除しようとしても、現在使われているかどうかを調べる必要があります。もし、使っているリソースを削除してしまったら、実行したときに思わぬ事故が発生してしまう可能性があります。そのままなんとなくで放置していると、うかつに削除はできないが、どんどん不要なものはたまってしまうという状況に陥ってしまいます。

そんなとき、使っている(参照している)かどうかを自動で判定できたらいいな、と思ったことはないでしょうか？ Editor拡張を使えば、楽に参照を探すことができます。また、特定のアセットを右クリックのメニューから探せると便利でしょう。ということで、本章では現場で実際に役立ちそうな、参照を探すEditor拡張を作ってみましょう。

最終的には**図1**のように選択したアセットを使っているアセットを表示できるような拡張を目指します。

▼をクリックすることでツリーのように表示できます。また、使っているアセットの種類がわかるようにアイコンも表示しています。

Unityのアセット管理方法

参照している場所を探すためには、Unityのアセットの管理方法について理解しておく必要があります。

Unityはプロジェクト配下(Assets配下)にあるファイル一つ一つに対して、metaファイルというものを自動で生成します。このmetaファイル内にそのファイルのGUID(*Globally Unique Identifier*)というものが記述されています。このGUIDは重複しない、一意なIDとしてそのファイルを指し示すものになります。インスペクタでPrefabに何かコンポーネントをアタッチしたときは、このGUIDがPrefabに書き込まれるのです。ですのでUnityはこのGUIDでアセットを管理していると言ってもよいでしょう。

metaファイルの中身は基本的に以下のようになっています。

```
fileFormatVersion: 2
guid: 1213a3a1fc160b848917fa79cd3213e9
PrefabImporter:
  externalObjects: {}
  userData:
  assetBundleName:
  assetBundleVariant:
```

中に「guid」という語句があります。これがそのファイルのGUIDです。ほかにもさまざまなパラメータがありますが、今回は特に気にしなくても問題ありません。

ウィンドウの作成と右クリックからの起動

まずは右クリックのメニューに自作のメニューを

図1　本章で作成するEditor拡張の実行結果

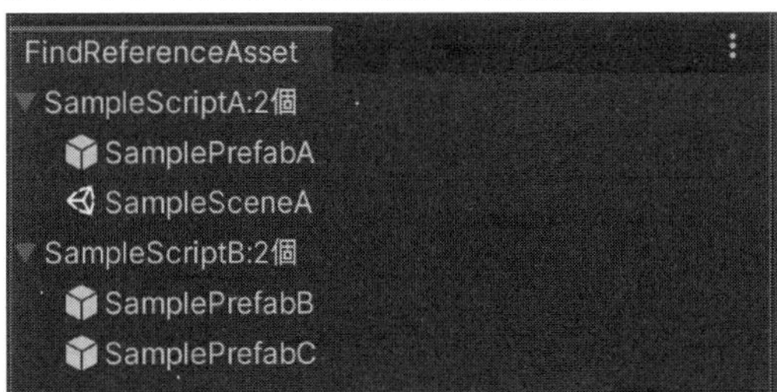

追加してみましょう。これはMenuItemというAttributeを使うことで可能になります。今回作るものは完全にUnityEditorだけで動作することを前提にするので、Assets/Editor配下にC#スクリプトを作りましょう。

FindReferenceAsset.csという名前でファイルを作ります。MonoBehaviourは必要ないので削除し、FindAssetsというメソッドを作りましょう。このメソッドが今回作るツールのエントリポイントとなります。このFindAssetsというメソッドにMenuItem属性を付与します。また、このメソッドはstaticである必要があります。staticではない場合、メニューには表示されません。

```
using System.Collections;
using System.Collections.Generic;
using UnityEngine;
using UnityEditor;


public class FindReferenceAsset
{

    [MenuItem("Assets/参照を探す",false)]
    public static void FindAssets()
    {
        Debug.Log("Start Find Reference Asset!");
    }
}
```

コンパイルし、Projectの中の適当なファイルやフォルダを右クリックしてみてください。**図2**のようにMenuItemで指定したメニューが表示されていると思います。これをクリックするとFindAssetsメソッドが実行されます。コードでは単にログが出るだけですが、実行されていることが確認できます。

実行してみるとログが出力され、メニューからFindAssetsメソッドが呼ばれていることがわかります（**図3**）。メニューに追加することはEditor拡張ではよくあることなので覚えておくとよいでしょう。

図2　メニューに追加された

図3　実行結果

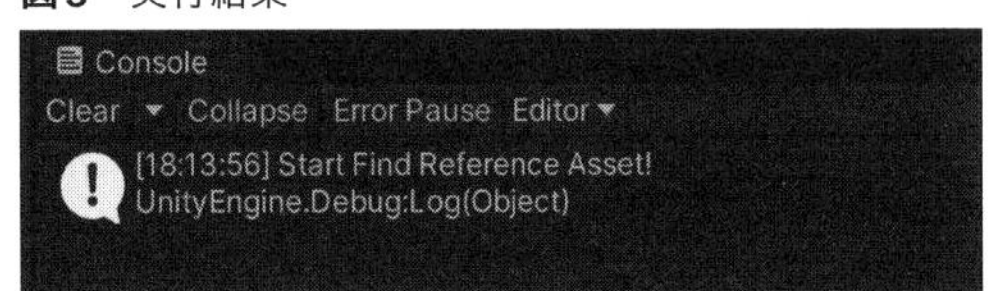

これでメニューの右クリックから起動できました。次に、探した結果を表示するためのウィンドウを作りましょう。Unityでウィンドウを出すにはEditorWindowクラスを継承し、GetWindowメソッドを呼び出します。これだけでUnityのウィンドウを作ることができます。EidtorWindowにはさまざまな種類がありますが、ここでは割愛させていただきます。先ほどのFindReferenceAsset.csを以下のように編集しましょう。

```
using System.Collections;
using System.Collections.Generic;
using UnityEngine;
using UnityEditor;


public class FindReferenceAsset : EditorWindow
{

    [MenuItem("Assets/参照を探す",false)]
    public static void FindAsset()
    {
        Debug.Log("Start Find Reference Asset!");
        GetWindow<FindReferenceAsset>();
    }
}
```

編集できたら保存し、右クリックメニューから実行してみてください。まだ中に何も表示されていませんが、ウィンドウを作成できました（**図4**）。なお、このウィンドウはGetWindowメソッドで作られているので、同じウィンドウを複数作ることはできません。

選択したオブジェクトの取得

右クリックしたファイルをスクリプト上で取得するにはSelectionクラスを使います。このクラスはEditor上で選択したオブジェクトにアクセスするためのクラスです。オブジェクトの取得はSelection.objectsでできます。複数選択している場合でもすべて取得できます。選択したオブジェクトが正しく取得できているか確認してみましょう。

```
using System.Collections;
using System.Collections.Generic;
using UnityEditor;
using UnityEngine;

public class FindReferenceAsset : EditorWindow {
```

```
    [MenuItem ("Assets/参照を探す", false)]
    public static void FindAsset () {

        Object[] selects = Selection.objects;
        if (selects == null || selects.Length == 0)
        {
            return;
        }

        foreach (var selectItem in selects)
        {
            Debug.Log(selectItem.name);
        }

        GetWindow<FindReferenceAsset> ();
    }
}
```

作ったFindReferenceAsset.csをProjectウィンドウで右クリックし、実行してみてください。Consoleに選択した「FindReferenceAsset」が表示されているのが確認できます(**図5**)。また、`Selection`クラスではファイルだけでなく、フォルダもオブジェクトとして取得できます。

図4 ウィンドウが作成された

図5 オブジェクトの選択結果

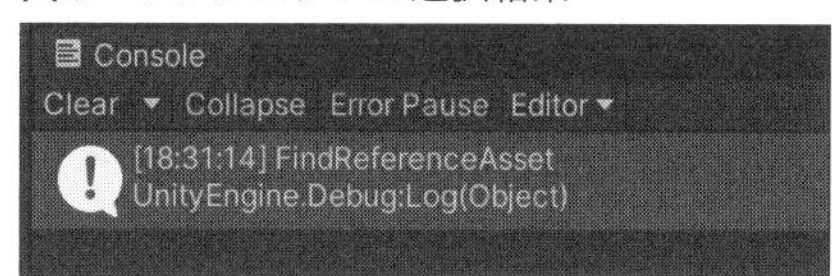

参照されているAssetを探す

さて、選択したオブジェクトを取得できましたが、それがどのアセットから参照されているかを知るためにはまず、`AssetDatabase`クラスについて知っておく必要があります。このクラスはUnityがアセット管理するためのクラスです。アセット一覧の取得や、GUIDの取得、アセットの保存など、さまざまな重要な機能を担っています。ただし、このクラスはUnityEditor上でしか使うことができません。ビルドしたアプリケーションでは使用できないので気を付けましょう。

では、この`AssetDatabase`クラスに用意されているメソッドを使って参照を探していきましょう。今回使う`AssetDatabase`のメソッドは下記のものです。

- **AssetDatabase.GetAssetPath**
  アセットが保存されているパスを取得する
- **AssetDatabase.AssetPathToGUID**
  アセットのパスから、そのアセットのGUIDを取得する
- **AssetDatabase.FindAssets**
  プロジェクト内のアセットを文字列で探す。Projectウィンドウの検索窓で検索したときの結果を取得できる
- **AssetDatabase.GetDependencies**
  指定したパスのアセットと依存関係にあるすべてのアセットを取得できる
- **AssetDatabase.LoadAssetAtPath**
  指定したパスのアセットを取得する

この中で重要なのは、`GetDependencies`というメソッドです。これは指定したパスのアセットと依存関係にあるアセットをすべて取得できます。「依存関係にある」とは具体的にどういうことかというと、あるPrefabにアタッチされているスクリプトや画像などは、そのPrefabと依存関係にあります。ですので、PrefabやSceneで使われているアセットは、この`GetDependencies`で取得できます。

選択したアセットが参照されているかどうかを調べるには、下記のように考えます。

❶参照されているか調べる対象のすべてのアセットを取得する

❷❶で取得したそれぞれのアセットと依存関係にあるアセットをすべて取得する

❸❷で取得したアセットと選択したアセットが同じであれば、選択したアセットは❶で取得したアセットで使われていることになる

以上のことを念頭に実装していきましょう。

まずは対象となるすべてのアセットを取得します。「t:prefab」のようにProjectでの検索と同じようにFindAssetsで検索をします。SceneやAnimatorControllerも検索の対象にしたい場合は、「t:Scene」や「t:animatorcontroller」のように指定しましょう。あとで編集が楽なように、変数に格納しておきます。また、FindAssetsで取得できるのはGUIDなので、文字列を見ただけでは人間はどのアセットなのか判断できません。そのためファイルまでのパスに変換して出力してみましょう。

```
using UnityEditor;
using UnityEngine;

public class FindReferenceAsset : EditorWindow
{
    private const string findType =
        @"t:scene t:prefab t:timelineAsset
          t:animatorcontroller t:Material";

    [MenuItem("Assets/参照を探す", false)]
    public static void FindAsset()
    {

        Object[] selects = Selection.objects;
        if (selects == null || selects.Length == 0)
        {
            return;
        }

        foreach (var selectItem in selects)
        {
            Debug.Log(selectItem.name);
        }

        var ids = AssetDatabase.FindAssets(findType);
        foreach (string guid in ids)
        {
            string assetPath =
                AssetDatabase.GUIDToAssetPath(guid);

            Debug.Log(assetPath);
        }

        GetWindow<FindReferenceAsset>();
    }
}
```

図6 FindAssetsの結果

Console
Clear Collapse Error Pause Editor
[18:20:05] SampleScriptA
UnityEngine.Debug:Log(Object)
[18:20:05] Assets/Resources/Prefabs/Button.prefab
UnityEngine.Debug:Log(Object)
[18:20:05] Assets/Resources/Prefabs/SamplePrefabA.prefab
UnityEngine.Debug:Log(Object)
[18:20:05] Assets/Resources/Prefabs/SamplePrefabB.prefab
UnityEngine.Debug:Log(Object)
[18:20:05] Assets/Resources/Prefabs/SamplePrefabC.prefab
UnityEngine.Debug:Log(Object)
[18:20:05] Assets/Scenes/FindMethodSample.unity
UnityEngine.Debug:Log(Object)
[18:20:05] Assets/Scenes/SampleSceneA.unity
UnityEngine.Debug:Log(Object)
[18:20:05] Assets/Scenes/SampleSceneB.unity
UnityEngine.Debug:Log(Object)
[18:20:05] Assets/Scenes/SampleSceneC.unity

実行すると、プロジェクト内にあるPrefabやSceneなどが表示されるかと思います(**図6**)。

次はこれらに対してGetDependenciesを実行してみましょう。取得したassetPathをGetDependenciesに渡してあげるだけで大丈夫です。

```
var deps = AssetDatabase.GetDependencies(assetPath);
foreach (var depenence in deps)
{
    Debug.Log(depenence);
}
```

GUIDの比較

依存関係にあるアセットの一覧が取得できたら、対象となるすべてのアセットと比較します。GUIDが一致しているかを調べれば、参照されているかどうかを判別できます。GetDependenciesで得られる結果は、依存関係にあるアセットのパスです。ですのでアセットのパスからGUIDを取得する必要があります。パスからGUIDを取得するにはAssetDatabase.AssetPathToGUIDを使います。

あとは表示のことも考慮して、ある程度データを格納しておくためのクラスを用意しておきましょう。FindAssetDataというクラスに選択したアセットの情報をまとめておきましょう。

```
public class FindAsset
{

    public string AssetName { get; }
    public string AssetPath { get; }
```

```
    public string AssetGuid { get; }

    public bool Foltout { get; set; }

    public FindAsset(
        string name, string path, string guid)
    {
        AssetName = name;
        AssetPath = path;
        AssetGuid = guid;
    }
}
```

結果の表示

あとは選択したアセットに対して依存関係にあるアセットのGUIDを比較し、その結果を画面に表示するだけです。先ほど作ったウィンドウに何かを描写するときには、OnGUIを使います。このOnGUIの中にGUILayoutやEditorGUILayoutを記述することで、文字や画像などを表示できます。

本章では以下のものを使います。

```
private Vector2 pos = Vector2.zero;
private bool foldout;
private void OnGUI()
{
    //引数の文字列を表示する
    GUILayout.Label("hello world");

    //スコープ内を横並びにする
    //（カッコ{}はなくても問題ない）
    EditorGUILayout.BeginHorizontal();
    {
        GUILayout.Label("Hoge");
        GUILayout.Space(30);
        GUILayout.Label("Fuga");
    }
    EditorGUILayout.EndHorizontal(); //横並び終わり

    //表示、非表示の出し分け
    foldout = EditorGUILayout.Foldout(foldout, "Foldout");
    if (foldout)
    {
        //foldoutがtrueのときはHELLO!!を表示
        GUILayout.Label("HELLO!!");
    }

    //ScrollViewの開始。
    //位置の把握のためにVector2の変数が必要
    pos = EditorGUILayout.BeginScrollView(pos);
    for (int i = 0; i < 100; i++)
    {
        GUILayout.Label(i.ToString());
    }
    EditorGUILayout.EndScrollView();
}
```

これを実際の画面で見ると、**図7**のようになります。「Hoge」と「Fuga」の表示は横並びになっており、Foldoutの部分は▼をクリックすることで「HELLO!!」の文字を出したり隠したりできます。また、ScrollViewでは表示しきれないものがある場合に非常に有効で、表示するものが動的に変わる場合はほぼ必須と言ってもいいでしょう。

これらの表示を駆使し、データを整理すれば、参照しているアセットをわかりやすく表示できます。以下のコードでは、今回の肝となる、GUIDの参照および依存関係にあるアセットの取得部分を掲載しています。最終的なソースコードすべては本書のサポートサイト[注1]からダウンロードできますので、実際に使ってみたい方はぜひダウンロードしてみてください。

```
[MenuItem("Assets/参照を探す", false)]
public static void FindAsset()
{

    Object[] selects = Selection.objects;
    if (selects == null || selects.Length == 0)
    {
        Debug.Log("There are no select objects");
        return;
    }
    result = new Dictionary<FindAsset,
                            List<FindAsset>>();
    result.Clear();

    //選択したアセットのパスやGUIDを読み込む
    var selectAssets = new List<FindAsset>();
    foreach (var select in selects)
```

注1 https://gihyo.jp/book/2021/978-4-297-11927-0

図7 OnGUIサンプル

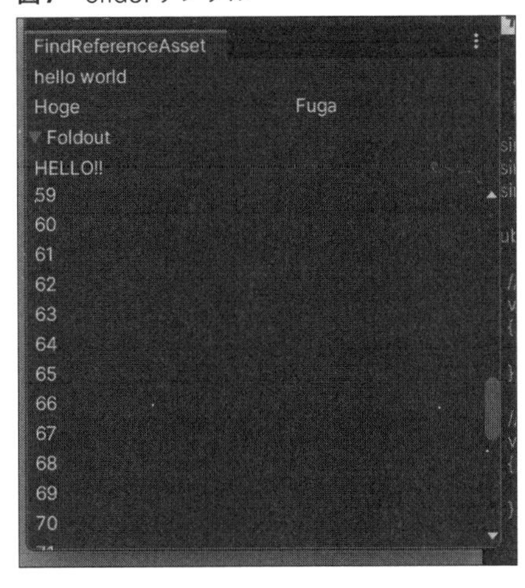

図8　Prefabのサンプル3つ

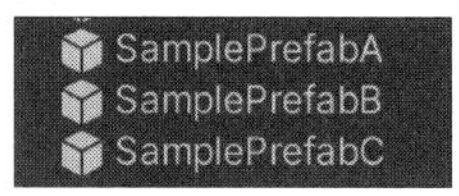

図9　Sceneのサンプル3つ

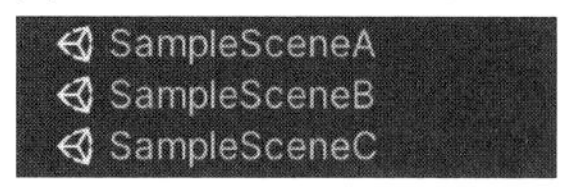

図10　SceneAの中にPrefabAを配置

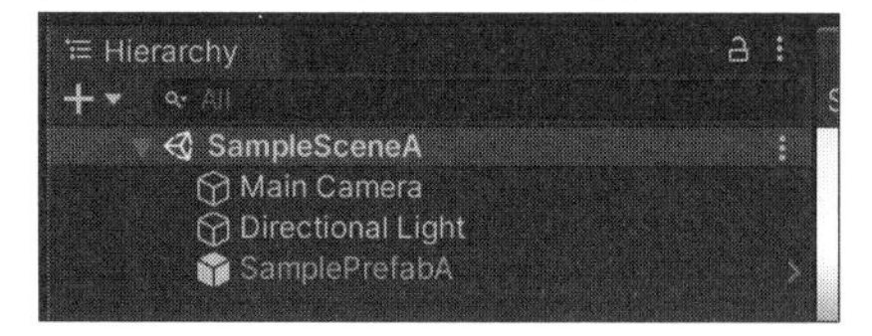

図11　SamplePrefabAを参照しているアセットの検索結果

```
                                        {
        var path =
            AssetDatabase.GetAssetPath(select);
        var guid =
            AssetDatabase.AssetPathToGUID(path);

        selectAssets.Add(
            new FindAsset(select.name, path, guid));
    }

    var ids = AssetDatabase.FindAssets(findType);
    //プロジェクト内にある
    //検索対象のアセットをすべて取得する
    foreach (string guid in ids)
    {
        SetFindAssets(guid, selectAssets);
    }

    GetWindow<FindReferenceAsset>();
}

private static void SetFindAssets(
    string guid, List<FindAsset> selectAssets)
{
    var path =
            AssetDatabase.GUIDToAssetPath(guid);

    //対象のアセットと
    //依存関係にあるアセットをすべて取得する.

    var deps =
        AssetDatabase.GetDependencies(path);
    foreach (string depPath in deps)
    {
        if (path == depPath) continue;

        var dependGuid = GetGuid(depPath);
        int count = selectAssets.Count;
        for (int i = 0; i < count; i++)
        {
            var asset = selectAssets[i];
            if (!result.ContainsKey(asset))
            {
                result.Add(
                    asset,
                    new List<FindAsset>());
            }

            //選択したアセットと同じGUIDであれば
            //参照されているということになる
            if (dependGuid == asset.AssetGuid)
            {
                var hitName = GetAssetName(path);
                var hit = new FindAsset(
                                hitName,
                                path,
                                guid);

                result[asset].Add(hit);
            }
        }
    }
}


/// <summary>
/// PathからGUIDを取得する.
/// </summary>
private static string GetGuid(string path)
{
    return AssetDatabase.AssetPathToGUID(path);
}

private static string GetAssetName(string path)
{
    var unityObject =
        AssetDatabase.LoadMainAssetAtPath(path);
    if (unityObject == null)
    {
        return string.Empty;
    }

    return unityObject.name;
}
```

テストとして、PrefabとSceneを3つずつ作りました(**図8**、**図9**)。

SampleSceneAをダブルクリックし、SamplePrefabAをドラッグ＆ドロップでHierarchyウィンドウに入れてSceneを保存します。(**図10**)

そしてProjectウィンドウからSamplePrefabAを右クリックし、メニューから「参照を探す」を実行してみてください。

図11のように表示されれば成功です。これで選択したアセットを参照しているアセットを見つけることができました。これはPrefabだけでなく、画像やMaterial、スクリプトなどにも有効です。ぜひ有効活用してください。

第4章

Editor拡張による C#リファクタリング

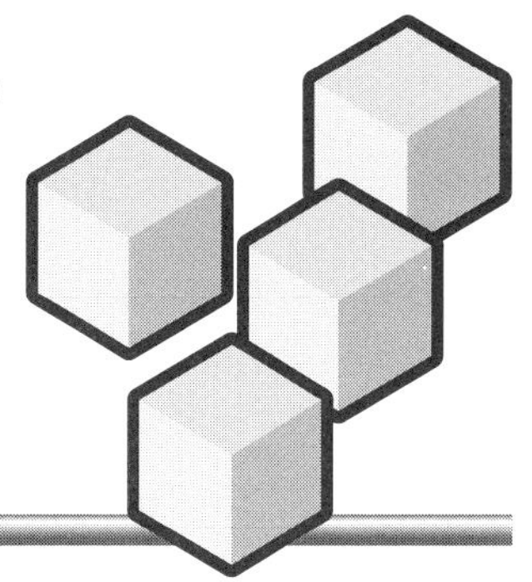

個人で開発しているときでもチームで開発しているときでも、長く開発をすればするほど出てくるのが、不必要になったメソッドやクラスです。完璧に必要なもののみが残っているプロジェクトは存在しないといっても過言ではないでしょう。

必要だと思って追加したメソッドがあとになって意味のないメソッドになっていたり、デバッグ用で追加していたコードがそのまま残っていたりするでしょう。仕様の変更や担当者の交代などで以前のコードを担保できなくなる可能性も、しばしばあるかと思います。また、新しい機能を追加していけばいくほど過去のソースコードは埋もれていき、そして誰も把握していないようなコードが熟成され、思わぬところで火を吹くかもしれません。

そんなときの解決策の定石としてリファクタリングがあります。プログラムを書いている方は、定期的にこの単語を耳にしたり口にしていると思います。既存の機能を担保しつつ、理解や修正がより簡単にできるように内部構造を改善する。この作業の必要性は長く開発をしていたり、たくさんのコードを見てきたことのある方ほど身にしみているのではないでしょうか。

「どうしてこんな設計になっているんだ」「どうしてこんな実装なんだ」と、頭を抱えてしぶしぶ直す、という経験を一度はしたことがあるかと思います。それを書いたのが仲間でも、上司でも、部下でも、自分自身にさえそう思うことあるでしょう。趣味として、仕事としてやっていたとしても、心の中ではそんな不満が少なからずあるのではないでしょうか。

本章では、そんなときの一つの手助け、およびUnityの内部の構造とその使い方の理解を深めることを目的にしています。

具体的には、とあるクラスのメソッドがuGUIのButton、EventTriggerで登録されているかどうかを自動で判別するEditor拡張を作っていきます。有償ソフトウェアのRiderというIDEではそのような機能がありますが、すでに使っている方には、Unityの内部の理解に少しでも貢献できればと思います。また、この機能をJenkinsなどのCLI（*Command Line Interface*）ツールと組み合わせて、自動で検出してみてもおもしろいかもしれませんね。

大まかな流れとしては以下のように作っていきます。

❶メニューに追加
❷プロジェクト内のすべてのPrefabの中を精査し、メソッド情報を確保
❸選択したクラスのメソッド情報を確保
❹すべてのPrefab情報の中から該当のメソッドを持つもののみ抽出
❺画面に表示

目指すところ

右クリックのメニューで、とあるスクリプトのメソッドがどこかのPrefabで使われているかどうかをウィンドウで表示します。もし、参照しているのであればどのPrefabが使っているのか表示し、どこにも使われていないのであれば、そのメソッドは消しても問題ないということでそのように表示します。イメージとしては以下のようなものになります。

- **スクリプトを選択し、右クリックしたときのメニューに「Find Method Ref To Asset」を追加（図1）。**

Part 4 Editor拡張で開発効率化

図1　メニュー表示

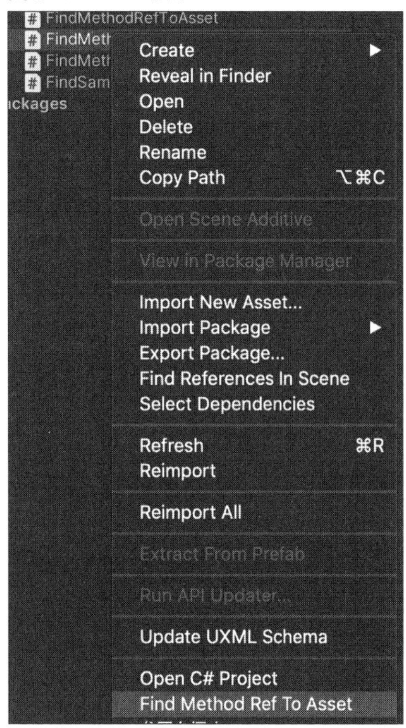

図3　グレーアウト表示

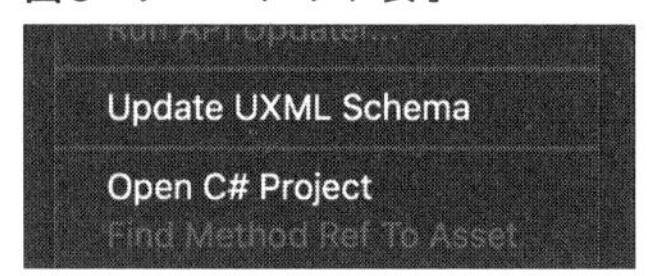

図2　参照一覧

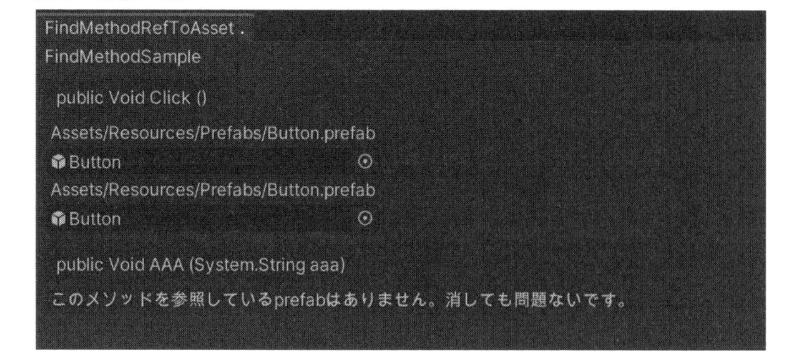

- **使われているメソッドと、該当のPrefabの表示、および使われていないときの表示(図2)**

メニューに追加

右クリックのメニューへの追加は、以下のようにMenuItemのAttributeを指定しましょう。また、今回はスクリプトを選択しているときのみ有効にしたいので、ValidationSelectionTypeというメソッドを追加しました。MenuItemのラベルは同じですが、第2引数にtrueを指定しています。これは、指定したラベルのメニューが使用可能かどうかの判定を行うかどうかの判定boolです。falseにすれば常に有効ですが、trueにするとそのメソッドのreturn値で使用可能かの判定を行います。

メソッドの名前はなんでもかまいません。MenuItemに指定している名前が一致していれば問題ありません。

表1　判定したいアセットと型

判定したいアセット	型
Prefab	GameObject
Scene	SceneAsset
C# Script	MonoScript
Animator Controller	RuntimeAnimatorController
タイムライン	TimelineAsset
画像	Texture
音	AudioClip
動画	VideoClip

```
[MenuItem("Assets/Find Method Ref To Asset")]
public static void FindMethod()
{
}

[MenuItem("Assets/Find Method Ref To Asset",
    validate = true)]
private static bool ValidationSelectionType()
{
    return Selection.activeObject is MonoScript;
}
```

Selection.activeObjectで右クリックしたアセットの参照を得られます。それがC#のスクリプトかどうかを判定するには、Objectの型がMonoScriptであるかどうかをチェックしましょう。ほかのアセットに関してはおもに**表1**のようになっています。ほかにもさまざまな種類のアセットがあるので、表にないものは調べてみるとよいでしょう。

また、Unityのバージョンやインポートの設定によっては判定ができない場合もあるのでご注意ください。

実際にUnity上で、スクリプト以外のSceneやPrefabファイルを右クリックしてみると、グレーアウトして表示されます(**図3**)。

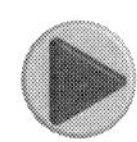

すべてのPrefabの中を精査し、メソッド情報を確保

Prefabの中を知る

メニューを追加したところで、次はPrefabの中でメソッド情報がどのように扱われているかを覗(のぞ)いていきましょう。

が、その前にPrefabがいったいどういうものなのかを知っておきましょう。ほとんどの人がPrefab自体を触ったことがあるかと思いますが、その中身がどうなっているかまでを把握している人は少ないでしょう。PrefabはYAML(*YAML Ain't Markup Language*、ヤムル)というデータ形式で記述されており、テキストエディタで開いて確認できます。この中にマウスイベントの情報も含まれています。

そのPrefabのYAMLの一部を抜粋したのが以下のものです。

```
m_PersistentCalls:
    m_Calls:
    - m_Target: {fileID: 7332863484176456095}
    m_MethodName: Click
    m_Mode: 1
    m_Arguments:
        m_ObjectArgument: {fileID: 0}
        m_ObjectArgumentAssemblyTypeName:
            UnityEngine.Object, UnityEngine
        m_IntArgument: 0
        m_FloatArgument: 0
        m_StringArgument:
        m_BoolArgument: 0
    m_CallState: 2
```

「m_MethodName」という部分に注目してください。ここにPrefabで設定されたClickしたときに呼ばれるメソッドが実は登録されています。また、「m_Target」という部分のfileIDはこのPrefab内の参照関係を保持しているものです。この「m_MethodName」と「m_Target」を何とかして抽出して今回のEditor拡張を作っていきます。

ほかのパラメータについても知っておいたほうがよいですが、ほぼ使わないので「こんなものがあるんだな」という程度で問題ありません。しかし、より詳細なツールを作りたい場合やさらに違うツールを作りたい場合には違うパラメータを知っておかないといけないこともあるので、Prefabのこれらのデータの抽出方法は知っておくとよいでしょう。

SeriazliedObjectとSerializedProperty

Prefabの中身を参照していくには、`SerializedObject`と`SerializedProperty`を使います。`SerializedObject`とは、シリアライズ化されたデータをUnity内部で扱うための型であり、クラスです。`SerializeProperty`はその中のデータを取り扱うためのクラスです。Prefab自体が`SerializedObject`として扱うことができ、その中身の「m_MethodName」などが`SerializedProperty`にあたります。

使うプロパティ名

uGUIで`Button`と`EventTrigger`に登録されたメソッドはPrefab内ではどう記述されているでしょうか? 試しにPrefabに追加してどうなっているかを確認してみましょう。

まずはFindMethodSample.csというスクリプトを作ります。中身は以下のようになっています。

```
using UnityEngine;

public class FindMethodSample : MonoBehaviour
{
    public void Click()
    {

    }

    public void AAA(string aaa)
    {

    }
}
```

Hierarchyウィンドウ上で右クリックし、「UI→Button」を選択し、ボタンをCanvas上に追加します。そのまま`FindMethodSample`をアタッチしましょう。`Button`のコンポーネントのOnClickの「+」ボタンをクリックし、`FindMethodSample`の`Click`というメソッドを登録します。**図4**のようになるはずです。

次にPrefabをテキストエディタで開き、おもむろに「Click」で検索してみてください。ヒットするはずです。

```
m_OnClick:
  m_PersistentCalls:
    m_Calls:
    - m_Target: {fileID: 7332863484176456095}
      m_MethodName: Click
      m_Mode: 1
```

ここで重要なのはButtonコンポーネントのインスペクタ上での「On Click ()」は、Prefabの中では「m_OnClick」という名前で登録されていることです。Prefabの中にはほかにさまざまな情報が記述されており、単純に「m_MethodName」を探しているだけでは本当にそのスクリプトのメソッドかどうかは判定できません。同じメソッド名のクラスがアタッチされている場合も十分に考えられますし、自作したコンポーネントがOnClickというプロパティを持っていた場合もあり得ます。

先ほどのFindMethodSampleに2つのフィールドを追加してみましょう。これらにインスペクタから値を入れるとPrefabではどう記述されるでしょうか？

```
using UnityEngine;

public class FindMethodSample : MonoBehaviour
{
    [SerializeField] private int m_OnClick; //追加
    [SerializeField] private string m_MethodName; //追加
```

図4　Buttonコンポーネントに追加

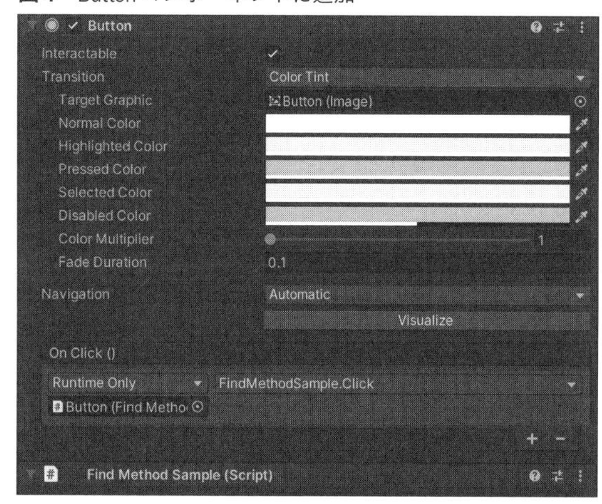

図5　SerializeFieldにデータ追加

図6　EventTriggerに追加

```
    public void Click()
    {

    }

    public void AAA(string aaa)
    {

    }
}
```

図5のように、「m_OnClick」には「1111」という数字を、「m_MethodName」には「Click」という文字列をインスペクタから入力しました。そのときのPrefabの中身YAMLは次のようになっています。


```
--- !u!114 &7332863484176456095
MonoBehaviour:
  m_ObjectHideFlags: 0
  m_CorrespondingSourceObject: {fileID: 0}
  m_PrefabInstance: {fileID: 0}
  m_PrefabAsset: {fileID: 0}
  m_GameObject: {fileID: 7299952661718178962}
  m_Enabled: 1
  m_EditorHideFlags: 0
  m_Script: {fileID: 11500000, guid: e9e55101f511fb04
a8565940bbf1813a, type: 3}
  m_Name:
  m_EditorClassIdentifier:
  m_OnClick: 1111
  m_MethodName: Click
```


下2行に注目してください。入力したデータがちゃんと記述されていることが確認できます。このように万が一、同じ名前のフィールドを持つクラスがアタッチされている場合のことを考慮すると、単純に「m_MethodName」で探してしまうと欲しい結果が得られなくなります。ですので「m_onClick」の中にある「m_MethodName」を抽出し、それが対象のスクリプトと一致しているかどうかを「m_Target」のfileIDで確認する必要があります。

さて、uGUIではButtonともう一つ、イベントを登録できるコンポーネントとして「EventTrigger」があります。EventTriggerにメソッドを追加したとき(**図6**)、Prefabではどのようなプロパティ名で登録されるでしょうか？


```
m_Delegates:
 - eventID: 0
   callback:
     m_PersistentCalls:
       m_Calls:
```

```
- m_Target: {fileID: 7332863484176456095}
  m_MethodName: Click
  m_Mode: 1
```

「OnScroll」や「OnDrag」などさまざまな挙動に対してメソッドを登録できますが、EventTriggerは「m_Delegates」という名前ですべて登録されます。ですのでEventTriggerに設定されているメソッドは、「m_Delegates」を探していけばよいことになります。

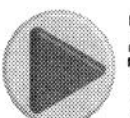

実際にコードからSerializedPropteryへアクセス

それでは実際に、すべてのPrefabに記述されているSerializedPropertyを取得してみましょう。

まずは全アセットの中からPrefabだけを取得します。取得するにはAssetDatabase.FindAssetsというメソッドを使います。取得できる文字列はGUIDなので、さらにGUIDからパスへ変換します。GUIDからパスへの変換はAssetDatabase.GUIDToAssetPathを使います。

検索用の文字列を指定すると該当するアセットのパスの配列を返すメソッドとして、GetAssetPathListというメソッドを定義しました。このメソッドの引数を「t:Prefab」にすれば、全Prefabのファイルパスがわかります。

```
private static string[] GetAssetPathList(string searchStr)
{
    if (string.IsNullOrEmpty(searchStr))
    {
        Debug.LogError(
            "アセット検索用の文字列が空です");
        return null;
    }
    var searchResult =
        AssetDatabase.FindAssets(searchStr);

    int length = searchResult.Length;
    for (int i = 0; i < length; i++)
    {
        string guid = searchResult[i];
        searchResult[i] =
            AssetDatabase.GUIDToAssetPath(guid);
    }
    return searchResult;
}
```

取得したPrefabの情報を格納しておくため、それ用のクラスを作っておきましょう。ほかに情報が必要な場合のことを考慮しておいて、データを入れておく用のクラスを作っておいたほうがあとあと楽になることもあるからです。

```
/// <summary>
/// 1つのアセットの情報
/// 依存関係にあるScriptや子の
/// オブジェクトを格納しておく
///</summary>
public class AssetInfo
{
    public string AssetPath { get; set; }
    public UnityEngine.Object AssetObject
        { get; set; }

    /// <summary>
    /// 依存関係のあるアセットパス一覧
    ///</summary>
    public string[] ScriptDependences { get; set; }

    public List<UnityEngine.Object> ChildrenObjs
        { get; set; }
}
```

全Prefabからそれぞれのprefabでの依存関係を持っているものをあらかじめ用意しておくためのメソッドです。そしてその情報を先ほどのAssetInfoクラスに入れていきましょう。

```
private void CreatePrefabInfoList(
    List<AssetInfo> prefabInfoList)
{
    var prefabList = GetAssetPathList("t:Prefab");
    foreach (var path in prefabList)
    {
        UnityEngine.Object asset =
                LoadAsset<UnityEngine.Object>(path);

            UnityEngine.Object[] children =
                LoadAllAsset(path);

        string[] dependences =
            AssetDatabase.GetDependencies(path);

        var gameObjects =
            new List<UnityEngine.Object>();
        foreach (var child in children)
        {

            if(child == null)
            {
                continue;
            }

            if (child is GameObject)
            {
                gameObjects.Add(child);
            }
        }

        var info = new AssetInfo()
        {
            AssetPath = path,
            AssetObject = asset,
            ScriptDependences = dependences
```

```
                .Where(d => d.EndsWith(".cs"))
                .ToArray(),
            ChildrenObjs = gameObjects
        };
        prefabInfoList.Add(info);
    }
}

private T LoadAsset<T>(string path)
    where T : UnityEngine.Object
{
    var obj =
        AssetDatabase.LoadAssetAtPath<T>(path);
    return obj;
}


private UnityEngine.Object[] LoadAllAsset(
    string path)
{
    var objs =
        AssetDatabase.LoadAllAssetsAtPath(path);
    return objs;
}
```

これでSerializedPropertyを取得する準備は整いました。これまでのものをまとめると下記のようなコードになります。CheckPrefabsというメソッドでSerializedPropertyの一部をDebug.Logで表示しています。

```
using System.Linq;
using System.Collections.Generic;

using UnityEngine;
using UnityEditor;

/// <summary>
/// 1つのアセットの情報
/// 依存関係にあるScriptや子の
/// オブジェクトを格納しておく
///</summary>
public class AssetInfo
{
    public string AssetPath { get; set; }
    public UnityEngine.Object AssetObject
        { get; set; }

    /// <summary>
    /// 依存関係のあるアセットパス一覧
    ///</summary>
    public string[] ScriptDependences { get; set; }

    public List<UnityEngine.Object> ChildrenObjs
        { get; set; }
}

public class FindMethodRefToAsset : EditorWindow
{
```

```
private List<AssetInfo> prefabInfoList;
private UnityEngine.Object targetScript;
private string targetScriptPath;


[MenuItem("Assets/Find Method Ref To Asset")]
public static void FindMethod()
{
    var window =
        CreateInstance<FindMethodRefToAsset>();

    window.targetScript = Selection.activeObject;

    var target = window.targetScript;
    window.targetScriptPath =
        AssetDatabase.GetAssetPath(target);

    window.Init();
    window.Show();
}

[MenuItem("Assets/Find Method Ref To Asset",
    validate = true)]
private static bool ValidationSelectionType()
{
    return Selection.activeObject is MonoScript;
}


public void Init()
{
    prefabInfoList = new List<AssetInfo>();
    CheckPrefabs();
}


private void CheckPrefabs()
{
    if (string.IsNullOrEmpty(targetScriptPath))
    {
        Debug.LogError(
            "選択したコードへのパスが空です");
        return;
    }
    CreatePrefabInfoList(prefabInfoList);

    foreach (var prefab in prefabInfoList)
    {
        foreach(var obj in prefab.ChildrenObjs)
        {
            SerializedObject serializeObj =
                new SerializedObject(obj);

            SerializedProperty prop =
                serializeObj.GetIterator();

            while(prop.Next(true))
            {
                string path = prop.propertyPath;
                Debug.Log(prop.name+" , "+path);
            }
        }
    }
}
```

```
private void CreatePrefabInfoList(
    List<AssetInfo> infoList)
{
    var prefabList = GetAssetPathList("t:Prefab");
    foreach (var path in prefabList)
    {
        UnityEngine.Object asset =
            LoadAsset<UnityEngine.Object>(path);

        UnityEngine.Object[] children =
            LoadAllAsset(path);

        string[] dependences =
            AssetDatabase.GetDependencies(path);

        var gameObjects =
            new List<UnityEngine.Object>();

        foreach (var child in children)
        {
            if(child == null)
            {
                continue;
            }

            if (child is GameObject)
            {
                gameObjects.Add(child);
            }
        }

        var info = new AssetInfo()
        {
            AssetPath = path,
            AssetObject = asset,
            ScriptDependences = dependences
                .Where(d => d.EndsWith(".cs"))
                .ToArray(),
            ChildrenObjs = gameObjects
        };
        infoList.Add(info);
    }
}

private T LoadAsset<T>(string path)
    where T : UnityEngine.Object
{
    var obj =
        AssetDatabase.LoadAssetAtPath<T>(path);
    return obj;
}


private UnityEngine.Object[] LoadAllAsset(
    string path)
{
    var objs =
        AssetDatabase.LoadAllAssetsAtPath(path);
    return objs;
}

private static string[] GetAssetPathList(
        string searchStr)
    {
        if (string.IsNullOrEmpty(searchStr))
        {
            Debug.LogError(
                @"アセット検索用の文字列が空です.
                t: から始まる文字列を指定して下さい");

            return null;
        }
        var searchResult =
            AssetDatabase.FindAssets(searchStr);

        int length = searchResult.Length;
        for (int i = 0; i < length; i++)
        {
            string guid = searchResult[i];
            searchResult[i] =
                AssetDatabase.GUIDToAssetPath(guid);
        }
        return searchResult;
    }
}
```

出力結果は**図7**のようになります。

SerializedObjectからSerializedPropertyを取り出すには2つの方法があります。一つはSerializedObject.GetIteratorというメソッドです。もう一つはSerializedObject.FindPropertyというメソッドです。前者のほうは、シリアライズ化されたプロパティの1つ目を取得します。後者のほうはFindという単語が入っているとおり、名前でSerializedPropertyを取得できます。

図7 Debug.Logの出力

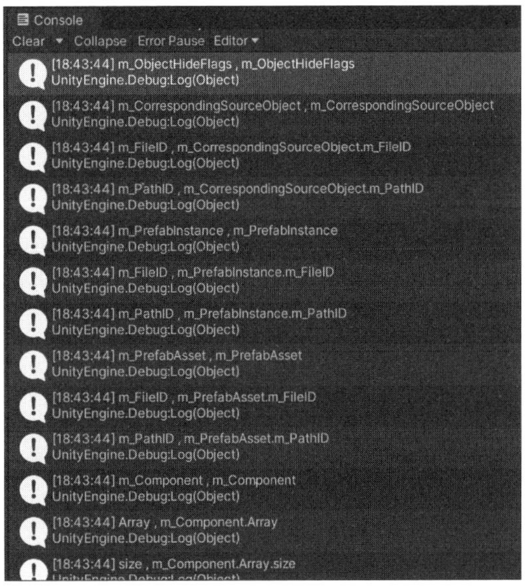

SerializedObject.GetIteratorを使うと以下のようなYAMLの場合、最初の「m_ObjectHideFlags」を取得してきます。「GameObject」は型の形式の情報であり、SerializedPropertyではないのでこれは取得されません。

```
%YAML 1.1
%TAG !u! tag:unity3d.com,2011:
--- !u!1 &2959007257627144945
GameObject:
  m_ObjectHideFlags: 0
  m_CorrespondingSourceObject: {fileID: 0}
  m_PrefabInstance: {fileID: 0}
```

そしてSerializedPropertyにはNextというメソッドがあり、それを呼ぶと次のSerializedPropteryへと移動します。ですので一度Nextを呼ぶと、次の「m_CorrespondingSourceObject」を取得することになります。Nextメソッドの戻り値はbool型で、これは次に移動できるかどうかの状態を表しています。ですのでwhile (property.Next(true))のようにすれば、すべてのSerializedPropertyを取得できます。

メソッドの抽出

次は選択したスクリプトに記述されているメソッドを取り出していきましょう。

C#では、System.Type.GetMethodというメソッドが定義されています。これはそのクラスから条件に合ったメソッドを取得できるものです。今回欲しいメソッドの情報はインスペクタから指定できるメソッドなので、privateやprotectedなメソッドは必要ないですね。ですので引数にBindingFlags.Publicを指定しましょう。

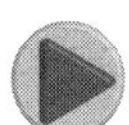

MethodInfoを取り出す

次のコードはMonoScriptを引数にして、メソッドの情報であるMethodInfoのリストを返すメソッドです。

```
public static MethodInfo[] GetPublicMethodInfo(
    MonoScript monoScript)
{
    MonoScript script = monoScript;
    Type classType = script.GetClass();

    MethodInfo[] methods =
        classType.GetMethods(
            BindingFlags.Instance |
            BindingFlags.Public |
            BindingFlags.DeclaredOnly);
    return methods;
}
```

MonoScriptには、そのクラスの型情報であるTypeを取得できるGetClassというメソッドが定義されています。これを使い、その選択したスクリプト内に記述されているメソッド情報を取得しましょう。MethodInfoクラスにはメソッド名や関連付けられているAttributeなど、さまざま情報が格納されています。

なお、コードではBindingFlags.Instanceや、BindingFlags.DeclaredOnlyも引数に渡していますが、これについては今回は説明を省略させていただきます。MicrosoftのTypeクラスのドキュメント[注1]に載っているので、そちらで確認をお願いします。

該当のメソッドを持つもののみ抽出

スクリプトがアタッチされているかどうか

さて、Prefabの中からメソッドの情報を抜き出し、選択したスクリプトからもメソッドを取り出すことができました。しかし、まだ選択したスクリプトが、Prefabにアタッチされているかどうかの判定をしなければなりません。

単純にアタッチされているかどうかのみの判定であれば、GetComponentメソッドで取得した結果がnullかどうかで判定ができますが、それ以上踏み込んだ話となると、とたんにやっかいになってきます。

下記の2つをクリアする必要があるからです。

- **Prefab内の子になっているGameObjectを含んだすべてのGameObjectから指定したスクリプトがアタッチされているかの判定**
- **そのPrefab内で参照されているかどうかを判定**

まずはPrefab内のすべてのGameObjectの中に、選択したスクリプトがアタッチされているかを確認しましょう。

やり方はシンプルで、すべてのPrefab内のGameObjectに指定したスクリプトの名前が入っているかどうかで確認できます。以下のコードでは、1

注1　https://docs.microsoft.com/ja-jp/dotnet/api/system.type/

つのGameObjectからMonoBehaviour型のすべてのコンポーネントを取得しています。それぞれのコンポーネントの名前を比較し、もし同じであれば、次のステップに進みます。

```
private List<long> GetScriptLocalIdsInPrefab(
    AssetInfo assetInfo, string scriptName)
{
    var idList = new List<long>();
    foreach (var child in assetInfo.ChildrenObjs)
    {
        var childObj = child as GameObject;
        MonoBehaviour[] components =
            childObj.GetComponents<MonoBehaviour>();

        foreach (var behaviour in components)
        {
            if (behaviour == null)
                continue;

            if (behaviour.GetType().Name != scriptName)
                continue;

            long localId =
                GetObjectLocalIdInFile(behaviour);
            idList.Add(localId);
        }
    }
    return idList;
}
```

Prefab内で参照されているかを探る

Componentの名前と選択したスクリプト名が同じであれば、次に使うのは「m_Target」のプロパティです。この「m_Target」に指定されているfileIDは、Prefab内での参照を表しています。そのPrefab内における一意なIDです。ですので選択したスクリプトのPrefab内でのGameObjectにアタッチされたIDと、「m_onClick」と「m_Delegates」に指定されているIDが一致しているならば、そのPrefab内でそのスクリプトが参照されていることになります。

このfileIDを取得するには「m_LocalIdentfierInFile」という名前のプロパティを使います。これは、インスペクタをDebugモードに切り替えるとUnity上でも確認することができます（**図8**）。Debugモードへは、図の右上にある3点リーダーのようなものをクリックすることでメニューが開くのでそこから変更可能です。

この値をスクリプトから取得するには、一度該当のPrefabをDebugモードにする必要があります。以下のメソッドでは引数で指定したオブジェクトのLocalIdentfierInFileを取得し、返すようにしています。

```
public static long GetObjectLocalIdInFile(
    UnityEngine.Object obj)
{
    var obj = new SerializedObject(obj);

    var flags =
       BindingFlags.NonPublic | BindingFlags.Instance;
    //インスペクタモードをDebugに変えておかないと
    //LocalIdentfierInFileが取得できない
    PropertyInfo inspectorModeInfo =
        typeof(SerializedObject).GetProperty(
            "inspectorMode",
            flags);

    inspectorModeInfo.SetValue(
        obj,
        InspectorMode.Debug,
        null);

    SerializedProperty localIdProp =
        obj.FindProperty("m_LocalIdentfierInFile");
    return localIdProp.longValue;
}
```

あとはIDの突き合わせをすれば、参照されているかどうか判定できます。次のコードのように表示用のデータはそれ専用のクラスを作り、そこにデータを入れていきましょう。選択していたスクリプトが持っているメソッド1つを参照している、Prefabの一覧を持っているクラスです。

```
/// <summary>
/// メソッド名、参照しているアセットの
/// リストを格納している、表示用のクラス
/// </summary>
public class DisplayMethod
{
    public bool HasReferenceAsset =>
        ReferencedAssets?.Count > 0;

    public string DisplayMethodName
        { get; private set; }
```

図8　LocalIdentfierInFile

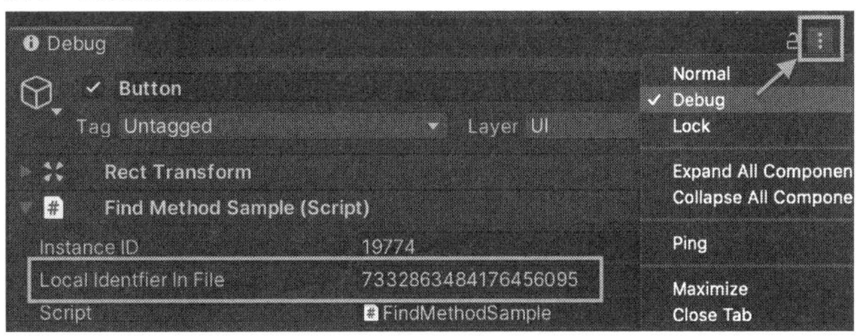

```
    private const string MethodNameFormat =
        "public {0} {1} {2}";

    private MethodInfo methodInfo;

    public DisplayMethod()
    {
        ReferencedAssets = new List<AssetInfo>();
    }

    /// <summary>
    /// 表示するメソッド名の調整。
    /// 「public 返り値の型 Method名 (引数型 引数名)」
    /// のようになるように。
    /// </summary>
    private void CreateDisplayMethodName()
    {
        string returnType =
            MethodInfo.ReturnType.ToString();

        returnType = returnType.Split('.').Last();
        string args = string.Join(" ",
            MethodInfo.GetParameters()
            .Select(p =>
                p.ParameterType + " " + p.Name));



        DisplayMethodName = string.Format(
            MethodNameFormat,
            returnType,
            methodInfo.Name,
            args);
    }

    public MethodInfo MethodInfo
    {
        get { return methodInfo; }
        set
        {
            methodInfo = value;
            CreateDisplayMethodName();
        }
    }
    public List<AssetInfo> ReferencedAssets
        { get; set; }
}
```

図9 参照一覧

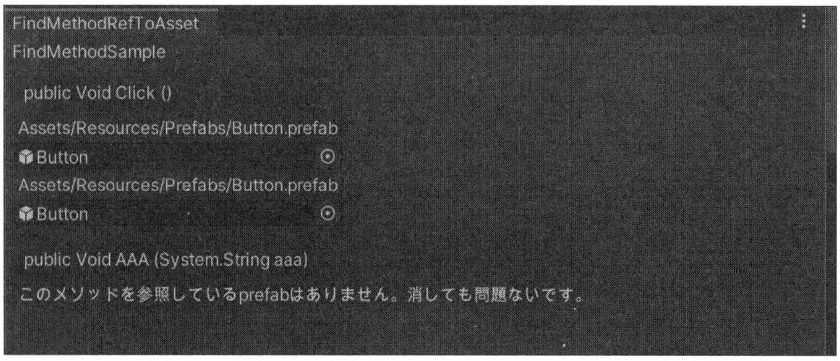

FindMethodRefToAsset
FindMethodSample
public Void Click ()
Assets/Resources/Prefabs/Button.prefab
Button
Assets/Resources/Prefabs/Button.prefab
Button
public Void AAA (System.String aaa)
このメソッドを参照しているprefabはありません。消しても問題ないです。

すべてのソースコードは長いため、紙幅の都合により掲載は控えます。本書のサポートサイト[注2]からダウンロードし、ご自分のUnityProjectに入れてみてください。

右クリックメニューから「Assets→Find Method Ref To Asset」を選択すれば、そのスクリプトの持っているメソッドがPrefabで参照しているかどうかがわかるようになります。

例として実行してみると、**図9**のように`Click`という名前のメソッドが参照されているメソッドとして表示されるでしょう。また、`AAA`というメソッドはどこからも参照されていないので、ほかのスクリプトから呼び出す予定がないのであれば消してしまっても問題ないでしょう。これで少しはリファクタリングが楽になるかもしれませんね。

まとめ

このPartでは、簡単なインスペクタの拡張から、Unityのアセット管理やPrefabの中身についての解説、さらには具体的な拡張例の紹介をしました。これらを通じてまだ知らなかった知識のアップデートや、作ってみたいEditor拡張が頭に浮かんだりしたでしょうか？ 少しでも糧になったのであれば、非常にうれしく思います。

注2 https://gihyo.jp/book/2021/978-4-297-11927-0

PART 5

Unity アプリの負荷削減

川辺兼嗣
KAWANABE Kenji
㈱グレンジ

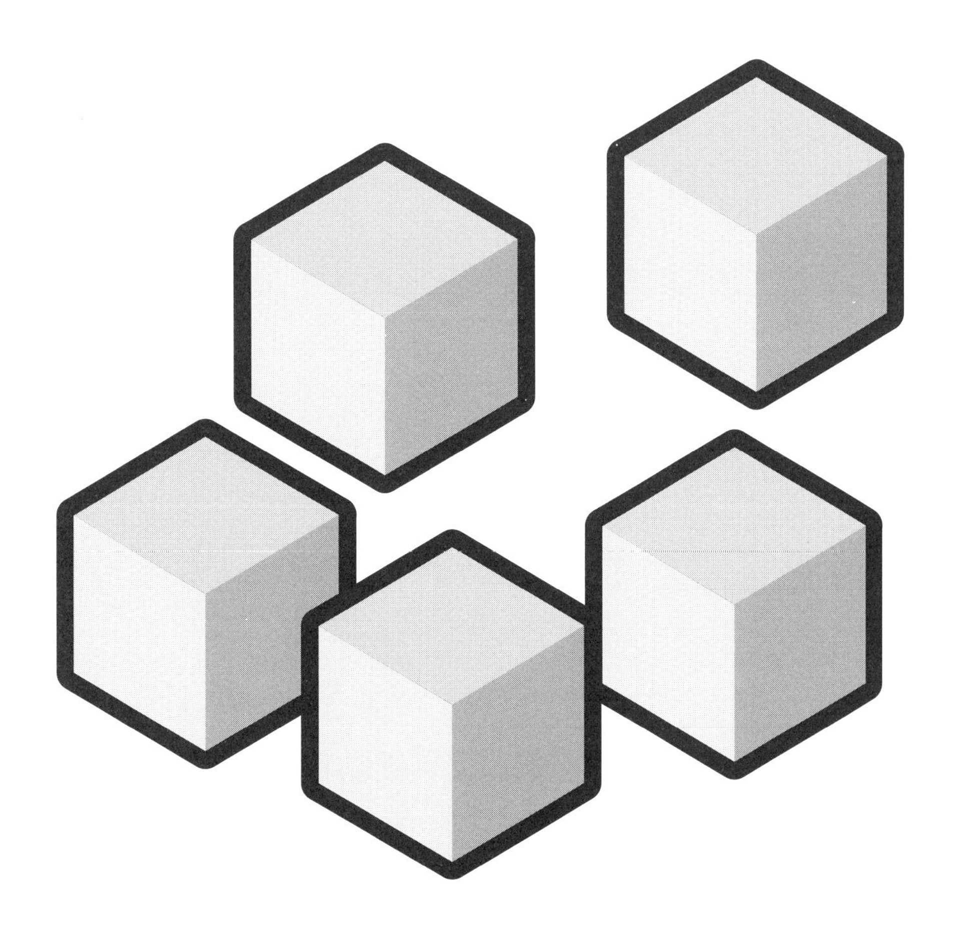

第1章

基準とする端末の選定

負荷削減において、何よりはじめに開発するゲームの動作を保証する最低基準スペックのスマートフォンを選ぶことが重要です。コンシューマーゲームと違い、ユーザーがゲームをプレイする端末は発売されて間もない高スペックのスマートフォンから3、4年と長く使われているものまで、非常に幅広いです。そのため負荷を計測／動作を確認する基準となる端末を1つに決めなければ、負荷改善の効果や最終的な目標が定まらず泥沼化しがちです。

明確な指標をもって負荷削減を行うため、負荷計測をする端末をどのように決めるべきかを本章で解説します。

基準とする端末の選び方

市場で主流のスマートフォンのOSはiOSとAndroidの2種類です。それぞれのOSで具体的な型番を決めましょう。何年前くらいの端末までサポートするかを大まかに決めて、そこからその時代の代表的な端末を選定するとよいでしょう。また、iOS端末は同世代Android端末の平均よりスペックが高いことがほとんどなので、まずはAndroid端末を選ぶことを推奨します。

たとえば、アプリケーションのリリース時期を2021年と予定していて「携帯の機種変更のスパンは長くても2～3年」と仮定し、そこから逆算して3年前くらいの端末を選ぶとしたら、代表的な機種は下記のようなものになるでしょう。

- **AQUOS R2**
- **Galaxy Note9**
- **arrows Be**
- **HUAWEI Mate 20 Pro**
- **Pixel 3**
- **Xperia XZ2**

「スマートフォン ○年 モデル」と検索すると、その時期リリースされた端末の情報が見つかるので、そこから探っていきましょう。

基準端末を選ぶときに、対象端末がどのくらい普及しているのか(シェア)が気になることと思います。㈱ウェブレッジが公開している「WRブログ」[注1]内では、独自に集計したデータから国内のスマートフォン端末シェアを毎月更新しています。非常に参考になるのでこちらをチェックするとよいでしょう。

参考までに、執筆時点(2020年11月)で国内ではAQUOSが圧倒的に多く、その次にGalaxyやarrowsが目立つ、というようなイメージです。

スペックの確認と比較

iOS端末は、選択したAndroidの最低保証スペック端末と同程度のスペックの機種を選ぶとよいでしょう。しかし、比較すべきスペックはCPU／GPU／RAMなどさまざまあり、一概に優劣を付けづらいです。そこで、大まかな比較としてベンチマークアプリケーションによるスコアを公開している「Geekbench」[注2]というサービスをお勧めします(**図1**)。

たとえばGalaxy Note 9 (スコア576)を最低保証スペックとした場合、スコアが一番近いiPhone 6s (ス

注1 https://webrage.jp/techblog/

注2 スコア一覧 (Android)：https://browser.geekbench.com/android-benchmarks/
スコア一覧 (iOS)　：https://browser.geekbench.com/ios-benchmarks/

コア530)がiOSの最低保証スペックとなると思われます(2020年10月現在)。

CPU、GPU、RAMの詳細は各機種の公式ページから確認できますが、「HYPERでんち」[注3]というサイトに情報が非常に細かくまとまっているので、必要に応じてこちらの情報も見てみるとよいでしょう(**図2**)。

近年のスマートフォンは解像度が高く、旧式のスマートフォンに比べてディスプレイの大きさこそあまり変わらないものの、非常に鮮明に絵を描画できるようになってきています。一方でGPUの性能は写真などの静止画を表示するには十分なものの、ゲームのようにリアルタイムにレンダリングするには少し心もとないものが多く、Android端末はその傾向が強いです。

たとえば2018年に発売されたiPhone XSとAQUOS R2は、ディスプレイサイズ(=インチ数)はほぼ同じですが、解像度は1.6倍も大きいです(**表1**)。画素数にすると160万以上も差がある、といえば、この違いが端末のパフォーマンスに影響を及ぼすことにピンときやすいでしょうか。

そのため仮に端末のスペックは同程度だとしても、解像度によっては同じパフォーマンスが発揮できないことがあります。この問題の解決方法などについては、このPartの第4章「GPU負荷削減」で詳しく解説します。端末選定の際に留意していただければと思います。

注3　https://dench.flatlib.jp/opengl/devicelist/

図1　GeekbenchのAndroidのスコア

図2　Hyperでんちの端末情報表

2017

name	date	OS	Market	CPU	CPU	FPU	GPU	OpenGL	RAM	ROM	SD	B
ASUS ZenFone 3 Max ZC520TL	2017/01/14	Android OS 6.0/7.1	am	MediaTek MT6737M	ARM Cortex-A53 x4 1.25GHz Quad (ARMv8A)	AArch64 NEON	ARM Mali-T720MP2?	ES 3.1	2GB	16GB	microSDHC	Bl
KYOCERA miraie f KYV39	2017/01/20	Android OS 6.0	am	Qualcomm Snapdragon 425 MSM8917	ARM Cortex-A53 x4 1.4GHz Quad (ARMv8A)	AArch64 NEON	Adreno 308	ES 3.0	2GB	16GB	microSDHC	Bl
freetel 雷神 RAIJIN	2017/01/27	Android 7.0	am	MediaTek MT6750T	ARM Cortex-A53 x4 1.5GHz + A53 x4 1.0GHz Octa (ARMv8A)	AArch64,NEON	ARM Mali-T860MP2 650MHz	ES 3.1	4GB	64GB	MicroSDXC	Bl
freetel freetel Priori 4	2017/01/27	Adnroid OS 6.0	am	MediaTek MT6737	ARM Cortex-A53 x4 1.3GHz Quad (ARMv8A)	AArch64 NEON	ARM Mali-T720MP2	ES 3.1	2GB	16GB	microSDXC	Bl
SHARP AQUOS SERIE mini SHV38	2017/02/03	Android OS 7.0	am	Qualcomm Snapdragon 617 MSM8952	ARM Cortex-A53 1.5GHz + 1.2GHz Octa big.LITTLE (ARMv8A)	AArch64 NEON	Adreno 405	ES 3.1 AEP	3GB	16GB	microSDXC	Bl
SHARP AQUOS Xx3	2017/02/03	Android OS 7.0	am	Qualcomm Snapdragon	ARM Cortex-A53 1.5GHz +	AArch64 NEON	Adreno 405	ES 3.1 AEP	3GB	16GB	microSDXC	Bl

表1　スマートフォンのディスプレイサイズと解像度

機種名	インチ数	解像度
iPhone XS	5.8	1125 × 2436
AQUOS R2	6.0	1440 × 3040

第2章

負荷測定

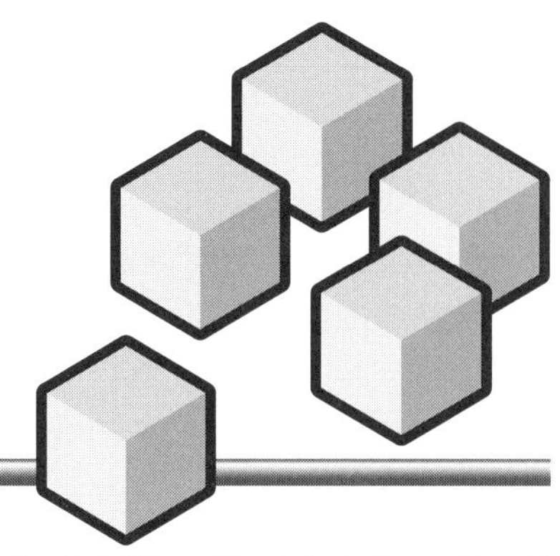

検証端末が決まったら、実際にその端末でどのくらいの処理速度になるか、ゲームを動かして確認してみましょう。本章では処理速度の尺度と、処理負荷の原因のジャンル／その見極め方について解説します。

FPS――処理速度の目安

処理速度の数値として、FPSという値があります。これは「Frames Per Second」の略で、1秒あたりに何回更新処理を実行できるかを表すものです。この値が高いほど処理をすばやく実行できていることになります。たとえば「30FPS」のとき、1秒間に30回の更新処理を実行できる処理速度が出せていることを表します。

FPSが高いと画面の更新頻度や操作の受け付け間隔が短くなり、画面の更新が滑らかで操作のラグが感じづらく、品質の高いプレイ感を提供できます。逆にFPSが低いと座標の変化やアニメーションがカクカクしたり、操作の受け付けにラグを感じたりというように、プレイ感の質が落ちてしまいます。

目標FPSの設定

最近のゲームはほとんどが30FPSか60FPSで動作するように作られています。一般的に60FPSでの動作が担保できていれば、アニメーションのカクつきや操作のラグをほとんど感じず快適にプレイができます。しかしゲームの仕様やデザインの関係上、大量のオブジェクトを毎フレーム更新する必要があったり、ハイクオリティなビジュアルを実現したい場合は、目標FPSを30に抑えることも検討すべきでしょう。

Unityプロジェクトがターゲットとする FPSは、初期設定では60FPSとなっています。UnityのQuality Settings内のV Sync Countによってそれを変更でき、

- **Every V Blank = 0FPS**
- **Every Second V Blank = 30FPS**
- **Don't Sync = 任意のFPS値**

の中から選択可能です。

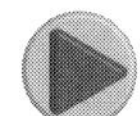

FPSの計測方法

ゲーム中の処理負荷は、実行する処理の複雑さやオブジェクト数、表示するビジュアルのクオリティによって常に変化します。そのため、ゲーム開始時に目標FPSを満たしていても、負荷が高い条件下でFPSが落ちることがあります。

まずはEvery V Blank(60FPS)の設定下で、ゲームがどの程度のFPSを出せるかを確認しましょう。下記のスクリプトをオブジェクトにコンポーネントとして追加して、シーン内に配置することでFPSの数値を割り出すことができます。なお、スクリプト中の➡は実際には1行であることを示します。

```
FramePerSecondChecker.csharp
using UnityEngine;
using UnityEngine.UI;

public class FramePerSecondChecker : MonoBehaviour {
    Text _fpsText;
    float _countTime;
    float _countFrame;

    void Start() {
        Canvas canvas = GetCanvas();
        _fpsText = CreateFPSText(canvas.transform);
        _countTime = 0f;
        _countFrame = 0f;
    }
```

```
    /// <summary>
    /// FPS表示用のテキストを配置するキャンバスを取得
    /// </summary>
    Canvas GetCanvas() {
        Canvas canvas = FindObjectOfType<Canvas>();
        if (canvas != null) {
            return canvas;
        }
        // ゲーム内にCanvasがなければ生成する
        GameObject canvasObj = new GameObject("Canvas");
        canvas = canvasObj.AddComponent<Canvas>();
        canvas.renderMode = RenderMode.ScreenSpaceOverlay;
        CanvasScaler canvasScaler = canvasObj.AddComp
➡ onent<CanvasScaler>();
        canvasScaler.uiScaleMode = CanvasScaler.Scale
➡ Mode.ScaleWithScreenSize;
        canvasScaler.referenceResolution = new Vector
➡ 2(Screen.width, Screen.height);
        canvasScaler.screenMatchMode = CanvasScaler.S
➡ creenMatchMode.Expand;
        return canvas;
    }

    /// <summary>
    /// FPS表示用のテキストを生成
    /// </summary>
    Text CreateFPSText(Transform parent) {
        Text fpsText = new GameObject("FPSText").AddC
➡ omponent<Text>();
        fpsText.transform.SetParent(parent);
        fpsText.font = Resources.GetBuiltinResource<F
➡ ont>("Arial.ttf");
        fpsText.alignment = TextAnchor.UpperLeft;
        fpsText.fontSize = 20;
        fpsText.transform.SetParent(parent);
        fpsText.rectTransform.anchorMin = Vector2.up;
        fpsText.rectTransform.anchorMax = Vector2.up;
        fpsText.rectTransform.pivot = Vector2.up;
        fpsText.rectTransform.anchoredPosition = new
➡ Vector2(10f, -10f);
        fpsText.rectTransform.sizeDelta = new Vector2
➡ (120f, 30f);
        return fpsText;
    }

    void Update() {
        if (_fpsText == null) {
            return;
        }
        _countTime += Time.deltaTime;
        _countFrame++;
        if (_countTime < 0.5f) {
            // 0.5秒経過するまではフレーム数をカウント
            return;
        }
        // 0.5秒後、その期間にカウントされた
        // フレーム数からFPSを計算して表示
        _fpsText.text = "FPS: " + (_countFrame / _cou
➡ ntTime).ToString("F2");
        _countTime = 0f;
        _countFrame = 0f;
    }
}
```

ゲームを通して目標FPSを満たしていたら問題ありません。しかし、実際には望む速度が出ないことが多いでしょう。現状のFPSを把握したら、順に原因を探して改善していきましょう。

負荷の原因のジャンル分け

処理の負荷が低いほど高いFPSで動作できます。処理の負荷は大きく分けてCPU負荷とGPU負荷の2つに分類できます。望むFPSで動作しないときはどちらの負荷が原因になっているかを特定して、的確に対処することが重要です。

CPU負荷

主にスクリプトの実行からくる処理負荷です。不要な処理を消したり、アルゴリズムや設計を改善して重い処理が呼ばれる回数を減らしたり、インスタンスやオブジェクト数を減らしたりすることで改善できます。

GPU負荷

主に画面の描画から来る処理負荷です。表示するUI／エフェクト／モデルの数を減らしたり、3Dモデルのポリゴン数や画像の解像度を減らしたり、ポストエフェクトやシェーダーを計算効率の良いものにすることで改善できます。

ジャンル別の処理時間計測

CPUやGPUの1フレームあたりの処理時間を計測するには、UnityのProfilerを使います。メニューバーの「Window→Analysis→Profiler」を選択して（**図1**）、Profilerウィンドウを開きます（**図2**）。

CPU UsageとGPU Usage

Profilerウィンドウではゲーム実行中のさまざまなパフォーマンスに関する情報が表示されます。Deep ProfileとRecordをアクティブにしてプロジェクトを実行すると、各行にジャンル別のグラフが確認できるでしょう。

今回確認するのはCPU UsageとGPU Usageの2つです。左の列にこれらが表示されていなければ、Add

Profilerから必要な項目を選択することで追加できます。

また、左列の各ジャンルについて×をクリックすることで行を削除できるため、作業しやすいように適宜整理するとよいでしょう。「CPU Usage」「GPU Usage」を開いた状態でゲームを実行し、グラフ内の任意の場所をクリックすると、そのフレームでのCPU／GPUの処理時間をグラフの下部で「CPU:○ms」「GPU:○ms」のような表記で確認できます。

図1　Profilerを開く

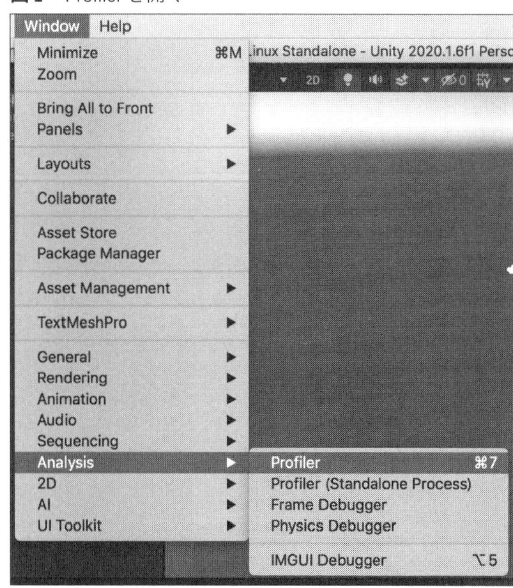

GPU Usageが表示されない場合

Profilerを開きRecordをアクティブにしてゲームを実行したとき、GPU Usageの行に「GPU profiling is not supported by the graphics card driver.」と表示されてGPU処理時間が計測できないことがあります。

この場合、Player Settingsの「Graphics Jobs (Experimental)」をオフにすることで解決することがあります。設定の確認をしましょう。

実機での処理時間計測

上記の手順ではPC上での処理時間の計測であるため、実機で動作したときと結果のズレがあります。CPUとGPUどちらの処理が重いのか？ CPU負荷のどのあたりの処理が重いのか？（第3章で詳しく解説します）などの大まかな目安を付けるうえではPC上での計測でも問題ありませんが、より正確な結果を出すためには実機での計測が望ましいです。

iOSの場合

❶実機にipa（iOSのアプリケーションファイル）をインストール

図2　Profilerウィンドウ

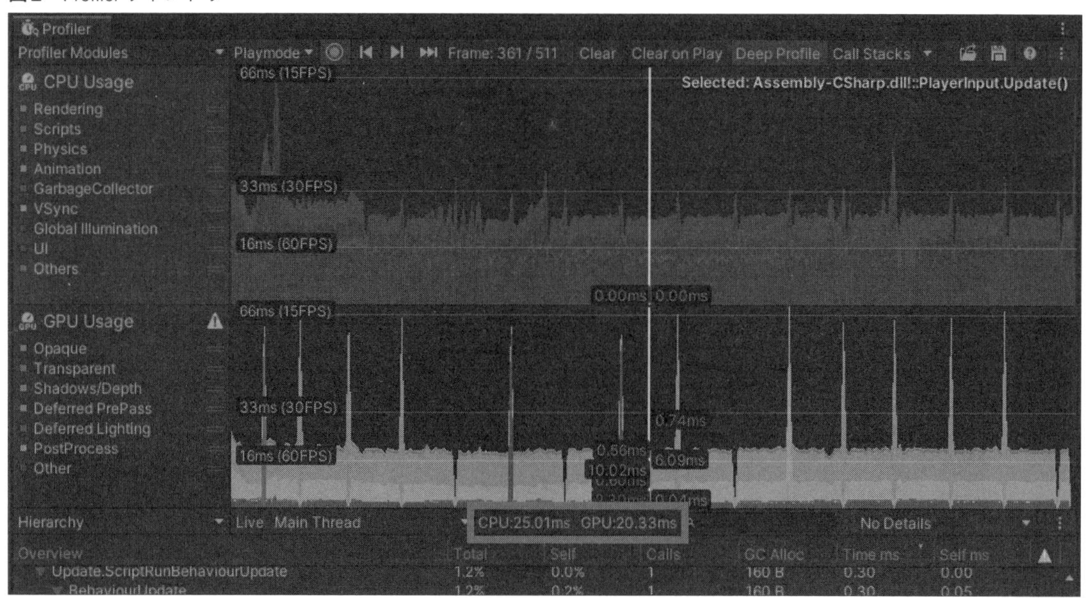

❷iOS端末をPCにUSBで接続して、ゲームを起動
❸Build SettingsウィンドウでPlatformをiOSに変更
❹Profilerウィンドウ上部のActiveProfilerから接続している端末を選択

 Androidの場合

❶実機にapk(Androidのアプリケーションファイル)をインストール
❷PCとUSB接続してアプリケーション起動
　ⓐUnity起動時は、一度Unityを終了させること(起動中だとUSB接続が認識されない)
❸ターミナル起動してadbにパスを通し下記を入力
　ⓐadb forward tcp:34999 localabstract:Unity-[bundle]
　ⓑ[bundle]の部分は、Player Settings内のBundle Identifierを入力する
❹Unityを起動し、プロジェクトを開く
❺Build SettingsウィンドウでPlatformをAndroidに変更
❻Profilerウィンドウ上部のActiveProfilerから接続している端末を選択

FPSが低下した場合

先述のとおり、1フレームあたりの処理にかかる時間(以降、Frame Timeと呼びます)をProfilerによって確認しました。この時間こそがFPSに直結していて、

- FPS = 1 / Frame Time

という計算によってFPSを算出できます。フレームごとにCPU／GPUの処理時間はまちまちであるため、いくつかのフレームをサンプリングしてその平均値からFPSを計算するとよいでしょう。

CPU負荷とGPU負荷のどちらかの処理負荷が低かったとしても、もう一方の負荷が高いとそちらがボトルネックとなり、FPSは負荷が高いほうの処理時間に依存してしまいます。CPUとGPUの両方で、目標のFPSを満たせるFrame Timeで動作できるようにする必要があります。

- CPU：30.0ミリ秒
- GPU：15.0ミリ秒

たとえばそれぞれの1フレームあたりの処理にかかる時間が上記のような結果になっている場合、描画まわりの処理は60FPS(= 1 / 15ミリ秒)は出せるポテンシャルがあるにもかかわらず、CPU負荷が原因で30FPS程度(= 1 / 30ミリ秒)しか出せないということになります。

ここから60FPSを目指したい場合は、CPU処理時間が短くなるようCPU負荷を減らす必要があり、逆に30FPSで十分ならGPU負荷に余裕があるため、表現のクオリティアップを試みるのもよいかもしれません。

第3章

CPU負荷削減

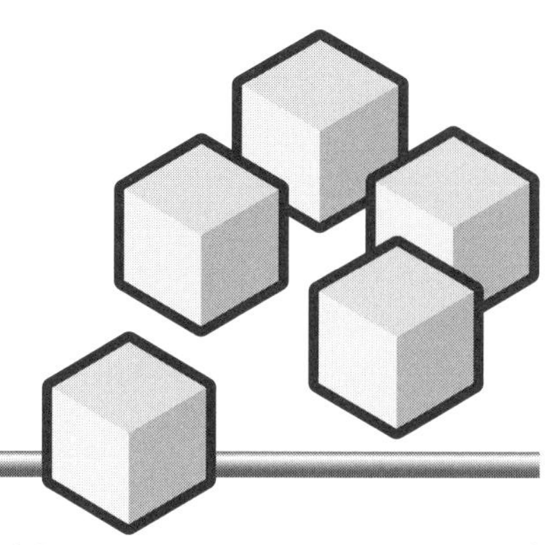

Profilerの結果からCPU負荷／GPU負荷のどちら(あるいは両方)がFPSのボトルネックになっているかがわかったので、具体的に負荷を削減していきましょう。まず本章ではCPU負荷の削減を解説し、次章でGPU負荷の削減を解説します。

重い処理を探す

第2章で解説したとおり、CPU負荷を減らすには、

- **不要な処理を消す**
- **アルゴリズムや設計を改善して重い処理が呼ばれる回数を減らす**
- **インスタンス／オブジェクト数を減らす**

などの方法があります。まずはどこの処理にどのくらいの処理時間がかかっているかを確認していきましょう。

Profilerの上部のDeep Profileボタンをアクティブにしてプロジェクトを実行するとCPU負荷のより詳細な情報が表示され、ウィンドウ下部をHierarchy表示にすることでどのクラスのどのメソッドでどのくらいの処理時間がかかっているのかが確認できるようになります(**図1**)。

処理時間が長いメソッドを特定したら、そのメソッド内の重い処理を改修しましょう。具体的にどのような処理が負荷の原因になりやすいか、よくあるケースを紹介します。

GetComponentの呼び出し

```
void Update() {
    Player player = gameObject.GetComponent<Player>();
    player.Update();
}
```

図1　Deep Profileをアクティブにする

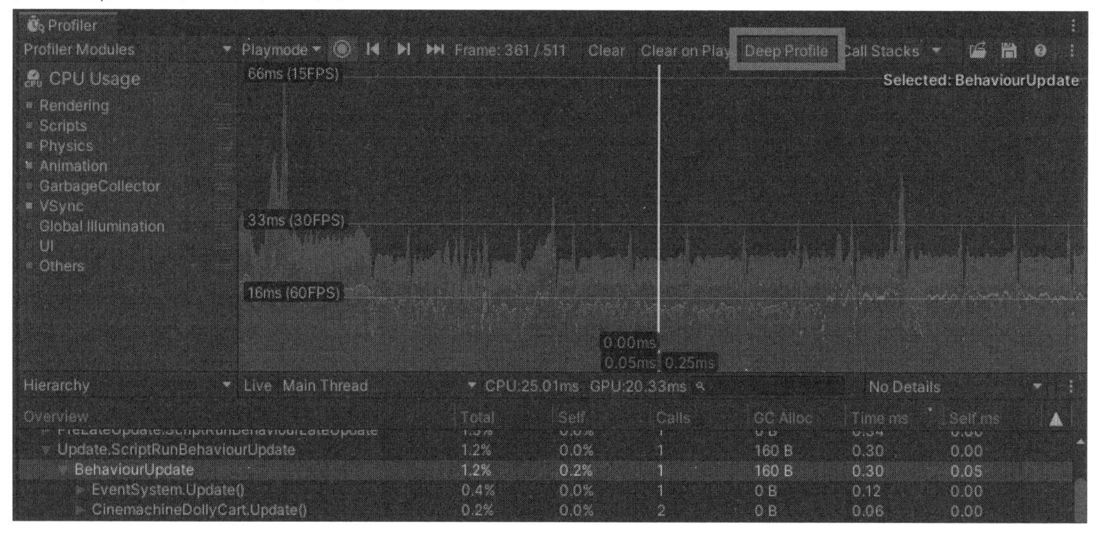

GetComponentは高い負荷がかかります。特にUpdate内やfor文内で呼ばれると処理時間が大きくなりがちです。

```
Player _player;

void Start() {
    _player = gameObject.GetComponent<Player>();
}

void Update() {
    _player.Update();
}
```

取得したインスタンスを変数にキャッシュして、呼び出しを最低限に抑えましょう。

距離やベクトルの長さの計算

```
Transform _player;
Transform _enemy;

void Update() {
    float distance;

    // 距離比較パターンA
    distance = Vector3.Distance(_player.position, _en
➡ emy.position);
    if (distance >= 10) {
        Debug.Log("距離が10m以上");
    } else {
        Debug.Log("距離が10m未満");
    }

    // 距離比較パターンB
    Vector3 direction = _enemy.position - _player.pos
➡ ition;
    distance = direction.magnitude;
    if (distance >= 10) {
        Debug.Log("距離が10m以上");
    } else {
        Debug.Log("距離が10m未満");
    }
}
```

2座標間の距離を計算するVector3.DistanceやVectorの長さを取得するmagnitudeは、内部的に負荷の高い平方根(√)の計算が使われているため、必然性がなければ、極力使わないほうがよいです。

```
Transform _player;
Transform _enemy;

void Update() {
    // 10mの2乗の値
    float targetSquareDistance = Mathf.Pow(10, 2);
    Vector3 direction = _enemy.position - _player.position;
    float sqrMagnitude = direction.sqrMagnitude;
    if (sqrMagnitude >= targetSquareDistance) {
        Debug.Log("距離が10m以上");
    } else {
        Debug.Log("距離が10m未満");
    }
}
```

たとえば、2点間の距離やベクトルの長さが特定の距離より長いか短いかの比較をしたいだけであればsqrMagnitudeを使うべきです。sqrMagnitudeはmagnitudeやDistanceと違って平方根の計算をせず、2乗した値のままであるため負荷が低いです。

Animatorコンポーネント

Animatorコンポーネントは少ないほど良いです。3Dモデルのモーションなどでの使用は避けられませんが、回転やバウンドのループのような単純なアニメーションであれば、スクリプトで実行したほうが負荷が低いです。単純なアニメーションはUIやアイテムで使うことが多いと予想されますが、これらは数が膨らみがちです。Animatorコンポーネントがセットされたオブジェクトが大量にあるとそれだけで負荷が高くなります。 ボタンのタッチリリースや、点滅、拡縮などの汎用UIアニメーション、3Dオブジェクトの回転などのループ系アニメーションは、必要最低限用意しておいて、AddComponentですぐ使えるようにしておくことが望ましいでしょう。

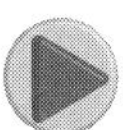

【Tips】DOTween

単純なアニメーションをスクリプトで実装するときはDOTween[注1]というアセットを使うのもよいでしょう(**図2**)。

DOTweenはC#用に最適化された高速で効率的なアニメーションエンジンで、アセットストアで提供されているメジャーなアセットです。DoTweenはシーケンスという概念を持ち、複数のアニメーションをつなげたり並行して走らせたりすることが得意です。

注1　https://assetstore.unity.com/packages/tools/animation/dotween-hotween-v2-27676

```
using DG.Tweening;

public class UIFireFlowerAnimation : MonoBehaviour {
    Transform _uiTransform;
    Image _uiImage;

    void PlayAnimation() {
        Sequence sequence = DOTween.Sequence();
        // 1秒間で上方向に5ピクセル移動
        sequence.Append(_uiTransform.DOMoveY(_uiTrans
➡ form.position.y + 5, 1));
        // そのあと、0.5秒でスケールを2倍に
        sequence.Append(_uiTransform.DOScale(Vector3.
➡ one * 2, 0.5f));
        // スケール拡大と同時に
        // Colorのアルファ値を0.5秒で0に
        Color clearColor = new Color(1, 1, 1, 0);
        sequence.Join(DOTween.To(() => _uiImage.color,
➡ color => _uiImage.color = color, clearColor, 0.5f));
        // 設定したアニメーションを実行
        sequence.Play();
    }
}
```

たとえば上のコードでは、オブジェクトを上に移動させたあと、スケールを拡大させながらフェードアウトさせる、という複雑なアニメーションもシンプルに実装できます。

有料で高機能なPro版がありますが、代表的な機能に絞った無料版も配信されていて、こちらでも十分にアニメーション制作効率が上げられるため、興味があればぜひ試してみてください。

図2 DOTween

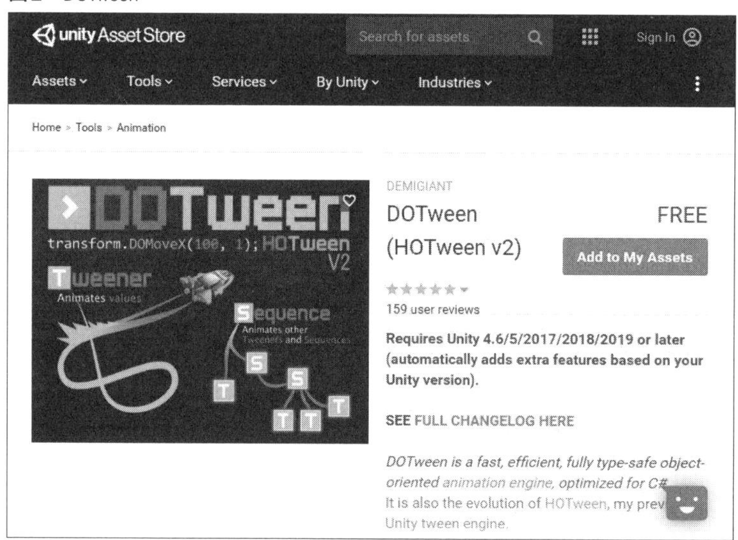

画面内に映らないオブジェクト

広いフィールドや盤面を扱うゲームでは、スクリーン内に映らないオブジェクトでもアクティブになっていることが多いです。基本的にカメラに収まっていない3Dモデルは自動的に描画対象から外されて、描画負荷が余計にかからないようになっています(このしくみをフラスタムカリングと言います)。

しかしオブジェクトに設定されているコンポーネントは働き続けているため、オブジェクトが画面外にあったとしても変わらずその処理負荷は掛かります。よって、ゲームの進行や判定に直接関わらないコンポーネントはできるだけ非アクティブにしておくことが望ましいです。たとえばシンプルな構造のAnimatorやParticle Systemのような演出系のコンポーネントは、画面外にあるとき可能な限りenableをfalseにしておくとよいでしょう。

Animatorをfalseにする注意点

Animatorはコンポーネントそのものを非アクティブ(enable = false)にすることで簡単に更新を停止して処理負荷を抑えることができるのですが、AnimatorコンポーネントをもつgameObjectを非アクティブ(SetActive(false))にしたあと再びアクティブになったとき、非アクティブになる前に再生されていたstateやparamterがリセットされる仕様になっています。この仕様だと画面内に入りなおして再びアクティブになったAnimatorが望まない状態で動作することが多いです。

これを避けるには、Animatorの持つkeepAnimatorControllerStateOnDisableというフラグをtrueにしておく必要があります。このフラグはInspectorウィンドウ上でデフォルトでは非表示になっていますが、Inspectorウィンドウ右上の鍵アイコンの右隣のアイコンをクリックして、Debug表示を選択することでエディタ上でも設定可能であるため(**図3**)、必

要であればこちらにチェックを入れておくとよいでしょう(**図4**最下部の項目)。

`Animator`は一つ一つがそれなりの処理時間を消費するため、オブジェクト数が多いほどアクティブにする数を制限することのパフォーマンス向上は大きいです。実際に画面に表示しているオブジェクトでのみ更新処理が実行されるよう心がけましょう。

画面内外判定

画面に入っているか否かの判定処理として、`Renderer.isVisible`が最も手軽で低負荷です。これは先述のフラスタムカリングによって3Dモデルがカメラの視野内に入っているか否かをtrue/falseで取得できるフラグで、`Render`継承の各種コンポーネントで利用できます。同じく`Render`継承の各種コンポーネントにスクリプトをアタッチして、`OnBecameVisible`、`OnBecameInVisible`メソッドを実装することで画面に入った/画面から出たタイミングで特定の処理を実行できます。

```
void OnBecameVisible() {
  // 画面に表示されたとき
}
void OnBecameInVisible() {
  // 画面に表示されなくなったとき
}
```

ここまでの画面内外判定は`Render`継承の各種コンポーネント以外では使用できません。そのため、パーティクルやUIのオブジェクトで画面内外判定が必要な場合、カメラの画角やCanvasサイズを使って計算する必要があることに注意してください。

FBXのOptimize

FBXモデルは、メッシュやアニメーションのためのボーンを子にオブジェクトとして内包しています(**図5**)。これらはボーンに外部からオブジェクトをアタッチ(たとえば手に武器を持たせる)したり、髪の毛などの揺れものをスクリプトで制御したりするうえで参照が必要になるものですが、それ以外のボーンの参照は本来不要です。しかしオブジェクトとして存在することで内部的な処理負荷が増え、ボーン数が増えるほどその負荷は大きくなっていきます。

参照が必要ないボーンはFBXのOptimize Game

図3 Inspectorウィンドウの Debug表示

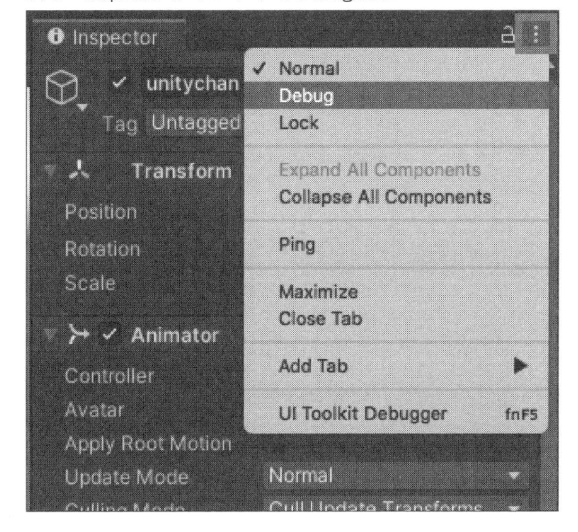

図4 keepAnimatorControllerStateOnDisableの設定

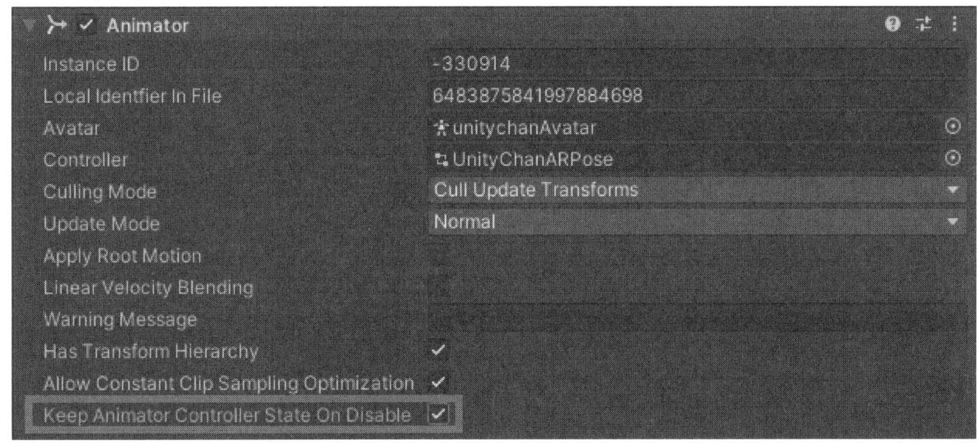

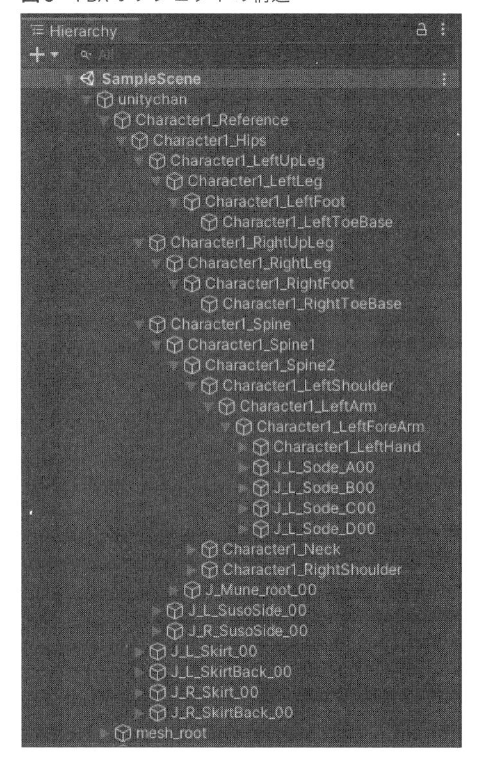

図5 FBXオブジェクトの構造

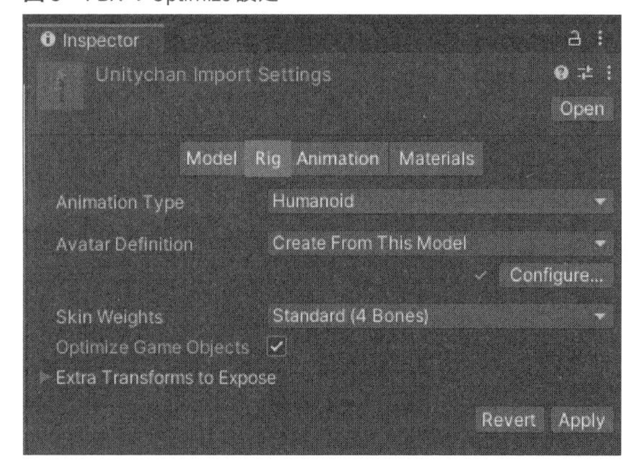

図6 FBXのOptimize設定

Objectsをtrueに設定をすることで、この負荷を減らすことができます(**図6**)。具体的には、Profiler上のAnimators.Updateの処理時間削減に効果があります。

この設定をtrueにするとFBXオブジェクトの内部構造がUnity上で参照が消えるため、前述のように手のボーンに武器やエフェクトをアタッチすることができません(Meshのオブジェクトは残ります)。

参照が必要なボーンをExtra Transforms to Exposeで選択しておくとそのボーンだけ参照が残るため、

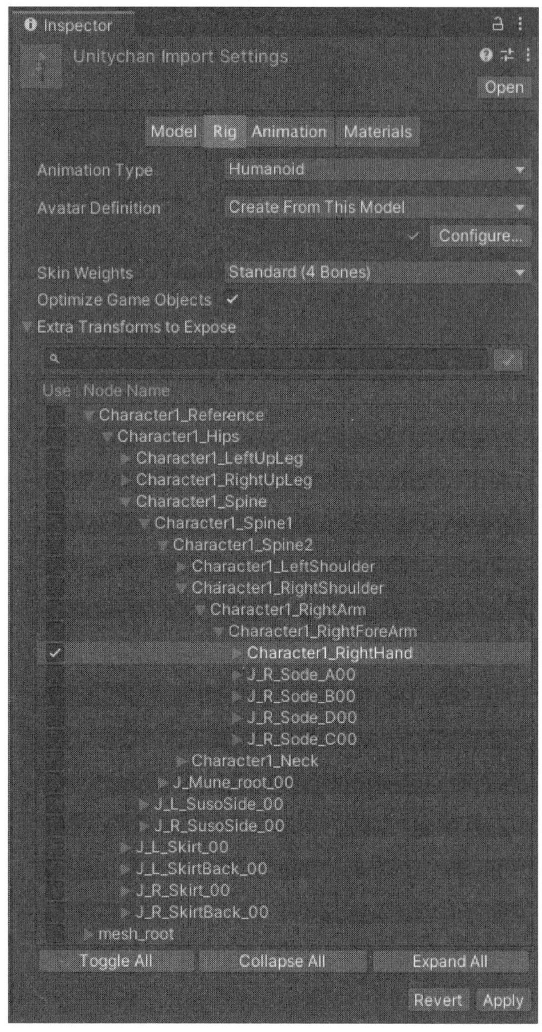

図7 Extra Transforms to Exposeで必要なボーンを指定

最低限のボーンをここで設定するとよいでしょう(**図7**)。また、Optimize Game Objectsを設定すると、揺れもののようなボーンを操作する処理が実現できなくなります。アニメーションによるボーン操作以外でボーンを制御したい場合、この設定は使用できませんのでご注意ください。

Physics.Raycast

`Physics.Raycast`をはじめとする各種キャスト系の処理は負荷が非常に高いです。`Raycast`は用途が多岐にわたっているうえ、`Raycast`以外の処理に置き換えづらいため最適化しづらいのですが、できるだけ判定の結果(RaycastHit)をキャッシュして何度も計算させないようにしたり、引数のmaxDistanceやlayerMaskを設定して判定の範囲や対象を制限して負荷を低く動作させたりすることを心がけましょう。

ログの出力

Debug.Logによるログの出力は、意外と負荷が高いです。開発するうえでログの出力は非常に重要ですが、処理負荷の計測や製品版としてゲームをプレイするうえではデメリットが大きいため、ログの出力を切るべきでしょう。

```
Debug.unityLogger.logEnabled = false;
```

上記の設定でログを無効化し、ログの出力による負荷を避けることができます。開発中に限りログを残しておきたい場合、リリース版でのみログ出力をしない設定になるよう処理を分岐するとよいでしょう。

【Tips】ProjectSettingsのStackTrace

Project SettingsのStack Traceで各LogTypeをNoneに設定することでも、ログ出力の負荷を大きく減らすことができます(**図8**)。なお、Project Settingsは、メニューバーの「File→ProjectSettings」を選択するとInspectorウインドウに表示されます。Stack Traceの項目はPlayerカテゴリの最下部付近にあります。

しかしこちらはログのスタックトレースの範囲に関する設定であり、Debug.Logの呼び出し自体をなくすものではないため、Debug.unityLogger.logEnabledをfalseにするものに比べて負荷が大きい状態になります。Debug.Logの負荷をなくす目的の場合は、必ずDebug.unityLogger.logEnabledを使うよう注意しましょう。

ガベージコレクション

オブジェクトや配列、文字列が作成されるとき、それを格納するのに必要なメモリが使用されます。そのメモリは格納されているオブジェクトや配列がどこからも参照されなくなると、自動的に解放(リリース)されます。これをガベージコレクション(以下GC)と呼びます。

GCはプログラマーが明示的にメモリの割り当て/リリースをする手間が減る非常に便利なしくみですが、メモリの割り当て/リリースがあまりに頻繁に行われると、GCが働く回数が増えることで処理時間が長くなってしまいます。

GCによるメモリのリリースは一定間隔で実行されています。GCの負荷が大きくなっているときはUpdate内のGC.Collectの処理時間が一定間隔で跳ねて、Profiler上で見ると**図9**のようにスパイクが並ぶような見た目になります。ゲームの実行が一定間隔で止まってカクカクするような負荷がかかるときは、GCの負荷を疑いましょう。

GCの極端な負荷を避けるには、メモリのリリースの頻度が減るようにすることが重要です。ほかのCPU負荷と違い、Profiler上では原因となる場所はGC Allocの項目が高い数値を出している処理になります。リストの項目名をクリックするとその要素でソートできるので活用しましょう。

原因になっている処理がわかったら、そこから設計の改善をしましょう。以下によくあるGC負荷の原因を紹介します。

オブジェクトや配列のキャッシュ

```
void Update() {
  // プレイヤーの更新
  Player player = gameObject.GetComponent<Player>();
  player.Update();

  // 敵の更新
  Enemy[] enemies = FindObjectsOfType<Enemy>();
  for (int i = 0; i < enemies.Length; i++) {
    enemies[i].Update();
  }
}
```

図8 Project SettingsのStack Trace

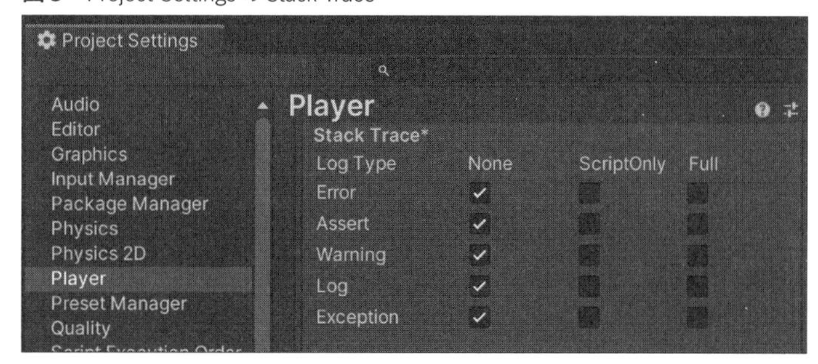

図9　スパイク

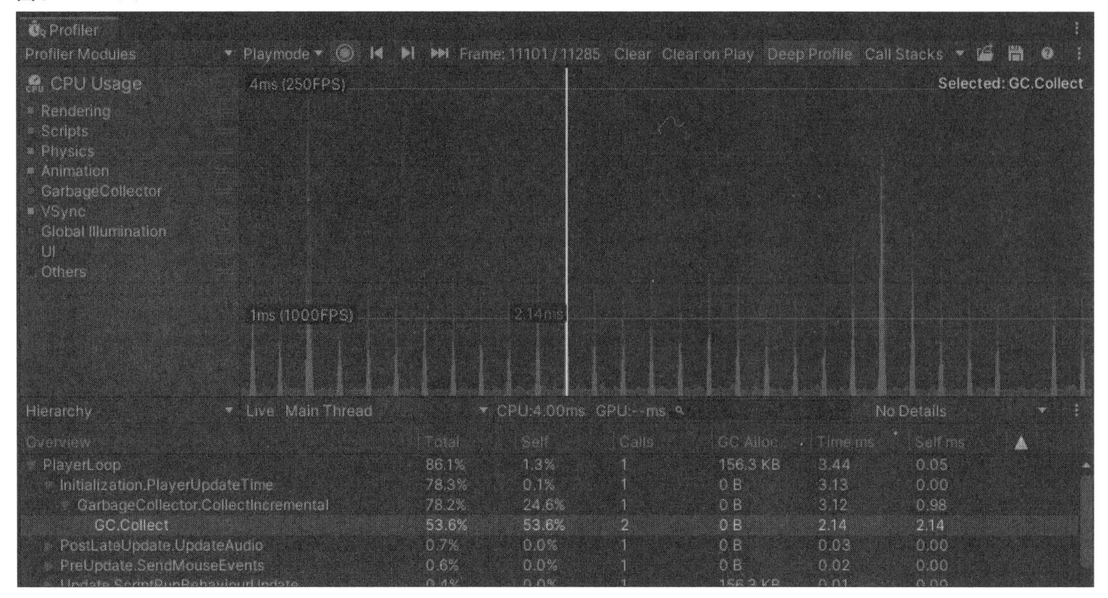

上記のようなコードでは、ローカル変数であるplayerやenemiesのためのメモリがUpdateのたびに確保され、Updateを抜けるとどこからも参照されなくなるためリリース対象となり、頻繁にGC対象の領域が発生してしまいます。特にFindObjectsOfTypeのように配列を作成するような処理をUpdate内で呼ぶということは、毎フレーム使い捨ての配列のためのメモリが割り当てられることになり、その配列の長さによってはGC Allocのメモリ割り当て量が多く膨らんでしまいます。

```
Player _player;
Enemy[] _enemies;

void Awake() {
  _player = gameObject.GetComponent<Player>();
  _enemies = FindObjectsOfType<Enemy>();
}

void Update() {
  // プレイヤーの更新
  _player.Update();

  // 敵の更新
  for (int i = 0; i < _enemies.Length; i++) {
    _enemies[i].Update();
  }
}
```

上記のようにオブジェクトの参照をキャッシュして、メモリの割り当て／リリースが最小限になるようにしましょう。

コレクションの初期化方法

```
Player[] _players;

void Update() {
  // 空のListを作成
  List<int> scoreList = new List<int>();
  for (int i = 0; i < _players.Count; i++) {
    scoreList.Add(_players[i].Score);
  }
}
```

上記の例ではUpdateのたびにローカル変数scoreListに新しいListが作成され、メモリが割り当てられてしまいます。

```
Player[] _players;
List<int> _scoreList;

void Awake() {
  _scoreList = new List<int>();
}

void Update() {
  // Listを空にする
  _scoreList.Clear();
  for (int i = 0; i < _players.Count; i++) {
    scoreList.Add(_players[i].Score);
  }
}
```

空のコレクションが頻繁に必要なときは、都度newするのではなくメンバ変数にコレクションを生成して、必要なときにClearを呼んで中の参照を空にする

ことで無駄なメモリ割り当てを防ぐことができます。

 文字列の連結

```
float _time = 999f;
Text _timeText;

void Update() {
  _time -= Time.deltaTime;
  _timeText.text = "TIME: " + _time.ToString();
}
```

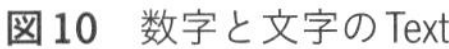

図10のような表示を実現するために上記のように文字列を連結させている場合、`TIME:`という文字列と`_time.ToString()`それぞれのstringデータのためのメモリ割り当てが発生します。しかしC#ではstringも参照型であるため、この2つを連結して`_timeText.text`に代入するためのstringデータもメモリ割り当てが発生します。結果的に連結前のstringデータは不要なのにもかかわらず一度メモリ割り当てをされているため、非効率と言えるでしょう。

今回の例では**図11**のように`TIME:`と`_time.ToString()`を表示する`Text`コンポーネントを分けることで無駄なメモリ割り当てを避けることができます。ほかにもフォルダパスとファイル名や、ファイル名とIDなど、文字列の連結をする必要がある処理は多いと思われるので、連結をする回数をできる限り減らしたり、連結を避けるような設計を心がけましょう。

 オブジェクトプールを実装

ゲームの中では頻繁に生成／破棄を繰り返すようなオブジェクトが多いです。たとえば弾丸のようなオブジェクトはキャラクタのアクションのたびに生成して、ヒットしたり画面外へ出たりすると破棄することが一般的です。ほかにもダメージ数字の表示やヒットエフェクトなども当てはまるでしょう。

このようなオブジェクトは毎回生成するのではなく、役目を終えたオブジェクトを非アクティブな状態にしておいて必要になったらリセットして再利用できるような設計にしておくと、GC負荷を避けることができます。このような設計をオブジェクトプールと言います。

```
// プレイヤークラス
public class Player : MonoBehaviour {
  // 弾を発射
```

図10 数字と文字のText

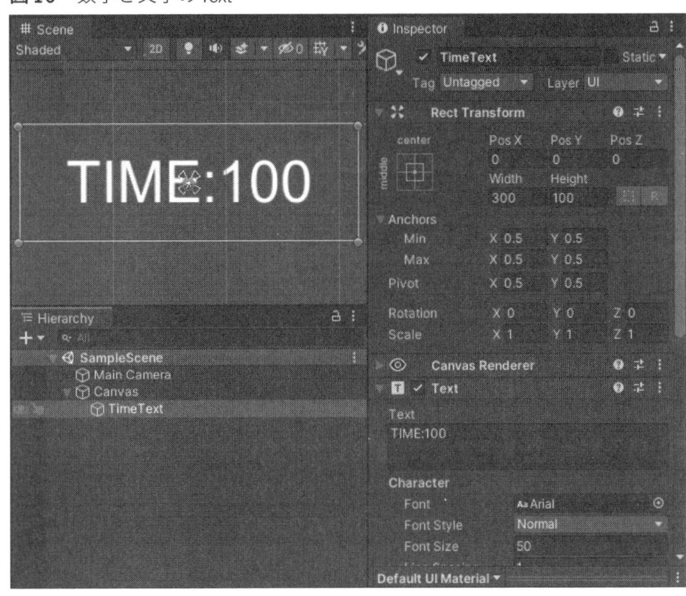

図11 Textの分割

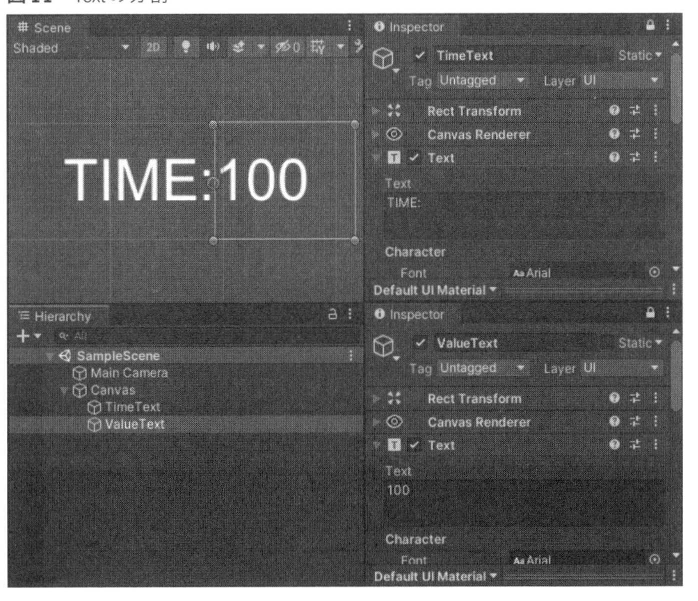

```
  void ShotBullet() {
    // プレイヤーの座標に弾を生成
    Bullet bullet = CreateBullet();
    bullet.transform.position = transform.position;
  }
}

// 弾クラス
public class Bullet : MonoBehaviour {
  // 生存時間
  float _lifeTime = 3f;

  // _lifeTimeが0になるまで上に移動し続ける
  void Update() {
    transform.position = Vector3.up * Time.deltaTime;
     _lifeTime -= Time.deltaTime;
     if (_lifeTime <= 0) {
       // _lifeTimeが0になったら削除
       Destroy(gameObject);
     }
  }
}
```

たとえば上記の例のようなコードでは、ShotBulletを呼ぶたびにBulletのインスタンスのメモリ割り当てが発生し、一定時間後にBulletインスタンスが削除されることでメモリからリリースされます。これが頻繁に繰り返されるとGC負荷が増えてしまいます。

```
// プレイヤークラス
public class Player : MonoBehaviour {
  // 弾リスト
  List<Bullet> _bullets = new List<Bullet>(10);

  void Awake() {
    // 弾を生成して非アクティブにしておく
    for (int i = 0; i <_bullets.Count; i++) {
      Bullet bullet = CreateBullet();
      bullet.SetActive(false);
      _bullets[i] = bullet;
    }
  }

  // 弾を発射
  void ShotBullet() {
    // リストから非アクティブな弾を探す
    Bullet bullet = _bullets.Find(b => !b.GetIsActive());

    if (bullet == null) {
      // 非アクティブな弾が見つからなければ生成させない
      return;
    }

    // プレイヤーの座標に弾を移動させてアクティブにする
    bullet.transform.position = transform.position;
    bullet.SetActive(true);
    // 弾の生存時間をリセット
    LifeTime = 3f;
  }
}

// 弾クラス
public class Bullet : MonoBehaviour {
  // 生存時間
  public float LifeTime;

  // _lifeTimeが0になるまで上に移動し続ける
  void Update() {
    transform.position = Vector3.up * Time.deltaTime;
     _lifeTime -= Time.deltaTime;
     if (_lifeTime <= 0) {
       // _lifeTimeが0になったら非アクティブ
       SetActive(false);
     }
  }

  void SetActive(bool isActive) {
    gameObject.SetActive(false);
  }

  public bool GetIsActive() {
    return gameObject.activeSelf;
  }
}
```

上記のコードはオブジェクトプールの考え方にのっとってBulletインスタンスを管理しています。

- **始めにゲーム内で必要十分なBulletインスタンスを生成する**
- **生成したBulletインスタンスが必要なくなったら、削除するのではなく非アクティブな状態にする**
- **Bulletインスタンスが必要になったら、非アクティブなものを初期化して再利用する**

上記のように管理することで、ゲーム内でBulletが使うメモリ領域がPlayerクラスの_bulletsの範囲で収まり、無駄なGCが発生しません。GC負荷以外にも、インスタンスやオブジェクト生成にかかる負荷も抑えられるため、大量に生成されうるオブジェクトはできる限りこの設計にのっとって実装するとよいでしょう。

第4章

GPU負荷削減

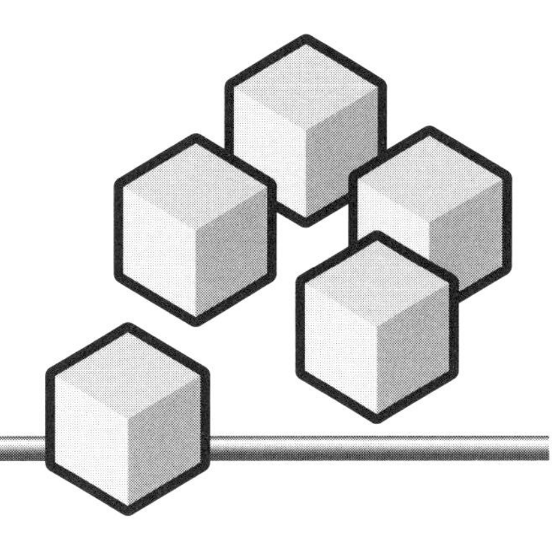

本章ではGPU負荷の削減を解説します。GPU負荷は大きく分けて、描画処理時間とドローコール(描画回数)の2つに起因します。ライト／影の設定や使用するシェーダー(マテリアルの見栄えを作るプログラム)／ポストエフェクト(画面全体にかける演出効果)が複雑なほど、描画処理時間が伸びます。表示するモデルやUIが多いほどドローコールが増えます。

これらはプロジェクト設定や表示に関するコンポーネントの設定しだいで大きく変化します。ゲーム仕様に最適な設定をすることで、GPU負荷は最低限に抑えられます。本章で重要な設定をピックアップして解説します。

解像度の最適化

解像度はダイレクトにGPU負荷に影響し、解像度が高いほどGPU負荷が高くなります。第1章でも触れましたが、近年のスマートフォンは解像度が高くなってきているものの、GPUの性能はゲームのようにリアルタイムにレンダリングするには少し心もとないものが多いです。

このような解像度が非常に高い端末でGPU処理時間が長くなることを避けるために、表示解像度に制限を付けてGPU負荷を抑えることが望ましいです(**図1**)。

`Screen.SetResolution`で簡単に表示解像度を調整できます。ただしUIは解像度の変化による見栄えの劣化が目立ちやすいため、表示解像度はRenderTextureを使って制御することをお勧めします。

RenderTexture

RenderTextureとは、カメラが映す絵を書き込むことができるテクスチャのことです。Cameraコンポーネントに設定することでカメラから見える空間がスクリーンではなくRenderTextureに書き込まれるようになり、それをCanvasのUIやMeshのテクスチャに設定できます。

RenderTextureが設定されるCameraは、スクリーンサイズではなくRenderTextureのサイズに合わせて空間を描画します。そのためRenderTextureの解像度が低ければ、そのぶん描画コストが減ります。端末のスペックに見合ったRenderTextureサイズを設定することで、GPU負荷を最適化できるでしょう(**図2**)。

設定方法は簡単で、プロジェクト内に生成したRenderTextureファイルをCameraコンポーネントのTarget Textureにアタッチするだけです。Render

図1　表示解像度の制限

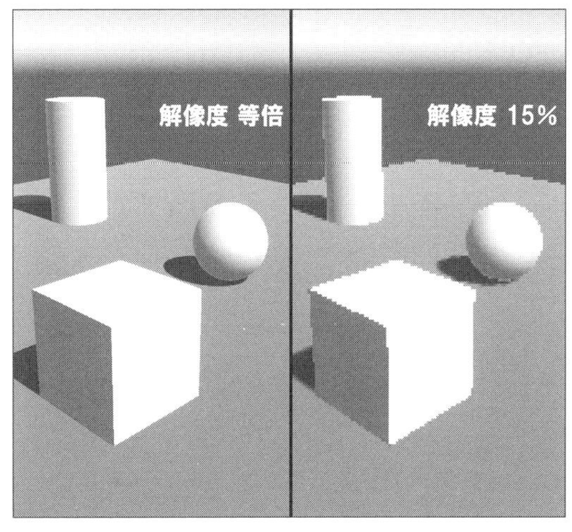

図2　RenderTextureの設定

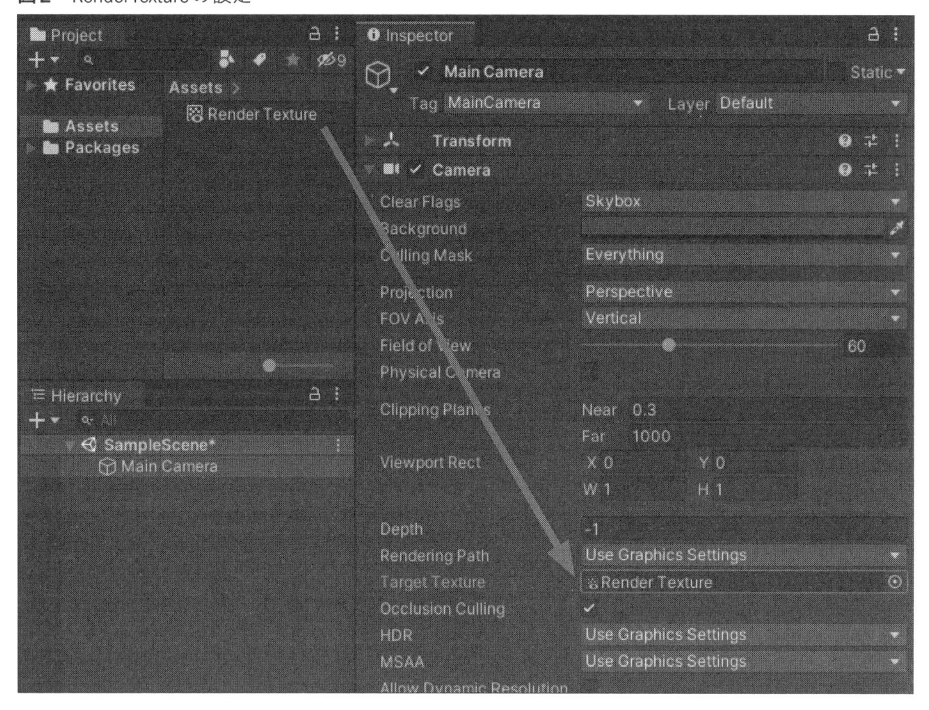

図3　RawImageの設定

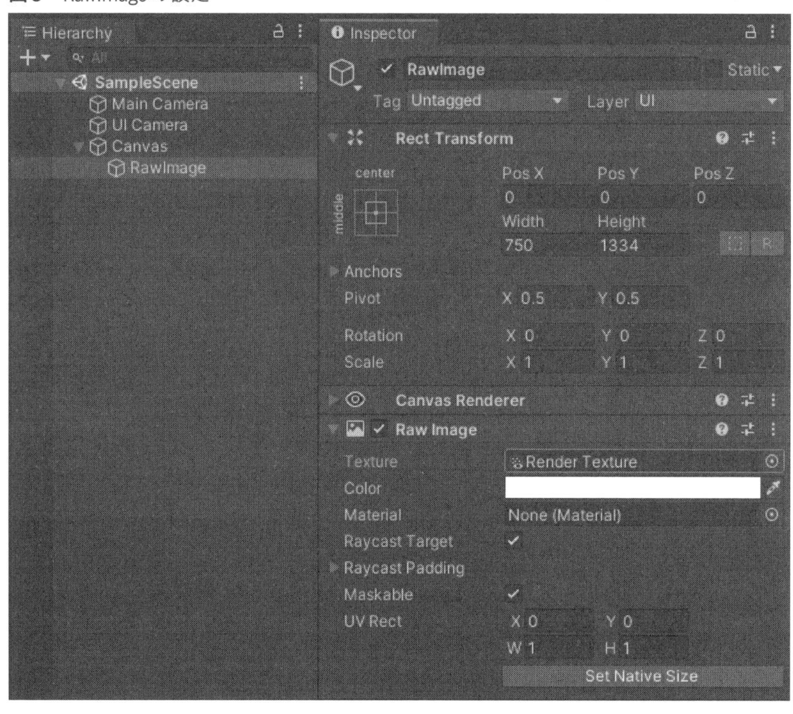

Textureを画面に表示する方法はいくつかありますが、UIオブジェクトとしてCanvas上にRawImageを用意して、そこにRenderTextureを設定するのがよいでしょう(**図3**)。

RenderTextureとスクリーンのアスペクト比が一致していないと表示が歪むため、注意が必要です。`Screen.width`、`Screen.height`を使って適切なアスペクト比で解像度を調整しましょう。

ライトと影の設定

ライトと影はリアルタイムで3Dモデルの見え方を変化させるため、GPU負荷に大きな影響を与えます。ゲーム仕様に見合った必要最低限の設定をしないと、思わぬ高負荷を生む原因になり得ます。次項以降に記載する項目について適切なパラメータを設定しましょう。

ライトの数

ライトの数が多くなるほどGPU負荷が高くなります。モデルのクオリティやシェーダー／ポストエフェクトの計算量にもよりますが、基本的にモバイルではライトは1つに抑えておくことがよいでしょう（**図4**）。

メニューバーの「Edit」から「Project Settings」を開き、Qualityの設定内でPixel Light Countによってライトの影響を反映する数をプロジェクト単位で制御できます。Hierarchyウィンドウ内に生成するLightだけでなく、この設定によって確実にライトの数を制限しておくとよいでしょう。

しかし、ゲームによってはライトを複数個配置してリッチな光表現が求められることもあると思います。その際はUnityのLightProveコンポーネントを使うとよいでしょう。LightProveとはライトによる光の当たり加減の情報を事前に計算しておくことにより、各オブジェクトへ現在いる空間に見合った光の影響を与えられる機能のことです。Lightを複数個配置してリアルタイムに光の影響を計算するより、はるかに高速です。設定がやや複雑なので解説は割愛しますが、よりリッチなビジュアルを低い負荷で追求したい方は調べてみるとよいでしょう。

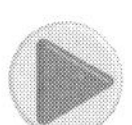影のクオリティ

影の設定はLightの種類によって異なるのですが、最初に最も大事なDirectional Lightについて解説します。Directional Lightによってできる影の設定は、Project SettingsのQuality内にあります（**図5**）。重要な3つの設定について解説します。

◉ Shadow Distance

まずShadow Distanceについてです（**図6**）。これはカメラからどのくらいの距離までリアルタイム影を描画するかを決める値です。広いほど負荷が高くなります。ゲーム実行中にリアルタイムで調整することもできるため、どのくらいの距離まで表示すれば十分か確認しながら最低限の距離を設定しましょう。遠くのオブジェクトも影を表示したいときは、次項で紹介する影の焼き付け（Bake）と組み合わせて、リアルタイム影と事前に用意する影を分けるとよいでしょう。

◉ Shadow Resolution

次にShadow Resolutionです（**図7**）。これは影の表示に使うテクスチャの解像度です。Low→Medium→High→Very Highという順で、GPU負荷と解像度が高い設定になります。解像度が低いと影の輪郭にジャギーが目立ちます。

また高解像度の設定でも、Shadow Distanceの値が

図4　有効なライトの数の制限

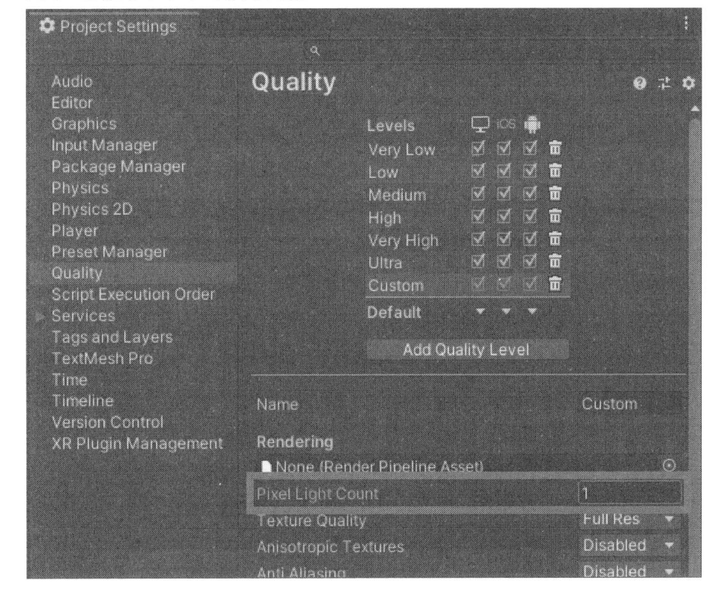

図5　影の設定

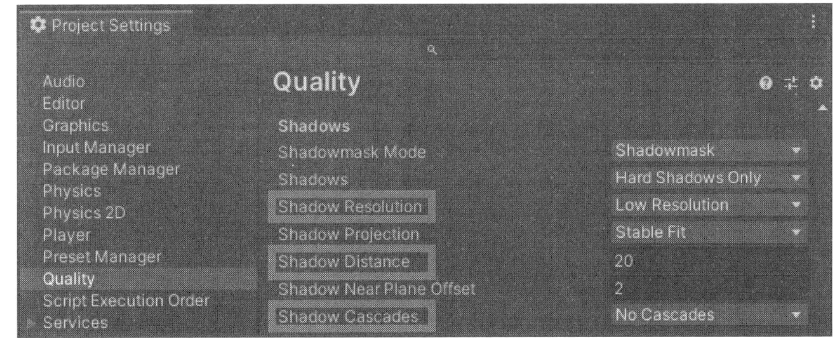

図6　Shadow Distance

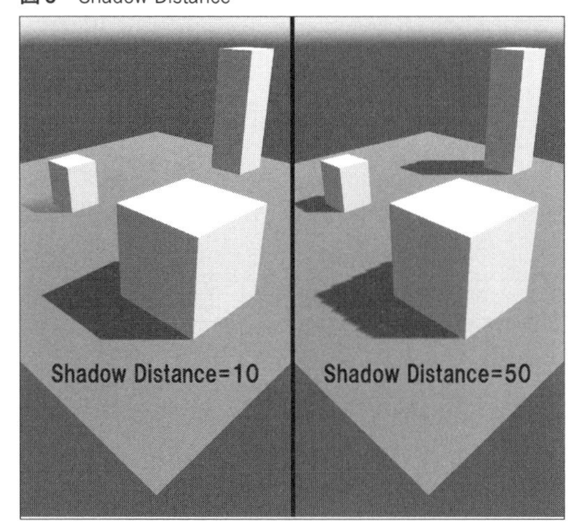

図7　Shadow Resolution

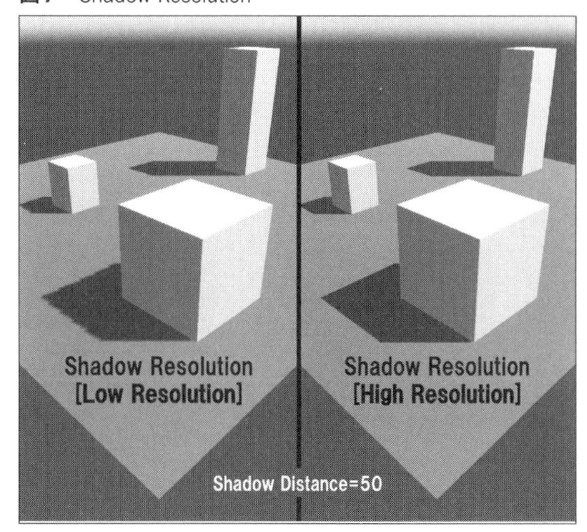

図8　Shadow Cascades

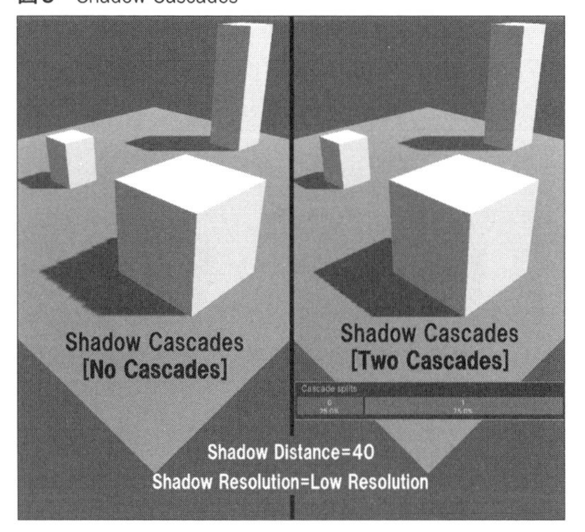

大きいと影のテクスチャに広範囲の影の表示が詰め込まれるぶん、画質が落ちます。Shadow Distanceが小さく、Shadow Resolutionが大きいほど輪郭のきれいな影が表示できます。2つの値をうまく調整してベストなパラメータを決めましょう。

◉Shadow Cascades

最後にShadow Cascadesです(**図8**)。これは距離によって影の解像度を分ける設定です。No Cascades(仕分けなし)、Two Cascades(2段階)、Four Cascades(4段階)の3つから選ぶことができます。Shadow Distanceの範囲内で遠くの影は十分な解像度だけど、近くの影の解像度が足りないというときに、遠くの影の解像度を削って近くの影の解像度を稼ぐようなことができます。ただし、Cascadeは設定した分割数に合わせてモデルを描画する回数が増えるため、GPU負荷の改善には効きますが、CPU負荷が高くなることがあります。負荷のボトルネックがCPU負荷にある場合は注意すべきでしょう。

◉Point Light

ここまでの影に関する設定は、前述のとおりDirectional Lightを前提としたものです。Point Light、Spot Lightではほかに注意すべきことがあるため、簡単に紹介します。

Point Lightは、配置した位置から放射状にあたりを照らすライトです。Shadow Resolutionなどの影のクオリティの影響を受けますが、それとは別にPoint Lightによって作られた影はPoint Lightから離れた位置ほど解像度が低くなるという特徴があります。そのため、広い範囲を照らすのはPoint Lightにはあまり向きません。太陽や部屋の照明のように空間全体を照らすのはDirectional Lightに任せ、街灯やランプなどのように狭い範囲を照らすものにPoint Lightを使うとよいでしょう。

◉Spot Light

Spot Lightは、Z方向を円錐状に照らすライトです。こちらもShadow Resolutionなどの影のクオリティの影響を受けますが、加えてライトが照らす範囲が広くなるほど影の解像度が低くなるという特徴があります。Spot Angle(光が照らす角度の範囲)を大きく

図9　リアルタイム影の制約

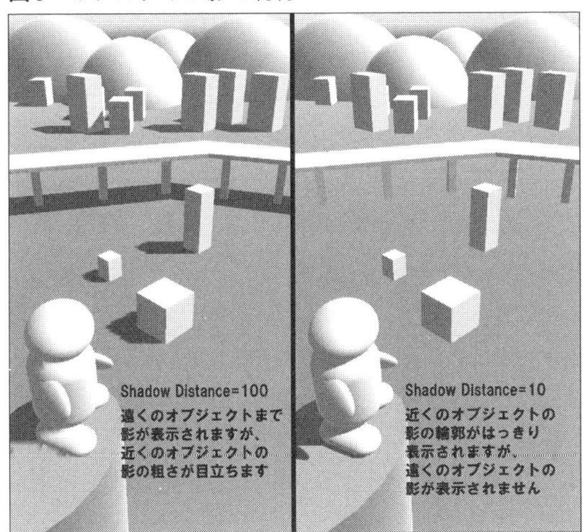

図10　Bake使用の有無を比較

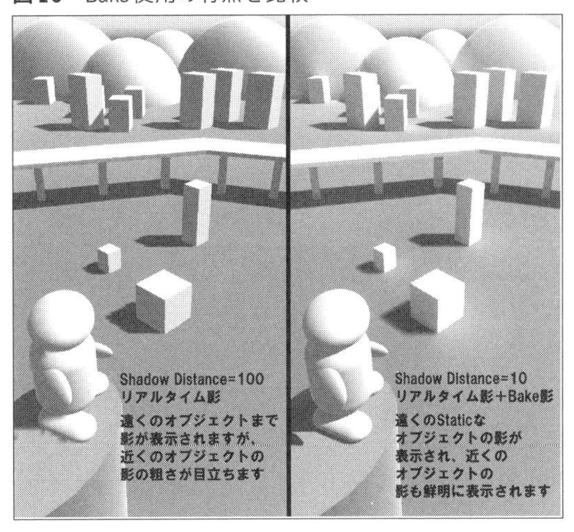

したり、Range（光を飛ばすZ方向の距離）を伸ばして離れた位置から広い範囲を照らすとジャギーが目立ちます。やはりこちらも狭い範囲を照らす目的で使うべきでしょう。

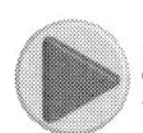影の焼き付け（Bake）

「影のクオリティ」の項で、Shadow Distanceを広くするほど影のジャギーが目立つため、最低限の距離で設定すべきだと説明しました。しかしそれでは遠くのオブジェクトが影を落とさなくなるため、やはり違和感が大きくなってしまいます（**図9**）。

そのためにBakeという影の事前計算機能が用意されています（**図10**）。これは配置したLightによってできる影をテクスチャに焼き込むようなイメージで使うものです。リアルタイムな計算に頼らずに影を表示できます。その関係で、動かないオブジェクトにのみ有効で、影の角度は変えられないという特徴がありますが、広いフィールドを扱うほとんどのゲームでは、遠くにある背景（建物や木など）の影をこの方法で表示しています。

影をBakeするためには、モデルのFBXファイル、Light、GameObjectのそれぞれで設定が必要です。順に解説します。

図11　モデルへの影の焼き付けの設定

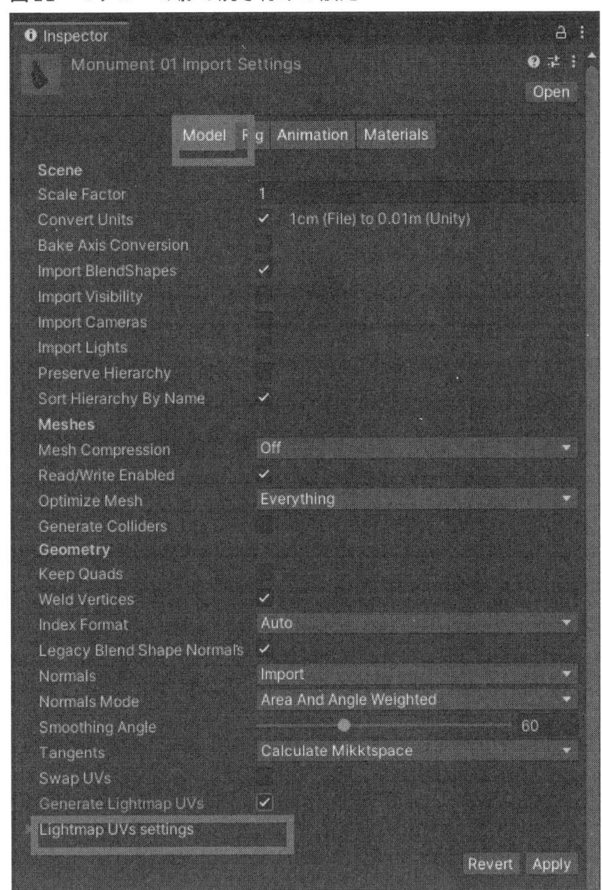

◉ FBXファイルのGenerate LightmapUV

Projectウィンドウ内で影を表示させる地面や建物などのモデルファイル（FBX）を選択して、Inspectorウィンドウ内のModelタブのGenerate LightmapUVにチェックを入れましょう（**図11**）。設定したモデルはBakeの対象として判定されるようになります。

◉ GameObjectの設定

影をBakeする地面や建物などのGameObjectをStatic設定にしましょう(**図12**)。Inspectorウィンドウの右上のチェックボックスにチェックを入れ、Staticにしたオブジェクトはゲーム中に位置や角度、スケールなどのTransform操作ができなくなりますが、影のBakeは動かないオブジェクトにのみ有効な手法なので、この設定が必須になります。

また、影をBakeする地面や建物などのオブジェクトのMeshRendererコンポーネント内のLightingのメニュー内のCastShadowをONにして、ReceiveShadowにチェックを入れましょう。CastShadowは、Lightの影響によって下に影を落とすか否かの設定です。ReceiveShadowは、影の影響を受けて表面に影のシルエットが出たり表示が暗くなったりするか否かの設定です。影をBakeする以上、当然どちらも必要になります。

◉ Lightの設定

シーン上に配置されているLightのShadowTypeを、「Hard Shadows」または「Soft Shadows」に設定しましょう(**図13**)。ShadowTypeは、このLightが照らしたことでできる影の設定です。No Shadowsになっていると影が表示されずにBakeもできなくなってしまうため、注意しましょう。

また、Modeを「Mixed」または「Baked」に設定しましょう。これは選択したLightがリアルタイム専用か、Bake専用か、両方で使うものなのかを設定するものです。BakeするLightとゲーム中リアルタイムに動くオブジェクトを照らすLightを分けたりしない場合は、Mixedに設定しておくとよいでしょう。

◉ 影の焼き付けの実行

ここまでの設定ができたら、メニューバーのWindowから「Rendering→Lighting」を開き、Sceneタブの下部にあるAuto Generateにチェックを入れましょう(**図14**)。自動的に影のBakeが始まり、処理が済んだら完了です(Auto Generateにチェックを入れず、「Generate Lighting」ボタンを押すことでも影のBakeが実行できます)。シーン上の影を焼く範囲が広いほど完了までの時間が長くなるため、気長に待ちましょう。

設定に不備がないのに影がBakeされない場合、影を投影できないシェーダーを使っている可能性があります。特殊なシェーダーを使っている場合はご注意ください。

試しにShadow Distanceを超えた距離までカメラを離してみましょう(**図15**)。本来はShadow Distanceを超えた距離では影が表示されませんが、焼き付け(Bake)した影が事前に用意されているため、どこまで離れても影が表示されます。Lighting Settings内ではLightmap SizeでBakeする影の解像度を変えるなど、Bakeの品質に関する設定がたくさんあります。必要に応じて調整しましょう。

 Distance Shadowmask

影の焼き付け(Bake)は、遠景の影も低負荷で自然に表現するうえで非常に便利なものです。しかし一

図12 シーン上のオブジェクトの設定

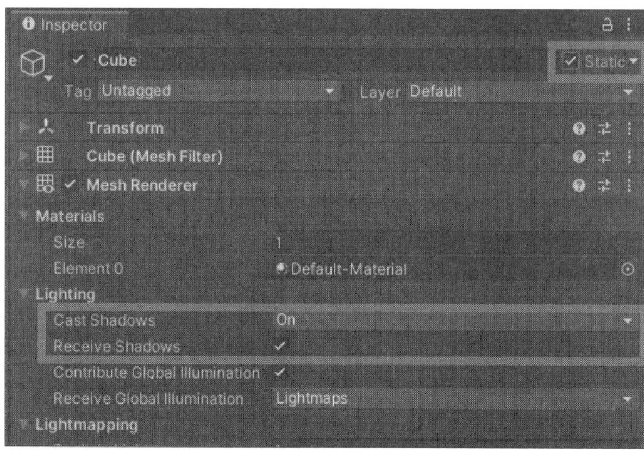

図13 シーン内のライトの設定

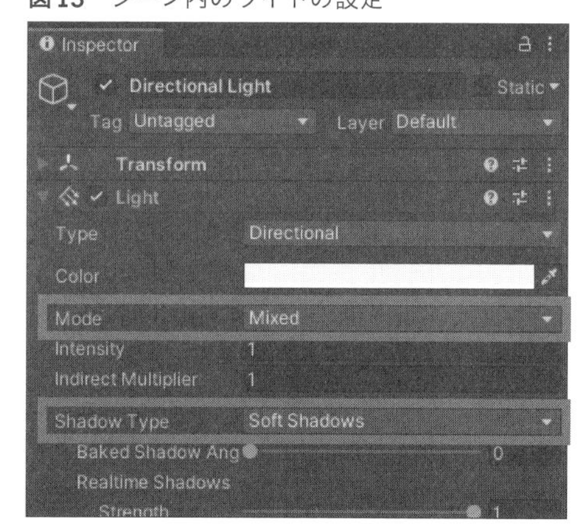

方で、リアルタイムに影を落とさなくなるため、ゲーム中に移動するオブジェクトが日陰に入ったときにオブジェクトが影の影響を受けて暗くなるような表現が実現できません（**図16**）。また、広範囲の影をある程度高品質に焼こうとするとLightmapのサイズが大きくなり、メモリを圧迫します。

この問題を解決するために、Distance Shadowmaskという影の設定があります（**図17**）。DistanceShadowmaskは、Shadow Distanceの範囲内をリアルタイムに影を描画し、範囲外は焼き付け（Bake）した影を表示する手法です。

前述した「オブジェクトが日陰に入ったときにオブジェクトが影の影響を受けて暗くならない」という問題が、「Shadow Distanceの範囲内をリアルタイムに影を描画する」という特徴で解決します。

Shadow Distanceの範囲内でのみ表示されるリアルタイム影を高品質な設定にすることで、焼き付け

図14　焼き付け影の生成

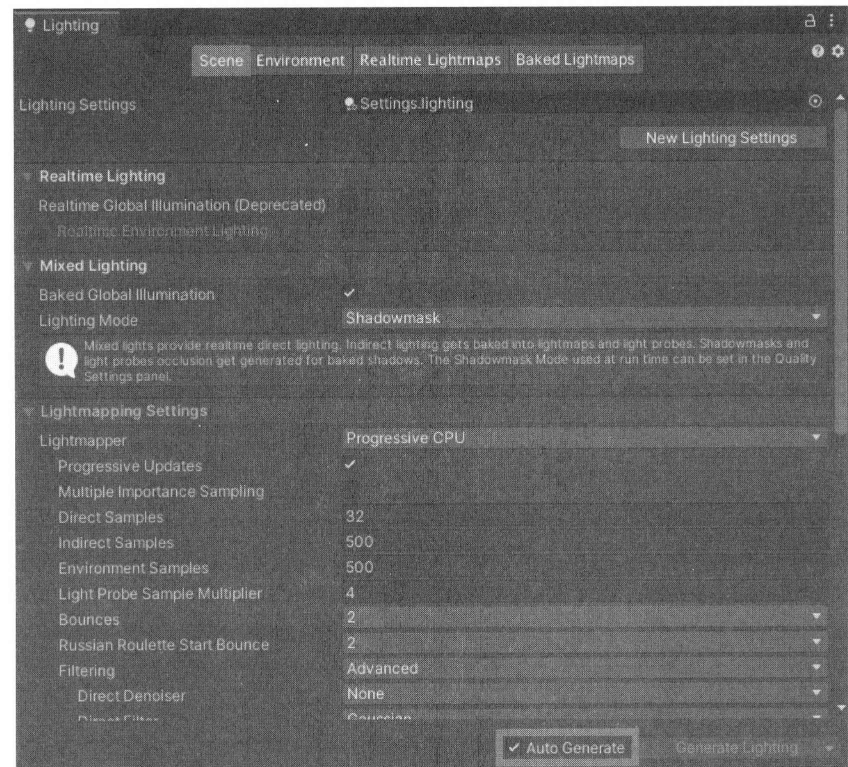

図15　遠くからの見栄え

図16　Bake影の欠点

(Bake)する影の品質も低めにしても目に付きづらく済みます。逆に遠景の影は焼き付け(Bake)したものに任せられるため、Shadow Distanceを狭くできます。「影のクオリティ」の項で解説したとおり、Shadow Distanceの距離を小さくするとリアルタイム影の画質が上がるので、総合的に見ると低負荷+高品質な影の表現が実現できます。非常にコストパフォーマンスが高いと言えるでしょう。

メニューバーの「Edit」から「Project Settings」を開き、Qualityの設定内でShadowmask Modeを「Distance Shadowmask」にして、シーン内の影の焼き付け(Bake)をするLightのModeをMixedにすることで表示を確認できます(**図18**)。

図17 Distance Shadowmask

「Distance Shadowmask」は
Shadow Distance の範囲なら
リアルタイム影の表示になり、
範囲外の影はBake影が表示されるため
トータルのクオリティが高く見えます

図18 Distance Shadowmaskの設定

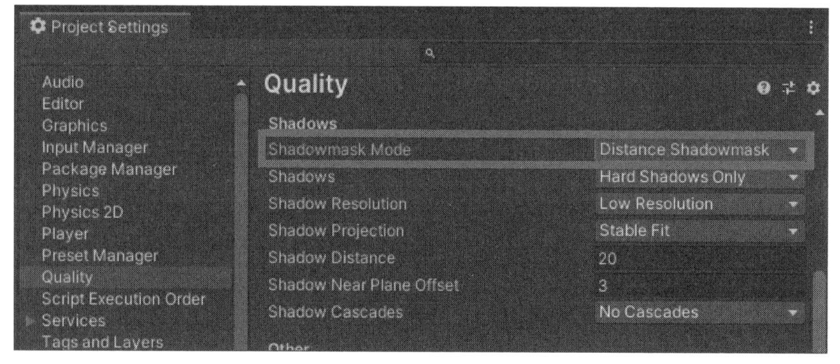

ドローコールを減らす

ドローコールとは、CPUからGPUに対しての描画命令のことです。1フレーム当たりのドローコール数が増えるほど、GPU処理時間が増えます。一般的にスマートフォン向けゲームでは100前後に収めるのが理想だと言われています。しかし、最低基準スペックに選んだスマートフォンの種類や1つのドローコールごとの描画処理時間しだいで、結果は変わってきます。最終的にはやはりFPSで判断することになるでしょう。

1フレーム当たりのドローコール数は、SetPassCallとBatchesの値で決まります。UnityのGameウィンドウ右上のStatsを有効にすることでこの2つの値が確認できます(**図19**。Gameウィンドウが狭いとStatsボタンが隠れるため、横に広げましょう)。どちらも値が小さいほどGPU負荷が低くなります。

次項以降で、ドローコール数を減らす方法を解説します。

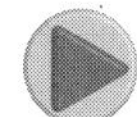

Sprite Atlasを設定する

Canvasに設定する各種UIは、Spriteリソースから成り立っています。Spriteリソースをそのまま表示していると、Spriteの種類数ぶんか、それ以上のドローコール数をUIだけで食ってしまいます。これはSpriteが違う表示は1つのドローコールにまとめて処理できないためです。

UnityではこれThを避けるために、Sprite Atlasという、複数のSpriteを1つのSpriteにまとめる(アトラス化する)機能があります(**図20**)。

◉ Sprite Atlasファイルの作成

Sprite Atlasを使うために、Projectウィンドウ内で右クリックし、「Create→Sprite Atlas」で設定ファイルを作成します。InspectorウィンドウのObjects for PackingにアトラスA化したいSpriteか、Spriteが入っているフォルダを指定することで、ゲーム実行時にSpriteがまとめられます。Sprite Atlasに設定したあとは、Scene上のImageにSpriteをアタッチしたり、`Resouces.Load`でSpriteを参照したりと、いつもどおりに元データのSpriteを扱えます。原則として同時に表示する画像は、1つのSprite Atlasにまとめましょう。

図19　Statsでドローコール情報を確認

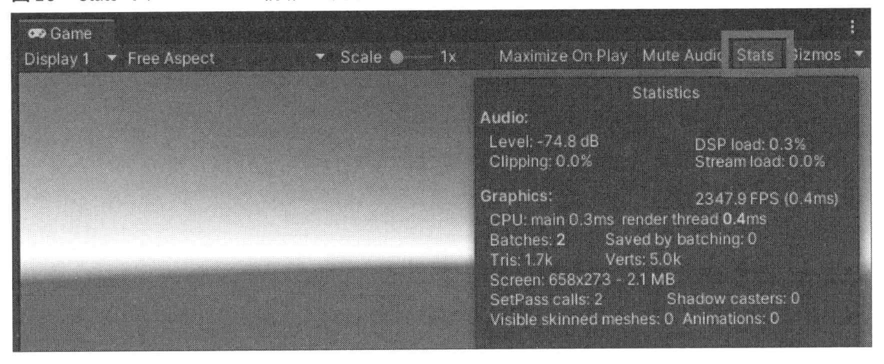

Project SettingsのEditor設定にあるSprite PackerのModeしだいでアトラス化されなかったり、アトラス化されるタイミングが限定されます。うまくアトラス化されないときは、Always Enabledにしておくとよいでしょう(**図21**)。

図20　Sprite Atlas

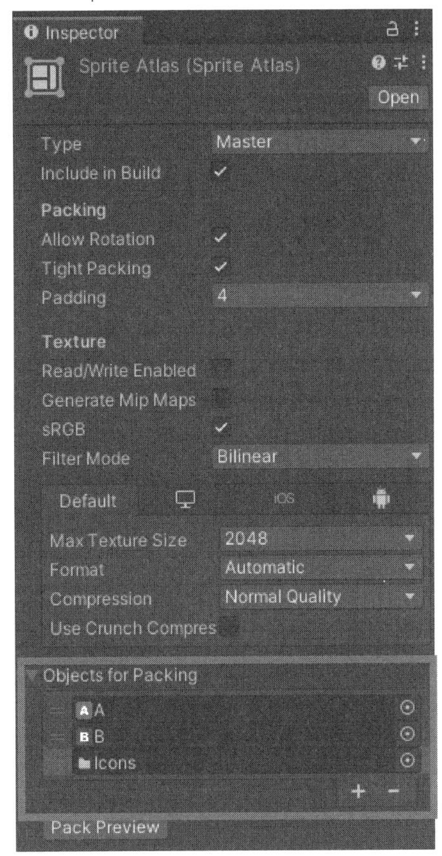

◉ドローコール分割を抑える

Imagesオブジェクトが複数個Canvas内に表示されていても、それらがSpriteAtlas内のSpriteであれば1回のドローコールで描画されるため、ドローコール数を抑えることができます(**図22**、**図23**)。しかしUI配置しだいでは画面内に同一アトラス内のUIを配置しても、ドローコールが分割されてしまうことがあります。以下にその例を解説します。

図24のAとBが同一アトラスのSpriteである場合は1つのドローコールにまとめられ、本来Batchesが4のところが3に抑えられます。

しかし**図25**では、AとBの入っているアトラスとは別のリソース(Textや別アトラスのSprite)であるCが、2つの表示の間に挟まれるような配置になっています。この場合、A→C→Bという順で描画するほかなくなり、AとBのドローコールが分割されて

図21　Sprite Atlas機能を有効化

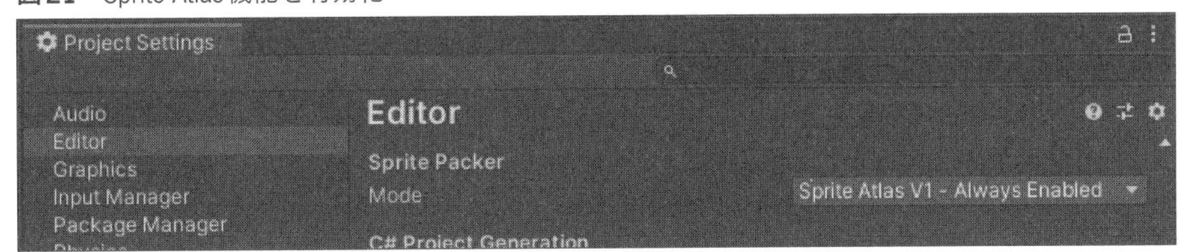

しまいます。その結果、BatchesがCのぶん1つ増えて3で済むはずが5まで増えてしまいました。

図26のようにHerarchy上は間に配置されていても、2つのSpriteの両方の表示領域に重なっていなければA+B→Cという順で描画されるため、ドローコール数はまとめられます。FrameDebuggerでドローコールが分割される原因を見ながら、アトラスの特性にあったUI構造にすることで、よりドローコール数を抑えることができるでしょう。

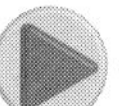 使用マテリアルの数を抑える

一般的にゲーム中に表示されるMaterialの種類が多いほど、ドローコール数が多くなります。特に理由がなければやらないと思いますが、テクスチャやカラーの設定が同一のMaterialを複数用意して別々に使うことは避けましょう。

◎ マテリアルの自動インスタンス化に注意

もう一つ注意点として、ゲーム中にRendererが持つMaterialにスクリプトからアクセスすると、対象のMaterialのインスタンスが自動的に作成されます。これを知らずにMaterialのプロパティを変更すると、「いつの間にかドローコール数が増えていた」ということになりがちです。

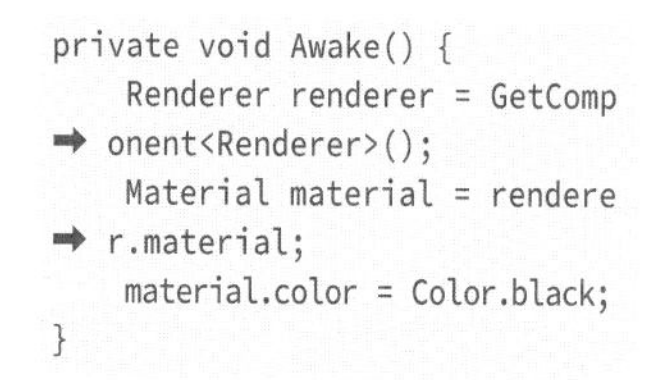

```
private void Awake() {
    Renderer renderer = GetComp
➡ onent<Renderer>();
    Material material = rendere
➡ r.material;
    material.color = Color.black;
}
```

たとえば上記のようなコードでは2行目の時点でRendererが

図22　Sprite Atlas未使用（Batches:6）

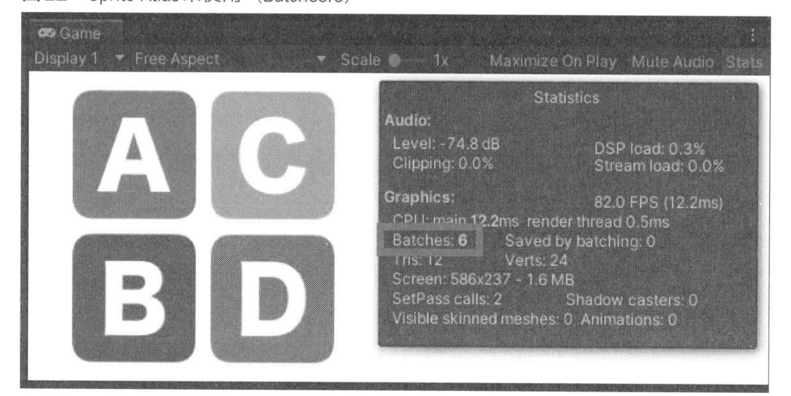

図23　Sprite Atlasを使用（Batches:3）

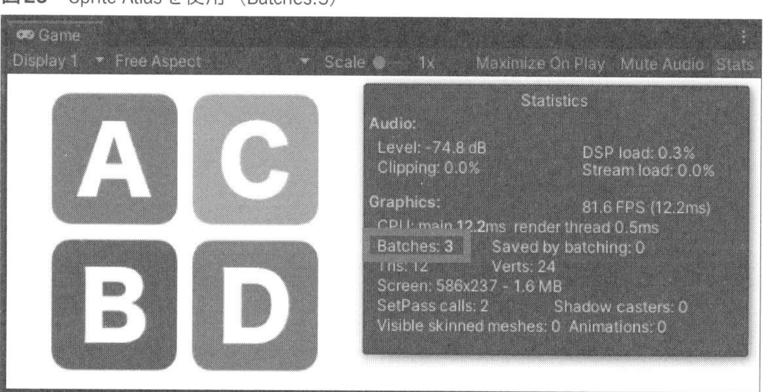

図24　ドローコール分割される例の検証❶

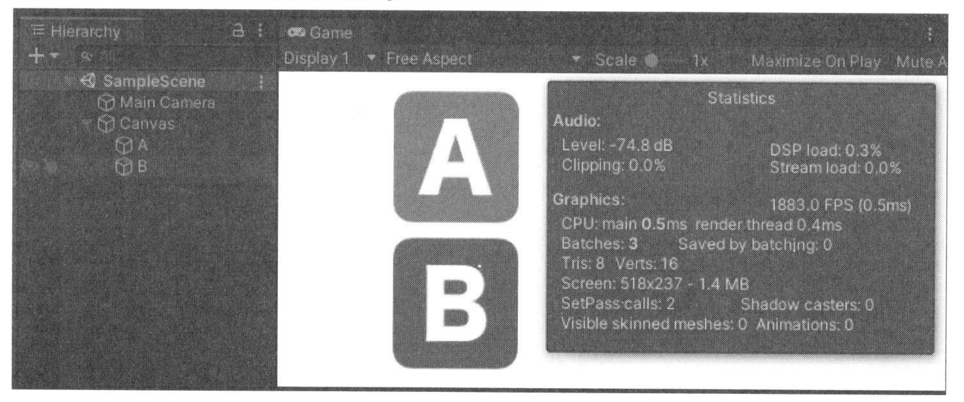

図25　ドローコール分割される例の検証❷

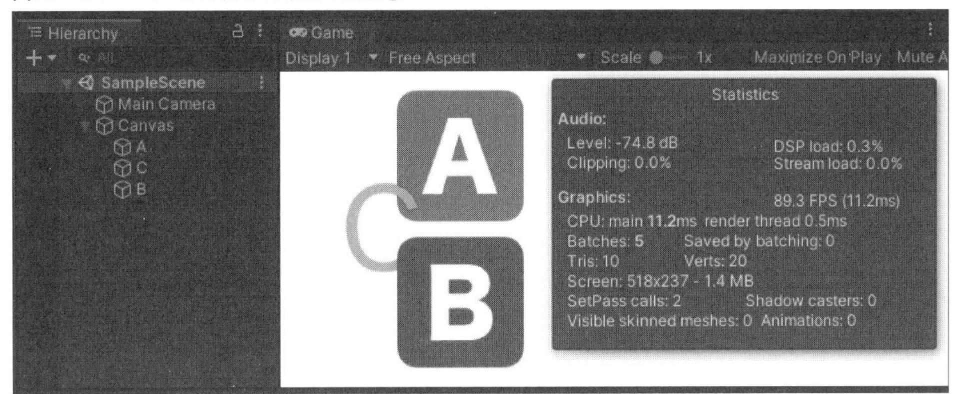

図26　ドローコール分割される例の検証❸

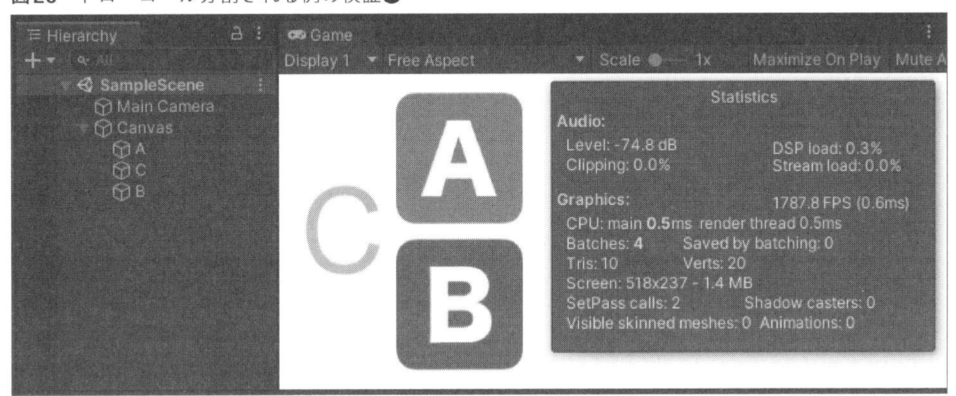

図27　Materialのインスタンス化

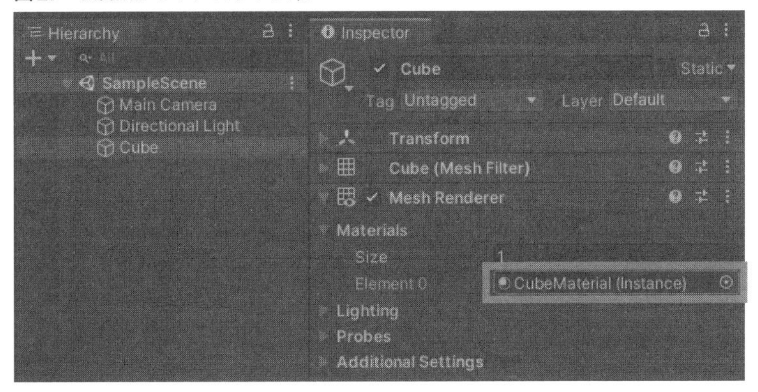

持つ`Material`をインスタンス化されて、オリジナルのファイルとは別な`Material`が`Renderer`に設定されてしまっています。

InspectorウィンドウでRendererのMaterialsの欄を見るとマテリアル名に(Instance)という文字列が追加されていて、インスタンス化されたことがわかります(**図27**)。

これの最大の問題はMaterialのColorなどのパラメータをもとに戻したとしても、別なMaterial扱いになるという点です(**図28**、**図29**)。複数体表示されているオブジェクトが同一のモデル／同一のMaterial設定でも、ドローコールが分かれてしまいます(Stats内のSetPass callsが増えています)。

◉インスタンスを増やさないマテリアル変化

これを避けるには、sharedMaterialメンバでMaterialにアクセスすることです。

```
private void Awake() {
    Renderer renderer = GetComponent<Renderer>();
    // sharedMaterialでMaterialを取得
    Material material = renderer.sharedMaterial;
    material.color = Color.black;
}
```

上記のようなコードなら、ローカル変数materialへの代入時にRendererが持つMaterialがインスタンス化されません。しかし、これも問題があります。sharedMaterialはRendererにアタッチされているMaterialの元データへアクセスしているため、同じMaterialを持つモデルにも影響が出てしまいます。

解決方法として下記のような方法が挙げられます。

```
private Material _originMat;
// InspectorでのResources.Loadで
// 黒くしたマテリアルを参照させる
public Material _blackMat;

private void Awake() {
    Renderer renderer = GetComponent<Renderer>();
    // オリジナルのマテリアルをsharedMaterialで取得
    _originMat = renderer.sharedMaterial;
  // 表示を黒くする
  SetBlackMaterial();
}
private void SetBlackMaterial() {
  renderer.sharedMaterial = _blackMat;
}
// 元のマテリアルに戻す
private void ResetMaterial() {
  renderer.sharedMaterial = _originMat;
}
```

表示を黒くする場合はあらかじめ用意したColorに黒を設定したマテリアルを用意して、それを参照させるというものです。sharedMaterialの参照先を変えるだけなので、元データのMaterialにも、同じマテリアルを使っているモデルにも影響が出ません。

バッチングを働かせる

3Dモデルは設定の条件をそろえると自動的にバッチング(描画をまとめること)が働き、ドローコール(Batches)の削減が期待できます。バッチングには静的バッチと動的バッチの2パターンあります。

図28　Material共通（SetPass calls:2）

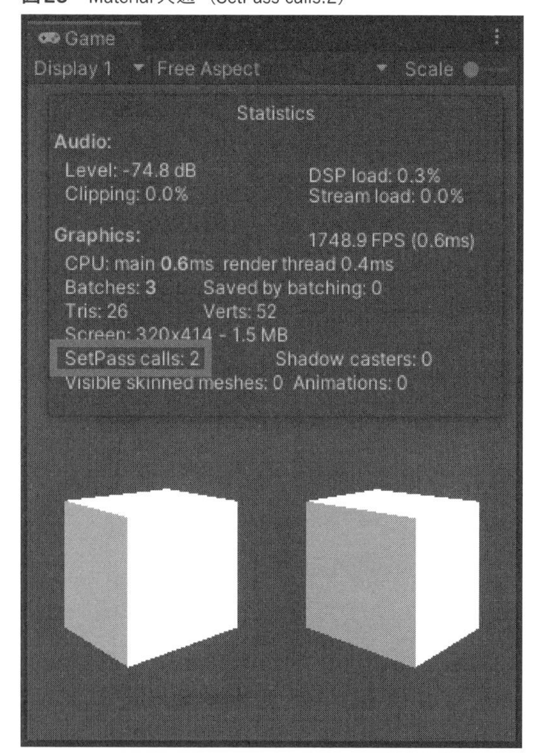

図29　Materialインスタンス化（SetPass calls:3）

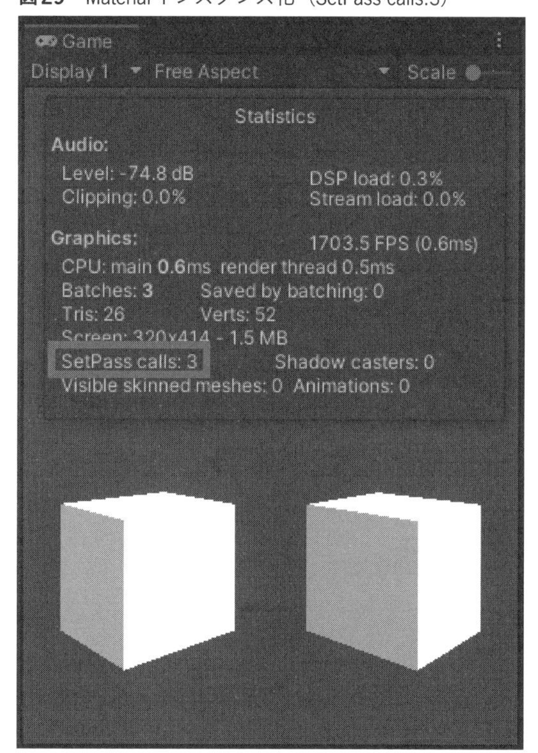

- **静的バッチ：ゲーム中動かさないことが担保されたオブジェクトを大きなメッシュと結合して高速で描画する**
- **動的バッチ：頂点数が少ないモデルが対象で、条件がそろえばゲーム中に動くモデルでも群にして一括で描画できる**

◉静的バッチ

静的バッチの条件は、対象のモデルがStaticオブジェクトとして設定されていることと、同一のマテリアルを共有していることです。

モデルAとモデルBが同じMaterialを共有しているとき、Staticオブジェクトとして設定されていない場合は、Batchesが3となっています(**図30**)。

両方をStaticオブジェクトとして設定すると、Batchesが減りました(**図31**)。モデルの数が多いほど効果が高いため、背景などのパーツ数が増えがちで動かないモデルはできる限りマテリアルをまとめ、Static設定を忘れないようにしましょう。

◉動的バッチ

静的バッチの条件がシンプルな一方、動的バッチはやや複雑です。

- **同じMaterialを使っている**
- **トータル頂点数が300以下のモデルのみが対象**
  Materialに使用しているシェーダーがStandardやDiffuseのようなシンプルなものでなければ、さらに制限が厳しくなる
- **1回でバッチングする頂点数が一定数以上になると、バッチングが分割される**
  制限値はプラットフォームによって変わるが、3万～6万程度のようである
- **Scaleに-1のような負数を入れて表示を反転しているようなモデルと、反転していないモデルはバッチングされない**
- **マルチパスのシェーダー(複数の描画結果を使って表示するシェーダー)はバッチングを阻害する**

このようにシェーダーに関する知識も必要になってくるため、ここでは詳しい解説を省略します。Staticにしない(できない)オブジェクトのバッチングを期待するために、できるだけ以下のことを意識すると

図30　静的バッチが無効な状態（Batched:3）

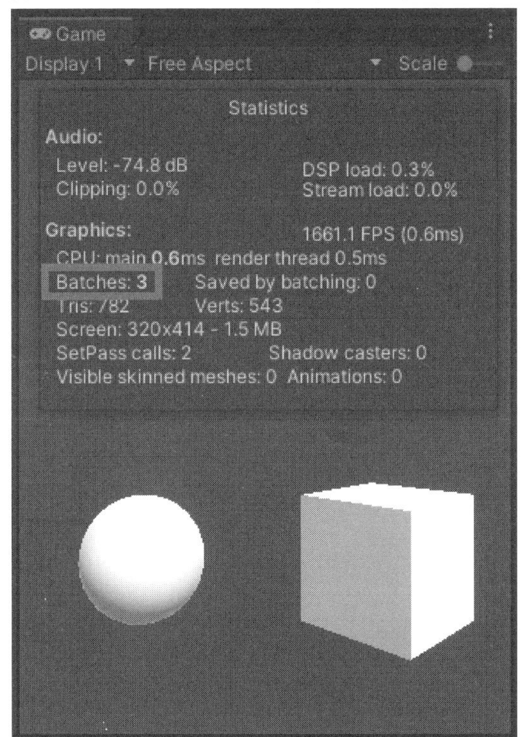

図31　静的バッチが有効な状態（Batched:2）

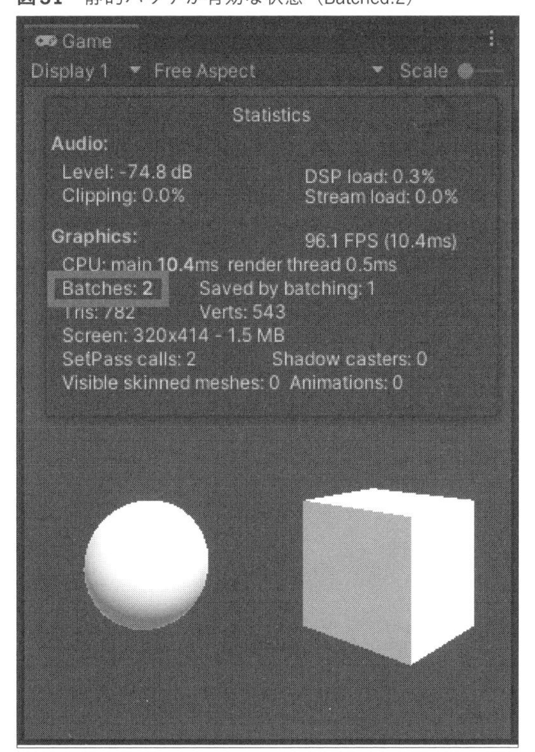

図32　ディザリングによる半透明表現

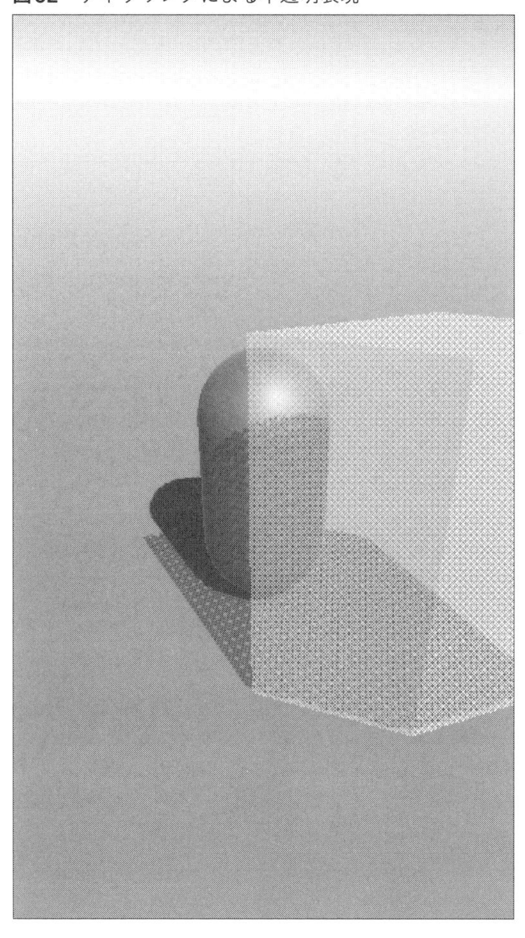

よいでしょう。

- **大量に表示する必要があるオブジェクトは、頂点数の少ないシンプルな形状のモデルを使う**
  たとえばUnity標準のSphereやCapsuleは意外と頂点数が多く、500頂点以上のモデルであるため、動的バッチの対象外
- **シンプルな（頂点数の少ない）モデルを大量に表示するときは、できるだけ共通のMaterialを設定する**
  たとえばコインやジェムのような、並べて配置することが多いものが対象になる
- **シンプルなモデルを大量に表示するとき、モデルのScaleに負数を入れて表示を反転させるのは避ける**
- **シンプルなモデルを大量に表示するとき、DiffuseやUnlitのようなシンプルなシェーダーを使う**
  どうしてもリッチなシェーダーを使うときは、次節で紹介するLODというしくみを使うとよい

より細かい負荷削減

ここまでは、GPU負荷が大きく膨らむことを避けるための最低限の設定について解説しました。この他にもGPU負荷を削減する方法はあります。代表的なものを紹介しましょう。

ポリゴン数を減らす

ポリゴン数が高いモデルはGPU負荷に影響します。実際の端末サイズの画面＋ゲーム内でのカメラ距離で、アラが目立たない程度の適切なポリゴン数に抑えましょう。

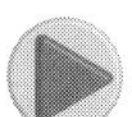半透明のモデルを減らすorなくす

StandardシェーダーのFadeをはじめとする半透明のシェーダーは、GPU負荷が重くなりがちです。また、描画順の管理が難しく、表示が破綻するバグの原因になることもあります。できるだけ半透明の表示になるモデルは少なくしましょう。

どうしても半透明のシェーダーが多くなる場合は、ディザリングと呼ばれるトーン表現を使った半透明表現を使うとよいでしょう（**図32**）。純粋な半透明に比べると少しアラが見えますが、最近のハイクオリティなコンシューマゲームでも使われている表現で一般的になりつつあるように思います。

実現のためにはシェーダーの領分の知識が必要になるため解説を割愛しますが、「ディザリング　シェーダー」のキーワードで検索すると情報がたくさん見つかります。シェーダーまで手を伸ばして負荷を落としたい方は、ぜひ試してみてください。

画面内に映らないUIの負荷

3Dモデルはフラスタムカリングと呼ばれるカメラの最適化機能によって、視野角の範囲外のオブジェクトは自動的に描画対象から外されます。しかし、Canvas上の2Dオブジェクトは画面外にあっても変わらず、描画処理が呼ばれます。

HPゲージ／名前／照準など3Dオブジェクトを追従して表示するようなUIや、画面の淵にスライドインするウィンドウやボタンなどはCanvas外でも表示したままにしがちです。これらは漏れなく画面外の

ときに表示コンポーネント(Imageなど)のEnableをOFFにしておきましょう。

LOD

LODとはLevel Of Detailの略称で、距離によってオブジェクトの表示のクオリティを変えるしくみです。これはUnityのコンポーネントとして用意されていて、表示オブジェクトの親にLOD Groupコンポーネントを追加することで簡単に実現できます。

LOD Groupコンポーネント内に、LOD 0、LOD 1、LOD 2、Culledの4つのレベルが表示されています(**図33**)。0、1、2の順にレベルが大きくなるほどカメラから離れたとき用の表示として扱われ、Culledの距離まで離れると非表示になります。

各レベルで表示するためのモデルを、LOD Groupコンポーネントを持つオブジェクトの子として配置しましょう。LODレベルごとの表示は、各レベルにオブジェクトをドラッグ&ドロップすることで割り当てられます。今回は例として、LOD 0は「Capsule」、LOD 1は「Cylinder」、LOD 2は「Cube」のYのScaleを2にした長方形として設定しました(**図34**)。

この状態でSceneビュー、もしくはGameビューでLOD Groupコンポーネントを持つオブジェクトとカメラの距離を近付けたり遠ざけたりすると、距離に応じて表示のクオリティが変化することが確認できます(**図35**)。例の設定は近距離ではポリゴン数の

図33 LOD Groupコンポーネント

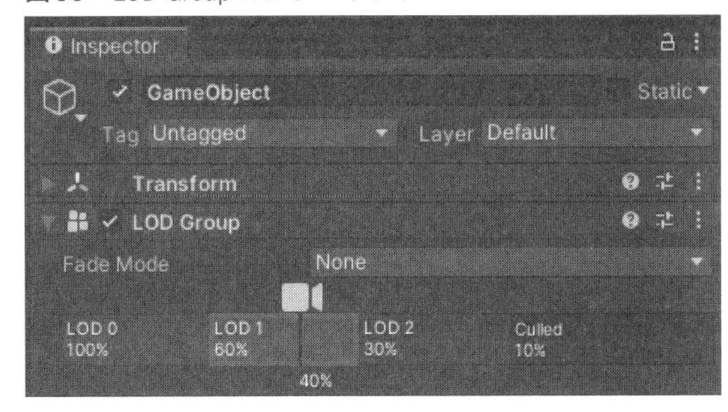

図34 LOD Group設定例

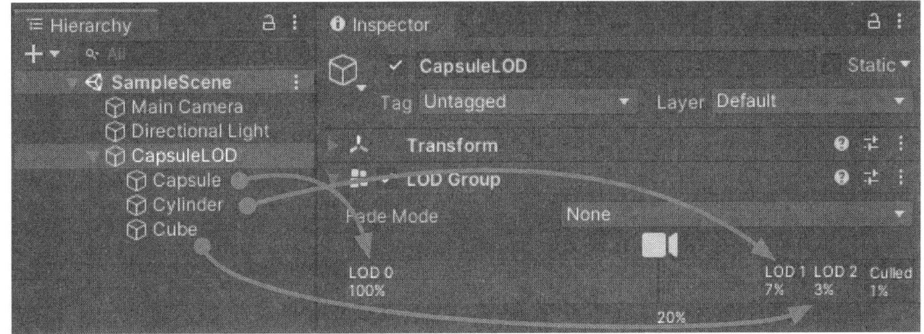

図35 LODによる距離ごとの変化

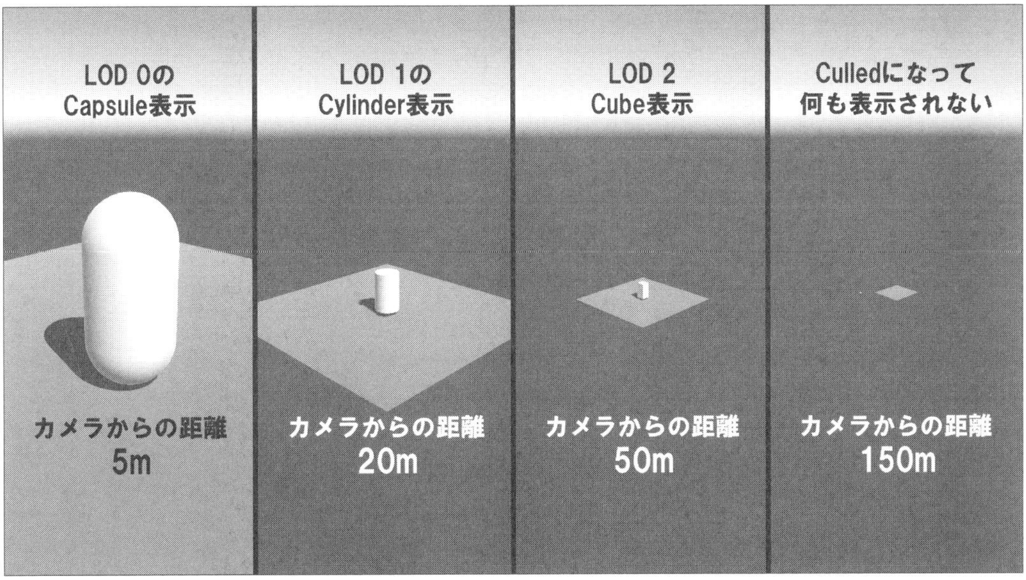

LOD 0のCapsule表示
カメラからの距離 5m
LOD 1のCylinder表示
カメラからの距離 20m
LOD 2 Cube表示
カメラからの距離 50m
Culledになって何も表示されない
カメラからの距離 150m

高いCapsule表示になりますが、離れるごとにポリゴン数が減って最後にはCubeの長方形になります。さらにカメラを遠ざけると、Culledレベルまで離れたタイミングで表示が消えることが確認できます。

LODはポリゴン数の大小を分ける以外にも、シェーダーの種類を分けて近距離ではバッチングできない複雑なシェーダーを割り当て、遠距離ではDiffuseやUnlitのようなシンプルなシェーダーを使うことで描画負荷を下げるような使い方もできます。

広いフィールドを使うほとんどのゲームでは、LODを使ってうまくクオリティを守っています。普段プレイするゲームでどのような工夫がされているか、遠くの表示物に注目してアイデアを盗むのもおもしろいです。

負荷軽減をしても目標FPSに満たない場合

CPU負荷／GPU負荷もできる限りの手を尽くして、それでもFPSが目標に満たないこともあると考えられます。その場合はアプローチを検討しましょう。

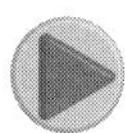

画質モード選択メニューの用意

ユーザーの任意設定で動作や表示のクオリティを変化させる方法です。市場のゲームでも設定画面でFPSや画面の解像度、ポストエフェクト(画面効果)の有無、エフェクトの高品質／低品質を選択できるようになっているものが増えてきています。端末のスペックを加味して自動的に初期設定をしているタイトルもあります。

第1章でも解説したとおり、スマートフォンの変化は非常に早く、1、2世代変わるだけでもスペックに大きな差があります。設定の切り替えによって適切なクオリティでゲームを提供するのは、プレイできる端末の幅を広げるうえで必須となるでしょう。

このメニューを適切に用意するためにも、どの機能や表現がFPSとトレードオフになるかを把握して開発することが大切です。

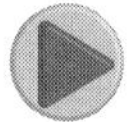

最低スペック端末の基準を上げる

第1章で設定した「最低基準スペックに選んだスマートフォン」のランクを上げるアプローチです。古い世代の端末のユーザーを足切りすることになるため、できれば避けたい方法ですが、プロジェクトの目指すゲームのクオリティと天秤にかけて判断しないといけないこともあるかもしれません。

- **どのくらい上の世代の端末なら、クオリティを担保したまま目標のFPSが実現できるか**
- **足切りした端末はどのくらい前の世代のもので、サポート外になるユーザーはどのくらいいそうか**

などの情報をもとに、ディレクターやプロジェクトマネージャーと相談して決断しましょう。

仕様の調整

負荷に関わる処理や表示を制限するアプローチです。一度に表示するオブジェクト数を制限したり、画面外のオブジェクトのUpdateを止めたりという方法が考えられます。前者はプレイヤーが見られる情報が減るため、間接的にゲームバランスに影響します。後者はゲームの動作結果自体が変わるため、直接的にゲームバランスに影響します。

- **どの仕様を制限することでどのくらいのFPS向上が見込めるか**
- **ゲームバランスやユーザー体験への具体的な影響は何か**

という情報をもとに、プランナー／デザイナーとよく相談して妥協点を見つけましょう。

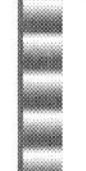

まとめ

第3章ではCPU負荷の削減、第4章ではGPU負荷の削減を解説しました。あらためて負荷削減の対応の流れをまとめると、以下のとおりです。

❶端末を決める
❷目標FPSを決める
❸負荷を測る
❹負荷を減らす
❺最終相談(目標FPS、仕様、端末スペック)

負荷削減はとても地道な作業で、デザイナーやプランナーなどほかの職種と折り合いを付けるのも非常に大変ですが、ユーザー体験の向上や表現の高クオリティ化に確実に効くやりがいのある仕事です。こだわりを持って突き詰めればきっとゲーム品質の底上げができるでしょう。1フレームに全力を！

PART 6

3Dゲームのための絵作り

住田直樹

SUMIDA Naoki
㈱ QualiArts

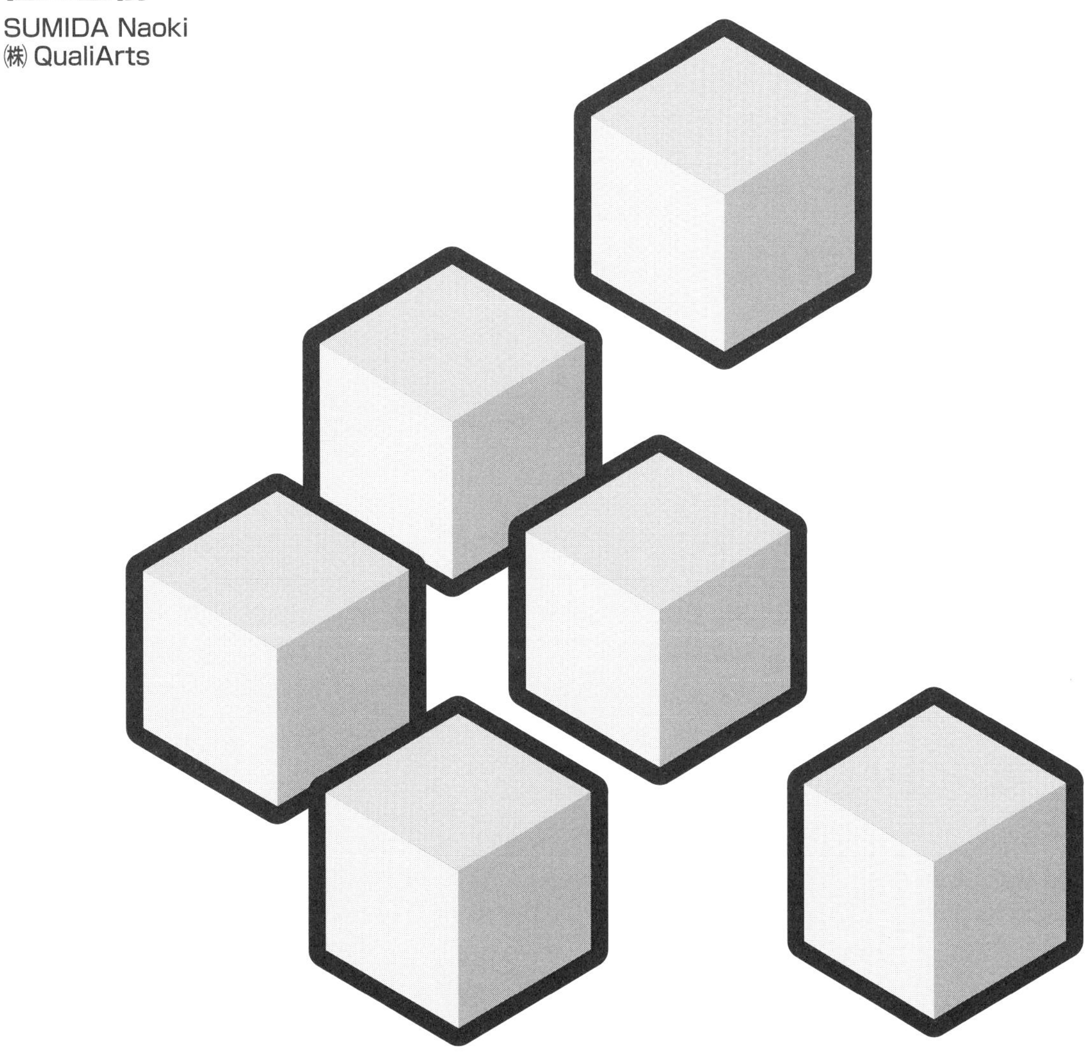

第1章

Unityにおける絵作り

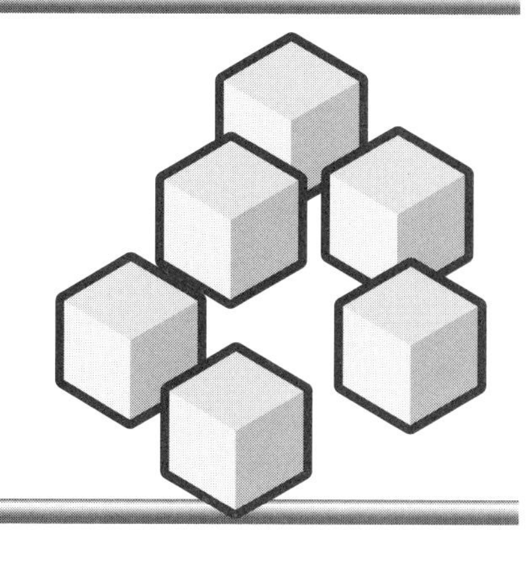

Unityにおける絵作りとは

ゲームを制作するうえで、そのテイストに合わせた絵作りはとても重要な要素の一つです。光の当たり方や影の付け方、質感など、絵作りにおける細部のこだわりはゲームの完成度に大きく影響します。

たとえば水が舞台の作品であれば流体の質感や光の反射といった事細かな表現、洞窟が舞台の作品であればごつごつした岩肌や薄暗く肌寒そうな空間の表現など、ゲーム世界の描画における表現のこだわりはさまざまな部分で考えられます。昨今ではゲームのグラフィックの質も上がってきて、そういった絵作りについてこだわりが見られる作品も多くなってきました。実写さながらの質感や光の効果など、ハイエンドな表現がゲーム世界の描画に取り入れられています。

しかし、本来こういったハイエンドな絵作りをフルスクラッチで作り上げるのはとても手間がかかるうえに専門知識を要するため、多くの工数がかかる作業になってしまいます。そこで、Unityではさまざまな絵作りを行ううえで役に立つ機能や設定が多く備わっており、少し手を加えるだけでも見た目に変化を与えることができます。GUIベースの設定画面によって調整のできるものや、コンポーネントやオブジェクトとして提供されていて単純に使用するだけで効果を発揮するものもあり、多くのスクリプトを書かずとも描画におけるいろいろな表現を取り入れることができます。

このPartでは、Unityにおける絵作りを行ううえでどのような機能や設定を活用するのか、4つの主要な要素に分けて章立てて説明を行っていきます。Unityでどのようなアプローチを行って絵作りを行うのか、その基礎的な知識やアプローチを学ぶPartとなっています。

絵作りを行うための主な要素

このPartではUnityでの絵作りを行ううえの主要な要素として材質、直接光、間接光、影の4つの項目を挙げ、第2章から第5章でそれらの説明と活用法を説明します。

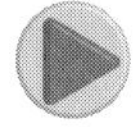材質

生活の中でさまざまな物体を目でとらえる際、私たちは目に映った物体に対して、その材質の情報と知識を照らし合わせて物体の実態を想起します。たとえば毛皮や布、シルクなどの柔らかそうな材質、岩やプラスチックなどの硬そうな材質といったように、材質の見た目によって触覚に関する情報を補完できます。

また、金属であれば金属光沢や色合い、ガラスであれば透明感や光の屈折など、特徴的な情報を持った材質はその物体自体の性質の情報を補完することもできます。金や宝石など、きらびやかな材質であればその物体の希少価値に関する情報の補完も可能です。このように、材質とは視覚的情報だけでもさまざまな情報を伝えることが可能な重要な要素になります。ゲームのビジュアルを構成するうえで、そういったゲーム内オブジェクトの材質をこだわることは伝える情報量を豊かにし、大きなクオリティアップにつなげることができます。

Unityではこういったオブジェクトの質感をマテリアルという項目で設定します。色やテクスチャなど、

オブジェクトに適用させるさまざまな見た目の要素をカスタムできます。

図1は何の設定もしていない球と、金属的な材質のマテリアルを設定した球を並べて比較した図です。左の球は何の変哲もないUnityのデフォルトの球で白い色の情報だけが認識できますが、右の球には金属のような色や光沢が施されており、硬い質感を思い浮かべることができます。これはマテリアルと呼ばれるオブジェクトの見た目を制御する機能を使って、金属感のある見た目を調整した効果によるものです。

第2章では、このようなUnityでの材質の演出について、マテリアルの作り方から具体的な例を用いた設定の適用を行う部分まで説明します。

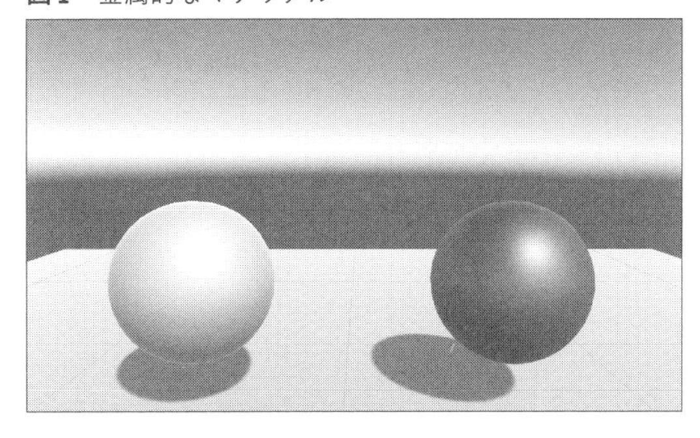

図1　金属的なマテリアル

 直接光

私たちの生活の中には、さまざまな場所にその場を照らす光が存在します。外に出れば日光が空間全体を照らし、街灯などの局所的に配置された光もその周囲を照らしています。室内であれば天井や机に配置された明かりや、スマートフォンやテレビといった液晶など、多くの光が空間に存在し、その周囲を照らしています。そして空間上にある物体は、さまざまな光源から照らされて、私たちの視認する情報を形成しています。ゲームの空間を形成するうえでよりリアルな絵作りを心がけるには、そういった光源の効果を矛盾なく反映させることが大切になってきます。

UnityではLightという光源のオブジェクトを配置することで、空間を照らすことができます。照らされた部分は、前述のマテリアルを考慮して明度や色合いが変わったりと、その光源からの効果が反映されます。光を要する場面において、Lightを駆使して直接光の効果を加えることで、表現をより確からしいものに仕上げることができます。

図2は何もLightについての設定をしていない球と、実際にLightで照らした球を並べて比較した図です。並んでいる2つの球に対して、右側の部分が白く発光しており、何らかの光に照らされていることを見た目から感じ取ることができます。そして右の球は上からの光に照らされて、上部が光の色を帯びた明るい見た目になっています。これはLightを右側に配置したことによって現れた効果です。Lightは空間全体を明るくする照明としても大切ですが、このように物体を照らすという表現を行う際にも必要なオブジェクトです。

図2　Lightで照らされたオブジェクト

第3章では、このようなUnityにおける直接光の演出について、Lightのオブジェクトの作り方から具体的な例を用いた設定をする部分まで説明します。

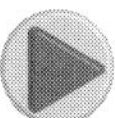 間接光

前述の直接光とは光源からの直接光についての効果を意味しますが、間接光とはその光源からの反射光や、周囲の環境がもたらす光による効果を意味します。反射光の例として、日当たりのよい窓のある部屋があります。窓から入射してくる光に対し、その方向から照らされるであろう窓の付近や正面だけでなく、部屋全体が壁や家具の色味を帯びて明るくなります。これは窓から入射してきた光が部屋のさまざまな部分で反射し、間接光となって結果的に部屋全体を照らすからです。

また、空などの周囲の環境も物体の見え方に影響します。空間全体の背景となるのはもちろんですが、その空間上にある物体そのものの見た目に影響することもあります。たとえば快晴の空であれば青い空

図3　映り込みを適用させたオブジェクト

図4　影を適用させたオブジェクト

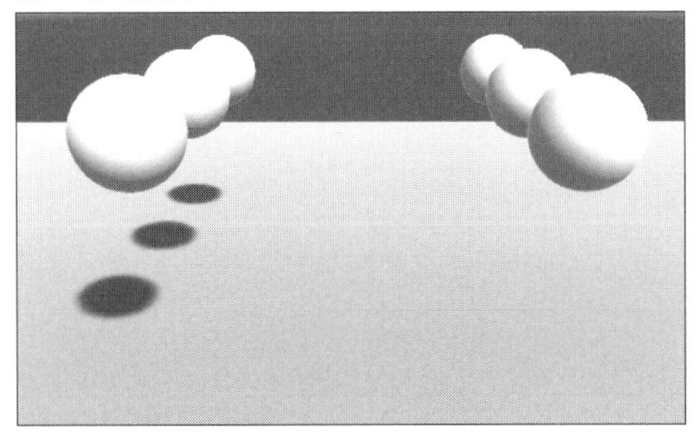

の色、夕焼けならばオレンジの夕焼けの色など、空間上の物体の見た目に対して映り込みという形で影響を与えます。

Unityには Skyboxという、ゲームにおける空間の背景となる環境光の設定が存在しており、前述の空のような取り巻く環境の見た目を調整できます。標準では青い空のような見た目となっており、周囲の空間全体に描かれています。また、このSkyboxについては環境の背景としての絵作りはもちろんのこと、間接光として、その環境の映り込みまで制御できます。

図3は環境光の映り込みについて何も設定をしていない球と、環境光の映り込みの設定を適用させた球を並べて比較した図です。左側の球に比べて右側の球には表面に空の模様が映りこんでおり、球状の鏡のような見た目になっています。これは右側の球について、映り込みの度合いが高くなるように調整した結果です。間接光による影響をそれらしいものにすることは、絵作りを行ううえでオブジェクトの存在を確からしいものにします。このSkyboxをはじめとして、Unityには間接光やその環境を調整する設定が用意されており、これらの影響をどのように空間上に及ぼしていくかをGUIベースで調節できます。

第4章では、このようなUnityでの間接光の設定について、光の影響する環境設定や空のように全体を覆う空間の絵作りをどのように行うかを説明します。

影

ゲームの絵作りを行う際、前述の直接光や間接光といった光の効果を考えていくうえで、同様に大切になってくるのが影の効果です。影は物体を視認するうえで空間や奥行の情報を補完するものです。三次元的な環境下で物体を正しくとらえるうえで、影の情報はとても大切なものになってきます。

図4は影を適用させた球を並べた列と、影を表示していない球を並べた列を比較した図です。右側の列に比べて左側の列の球には影が付いており、遠近感が把握できます。こういった影の情報によって、プレイヤーは空間情報をより事細かにとらえることが可能です。逆に影の情報がない奥行きを含むゲームでは、位置関係などをうまくプレイヤーに伝えられず、こちらが伝えたい情報がしっかりと伝わらないという問題も発生します。影は、正しく高品質な情報を伝えるうえでとても重要です。

Unityでは標準で光源に対する影が描画されていますが、その影の描画について設定やスクリプトで調整できます。シャープな影や柔らかな影といった表現もそうですが、解像度や描画形式などを調節することで負荷のチューニングをすることも可能です。また、先ほど例に挙げた球の図のように、影を表示しないといった調整も可能です。

第5章では、Unityにおける影について、負荷のチューニングや見え方をどのように調整するかを説明します。

第2章

材質の設定

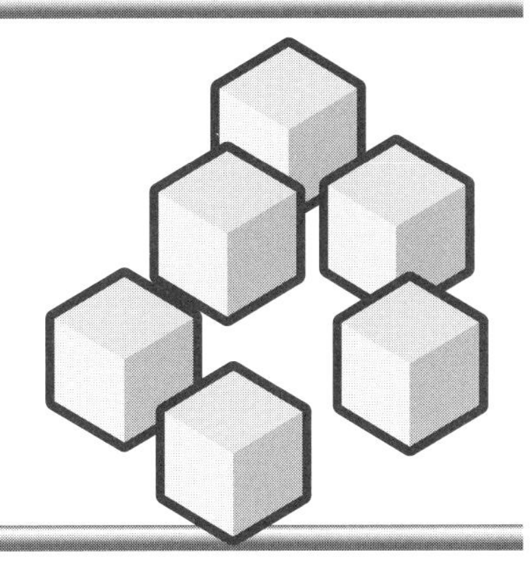

Unityにおける材質の絵作りとマテリアル

Unityにおいて、オブジェクトの材質などの見た目の設定を行うのがマテリアルです。第1章でも説明したように、描画するオブジェクトにマテリアルを設定することで、色やテクスチャなど、適用させるさまざまな見た目の要素をカスタムできます。

本章では材質の絵作りにおけるマテリアルの基礎知識とその操作方法、またその基本的な設定項目について解説をします。

マテリアルとシェーダー

マテリアルの使い方について説明する前に、まずマテリアルとはどういう機能なのかについて説明します。

マテリアルとは、シェーダーという実際の描画情報を記述したスクリプトをアタッチし、シェーダーに渡すパラメータをマテリアルの設定上で調整することでオブジェクトの見た目を形成できる機能です。シェーダーでは頂点情報やピクセルの色など、画面上に描画を行ううえで必要な数学的な演算処理を記述します。

本来であれば描画するうえでの見た目のカスタムはシェーダーを記述し、それをコントロールするスクリプトを記述することで行うのですが、それをわかりやすくInspectorウィンドウのようなUnityのGUIベースの操作で調整できるようにしたのがマテリアルという機能です。

マテリアルにシェーダーを設定してオブジェクトに適用させることで、そのシェーダー内の変数をマテリアルのコンポーネント側から調整して見た目を形成できます。シェーダーに関してもUnityでは標準のシェーダーが用意されているため、ある程度の調整はマテリアルの操作だけで完結できます。もちろん独自でシェーダーを記述し、マテリアルに適用させてオリジナルの見た目の調整をすることも可能で、絵作りを考えていくうえでとても重要な機能です。

マテリアルの作り方

まずはマテリアルの作成から説明します。マテリアルを作成するには、エディタのProjectウィンドウの上で右クリックを行い、「Create→Material」を選択します。

図1が前述の手順をもとに実際に作成を行う様子

図1　マテリアルの作成

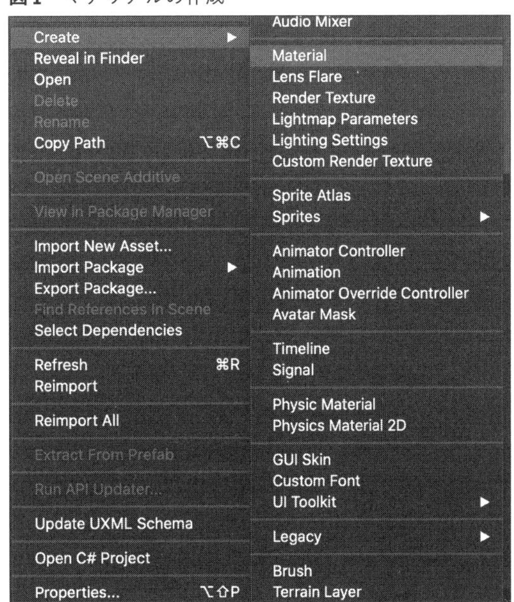

図2　マテリアルのProjectウィンドウ

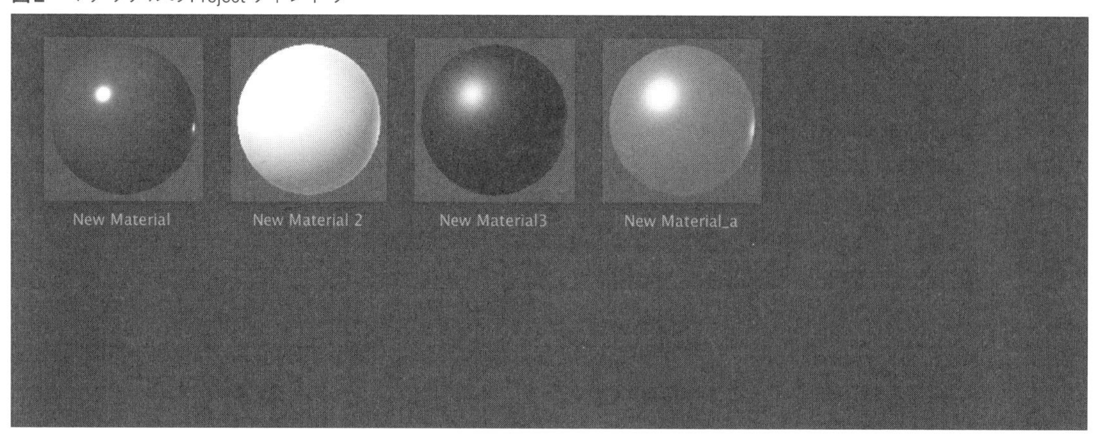

です。マテリアルが自動で作成され、Projectウィンドウに表示されます。

図2が作成されたマテリアルのProjectウィンドウです。図を見てわかるとおり、マテリアルのアイコンは、そのマテリアルが形成する見た目を表します。

前述したように、マテリアルには対応するシェーダーが必要ですが、作成した時点では自動的にUnityのデフォルトのシェーダーであるStandard Shaderが設定されています。

次にこのマテリアルをオブジェクトに適用させる手順を説明します。本章では例として球を描画するオブジェクトを生成し、その球のオブジェクトに対してマテリアルの適用を行います。Sceneビュー上で右クリックを行ったあとに「Create→3D Object」を選択し、Sphereのオブジェクトの生成を行います。このSphereが前述の球を描画するオブジェクトに相当します。

Unityにおいてワールド上に描画されるオブジェクトは、Rendererというコンポーネントを持っています。たとえば前述で使用したSphereのオブジェクトであれば、Mesh Rendererというポリゴンの集合を描画するコンポーネントが付いています。Mesh Rendererにはマテリアルを設定する項目があり、Inspectorウィンドウから設定をしたり、オブジェクトに直接マテリアルをドラッグすることで設定できます。

設定を行ったマテリアルのパラメータを変更することで、対応する描画物の見た目を変えられます。この見た目についてはランタイムではなくエディタ上で変更を行い、プレビューとして見ることも可能です。

マテリアルのパラメータと効果

次に作成したマテリアルについて、どのようにパラメータを調整するのかを説明します。本章ではマテリアルの入門ということで、シェーダーの記述は行わずに、デフォルトのStandard Shaderを適用したデフォルトのマテリアルについて、パラメータの効果まで説明していきます。

デフォルトのシェーダーということでカスタム性が乏しいのではと思われる方もいるかもしれませんが、Standard Shaderは高機能なシェーダーでさまざまな描画における要素を調整できます。

図3がStandard ShaderをアタッチしたマテリアルのInspectorウィンドウです。デフォルトのシェーダーではあるものの、多くの設定項目があることがわかります。それではそれぞれのパラメータの主な項目について、効果や活用法を説明していきます。

 Albedo

Albedoはマテリアルの色やテクスチャ、透明度を設定する項目です。Albedoと記された左の部分に適用するテクスチャをアタッチすることで、テクスチャをマッピングして描画に反映できます。また、右の部分はオブジェクトのカラーリングを設定する部分で、設定されたテクスチャカラーに対して乗算する色を設定できます。単色のマテリアルであれば、テクスチャを設定しなければ右で設定したカラー単色のマテリアルとなります。

また、カラーを設定する際のアルファ値を指定することで、特定のRendering Mode（Opaqueでない Rendering Mode）におけるマテリアルの透明度を設定できます。これに関してはテクスチャにアルファチャンネルを適用させた場合も同様で、テクスチャが持っているアルファ値をオブジェクトにマッピングして透過効果として適用できます。アルファ値の適用させ方は、次のRendering Modeの設定によってコントロールできます。

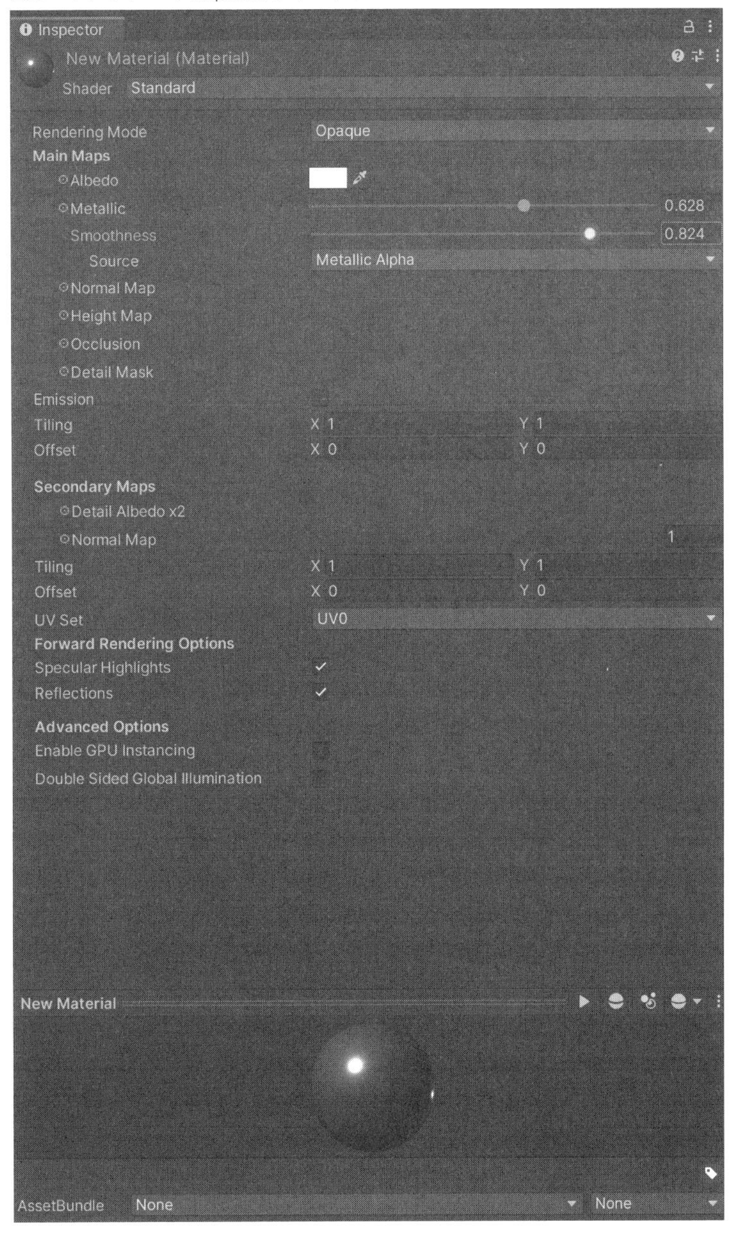

図3　マテリアルのInspectorウィンドウ

 Rendering Mode

Rendering Modeは、オブジェクトについて描画の方法の切り替えを行う項目です。Rendering Modeには4つの種類があり、どのような表現をするかによってこの項目を切り替えていきます。

では、4つのモードの効果について説明します。

◉ Opaque

Opaqueは透過表現を行わないモードです。Unityではデフォルトでこのモードになっており、一般的なオブジェクトの描画に用いられます。透過するガラスや液体など、特殊な描画が必要な場合でもない限りはOpaqueを使えば大丈夫です。逆に、それらの透過表現を使いたい場合にはOpaqueではなく、後述のモードを活用する必要があります。

◉ CutOut

CutOutは、完全に透明な領域、完全に不透明な領域という2つの領域を用いて透明な表現を行うモードです。

例としてフィールドを装飾する草花を考えてみましょう。フィールドに大量に配置しようとする場合、一つ一つそれらの形をポリゴンから生成していては手間がかかりますし、描画にかかるコストも増えてしまいます。そういった場合に、草花のテクスチャを二次元で画像として用意し、それを板のポリゴンに描画し、配置を行うといった手法はとても便利です。

図4　CutOutを用いた透過表現

図5　Transparentを用いた透過表現

図6　Fadeを用いた透過表現

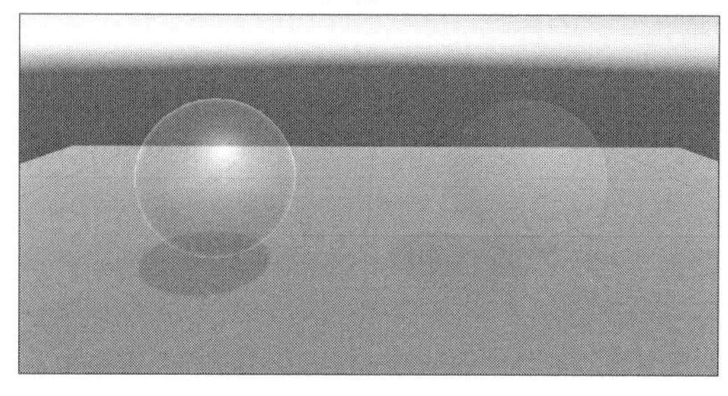

3Dのオブジェクトとして必要なものについては不都合が出る場合もありますが、フィールドや背景といった賑やかしを行う場合にはこうした切り抜き表現はとても有用です。

図4がアルファ値を含む縞模様のテクスチャをAlbedoに適用し、CutOutによって透明部分を切り抜いたものです。

使用する際には、適用するテクスチャについて透過度が適用されているものを用います。CutOutの場合はAlbedoの追加の設定項目としてAlpha Cutoffという項目があり、この設定を行うことで透過するアルファ値の閾値を設定できます。これによって設定した閾値以下のテクスチャの部分は切り抜かれて透明となり、描画したい部分だけを残せます。

この閾値を動的に変更することによって、切り抜かれていく様子を演出に用いるといった活用法も可能です。例としては画面の遷移や敵との遭遇など、パッと切り替わらずに勢いを持たせた遷移の演出を行いたいときなどです。こういったときには渦巻きの模様のテクスチャやギザギザな模様のテクスチャを使い、動的に切り抜きの閾値を変えることによって動きのある遷移を演出できます。

◉ Transparent

Transparentは透明な領域を描画するモードですが、CutOutとは違い、0から1の透明度をもとにオブジェクトを透過させます。Transparentで参照する透明度の値は、適用したテクスチャのアルファチャンネルやAlbedoのアルファ値を合わせて反映したものです。

図5は半透明なカラーをAlbedoに設定してTransparentにしたものです。薄く色が反映されており、球の背景が描画されています。また、ハイライトや周りの環境光などの効果に関しては透過することなく、はっきりと描画されます。透けるような表現や、そういった材質を表現する際にはTransparentを活用します。

◉ Fade

FadeはTransparentと同様に、数値化した透明度を用いて透過表現を行うモードです。

Transparentが環境光など光の効果をくっきりと透明部分にも適用していたのに対して、Fadeはそういった光の効果すらも透過します。現実空間では、よくガラスなどに光が当たってその部分だけ白光りするといった光の効果を目にしますが、そういった現実の物理法則に基づいた表現とは異なったものになっています。

図6はTransparentとFadeの球について、同じ透過度を適用させて並べたものです。左の球は

Transparent、右の球はFadeで透過表現を行ったものです。Transparentで透過表現を行っている球は輪郭の光やハイライトが写っているのに対して、Fadeで透過表現を行っている球は光の表現も透過度に合わせて薄くなっています。

ではどういった部分でこれらの違いを活かしてFadeを使うのかというと、オブジェクトのフェードインやフェードアウト演出だったり、ゲーム内での仕様による透過効果などです。フェードインやフェードアウトといった表現で光の効果に対して、透明度を無視して描画してしまうと、その部分だけ透過がかかっていない表現になってしまい不便です。そういったときにFadeを使うことで、光の効果にも透明度が反映され、違和感のない表現を行えます。

ゲーム内で透明になるキャラクターや演出を考えたときでも、Transparentでは光の効果を透過せずに受けてしまうためライティングしだいではくっきり見えてしまい、仕様に沿った透明の効果が得られないことがあります。そういったときにFadeを活用してライティング効果を透過度に合わせることで、確からしい透過効果をゲーム内で演出できます。

CutOut、Transparent、Fadeと3つの透過表現におけるモードを説明してきました。これらのモードを使い分ける場面としては、各項目でも紹介しましたが、透過表現を使う場面があります。テクスチャによる切り抜きを行いたいのであればCutOut、ガラスや水といった透明な材質の表現をしたいのであればFadeやTransparentなど、用途によって使い分けましょう。

ただし、特に三次元空間の表現において、透過表現はかなりコストのかかる処理です。過度な透過表現は描画が重くなる原因になりがちなので、表現を行う場面をしっかりと見極めることが重要です。

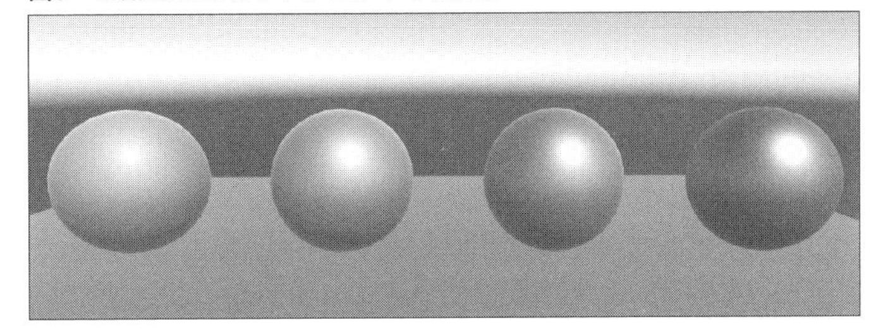

図7　Metalicによるオブジェクトの見た目

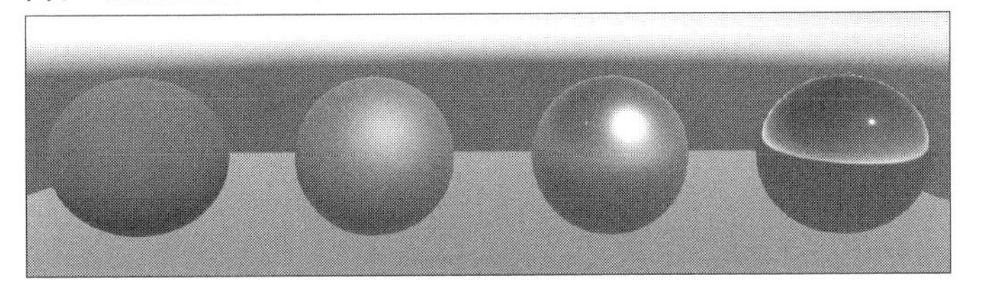

図8　Smoothnessによるオブジェクトの見た目

 Metalic

Metalicは、マテリアルの表面について金属的な度合いをコントロールする項目です。ここでいう金属的とは鏡面反射といったオブジェクトの光の反射表現だったり、周囲の環境光に対するオブジェクトへの映り込みなどのことを指します。こういった表現を行うのに使うのが、Metalicの項目です。パラメータとしてはMetalicとSmoothnessの2種類が用意されています。

まずMetalicですが、文字どおりマテリアルに対してどれだけ金属的な見た目の性質を適用するかの度合いです。Metalicの度合いが強ければ強いほど環境光の映り込みが大きくなり、オブジェクト自体の色は薄まっていきます。

図7がMetalicの値による比較の図です。左がMetalicを0に設定した球で、右の球になるにつれてMetalicを大きくしています。Metalicが0ならば周囲の環境に描画が左右されず、マテリアルで適用したカラーやテクスチャに準拠した見た目になります。逆に1であれば周囲の環境の写り込みをそのまま反映した見た目になっていることがわかります。

次にSmoothnessですが、物体の表面の材質における滑らかさの度合いを表します。Smoothnessが大きい値であればあるほど物体はツルツルした材質ということになり、光沢感を増した見た目になります。なんとなくSmoothnessを扱うのであればこの理解でよいのですが、より具体的にSmoothnessを説明すると、物体に適用される鏡面反射光、拡散反射光の効果に影響する値になります。Smoothnessの値、つまり材質の滑らかさによって、光がオブジェクトにもたらすハイライトの効果は変わってきます。

図8がSmoothnessの値による比較です。左がSmoothnessが0の球で、右の球になるにつれて

Smoothnessを大きくしています。違いとして注目したいのは、球の一点について光が照射されることで形成されているハイライトです。値の大きさに依存してハイライトは強くなりますが、その周囲への拡散光の範囲は狭くなっています。これは面に対して入射してきた光がどのように反射するかが影響しています。

滑らかな面については反射光について面の凹凸が少ないためその方向に差は出ませんが、荒い面においては入射してきた光がその凹凸によってさまざまな方向に反射していきます。ですので滑らかであればあるほど周囲への拡散反射光の範囲は狭く、またそれらが形成するハイライトの輝度は大きくなります。

これらの物理的な法則に基づいた反射や映り込みに関するパラメータは金属を作るときにも役立ちますが、ほかの材質を作る際にもその物理的な性質をとらえて絵作りを行うことで、より写実的な表現をできます。

Normal Map

Normal Mapは法線マップと言い、オブジェクトの凹凸の見え方をコントロールする項目です。法線とはそのポリゴンのベクトルの向く方向ベクトルのことで、すなわちポリゴンに対してその面に垂直なベクトルのことを指します。法線マップは、その三次元ベクトルをRGBの3値でマッピングしたもので、テクスチャの模様に従ってオブジェクトの表面の凹凸による陰影などの表現を適用させるために用います。

図9が法線マップとそれを適用したマテリアルを設定しているオブジェクトです。実際の模様のテクスチャは適用しておらず、陰影による色の効果だけを加えたものです。この図を見ると法線マップにしたがって凹凸の模様が反映されているのがわかります。

法線マップはあくまでも、表面の描画に凹凸の効果を足して反映させるものであり、実際の形状を変化させるものではありません。実際に形状そのものを変化させるにはどのようにすればよいか、というのが次の項目です。

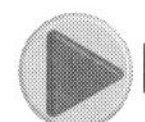

Height Map

Height Mapは視差マップと言い、オブジェクトの凹凸そのものをコントロールする項目です。

法線マップと与える効果が似ていますが、厳密には違います。法線マップの効果は、オブジェクトの表面に対して法線ベクトルから凹凸の影響を計算し、陰影などの視覚的効果を描画に加えるものでした。実際の形状自体は変化させず、見た目を立体的なものにするものです。しかし、視差マップでは実際にマッピングした凹凸に対して、テクスチャを適用するオブジェクト表面の形状を変化させます。

法線マップと視差マップの与える効果の違いは、法線マップおよび視差マップを適用させたオブジェクト表面を近くから角度を付けて観察してみるとわかります。

図10は図9で用いたテクスチャをも

図9　法線マップと適用したオブジェクト

図10　視差マップによるオブジェクトの見た目

とに、法線マップと視差マップによる効果を比較したものです。左が法線マップ、右が法線マップと視差マップで効果を与えたものです。右のほうが立体感が増しており、凹凸の効果が確からしいものになっていることがわかります。法線マップによる効果では形状に変化はないため、本来は凹凸によって物理的に遮られてしまうような部分についても描画されます。一方、視差マップでは表面の形状の変化があるため、遮蔽されるべき部分は遮蔽して表現されます。

このように視覚的に立体感のある表現を可能とする視差マップですが、一点注意しなければいけない点があります。それは実際のオブジェクトの形状自体が変化しているわけではないことです。あくまでもテクスチャをメッシュの表面に描画する際の領域をコントロールして効果を出しているだけで、モデルの内包するポリゴンデータを変化させているわけではありません。たとえばメッシュコライダーなど、具体的なモデルのジオメトリに依存する処理を内包しているコンポーネントは、この視差マップによる効果を受けないので注意が必要です。

Occlusion

Occlusionは、間接光がオブジェクトの見た目にどれほど影響を与えるかをコントロールする項目です。たとえばオブジェクトの見た目に関して、光を遮蔽するような部分があった場合にその部分についてのみ間接光の影響を下げたり、また演出の関係でエフェクトなどの間接光の影響を強めたりなど、絵作りにおける細かい光の効果の調整に用いられます。

この設定は法線マップや視差マップと同様に、具体的なテクスチャを用いて、影響の度合いをマッピングします。どれだけ間接光の影響を受けるかという度合いのマッピングなので、0から1の白黒の2値でマッピングされたテクスチャを用います。

Emission

Emissionはマテリアルの発光をコントロールする項目です。チェックボックスにチェックを入れることで、まず発光の効果が適用され、メニュー上に発光に関するパラメータが表示されます。

Colorは発光色を設定するパラメータです。HDRにおける色域でカラーリングを選択でき、また輝度の強さも調整できます。Global Illuminationのチェックボックスは、Global Illuminationの効果をどのように反映させるかを設定する項目です。

Global Illuminationは空間上のオブジェクトの描画について、直接光だけでない間接光や環境の及ぼす光学的な効果を考慮した描画手法のことを指します。照り返しや環境光、鏡面反射光など物理学的な多くの光学的要素を反映させたもので、よりリアリスティックな描画を可能にします。

この光学的な効果を反映させる方式について、Realtime、Bakedという2項目から設定を行います。

Realtimeはその名のとおり、ゲーム内の状況に合わせて動的にライティング計算を行います。状況に応じてランタイム計算を行うため、Global Illuminationの与える効果はよりリアルなものになります。

逆にBakedは静的なライティング計算を行うものです。ライティングを事前に計算してマッピングすることでゲーム内のライティング計算を抑えます。ゲーム内で動き回ったりライティングの状況が変わったりするオブジェクトに適用すると違和感が出てしまいますが、逆にゲーム内であまり動くことのないオブジェクトの場合はゲーム内の計算コストを抑えられます。

Bakedによるライティングの事前計算は、staticなオブジェクトについては自動で行われます。オブジェクトのInspectorウィンドウからstaticのチェックボックスを設定することで、Unityが自動的に計算をはじめ、プログレスバーに表示されます。

また、Emissionを有効にしているstaticなオブジェクトについては、ほかのstaticなオブジェクトについてその発光の効果の影響を反映できます。

図11は、暗い空間内にEmissionを有効にした球

図11　発光するオブジェクトとその周囲の影響

と、反映していないいくつかのオブジェクトを配置した図です。この図で配置されているオブジェクトはすべてstaticにしているため、球のEmissionによる光の効果がそれぞれに反映され、部分によっては掛け合わせた効果になっています。

このように静的な空間の演出においては、Emissionをうまく活用することによって発光するオブジェクトの演出をより確からしいものにできます。

Tiling、Offset

Tiling、Offsetは、適用するテクスチャについてマッピング時にテクスチャを並べる数や、テクスチャのUVの位置を指定できる項目です。

TilingのX、Yの値はそれぞれ縦と横に何枚のテクスチャを並べるかを表しており、繰り返しのパターンを作る際に役立てることができます。

Offsetは、テクスチャのUVにおける位置をずらすものです。うまくテクスチャのUVをずらして見た目を調整するのはもちろんですが、動的に変更を加えることで、スクロール表現のようなものも実現できます。たとえばランゲームや強制スクロールなどで背景にシームレスなテクスチャを起用し、ゲームスピードに合わせてOffsetを加算させてテクスチャをスクロールすることで、無限に続く背景を実現できます。

そのほかの設定項目

ここまでStandard Shaderを使ったマテリアルで絵作りを行う際に主に使用する、いくつかの項目について説明をしてきました。ここから説明する項目は、使う頻度がこれまでの項目に対して比較的少ないものです。もちろん絵作りの際に使う項目ですが、特殊な場合や応用的な使い方を行う場合に活用するものです。

Detail Mask、Secondary Map

Detail Mask、Secondary Mapは、見た目におけるテクスチャのマッピングについて2枚目のテクスチャを適用して、1枚目のテクスチャと合わせた描画を行うために使用します。

Secondary Mapでは1枚目のテクスチャやその法線マップを設定したのと同様に、適用するテクスチャとその法線マップ、テクスチャのTilingとOffset、それに加えて適用するUVセットを設定できます。適用する3Dモデルについて、UVセットを複数設けておくことでSecondary Map用のマッピング設定を作れます。

Detail Maskは、Secondary Mapにおける描画効果を行う範囲のマスクです。Secondary Mapの影響を受ける範囲を調整したい場合に、この項目を使用します。

Forward Rendering Options

Forward Rendering Optionsは、Unityのフォワードレンダリングにおける設定を行う項目です。Specular Highlights（拡散反射光が生成するハイライト）とReflections（鏡面反射光）の2つの物理的な光の反射表現について、描画のオンオフを指定できます。実際に見比べてみると、効果がわかりやすいかと思います。

Advanced Options

Advanced Optionsにある設定はあまり標準で調整する項目ではなく、主に発展的な用途で使用します。

Enable GPU Instacingは、マテリアルを適用したオブジェクトについてのGPUインスタンシングを用いた描画を行うかどうかのチェックボックスです。GPUインスタンシングとは、Unityにおいて同一なメッシュの複製オブジェクトの描画について、複数回の描画を行わずに1回でまとめて描画を行うようにする機能です。

この機能を使うと、演出などでシーン上で同一メッシュのオブジェクトを大量に配置する際に、大量の描画命令によるパフォーマンスの低下を抑え、GPUで高速にまとめて描画処理を行えます。そのためコストの削減につなげられます。

Double Sided Global Illuminationは、両面描画を行うオブジェクトについてのライティングオプションです。Double Sided Global Illuminationは、これらの描画効果について、メッシュの両面に対して効果を及ぼすための項目です。

以上がマテリアルを活用した材質の設定です。

第3章

直接光の設定

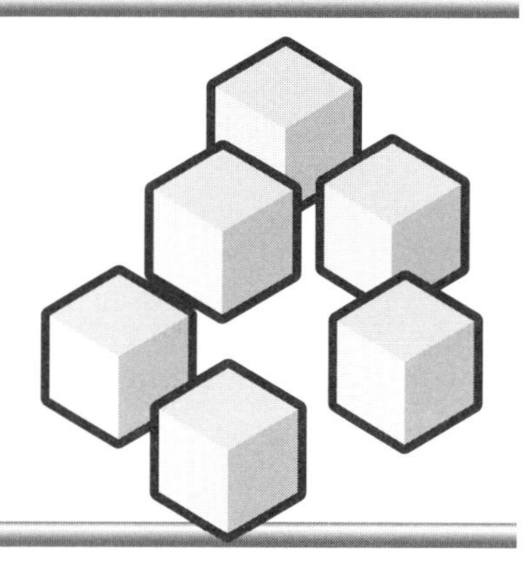

Unityにおける光源とLight

Unityには Light というコンポーネントが用意されており、描画における光の効果を計算するのに必要な光の強度、方向、色の情報を適用できます。Lightコンポーネントをワールド内に配置することによって、設定されたそれらのパラメータを持つオブジェクトを配置し、ワールド内を照らせます。代表的なのがDirectional Lightで、Unityでシーンを作成したときにカメラとセットでデフォルトで配置されているライトです。このデフォルトで配置されているDirectional Lightは、空間全体を照らす光源として配置されています。

Unityにおけるライティングはデフォルトでリアルタイムのライティングになっており、起動中にLightの位置が変わればライティングの効果もリアルタイムで変動します。つまり、特に作り手が気にすることなく、ゲーム内の動きに対して違和感のないライティングを実現できます。

本章ではUnityにおけるLightの導入と、その種類、また性質と応用手法について説明します。

Lightの作り方

まず最初に、Lightのコンポーネントを用いた実際のオブジェクトを作成する手順を紹介します。

Lightのオブジェクトを作成するには、Hierarchyウィンドウの上で右クリックし、メニューの「Create→Light」を選択します。カーソルを合わせると、Directional Light、Area LightといったLightの種類がいくつか表示されるので、その中から作成したい種類のLightを選択します。これらのLightの種類ごとの特徴については後述します。

図1 Lightの作成

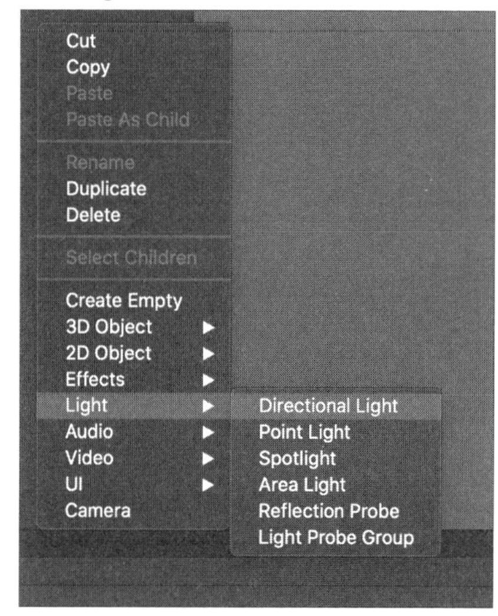

図1が実際に作成を行う画面です。これでオブジェクトが作成され、指定した種類のLightのコンポーネントが自動でアタッチされます。さまざまな種類のLightが存在しますが、コンポーネントとしてはすべて同じLightのコンポーネントで、Typeのパラメータだけが違います。このTypeごとにLightの内部では処理とその効果が切り替わります。

図2がLightのコンポーネントのInspectorウィンドウです。このコンポーネントに表示されている値を調整することで、Lightが及ぼす効果を変えられます。それぞれのパラメータについて意味合いを説明していきます。

Type

前述のようにLightの種類を指定するものです。それぞれの種類の特色はパラメータの説明の後に紹介します。

 Range

効果の範囲について調整を行うのがRangeです。Rangeは光の効果を及ぼす範囲の広さを設定するもので、主にLightが明るく照らす領域を設定できます(Directional Lightだけは無限遠を対象にしてLightの効果を及ぼすものなので、Rangeの設定はありません)。

 Color

光の色を調整するのがColorです。そのままの意味で、何色の光を照射するかを選択できます。夕焼けの光だったり、ネオン光だったり、使いたい表現に合わせてLightの色を調整することで表現の幅を広げられます。

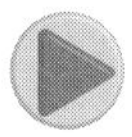 Mode

静的な事前計算による光の効果と、シーン内の動的な計算による光の効果についての有効化を設定するのがModeです。Realtimeに設定するとシーン内でマイフレーム計算される動的な光の効果が適用されます。Bakedに設定すると事前に計算した結果による静的な光の効果が適用されます。そしてMixedであればその両方を適用できます。

図2　LightのInspectorウィンドウ

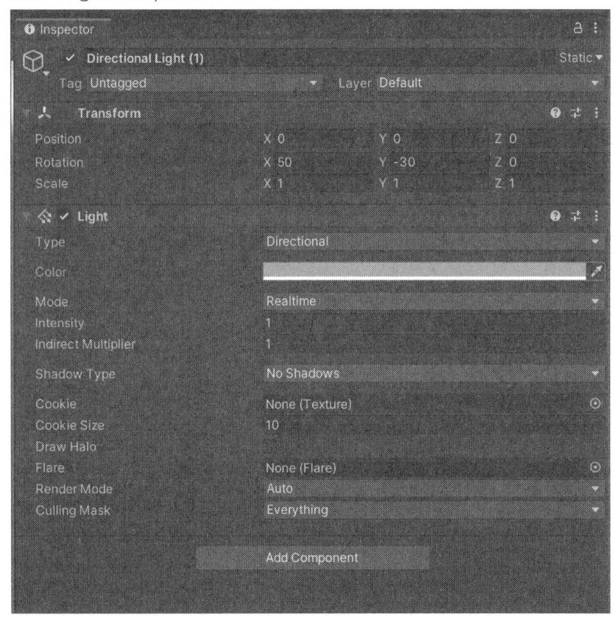

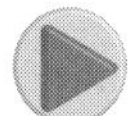 Intensity

Lightの明度を調整するのがIntensityです。Intensityの値を大きくすればするほど、範囲内に強い光の効果を及ぼせます。周囲が暗く、照らしたい範囲をくっきりと描画したい場合などには、このIntensityを調整して表現を工夫します。あまり強くしすぎると写真の白飛びのように真っ白になってしまうため、注意が必要です。

 Indirect Multiplier

Indirect Multiplierは、Lightによる光が反射した際の明度の減衰に関する項目です。

第4章で詳しく説明しますが、オブジェクトを照らす光としては、本章で説明するオブジェクトに当たる直接的な光だけではなく、別のオブジェクトに当たった光が反射してきて対象のオブジェクトを照らす間接的な光も存在します。Indirect Multiplierはその反射について、Lightの及ぼす光がオブジェクトに当たった際の明度における反射係数を設定する項目です。

たとえばこの値が1であれば、反射したLightの効果も1になりますし、1より低ければ徐々にその効果は減衰します。間接光の効果を活用し、閉じた空間を照らしたい場合などに、この値を調整して見え方を変えられます。

 Shadow Type

Shadow Typeは、光による影の効果を調整する項目です。この項目については第5章の影の説明で紹介します。

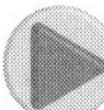 Cookie

Cookieは、Lightの形成する影について、その形などをテクスチャで指定する設定です。特殊な形状のLightを用いてそれを演出などに使う際には、このCookieを使って影も形状に合わせることで演出をより確からしいものにできます。

 Draw Halo

Draw Haloは、Haloと呼ばれる、Light周辺

のぼんやり光るエリアを描画するかどうかの設定です。UnityにはHaloというコンポーネントがもともと存在しており、ある空間中を指定した色でぼんやり照らすことが可能です。Draw HaloはそれをLightを中心として行う設定です。光源周辺の滲んだ光の表現などを行う際には、とても有効です。

 Flare

Flareは、強い光に対してレンズを向けたときに起こるフレア表現をLightに対して設定するものです。Unityでは、フレア表現をアセット情報として設定することが可能です。Standard Assetsと呼ばれる、Unityが公式で提供するアセットファイル群にいくつかのフレアのアセットデータが入っており、それを活用して設定できます。このLightのFlareの項目にその設定を加えることで、Lightに対してカメラを向けた際にフレア効果を描画に加えられます。

 Render Mode

Render Modeは、Lightの効果における優先度を設定する項目です。標準ではAutoになっており、選択でImportantとNot Importantを設定できます。Importantに設定すると、Lightの描画単位が頂点単位ではなく描画するピクセル単位となり、計算コストは高いものの、より精密な光の表現を扱えます。

Lightの効果を描画するピクセル単位でしっかりと演出したい場合にはImportantにし、雑多にLightが存在していたり、とりあえず空間を照らすよう存在していればよい場合などではNot Importantにするのがよいです。ちなみにAutoではこのImportantとNot Importantを自動でUnity側が判断し設定します。

 Culling Mask

Culling Maskは、Lightの効果範囲をオブジェクト単位で制御する項目です。Layer単位で指定することが可能で、指定のレイヤのオブジェクトにはLightの効果を及ぼさないようにするといった調整を行えます。

たとえばゲーム世界とは独立した存在として置いているシステム的なUIやオブジェクトが存在していたり、指定のオブジェクト専用のLight効果を作りたいときなど、局所的な用途でLightの効果を考えるときに役立ちます。

Lightの種類や活用法

次にLightのそれぞれのTypeの特色や用途を紹介します。

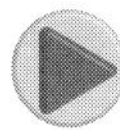 Directional Light

Directional Lightは、具体的な光源の位置や大きさを指定せず、シーン全体を一定方向から照らす光です。Unityのプロジェクトを起動した際にも、カメラとセットで1つ、ワールドに配置されています。太陽や月など、空間全体に影響を及ぼす光についてこのライトを用いて表現します。

一般的に光のある空間を表現する際には、1つはシーン内に配置されていることが多いです。Directional Lightが存在することで、空間全体のオブジェクトが、ある一定方向から照らされているかのように光の効果や影の効果を受けるようになります。

図3はシーン内にいくつかのオブジェクトや壁を配置し、Directional Lightを設置したものです。オブジェクトによる影の向きがすべて同じで、ある一方向から全体が照らされていることがわかります。

 Spot Light

Spot Lightは、光源の位置から円錐状に照らす光です。その円錐の高さや頂角を調整し、照らす範囲を制御することが可能で、底に近付くほど光の効果は減衰します。スポットライトなので、たとえばパフォーマーの立っている舞台を照らす光だったり、キャラクターの持っているライトだったり、さまざまな照明器具に適用するのがよくある使い方です。

図4は球に対して上からSpot Lightで照らしていま

図3 Directional Lightの効果

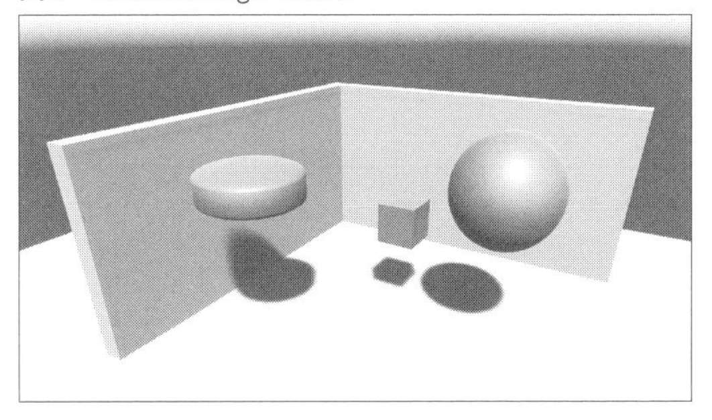

す。全体的に円状の範囲が照らされていることがわかります。上から円錐状に光を放射しているため、球の上部が強く照らされ、下部に影が大きく写っています。ある1点に強い光を当てて注目させたりなど、演出のメリハリを出すのにも有用です。それこそ舞台演出のような用途でシーン上に配置すると良い効果が期待できます。

図4 Spot Lightの効果

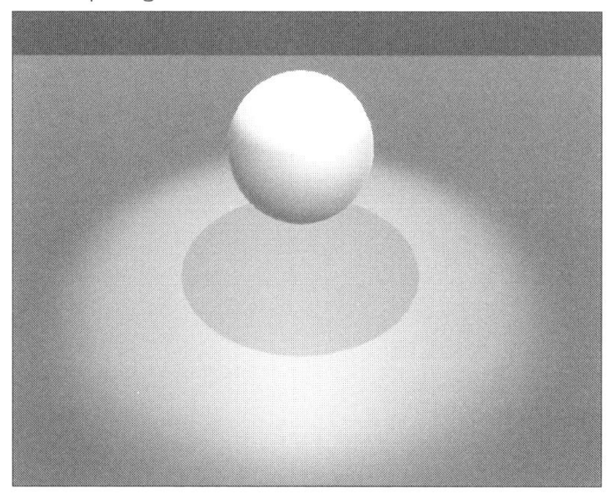

図5 Point Lightの効果

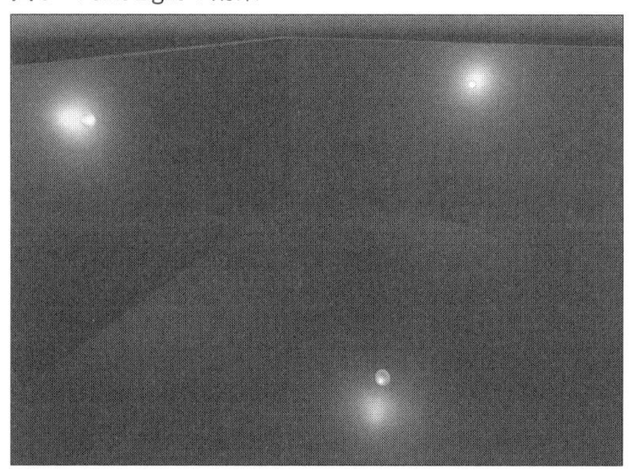

図6 Area Lightの効果

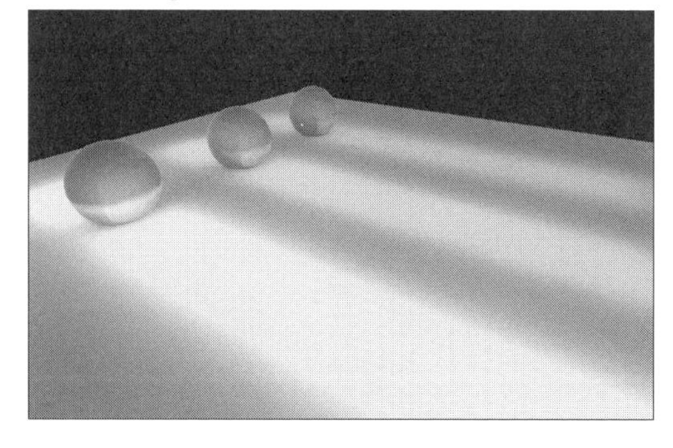

 Point Light

Point Lightは、光源の位置から球状に照らすライトです。球の半径を調整し照らす範囲を制御することが可能で、光源である球の中心から離れるほど光の効果は減衰します。シーン内のランプや松明など、ちょっとした発光オブジェクトの演出に使用することで、そのオブジェクトの存在を確からしいものにできます。

図5は暗いシーン内にいくつか球のオブジェクトにアタッチしたPoint Lightを設置した図です。球の周辺が均一に照らされていることがわかります。

Point Lighの活用としてよく用いられるのが、パーティクルなどのエフェクト効果に対する光の効果です。爆発や衝撃などの光の表現を伴う演出にこのライトを用いることで、エフェクトの周囲を効果に合わせて照らせます。エフェクトはシーンとは別に独立して作成してそれをシーン内で再生する形が多く、そういったエフェクトの効果をよりシーン内に馴染ませてリアルさを追求することにも役立ちます。

 Area Light

Area Lightは、四角い平面の光源で、片面の範囲に対して全方向均一に光を照らすライトです。用途としては空間全体を照らすもので、Directional Lightに近いと言えます。Directional Lightとの違いは、より全体的にボヤっとした繊細な影を提供するという点です。

影を柔らかくしたい場合は、Area Lightで空間を照らすと良い効果が得られます。また、物理的な光の効果ではなく、部分的な空間にシステム的に明度を与えたい場合にもArea Lightは有効です。

図6は暗いシーン内の球のオブジェクトについて、それぞれ別のカラーで同じ大きさのArea Lightで照らしたものです。矩形の空間が照らされ、その境界については細かく効果が表れています。

Area Lightには一つ注意しなければならない点があります。それはArea Lightがリアルタイムでは適用されないことです。使う際には、対象となるオブジェクトをstaticにし、ライティング効果を事前に計算してマテリアルに反映しておく必要があります。動的に動くキャラクターなどではなく、フィールドの賑やかしなどのゲーム中に動かない静的なオブジェクトに活用しましょう。

以上がLightを活用した直接光の表現です。

第4章

間接光の設定

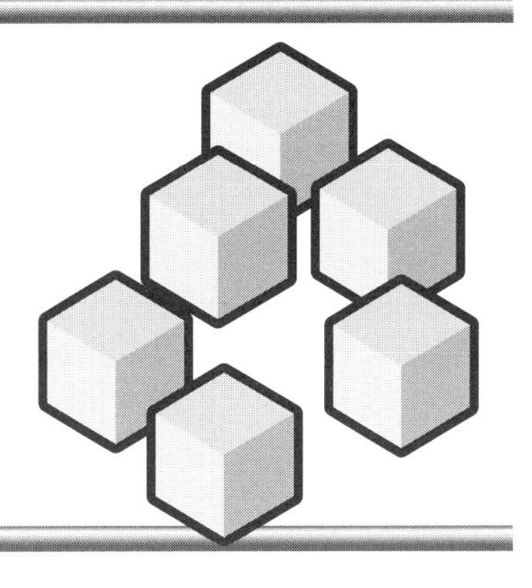

Unityにおける間接光

間接光とは、物体と光源のある環境において、光源が物体を直接的に照らす直接光とは別に、周囲に差した光が反射や散乱を介して間接的に物体を照らすような光のことを指します。

たとえば光沢を持つ金属を光の当たる場所に置けば、照らされていない部分も反射光で間接的に明るみを増したり、周囲の光景が映り込んだりします。直接的な光源の影響ではなく、こういった間接的に行き渡る光源の効果を間接光と呼びます。

Unityでは間接光の効果は標準で組み込まれています。環境の見た目や環境光における設定を行うことで、間接光による効果を調整できます。

本章ではUnityにおける環境の見た目を形成する機能であるSkyboxの説明、そしてSkyboxや環境設定を駆使した間接光による絵作りの手法を説明します。

Skybox

Skyboxは、Unityにおける環境の見た目を形成する機能のことです。

図1はUnityデフォルトのSkyboxの見た目です。Unityを使ったことがある人ならば、一度はこの空の模様を目にしたことがあると思います。Skyboxとは、この空のような背景となる空間の見た目を構成する機能です。

また、Skyboxは空間の見た目だけでなく、環境光としての機能も持ちます。つまり、空間にあるオブジェクトの描画には、Skyboxの映り込みが反映されます。Skyboxの見た目はマテリアルで定義されており、標準ではこの空の模様のマテリアルが適用されています。

図2がSkyboxのマテリアルに必要な設定です。この図のようにマテリアルのShaderをSkybox用のものにすることによって、マテリアルを作成できます。Skyboxのマテリアルには複数の種類が存在します。複数のマテリアルの種類について、それぞれ説明します。

図1　デフォルトのSkybox

図2　Skyboxのマテリアル

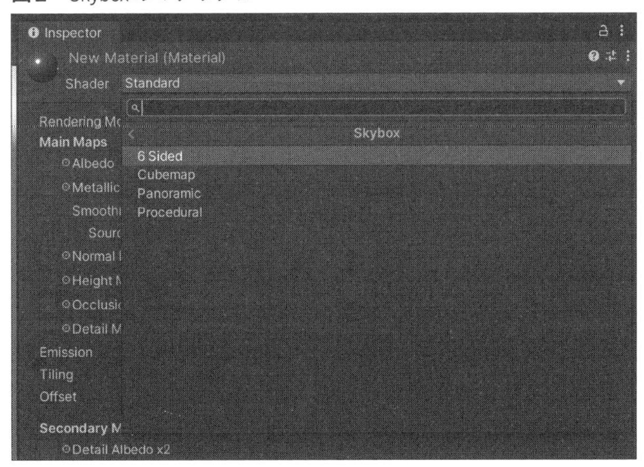

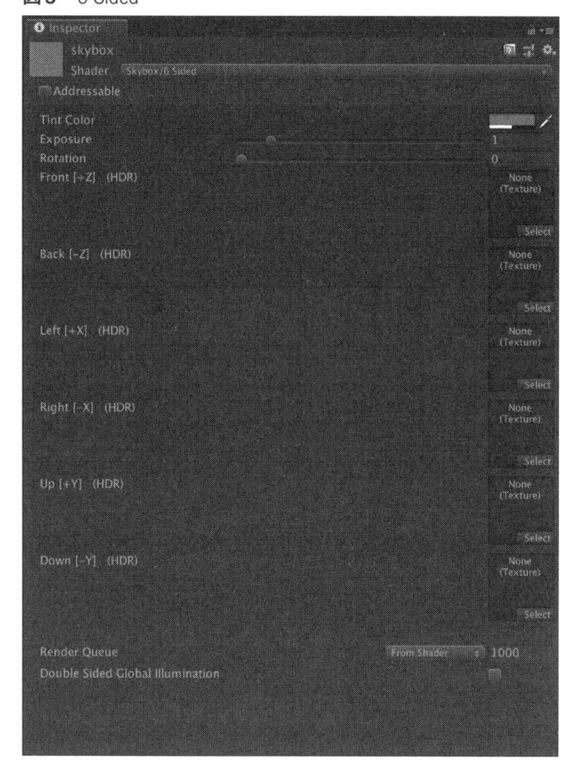

図3　6 Sided

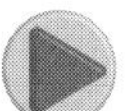 6 Sided

6 Sidedは環境の見た目となるテクスチャを6枚指定して、Skyboxに適用させるシンプルなマテリアルです。

図3は6 Sidedに設定したSkyboxのマテリアルのInspectorウィンドウです。立方体に見立てた環境について、6枚のテクスチャを上下左右のどこにマッピングするかを選択できます。6枚のテクスチャがシームレスになっていないと、テクスチャの境目がつぎはぎになってしまい、違和感を生んでしまうので注意が必要です。

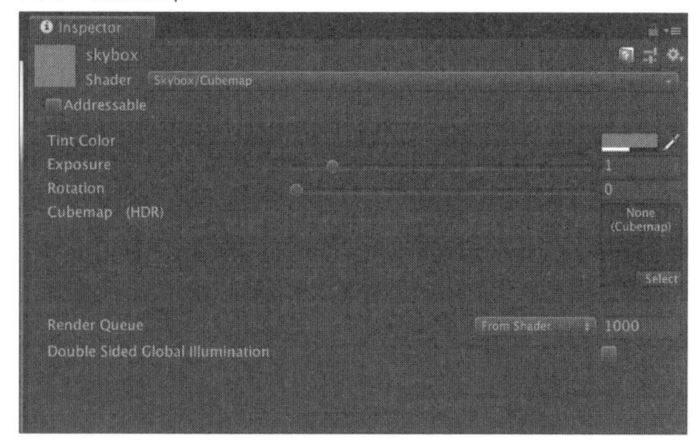

図4　Cubemap

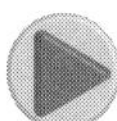 Cubemap

Cubemapは専用のCubemapという形式のテクスチャを使って、Skyboxに適用させるマテリアルです。

図4はCubemapに設定したSkyboxのマテリアルのInspectorウィンドウです。6 Sidedとは違い、Cubemapテクスチャを1つ設定するだけです。

CubemapはUnityにおけるテクスチャの識別種類の一つで、テクスチャを用意し、Unity側でCubemapとして読み込むことで設定できます。Cubemapとして読み込むには、テクスチャを読み込めるレイアウトで作成し、そのImport SettingのTexture ShapeをCubeに設定する必要があります。この読み込みが可能なレイアウトについては、Cubemapの公式ドキュメント[注1]に掲載されています。

立方体の展開図のようにレイアウトした画像や、次に説明するパノラマ画像をSkyboxに用いるのがよく用いられる手法です。

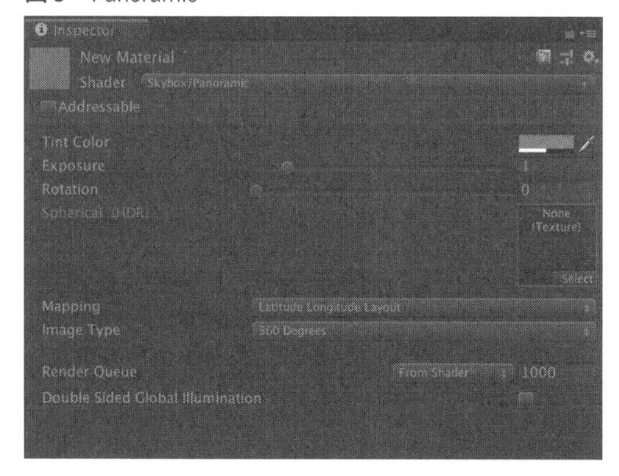

図5　Panoramic

 Panoramic

Panoramicは、360度のパノラマ画像のテクスチャをSkyboxに適用させるマテリアルです。

図5はPanoramicに設定したSkyboxのマテリアルのInspectorウィンドウです。Cubemapのときとほぼ同様で、パノラマ画像となっているテクスチャを設定するだけです。

CubemapはUnityにおけるテクスチャの識別種類の1つで、テクスチャを用意し、Unity側でCubemap

注1　https://docs.unity3d.com/ja/2019.4/Manual/class-Cubemap.html

として読み込むことで設定できます。Cubemapと同じように、テクスチャのImport SettingのTexture ShapeをCubeに設定したものを適用できます。Image Typeから360度すべてをマッピングするか、180度の範囲を反映するかを選択することも可能です。

 Procedual

Procedualは具体的な模様のテクスチャなどを使わずに、設定した色とのグラデーションから空のような環境を作成するマテリアルです。

図6はProcedualに設定したSkyboxのマテリアルのInspectorウィンドウです。テクスチャを設定する項目はなく、数値のみを設定します。

標準のSkyboxもProcedualで作成されており、マテリアルの中身は図6のようになっています。Sunと名の付いているパラメータは、太陽や月に見立てた全体を照らす大きな光源の設定です。Sunを用いることで任意の大きさ、影響範囲を持った光源でフィールドを照らせます。

Atmosphere Ticknessは、大気層をコントロールする項目です。設定した数値から大気層の色を見立てて、数学的にグラデーションで模様が作成されます。大気層の厚さは、現実であれば時間によって変化します。昼ならば薄く青い空が広がり、夕方や夜にかけて厚くなり、夕焼けのような色を演出します。

Sky TintとGroundは、それぞれ上と下のTint Colorを示しています。これらのパラメータによって、数学的に簡易的な空の模様を形成するのがProcedualです。

環境光の設定

Unityには、Skybox以外にも空間の見た目や環境光を形成する要素が存在します。それらの多くはLightingの設定画面から調整できます。

図7が実際のLightingの設定画面です。開くにはWindowメニューの「Rendering→Lighting」を選択し

図6　Procedual

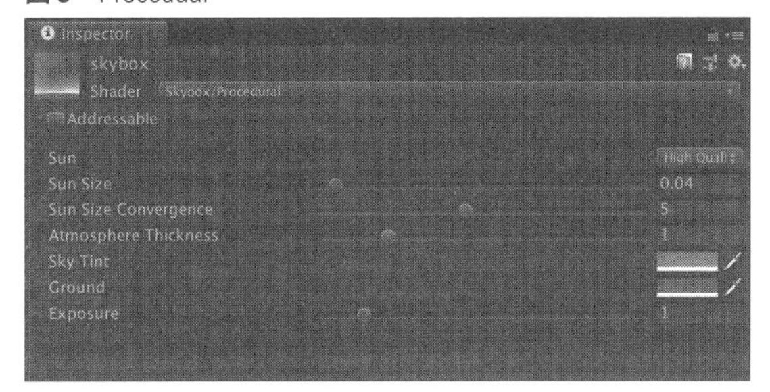

図7　Lightingの設定画面

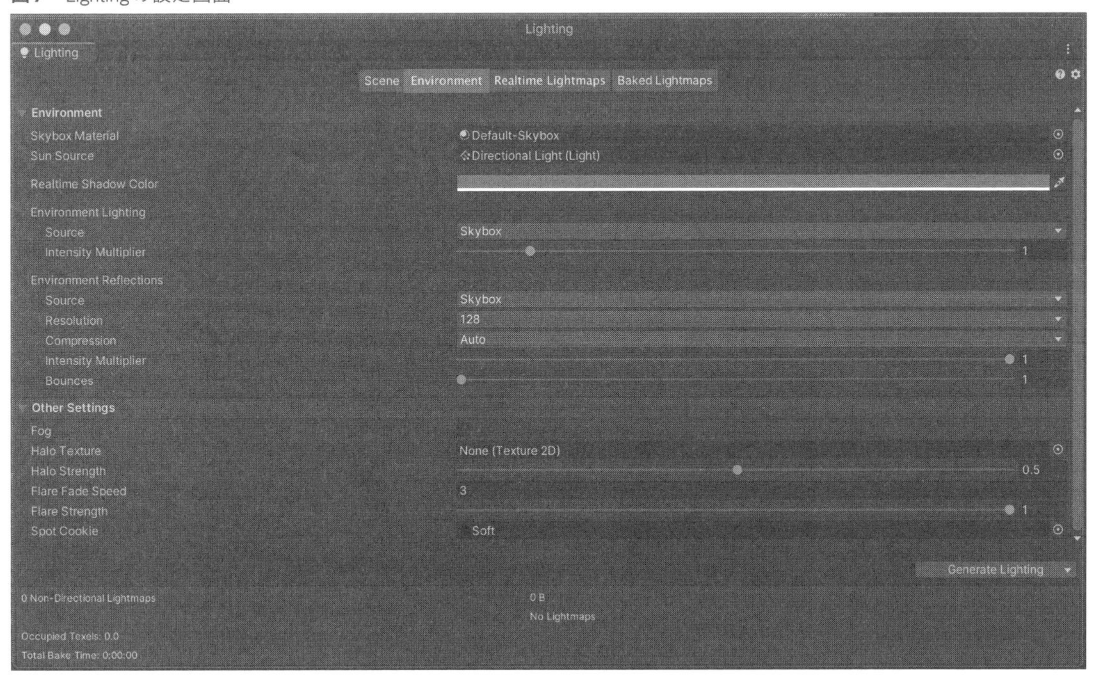

図8 Lightingの設定画面のSceneタブ

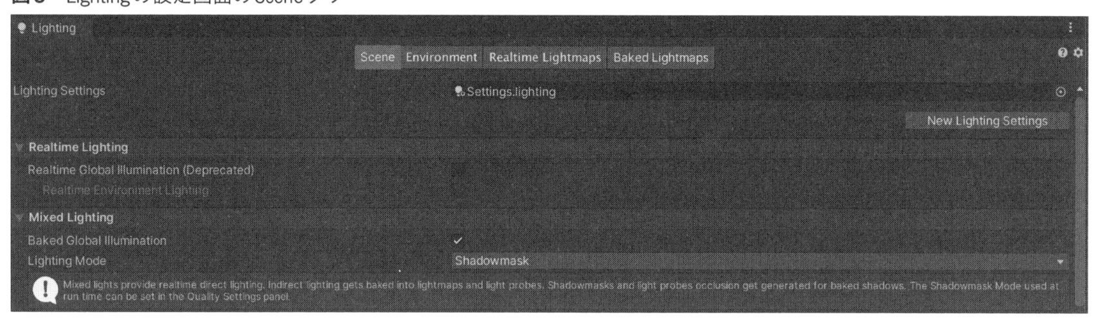

ます。上のタブでいくつかの光に関する設定を行えます。Sceneタブではシーン全体の光に関する描画設定を行うところで、Environmentは環境光に関する設定を行うところです。ほかの2つのタブは光の影響を制御するLightMapを設定します。今回は環境光にまつわる設定を行いたいため、Environmentタブの設定項目を紹介します。

Skybox Material、Sun Source

Skybox Materialは、前述のSkyboxのMaterialを適用する項目です。作成したMaterialをここに設定することでシーン上に反映されます。Sun Sourceは世界全体の光の影響を考えるうえで、その光源の向きを確定させるためのものです。シーン上にある特定のDirectional Lightを設定することで、そのDirectional Lightの方向に沿ってシーン上のオブジェクトの照らされ方や影の方向が決定します。

Realtime Shadow Color

Realtime Shadow Colorは、光の影となる部分の表現をする際に適用させる色の設定です。Unityにはいくつかのライティングのモードが存在しており、その中でもSubtractiveと呼ばれる静的にベイクした影とリアルタイムに演算される影を併用するモードで活用される設定です。ベイクした影に対してリアルタイムの影の合成をする際にその色味を反映するのですが、それがこの設定の色になります。

この影の設定については次の第5章で詳しく説明します。ライティングのモードについては、SceneタブにあるMixed Lightingの項目で変更できます。

適用したい場合には、**図8**にあるLighting Modeの項目を「Subtractive」にします。ただし、Realtime Shadow Colorのために設定するものではなく、ベイクした影とリアルタイムな影を混ぜて表現したいときの設定です。あくまでもこの設定を使う場合にオプションを設定するようにしましょう。

Environment Lighting

Environment Lightingは、環境光についてメインの設定項目です。Sourceという項目が、環境光のもとになる環境を選択する項目です。

標準ではSkyboxとなっています。これはSkyboxの節で説明したように、環境光による映り込みをSkyboxをもとに反映することを指します。この項目をColorやGradientにすると、空間内すべてのオブジェクトに単色の色味を反映したり、Z軸に沿ってグラデーションのような色味の効果を重ねたりできます。そして、Intensity Multiplierでその環境光の強さを調整できます。

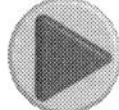

Environment Reflections

Environment Reflectionsは、環境反射光に関する設定項目です。設定の説明をする前に、大きく関わってくるリフレクションプローブというコンポーネントについて説明します。

リフレクションプローブは反射表現に関わるコンポーネントです。シーン上のオブジェクトにアタッチして設定を行い、使用します。

図9がリフレクションプローブのInspectorウィンドウです。リフレクションプローブとは、範囲を指定して周囲の描画情報のキャプチャを行い、その情報から見た目に反射表現を加えるコンポーネントです。鏡などを作成する際に用いるコンポーネントです。

主にTypeの項目で、反射計算が動的か静的であるかとその頻度を設定します。そしてそのほかの設定では、反射の範囲や映り方などの見え方の調整を行います。

図10が実際にリフレクションプローブを適用したオブジェクトです。第2章で説明したマテリアルの設定で反射率を高めたものをアタッチすることで、リフレクションプローブによる周囲の反射情報をそのまま見た目に反映させています。図からわかるとおり、周囲の情報が鏡のように見た目に映り込んでいることがわかります。

以上がリフレクションプローブの説明です。さて、それでは先述の図7にあるEnvironment Reflectionsの設定を解説します。Environment Reflectionsはリフレクションプローブといった、反射に関わる描画の細かい設定や、全体の環境反射の見た目に関わる部分の調整をする項目です。

SourceはEnvironment Lightingの項目にあったSourceと同じです。環境反射光を考える際のもととなるものを選択する項目です。初期値はSkyboxになっており、Skyboxの見た目から環境反射光を決定します。SourceをCustomにすることで、オリジナルのCubemapを適用させ、環境と見立てて反射光を工夫できます。Skyboxに対してその色味をより加味した環境反射光を加えて表現を強めたり、絵作りの雰囲気を工夫できます。

Compressionは、反射光を計算するためのテクスチャに圧縮をかける設定です。圧縮することで描画コストを軽減できます。Intensity Multiplierは反射光の映り込みの度合、Bouncesは光が何回反射するかの回数です。

 Fog（フォグ）

Fog（フォグ）は、もやのかかったような表現を行う機能です。主に空間の奥行きなどを演出する際に用いられます。

図11はフォグを使って奥行きを演出している例です。空間の奥に描画されているオブジェクトをフォグで白く背景に溶け込ませることによって奥に続いていることが強調され、より遠近感が感じられます。フォグはこのように空間の奥行きを強調するケースで用います。

フォグは前述のLightingの設定画面（図7）から有効

図9　リフレクションプローブのInspectorウィンドウ

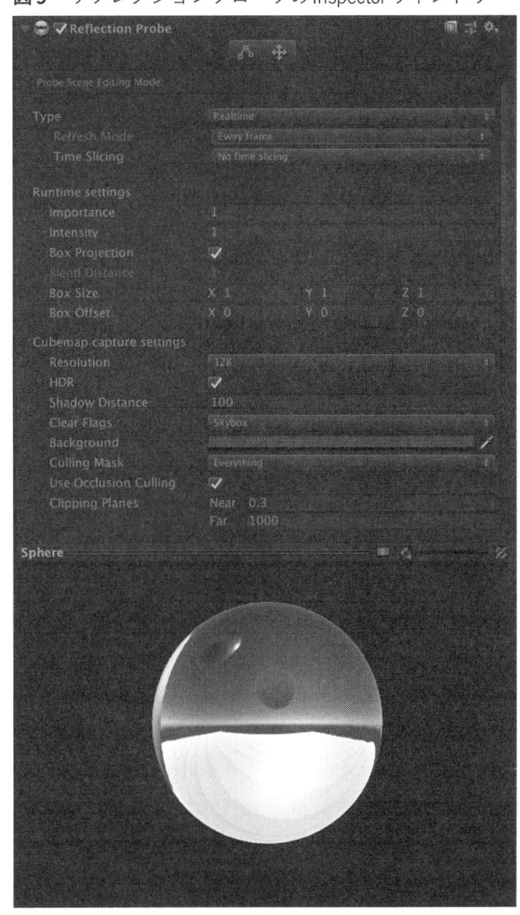

図10　リフレクションプローブを適用したオブジェクト

化できます。Other Settingという項目からフォグのチェックボックスをオンにすることで設定できます。

図12はフォグの設定画面です。Colorでフォグの色を、Modeでフォグの効果をかける範囲の計算方

法を指定します。ModeにはLinear、Exponential、Exponential Squaredの3種類があります。

Linearは線形フォグと呼ばれるものです。StartとEndという設定項目が追加で用意されますが、これはフォグを有効化する範囲を調整するためのものです。カメラに対してStartからEndまでの設定した距離の範囲に対して、線形的にフォグの効果を計算します。遠ければ遠いほど、フォグの効果は線形的に大きくなります。また、Endの地点より遠い範囲はフォグによって見えなくなります。

図11　フォグによる演出

Exponentialは指数フォグと呼ばれるものです。Linearがカメラからの距離に対して線形的にフォグの効果を計算していたのに対し、指数フォグは指数関数的にフォグの効果を計算します。カメラ近辺や遠方のフォグの濃くなる度合いが滑らかな表現となり、より空間に馴染む演出を実現できます。Densityという設定項目が追加で用意されますが、この値は密度を表します。0から1で設定可能で、大きいほどより濃いフォグになります。Exponential Squaredもロジックは同じで、計算に用いる指数関数の値を2乗したものです。変化の勾配が2乗されて、より距離による変化値が大きくなります。

これらのモードを使い分けることで、フォグの濃くなっていく度合いの調整に用いることができます。たとえば遠方にもやをかけて遠近感を演出しつつ、近くに視線を集中させる用途を考えてみましょう。この場合だと線形的に効果をかけるよりも指数関数的に効果をかけることで、近くにはあまりフォグの影響を与えず、遠方によりフォグの影響を与えて演出を施せます。

以上がUnityの機能を活用した間接光の表現です。

図12　フォグの設定画面

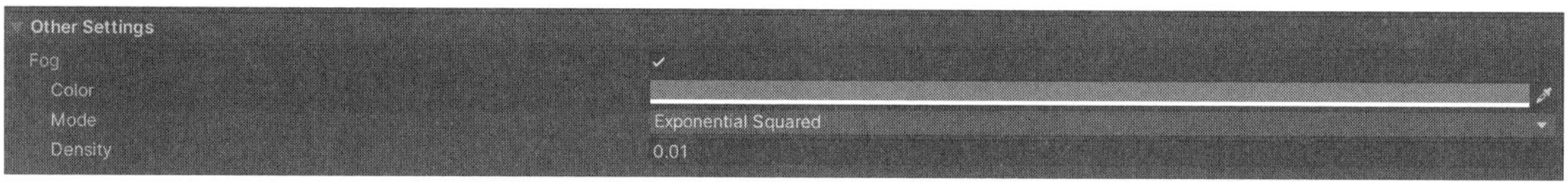

Other Settings
Fog ✓
Color
Mode Exponential Squared
Density 0.01

第5章

影の設定

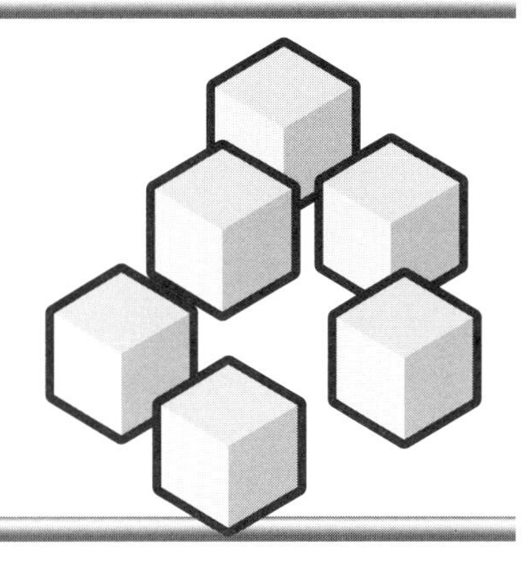

Unityにおける影の表現

ゲームの絵作りにおいて、立体的な表現を心がけるうえで重要な要素の一つが影の表現です。第3章や第4章でUnityにおける光の効果を解説しましたが、光の効果と合わせて適切な影の効果を与えることで、立体的な見た目に説得力を持たせることができます。

Unityでは標準でオブジェクトに対して影の効果が描画されています。そういった影の効果は、Unity全体の設定、光をもたらすLightの設定、オブジェクトの描画コンポーネントの設定など、さまざまな設定に基づいて決定されます。

もちろんリッチな影は立体感を確からしいものにしますが、同時に大きな計算負荷を及ぼします。作りたいゲームやプラットフォームによっては、負荷が高くなりがちな影の効果について、チューニングできる範囲で調整することが、ほかの描画や処理の余地を作ることにつながります。

本章では、絵作りにおいて影の効果を考える際に、そういったアプローチについてどのようなフローをもとに設定を行うかを説明します。

Quality Settings

Unityには画質などの描画周りの細かい設定を行うQuality Settingsという設定項目があります。ここで影の描画について設定を行えます。

図1はQuality Settingsの設定画面です。「Edit」から「Project Settings」を選択すると、プロジェクトに関するさまざまな設定を行う画面が開きます。描画、音、物理演算、ビルド周りなど、さまざまな設定を行えます。それらの設定項目は、左に表示されている目次から選択可能です。「Quality」を選択すると、描画周りの設定を行うQuality Settingsの画面になります。

そして、Quality Settingsの設定項目の中のShadowsという項目が、影の描画についての設定項目です。Shadowsには影の描画について、描画形式や解像度、計算手法などのさまざまな設定項目が存在します。これらの設定項目について、それぞれがどのような意味合いを持つのか、順番に説明します。

 Shadowmask Mode

Shadowmask Modeは、影の描画効果を決定するための計算方式を選ぶ項目です。

Unityではstaticに設定されているオブジェクトに関しては影を事前計算し、その情報をもとにゲーム中の影の情報を形成できます。そしてこの事前計算した影と、ゲーム中に動的に計算される影の描画を混ぜて行えます。この機能のことをShadowmaskと呼びます。

一般的にカメラ近方に映るものについてはリアルタイムに適切な影の効果が変わるため、動的な影でないと違和感が生じる場合があります。それに対して、遠方に映るものに関しては、静的な影で十分な効果を得られる場合が多いです。そこでUnityでは後述するShadow Distanceに設定された値に基づいて、Shadow Distanceの範囲内であれば動的に計算し、それ以上遠方のものであればShadowmaskを影の効果として描画できます。これが標準のShadowmask ModeであるDistance Shadowmaskというモードです。

このモードをShadowmaskに変更すると、距離に関係なく全オブジェクトに対して静的に計算された

図1　Quality Settings

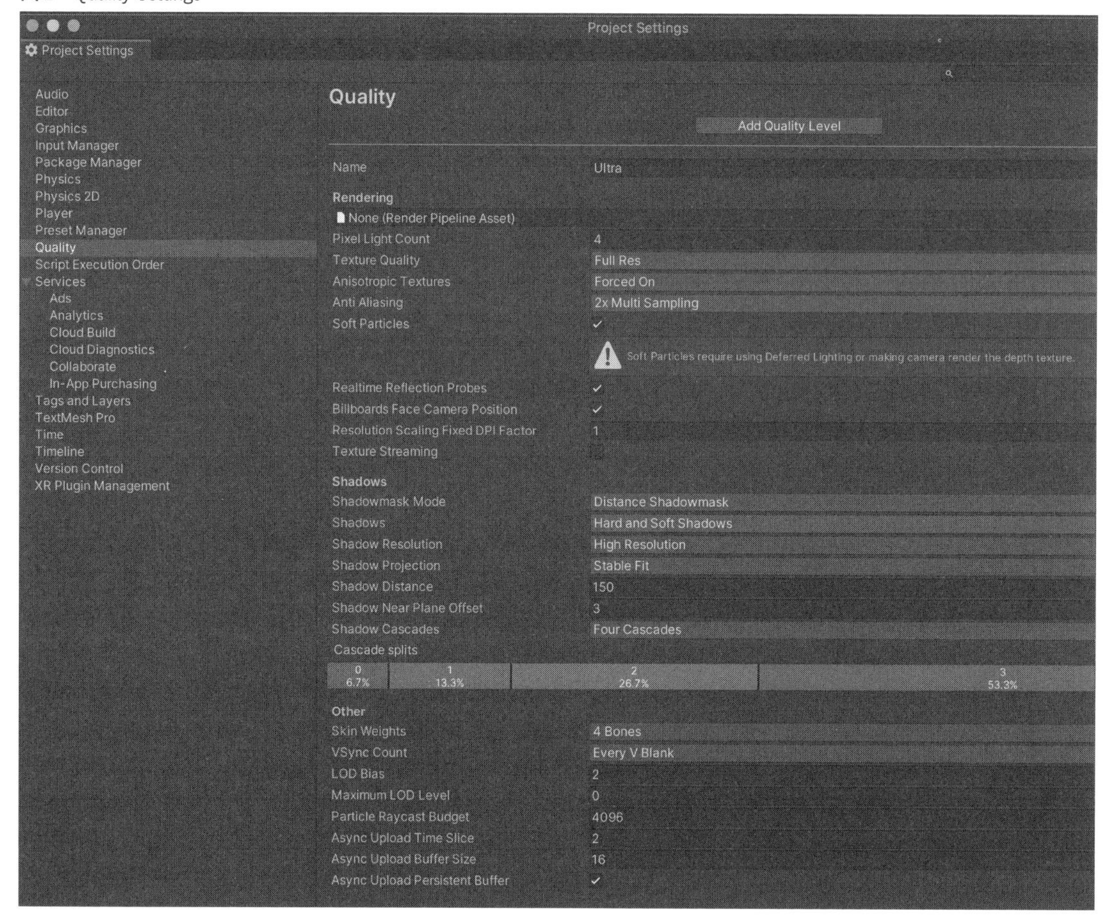

Shadowmaskを用いて描画できます。静的なShadowmaskによる影のほうが描画コストは低いため、使いたい表現やオブジェクトに合わせてチューニングを行う際にはこの項目で調整する場合があります。また高度な計算を必要とする影の表現を静的なオブジェクトに及ぼす際にも、このShadowmaskによる影の描画手法はとても有効です。

Shadows

Shadowsは、有効化する影の描画手法を選択する項目です。設定としてはHard and Soft Shadows、Hard Shadows Only、Disable Shadowsという3つの項目が用意されています。

Disable Shadowsはその名のとおり影を無効化する設定で、ゲーム中の影の描画をなくせます。そしてほかの設定は、Hard ShadowとSoft Shadowの2つの種類の影について、片方または両方を有効化するかどうかの設定です。

Hard ShadowとSoft Shadowの大きな違いは、影の境界の鮮明さです。Soft Shadowのほうがより繊細に境界線が描かれ、詳細な輪郭のオブジェクトについての影を考えたときにはより確からしい影になります。ただし、計算コストは当然Soft Shadowのほうが高く、Hard Shadowのほうが計算が少ないため、パフォーマンスと表現との兼ね合いで選択します。

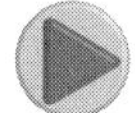

Shadow Resolution

Shadow Resolutionは、影の解像度に関する設定項目です。影の形がシンプルな楕円状のものであればまだ計算コストは低いのですが、緻密なポリゴンのものに対して高精度の影を描画する際には計算コストは高くなりがちです。これに対して影の解像度を下げる、つまりは影の描画精度を下げることによって描画負荷を抑えられます。その調整を行うのがこの項目です。

影の表現は単色が多いこともあり、あまり解像度が高くなくても見栄えはある程度担保されるケースが多いです。もちろん下げるほど影の輪郭は荒くなってしまうため、やりたい表現と相談しながらの調整が必要です。

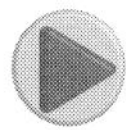 Shadow Projection

Shadow Projectionは、Directional Lightからの影の投影方法を選択する項目です。Stable Fit、Close Fitの2つから選択します。Stable Fit、Close Fitの2つの違いは、カメラの可視範囲について影の描画範囲を補正するかどうかです。

Stable Fitは、カメラの可視範囲に関係なく影を描画しようとします。後述するShadow Distanceの値に忠実な影の描画範囲となり、実際には見えないところまで計算を行います。

Close Fitはカメラの可視範囲を考慮し、影の描画効果がその可視範囲内に限定されます。ですので、カメラの位置が変動するたびにその都度最適な影の描画範囲を決定します。Stable Fitは影の効果範囲が過剰に広くなるため、影の計算方式の特色上、影の荒さにつながる場合があります。そのため、Close Fitのほうがより高精度の影になる場合が多いです。

ただし、Close Fitは言い換えるとカメラの移動によって動的に影の描画効果を切り替えるのと同義なので、カメラが移動する際に影のチラつきが発生したりします。ですので、あまりカメラ移動を行わないケースで使用するのが好ましいです。

 Shadow Distance

Shadow Distanceは、カメラからどこまで離れたところまでDirectional Lightの影を計算するかを調整する項目です。先述のShadowmask ModeやShadow Projectionにおける影の描画範囲が参照するのもこの項目の値です。

標準では150という値になっています。これはオブジェクトについてカメラから150mの範囲まで影の効果を計算し、それ以上離れているものについては計算を行わないことを意味します。

 Shadow Near Plane Offset

Shadow Near Plane Offsetは、次のShadow Cascadesの設定の説明でも紹介している、Unityの影の描画手法によって発生する問題を解決するための値です。少々難しい項目かつ局所的な効果のため、基本的にはデフォルトの値で大丈夫です。

 Shadow Cascades

Shadow Cascadesの項目を適切に調整するには、そもそものUnityにおける影の描画手法について知る必要があります。

Unityの影の描画は、主に光の方向に沿った深度値をマッピングしたシャドウマップというものを用いて行われます。光の方向に沿った深度値とはわかりやすく言い換えると、光源からある方向への光を考えたときに何かしらに衝突するまでの距離のことを指します。このシャドウマップをもとに空間上の光が遮蔽されて届かない部分を動的に計算し、光の影響を与えないことによって影の描画効果を形成します。光からある方向を見た際に、深度値より遠い地点には光が届かないため影とする、といった感じです。

しかし、視錐台（しすいだい）に描画範囲が広がるカメラについてシャドウマップを計算することを考えると問題点があります。範囲が視錐台に広がるがゆえに、遠方に行くほど描画範囲における1ピクセルが示す密度が違うということです。そのため単一のシャドウマップを考えてみると、密度の違いから遠方の影に比べて近方の影は粗く見えてしまいます。

この問題を解決するための手法の1つが、カスケードシャドウと呼ばれるものです。視錐台状の描画範囲に対してカメラからの距離で分割し、分割した領域ごとに1ピクセルの密度の違いに合わせて、テクスチャサイズを変えたシャドウマップを適用させて描画する手法です。

カスケードシャドウなら、カメラ近方であればその密度に合わせたサイズのシャドウマップで描画が可能になり、粗さの問題をある程度解決できます。1枚のシャドウマップの解像度を上げるよりもレンダリングコストは低いです。

そしてカスケードシャドウを行ううえでの分割方式を設定するのが、このShadow Cascadesです。分割数を設定することが可能で、「0」「2」「4」のいずれかから選びます。1枚のシャドウマップの解像度を上げるよりもカスケードシャドウによる分割レンダリングのほうがコストが低いのは前述のとおりですが、分割自体にもコストはかかっているので分割数は費用対効果を考えて選択する必要があります。

コンポーネントごとの影の設定

Unityで影の効果を調整する際、ここまで説明してきたようにQuality Settingsから全体的な調整を行うのはもちろん可能ですが、個々のLightやオブジェクトの影の単位で調整をすることもできます。たとえば実際の描画を行うRendererのコンポーネント単位での調整です。

図2はMesh Rendererという任意のオブジェクトの描画を行うコンポーネントのInspectorウィンドウです。第2章で説明したマテリアルを設定する項目などに加え、Cast Shadows、Receive Shadowsという影についての設定を行う項目が付いています。

図2 Mesh RendererのInspectorウィンドウ

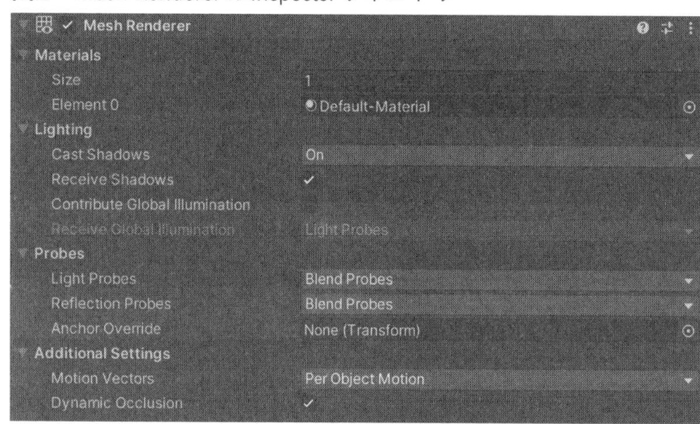

図3 LightのInspectorウィンドウ

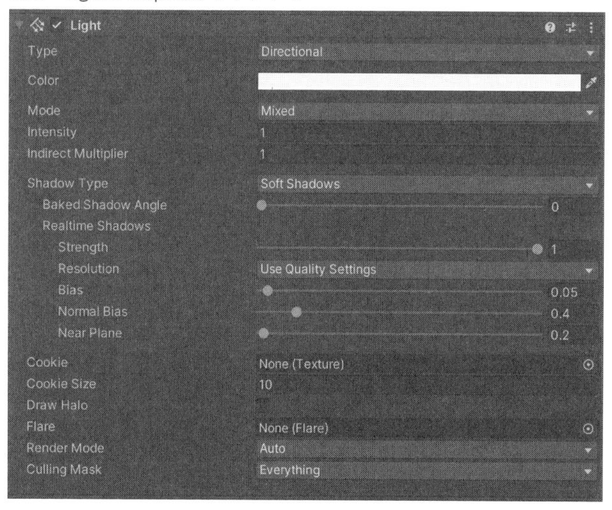

Cast Shadowsは、光に対してオブジェクトの影を投影するかどうかを調整する項目です。Receive Shadowsは、ほかのオブジェクトによる影を落とすかどうかを調整する項目です。これが無効になっている場合、光源の向きに対してほかのオブジェクトの影になっていても暗く描画されません。

また、Lightのコンポーネントの設定でも、その光から生み出される影の描画効果について調整を行えます。

図3は第3章で説明したLightのコンポーネントのInspectorウィンドウです。

Shadow Typeという項目があり、影の描画するタイプを選択できます。No Shadowsにした場合は、Lightがオブジェクトを照らす際の影が生成されなくなります。そのほかのHard Shadows、Soft Shadowsを選択した場合は、前述のShadowsの説明でもしたような影の境界の表現をくっきりさせるか、ぼかすかを選択できます。

特徴も前述のとおりで、Soft Shadowsのほうが境界がぼけて現実と比べて確からしい影であり、Hard Shadowsは境界がくっきりしているものの、Soft Shadowsよりも計算コストの低い影になります。

まとめ

第1章から第5章にかけて、Unityの機能を活用した絵作りの手法について紹介しました。

質感、光、影など、描画されるオブジェクトをより良く見せるための要素はさまざまです。それらを作りたいものに合わせて最適化していく工程はとても重要で、そのためにもここまでに紹介してきたUnityの機能をしっかり把握して使いこなすことが大切になってきます。

ここでは紹介しきれなかった機能もUnityには多く存在しています。作りたい見せ方に何が必要か、都度Unityの機能と照らし合わせて実装していきましょう。

UnityにおけるAI

田村 和範　TAMURA Kazunori
㈱ QualiArts

ゲームAIの基本

ゲーム内のキャラクターを知的に動かすためのしくみとして、ゲーム開発では古くからいろいろなAI（*Artificial Intelligence*、人工知能）の実装が行われてきました。また最近は、ディープラーニングや強化学習などの発展により、機械学習の力をゲーム開発に応用する事例も出てきています。

AIの定義はあいまいですが、本稿では「人間が行う知的活動のようなものをコンピュータに行わせたもの」ととらえることにします。この定義では、機械学習のようにデータを使ってコンピュータに何らかの学習をさせなくとも、AIを作ることはできます。実際、古くから実装されてきたキャラクターのAIでは、ほとんどの場合あらかじめ人間によって決められたルールに基づいて行動を行います。

昨今のゲームAIを語るうえで注意しなければならないのは、「中のAI」と「外のAI」という考え方です。中のAIとは、実際にゲーム内で動くAIであり、敵などのキャラクターの動きを決めるものだったり、ゲームプレイ中にプレイヤーの動きに応じてどのように敵を配置するかを決めるものだったりします。それに対して外のAIとは、ゲームの開発中にのみ使われるAIであり、ゲームのデバッグを効率化するためや、ゲームのバランス調整の支援などに使われます。CEDEC[注1]などのゲーム系のカンファレンスでは、機械学習の発展とともに外のAIの話題を耳にすることが多くなりました。

ゲームがリアル化、大規模化している中で、中のAI、外のAIの重要性はそれぞれ増していると考えられます。中のAIに関しては、グラフィック的にリアルになったキャラクターが頭の悪い行動をしていたら違和感がありますし、ゲームへの没入感が減ってしまいます。外のAIに関しては、ゲームが大規模になるとデバッグやバランス調整の難易度が跳ね上がり、人力でそれらをこなすのには多くの時間と労力がかかるようになります。

本稿では、Unityでのゲーム開発において、どのようにAIを実現できるかを紹介します。特に、AIを実装するためにUnityに標準で備わっていたり、公式で提供されていたりする機能を対象として、それらの使い方を説明します。基本的に中のAIを実現するための話がメインになりますが、最後に紹介するML-Agentsは外のAIへの応用も考えられるため、その応用方法についても触れます。

いくつかの手法を紹介することで、これからUnity開発でAIを実装したい方の手がかりになれば幸いです。

NavMeshを使った経路探索

キャラクターのAIを実装するにあたり非常に重要な要素の1つに、経路探索があります。経路探索とは、ある開始点と終着点が与えられたとき、開始点から終着点までたどり着く経路を探索することを意味します。特に、移動距離が最短となるような経路を探索することが多く、そのような経路を求める問題を最短経路問題と呼びます。

キャラクターが目的地へ移動するとき、最短経路をたどって移動するとキャラクターが賢く移動しているように見えます。実際は、キャラクターのHP

注1　https://cedec.cesa.or.jp/

図1　地形とキャラクターの配置

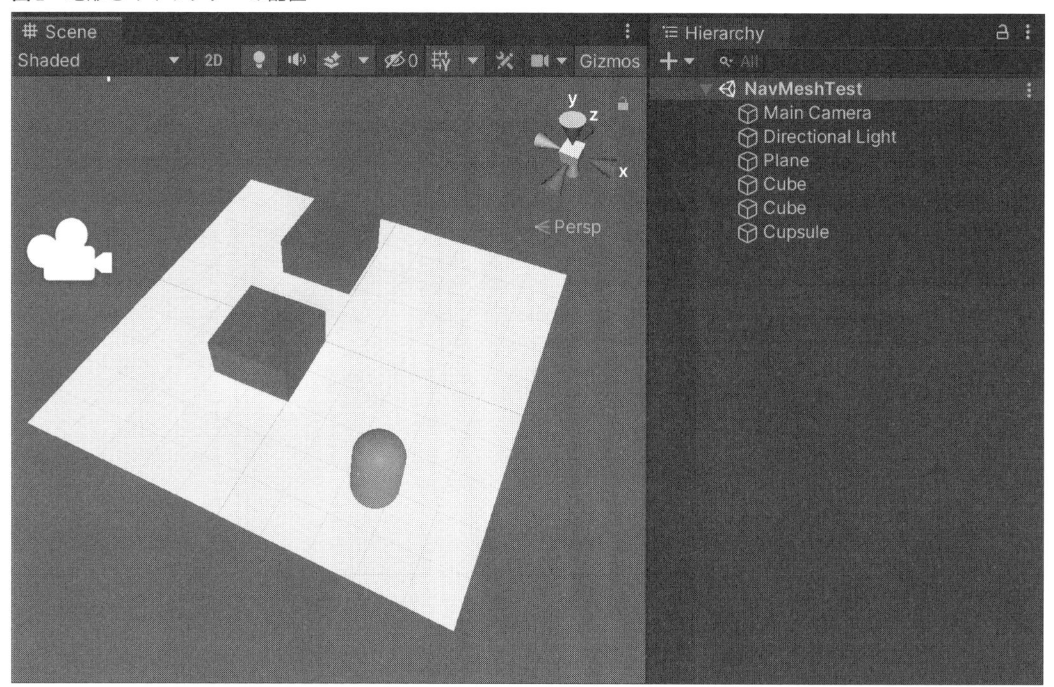

などの状態、ほかのキャラクターの存在、アイテムの存在などいろいろな要素が絡んでくるため、最短経路をたどるだけではなく、そのような要素を考慮した移動をするべきことも多いです。しかし、まずは最短経路を求めて、そのうえで付加的な要素も考慮に入れてキャラクターを制御することになるため、実際のゲームでのAI開発においても最短経路を求めることは非常に重要です。

Unityにおける経路探索

Unityでは、最短経路を求めるためのしくみとしてNavMeshというものが標準で用意されています。NavMeshを使えば、複雑な地形の上の経路探索を簡単に実現できます。本節では、NavMeshを使って経路探索を行う方法を紹介します。

ところで、NavMeshという用語は、Unityのナビゲーションシステム全体を指す場合と、そのシステムの中で使われる、キャラクターが移動できる領域を指す場合があります。本稿では基本的には前者の意味で用い、後者の意味で用いる場合は「NavMesh領域」と表現することにします。

NavMeshの概要

NavMeshを利用する際に核となるコンポーネントはNavMeshAgentです。NavMeshAgentをキャラクターのGameObjectにアタッチすることで、キャラクターの移動を行います。

NavMeshでは、シーン上でNavMeshAgentが移動できる領域をNavMesh領域としてあらかじめ算出しておきます。Unityでは、これをベイクと呼ばれる処理で自動的に行うことができます。このとき、シーン上の地形に高低差があったり穴があったりする場合でも、それを考慮して領域が算出されます。

一度NavMesh領域が算出されたら、NavMeshAgentに目的地を設定することで、領域内を通る経路の中で最短の経路をたどるようにキャラクターを移動させることができます。

NavMeshの利用例

それでは実際にNavMeshを使ってみましょう。

◉シーンの準備

まず、**図1**のようなシーンを作成します。

図2　右クリックメニューからPlane、Cube、Capsuleを作成

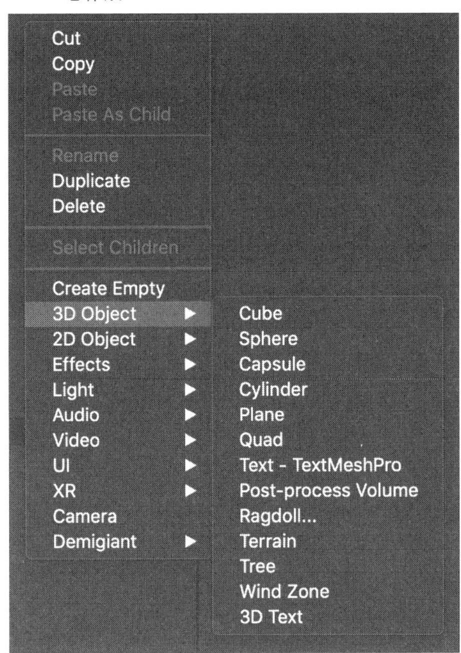

図3　InspectorウィンドウのStaticにチェックを入れる

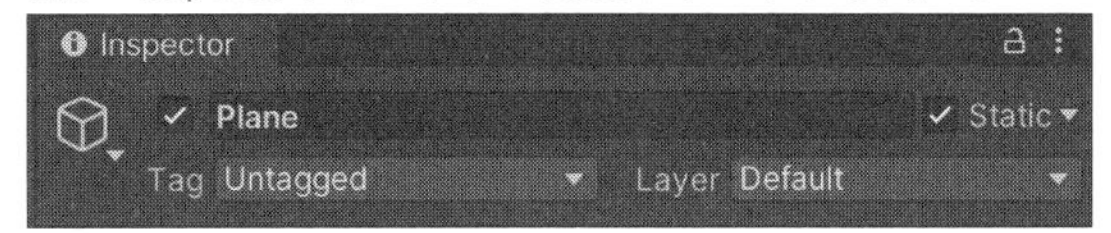

図4　NavigationウィンドウのBakeタブ

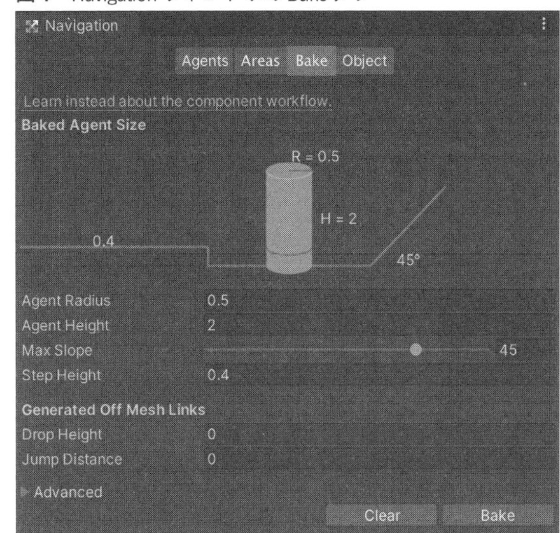

図5　ベイクされたNavMesh領域

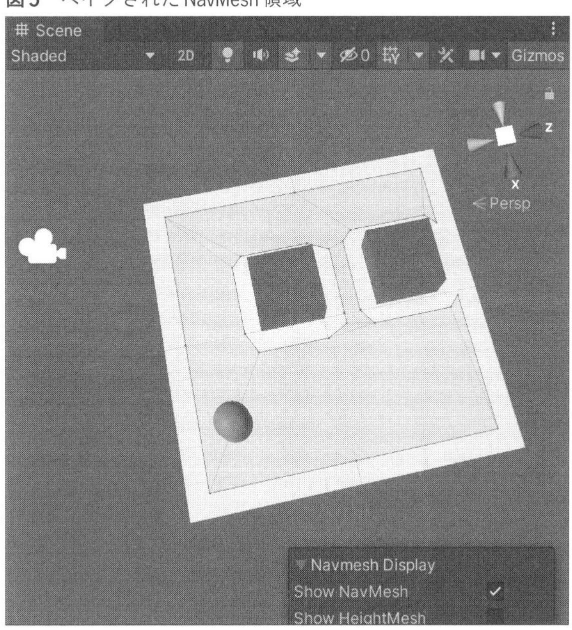

Planeにより地面を作り、そこにCubeを2つ配置することで壁を表現しています。また、キャラクターに見立てたCapsuleもフィールド上に配置しています。なお、Plane、Cube、Capsuleに関してはすべてHierarchyウィンドウにおける右クリックメニューから作成できます(**図2**)。

続いて、地面と壁に関してInspectorウィンドウでStaticのチェックボックスにチェックを入れます(**図3**)。

これにより、NavMeshのベイクのときに地面と壁が地形として考慮されるようになります。一方で、キャラクターは地形ではないのでStaticにチェックを入れてはいけません。

◉ NavMesh領域のベイク

地形が作成できたので、NavMesh領域のベイクを行います。Unityのメニューの「Window→AI」から「Navigation」を選択し、Navigationウィンドウを開きます(**図4**)。さらにNavigationウィンドウの中のBakeタブを開きます。

NavMeshでは、キャラクターがカプセル状の形状をしていると仮定します。このカプセルの半径と高さが、先ほどキャラクターとして配置したオブジェクトと同じになっていることを確認して、「Bake」ボタンをクリックします。するとベイクの処理が走り、キャラクターが移動できる領域がSceneビューに水色で表示されるようになります(**図5**)。

◉ NavMeshのコードからの利用

続いて、コードからNavMeshを利用するために、NavMeshTestという名前のスクリプトファイルを作成し、中身を次のように編集します。

NavMeshTest.cs
```
using UnityEngine;
using UnityEngine.AI;

public class NavMeshTest : MonoBehaviour
{
    [SerializeField]
    private NavMeshAgent _agent;

    private void Update()
    {
        // 左クリックを監視
        if (Input.GetMouseButtonDown(0))
        {
            // クリックされた座標を取得する
            var camera = Camera.main;
            var pos = Input.mousePosition;
            var ray = camera.ScreenPointToRay(pos);
            RaycastHit hit;
            if (Physics.Raycast(ray, out hit))
            {
                // ❶クリックされた座標を
                // NavMeshAgentの目的地に設定する
                _agent.destination = hit.point;
            }
        }
    }
}
```

このコードでは、Updateメソッドで毎フレーム左クリックを監視し、左クリックされたときだけ処理を行います。処理の中では、クリックされた位置に対応する座標を取得し、それを❶によりNavMeshAgentの目的地に設定しています。NavMeshAgentに目的地を設定すると、NavMeshAgentは自動的に移動を開始し、目的地に到達するまで移動を続けます。

図6　キャラクターのGameObjectにNavMeshTestとNavMeshAgentをアタッチする

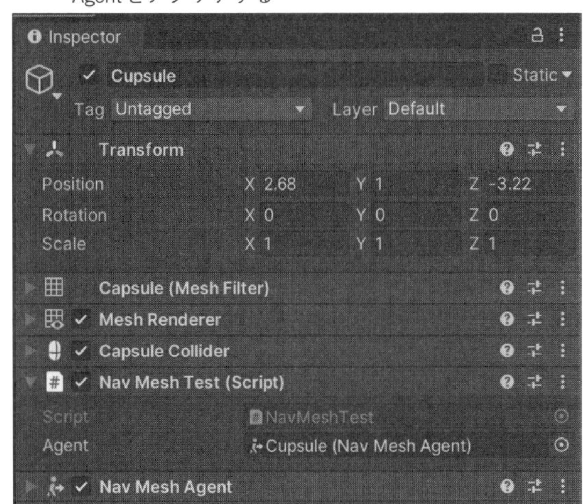

コードの準備ができたので、再びUnityEditorに戻ります。キャラクターに見立てたCupsuleに、先ほど作成したNavMeshTestコンポーネントと、NavMeshAgentコンポーネントをアタッチします(**図6**)。そして、NavMeshTestコンポーネントのインスペクタのAgentの部分に、NavMeshAgentコンポーネントを指定します。

これで準備は完了です。Unityを実行して地面をクリックすると、クリックした場所にキャラクターが移動します。このときキャラクターは壁の部分を避けるように移動し、地形を考慮して最短経路を求められていることがわかります。

このように、NavMeshを使えば手軽にUnity上で最短経路による移動を実現できます。

NavMeshで目的地までの経路を取得する

先ほどの例で、キャラクターを移動させる方法がわかりました。しかし、実際にゲームを開発していると、キャラクターを移動させる前にあらかじめ最短経路がどのようなものか取得したい場合があります。たとえば、目的地までの移動距離があまりに長い場合は移動を諦めるようにするなどです。

幸い、NavMeshにはそのようなことを実現する方法があるので紹介します。そのために、NavMeshTestにおけるUpdateメソッドを次のように書き換えます。

```
private void Update()
{
    if (Input.GetMouseButtonDown(0))
    {
        var camera = Camera.main;
        var mousePos = Input.mousePosition;
        var ray = camera.ScreenPointToRay(mousePos);
        RaycastHit hit;
        if (Physics.Raycast(ray, out hit))
        {
            // 目的地までのパスを取得する
            var path = new NavMeshPath();
            if (_agent.CalculatePath(hit.point, path))
            {
                foreach (var corner in path.corners)
                {
                    Debug.Log(corner);
                }
```

```
            }
            else
            {
                Debug.Log("パスが見つからなかった");
            }
        }
    }
}
```

ここで、`_agent.CalculatePath(hit.point, path)`により、指定された位置までの経路を取得できます。CalculatePathメソッドの戻り値はbool型であり、経路を見つけられたときにtrueが返ります。第2引数の`path`はNavMeshPathクラスのインスタンスであり、見つかった経路が格納されます。NavMeshPathクラスのcornersプロパティにより、経路の曲がり角が座標の配列として取得できます。

これを実行して地面をクリックすると、Consoleウィンドウに**図7**のようにパスが出力されます。cornersプロパティには始点と終点が含まれていることに注意が必要です。図7でいえば、最初の行がキャラクターの存在する座標、最後の行が目的地の座標に対応しています。

これで、NavMeshを用いて最短経路を算出する方法がわかりました。最短経路を求めたあとは、経路の長さを求めたり、経路付近の敵やアイテムを調べたりすることで、キャラクターにいろいろな思考をしているかのように振る舞わせることが可能になります。

ビヘイビアツリーによるキャラクターの意思決定

ゲームの中のキャラクターは、ひたすら前に歩くなど常に同じ動きをすればよいわけではなく、状況に応じていろいろな意思決定をする必要があります。たとえば、自分のHPが減っていたら回復したり近くに敵がいたら攻撃もしくは回避したりといったように、状況に応じた意思決定を行うことで、あたかもキャラクターが思考しているように見せかけることができます。

キャラクターの意思決定をするしくみとして、単純なif文の羅列であるルールベースのものや、キャラクターの状態を主体としたステートマシンを使ったものなど、いくつかの手法が用いられています。中でもビヘイビアツリーと呼ばれる手法は、現在の実際のゲーム開発でも広く使われている、一般的で人気のある手法となっています。

本節では、そのビヘイビアツリーがどのようなものであるかを説明し、Unityでビヘイビアツリーを使う例を示します。

ビヘイビアツリーの概要

ビヘイビアツリーは、**図8**に示したようないくつかの種類のノードを組み合わせることによってツリー状の構造を使り、AIを記述するしくみです。

ビヘイビアツリーでは、根元のノード、中間のノード、末端のノードでそれぞれ役割が異なります。まず、根元のノードはツリー全体を管理し、処理の起点となります。次に中間のノードは、実行順や実行対象などを制御するためのノードとなり、いくつかの子のノードを持ちます。最後に末端のノードは、実際のキャラクターの行動に対応するノードや条件を表すノードとなります。

ビヘイビアツリーにはさまざまな亜種が存在し、細かいところが異なることが多いですが、最も基本的なビヘイビアツリーでは、中間ノードとしてSequenceノードとSelectorノード、末端ノードとしてConditionノードとCallノード(Actionノード)が存在します。また、根元のノードはRootノードと呼ばれます。

図7　CalculatePathメソッドによる最短経路の算出

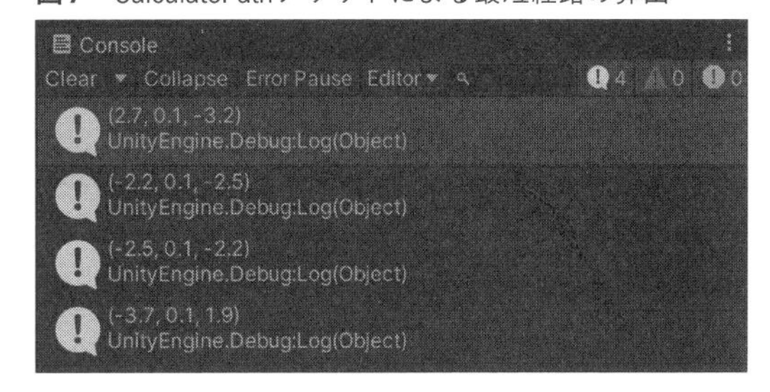

図8　ビヘイビアツリーのノード

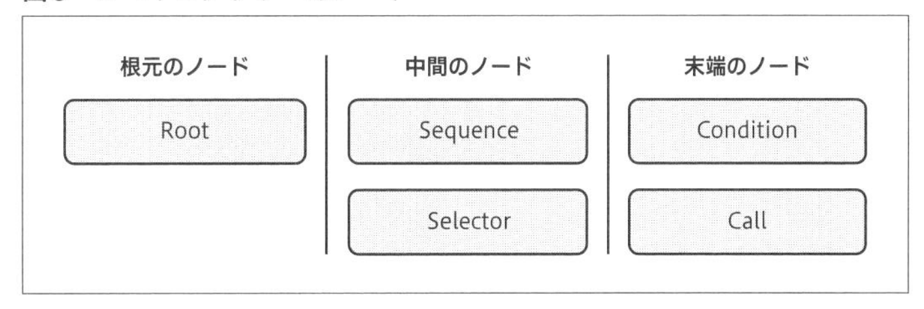

各ノードはSuccessやFailureという実行結果を返し、親のノードはその結果を利用します。実装によってはSucccessとFailure以外の結果を返す場合もあります。

Sequenceノードでは、子を順番に実行していきます。子を実行する途中でFailureを返した子がいればその時点でFailureを返し、残りの子は実行しません。すべての子がSuccessならSuccessを返します。

Selectorノードも Sequenceノードと同様に子を順番に実行していきます。ただしSequenceノードとは異なり、途中でSuccessを返す子がいればその時点でSuccessを返して処理を終了します。すべての子がFailureを返した場合はFailureを返します。

Conditionノードは、SuccessまたはFailureを返す条件に対応するノードです。このノードが実行されると中の条件が評価され、その結果が返ります。

最後にCallノードは、処理を実行するためのノードです。処理に成功すればSuccess、失敗すればFailureが返ります。

以上の4種類のノード(Rootノードも入れると5種類)を組み合わせてツリー構造を作ることによって、キャラクターの意思決定のルールを構築します。プログラマーからすると回りくどい方法に思えるかもしれませんが、いくつかの部品さえ作れば複雑な制御も同じ枠組みで実現できるようになるため、非プログラマーでもルールを記述できるようになったり、ルールを視覚的に表示/操作できるようになったりといった利点があります。

図9 ビヘイビアツリーの例

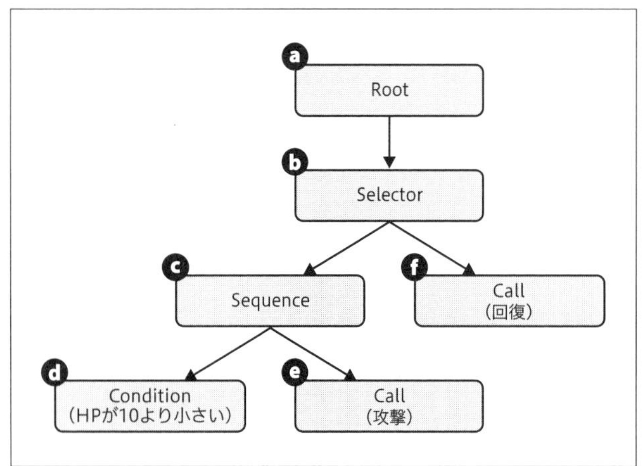

ビヘイビアツリーの動作例

それでは、具体的なビヘイビアツリーの例を用いて、実際にビヘイビアツリーがどのように動くかを説明します。ビヘイビアツリーの例を**図9**に示します。説明のために各ノードにアルファベットのIDを付けています。

まず、ⓐのRootノードから処理が始まります。ここでは単純に、Rootノードの子である、ⓑのSelectorノードが実行されます。Selectorノードは、Successが返るまで子を順番に実行するノードでした。すなわち、ノードⓒがSuccessを返せばノードⓕは実行されないことを意味します。

それではノードⓒ以下に注目してみましょう。ⓒのSequenceノードは、Failureが返るまで子を順番に実行します。ノードⓓはHPが10より小さいか、というConditionノードであるため、HPが10より小さければSuccess、10以上であればFailureが返ります。すなわち、HPが10より小さければノードⓔ、すなわち回復を行うCallノードが実行され、このときノードⓒはSuccessを返します。逆に、HPが10以上である場合はノードⓔは実行されず、ノードⓒはFailureを返します。

ノードⓑに注目を戻すと、ノードⓒがFailureを返した場合はノードⓕが実行されるため、攻撃を行うことになります。

以上をまとめると、このツリーは、HPが10より小さければ回復、10以上であれば攻撃を行うというルールを表していることになります。

2D Game Kit

それでは、Unityでビヘイビアツリーを利用する例を示します。残念ながらUnityでは、標準ではビヘイビアツリーの機能は提供されていません。しかし実は、Unity Technologies社が提供している公式のアセットの中で、ビヘイビアツリーのしくみの実装が含まれているものがあります。それは2D Game Kitという名前のアセットで、簡単に2Dゲームを作れるシステムとして公開されています。

2D Game Kitはアセットストア注2から無料でダウンロードできるため、気軽に導入できます。そこで今回は、2D Game Kitの中に実装されているビヘイビアツリーのしくみを使って、ビヘイビアツリーによるAIを実装します。

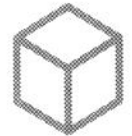

2D Game Kitにおけるビヘイビアツリー

まず、2D Game Kitに含まれているビヘイビアツリーがどのようなものかを解説します。

2D Game Kitでは、ビヘイビアツリーに関するクラスはBTAIというネームスペースに定義されています。そこで、以降2D Game KitにおけるビヘイビアツリーのしくみをBTAIと呼ぶことにします。

BTAIでは、ノードが返す状態としてSuccessとFailureだけでなくContinueとAbortというものが用意されています。Continueの存在により、フレームをまたぐような制御にも対応しているのが特徴です。

BTAIでは、`BT.Root()`を呼ぶことで、Rootノードのインスタンスを生成できます。また、Sequenceノード、Selectorノード、Conditionノード、Callノードは、それぞれ`BT.Sequence()`、`BT.Selector()`、`BT.Condition()`、`BT.Call()`により生成できます。各ノードのクラスはOpenBranchというメソッドを持ち、このメソッドで子ノードを追加できます。

ビヘイビアツリーを実行するときは、RootノードのTickメソッドを呼ぶことにより1フレーム分の処理を走らせることができます。ここで注意が必要なのが、BTAIのSequenceノードは1フレームでは1つの子の処理しか行わないということです。すなわち、今実行した子ノードがSuccessを返した場合は、次のフレームで次の子ノードが実行されます。Failureを返した場合は、次のフレームは最初の子ノードから順番に実行を再開するのですが、のちほど紹介する例ではこの動作は発生しません。

2D Game Kitにおけるビヘイビアツリーは、ここで紹介した以外にもいくつかのノードが定義されているので、興味がある方は調べてみてください注3。

注2　https://assetstore.unity.com/packages/essentials/tutorial-projects/2d-game-kit-107098

注3　英語ですが、公式のチュートリアルが参考になります。https://learn.unity.com/tutorial/2d-game-kit-advanced-topics#5c7f8528edbc2a002053b77a

BTAIによるビヘイビアツリーの実装例

それでは、BTAIを使って簡単なビヘイビアツリーを実装してみましょう。実装するビヘイビアツリーは、図9で示したものとします。このツリーの構築は、次のようなコードになります。

```
int hp = 0;

var root = BT.Root();
root.OpenBranch(
    BT.Selector().OpenBranch(
        BT.Sequence().OpenBranch (
            BT.Condition(() => hp < 10),
            BT.Call(Output("HPが少ないので回復"))
        ),
        BT.Call(Output("攻撃"))
    ),
    BT.Terminate()
);
```

BT.Callメソッドの引数はSystem.Action型であり、ここではOutputというメソッドを指定しています。Outputメソッドは、ログ出力を行うActionを返すメソッドとして次のように定義します。

```
private System.Action Output(string message)
{
    return () => Debug.Log(message);
}
```

また、`BT.Terminate()`は、Abort(終了状態)を返すノードを生成するためのメソッドです。一度ツリー全体の実行が終わったら処理を終了させたいため、Rootノードの子として追加しています。

◉ビヘイビアツリーの実行

先述したとおり、BTAIではビヘイビアツリーを実行するためにRootノードのTickメソッドを呼びます。Tickメソッドはビヘイビアツリーの処理を1フレームぶん進めるためのメソッドです。今回の例では、即時に全体の実行を完了させたいため、次のようなメソッドを実装しました。

```
private void RunTreeUntilTerminate(Root root)
{
    if (root.isTerminated)
    {
        // すでに実行を終了しているツリーに対して、
        // あらためて実行できるようにする
        root.ResetChildren();
        root.isTerminated = false;
```

```
    }
    while (!root.isTerminated)
    {
        // 終了状態になるまでTickを呼ぶ
        root.Tick();
    }
}
```

それでは、実装したビヘイビアツリーを次のようなコードでテストしてみます。

```
hp = 5;
RunTreeUntilTerminate(root);
hp = 15;
RunTreeUntilTerminate(root);
```

結果は**図10**のようになります。

1回目の実行のときはHPが5であり、10より小さいため、「HPが少ないので回復」が出力されます。2回目の実行のときはHPが15であり、10以上のため、「攻撃」が出力されます。

今回の例はとても小さなツリーでしたが、実際のゲームでもこのようにツリーを組み立てていくことによって、キャラクターの複雑な意思決定のしくみを実現できます。

また今回は2D Game Kitのビヘイビアツリーを利用しましたが、アセットストアにはほかにもビヘイビアツリーの実装がいくつか公開されています。中でも、有料ではありますがBehavior Designer[注4]というアセットが有名です。Behavior Designerではグラフィカルにツリーを構築できるため、コードを書かなくてもAIを記述できます。

注4　https://assetstore.unity.com/packages/tools/visual-scripting/behavior-designer-behavior-trees-for-everyone-15277

図10　ビヘイビアツリーの実行結果

図11　エージェントと環境の関係

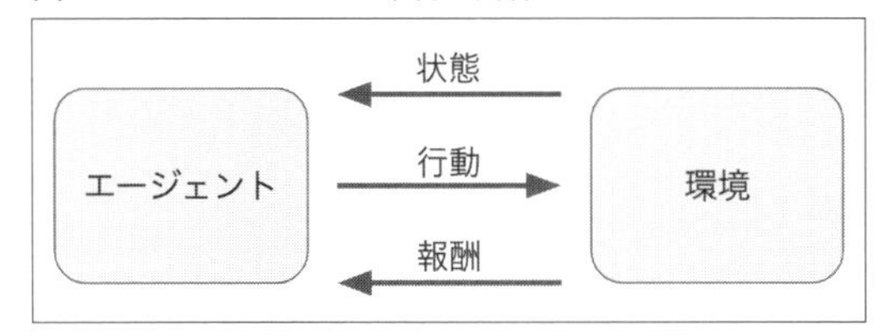

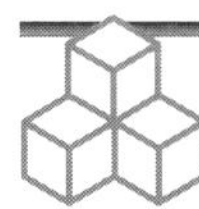

Unityで機械学習を行うライブラリ「ML-Agents」

Unityで機械学習を行うしくみとして、ML-Agentsというライブラリが2017年にリリースされました。ML-Agentsを使えば、強化学習と呼ばれる機械学習の手法を用いてゲームのキャラクターの動きを学習し、学習結果をキャラクターのAIとしてゲームに組み込むことができます。もちろん、現状うまく学習できるゲームは簡単なものに限りますし、実際のゲームに取り入れるにはいろいろなハードルがあると考えられますが、今後の発展が楽しみな話題と言えます。

本節では、ML-Agentsがどのようなものかを説明し、実際の使い方を簡単に紹介します。

強化学習とは

まず、ML-Agentsで利用される強化学習について説明します。

強化学習は、試行錯誤を通じて最終的に得られる価値が最大になるような行動を学習する機械学習です。行動を学習する対象を「エージェント」と呼び、エージェントが行動を行う空間を「環境」と呼びます（**図11**）。エージェントは環境から現在の「状態」を取得し、その状態に応じて「行動」を行います。その行動の結果、エージェントは環境から「報酬」を獲得します。行動の結果、即時に報酬が得られるとは限らず、何回も行動を行った結果、初めて報酬が得られるという場合もあります。

強化学習とは、簡単に言えば現在の状態に対してどのような行動をすれば最終的に得られる報酬の和が最大になるかを学習する枠組みとなります。ゲーム空間を強化学習における環境、ゲームのスコアを強化学習における報酬ととらえることができるため、強化学習はゲームとの親和性が高く、強化学習をゲームに応用する研究は盛んに行われています。2015年に強化学習のしくみを使ったAlphaGoが、囲碁の世界チャンピオンに勝利したことはとても話題になりました。また、いくつかのレトロゲームでは、状態として画像情報のみを使って人間を超えるスコアを達成するAIを得られるという結果も出ています。

ML-Agentsの概要

ML-Agentsを使えば、強化学習に関する詳細な知識がなくても、強化学習をUnity上で手軽に試すことができます。

ML-Agentsでの強化学習は、通常の機械学習と同様、学習プロセスと推論プロセスの2つに分けられます(**図12**)。学習プロセスでは、PythonからUnity上のゲームを実行し、モデルを学習します(図12左)。推論プロセスでは、学習プロセスで作ったモデルをUnityに取り込んで利用します(図12右)。

図12　学習プロセスと推論プロセスの構成

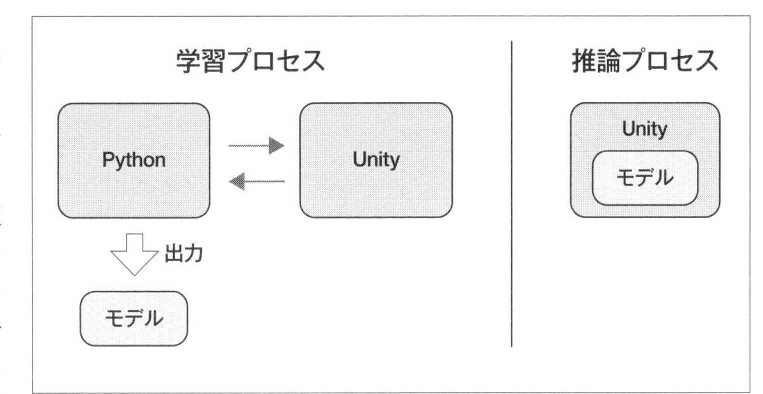

モデルとは機械学習の用語であり、学習の結果として得られるパラメータの集まりのようなものです。うまく学習を進めることによって、より多くの報酬を得られるモデルが得られます。

ML-Agentsの導入からサンプルを動かすまで

ML-AgentsはGitHubからダウンロードできます[注5]。

執筆時点での最新リリースは、2020年11月にリリースされたRelease 9です。ML-Agentsはいくつかの細かなパッケージに分かれており、バージョンの関係性が多少複雑です。Release 9におけるUnity用のパッケージ(`com.unity.ml-agents`)のバージョンはv1.5.0となります。

ML-AgentsのRelease 9をGitHubからZIPファイルでダウンロードし、ZIPファイルの解凍を行います。すると、`ml-agents-release_9`という名前のフォルダに展開されます。Unityプロジェクトはそのフォルダ内の`Project`フォルダとなりますので、このフォルダをUnityで開きます。まずはサンプルを1つ動かしてみましょう。

`Asssets/ML-Agents/Examples/3DBall/Scenes`内の3DBallシーンを開きます。特に何も編集せず、Unityを実行します。すると、顔の付いた12個の立方体のキャラクターが頭の上でうまくバランスを取ってボールを落ちないようにしている様子が表示されます(**図13**)。この立方体の部分がエージェントに対応し、ボールを落とさずに保つエージェントを見事に実現していることを示しています。機械学習の力に頼らないでボールを落とさないようなプログラムを実装することは困難であるため、これを達成しているAIを実現できたのは機械学習を使っているからこそと言えます。

図13　3DBallを実行

サンプルを使って学習を行ってみる

先ほどUnity上で実行した3DBallの例を使って学習を行ってみます。

注5　https://github.com/Unity-Technologies/ml-agents

◉Python環境の準備

まず、学習のために必要なPython環境の準備をします。執筆時点(2020年11月)でのPythonの最新バージョンは3.9ですが、執筆時点では3.9だとML-Agentsのインストールに失敗するため、本稿の内容は3.8で動作を確認しています。

Pythonの導入方法にはいろいろなものがありますが、たとえばPythonの公式ページ注6からインストーラをダウンロードできます。

Pythonインストール後、ML-Agentsのリポジトリ内のml-agentsフォルダに移動し、以下のコマンドを実行することでML-Agentsをインストールできます。

```
$ pip install -e .
```

インストールが完了すると、mlagents-learnコマンドを実行できるようになります。

◉学習の実行

これで必要な準備が完了しました。学習を行うためには、ML-Agentsリポジトリのルートフォルダに戻り、次のコマンドを実行します。

```
$ mlagents-learn config/ppo/3DBall.yaml --run-id=test
```

コマンドの引数であるconfig/ppo/3DBall.yamlは設定ファイルのパスです。設定ファイルは学習方法や学習時のパラメータを記述したファイルであり、サンプルに対する設定はML-Agentsのリポジトリのconfigフォルダ以下に格納されています。また--run-idオプションで実行時のIDを指定できます。このIDによって、前の学習を途中から再開するというようなことも可能です。

上記コマンドを実行すると、Unityのロゴや各ライブラリのバージョン情報などが表示されたあと、次のようなメッセージが表示されます。

```
Listening on port 5004. Start training by pressing th
e Play button in the Unity Editor.
```

このメッセージが表示されたらUnityの3DBallシーンを実行します。すると、**図14**のように自動的に学習が実行されます。

学習には少し時間がかかります。3DBallの学習には、筆者の環境では10分程度かかりました。

学習が完了すると、results/testというフォルダが生成され、その中に3DBall.nnというファイルが作られます。これが、学習した結果のモデルの情報が入ったファイルとなります。

◉学習結果の利用

それでは、実際にUnity上で学習結果を利用してみましょう。ファイル名が紛らわしいので、先ほど生成された3DBall.nnをMy3DBall.nnにリネームしておきます。そして、Assets以下の好きな場所に置きます。

ML-Agents/Examples/3DBall/Prefabs/にある3DBallのPrefabを開き、AgentフォルダのBehaviour Parameterコンポーネントの「Model」を、今置いたMy3DBallに付け替えます(**図15**)。

Prefabを保存し、あらためて3DBallシーンを実行します。このようにすることで、先ほど学習したモデルを使ってエージェントを動かすことができます。

オリジナルゲームでのML-Agentsの活用

ML-Agentsにはいろいろなサンプルが入っているのでそれを動かすだけでも楽しいですが、もちろん自分で作ったオリジナルゲームに対しても強化学習を行うことができます。

オリジナルゲームに対して強化学習を行うフローは次のようになります。

❶ゲーム(AIが学習する環境)を作る
❷強化学習の基本となる3つの要素(状態、行動、報酬)や、終了条件をどうするか決める
❸学習パラメータを調整しながら学習を行う
❹学習がうまくいかなかったら、状態としてAIに与える情報や報酬の設計を検討しなおしたり、学習パラメータを調整したりして再度学習を行う

ML-Agentsは比較的お手軽に強化学習を試せるライブラリですが、とは言ってもオリジナルゲームに対してうまく強化学習を行うのはなかなか骨の折れる作業です。

まず第一に、本稿では説明できなかったML-AgentsのUnity側のしくみをある程度理解する必要があります。たとえば、エージェントが状態を取得したり

注6 https://www.python.org/downloads/release/python-386/

図14　ML-Agentsによる学習時の様子

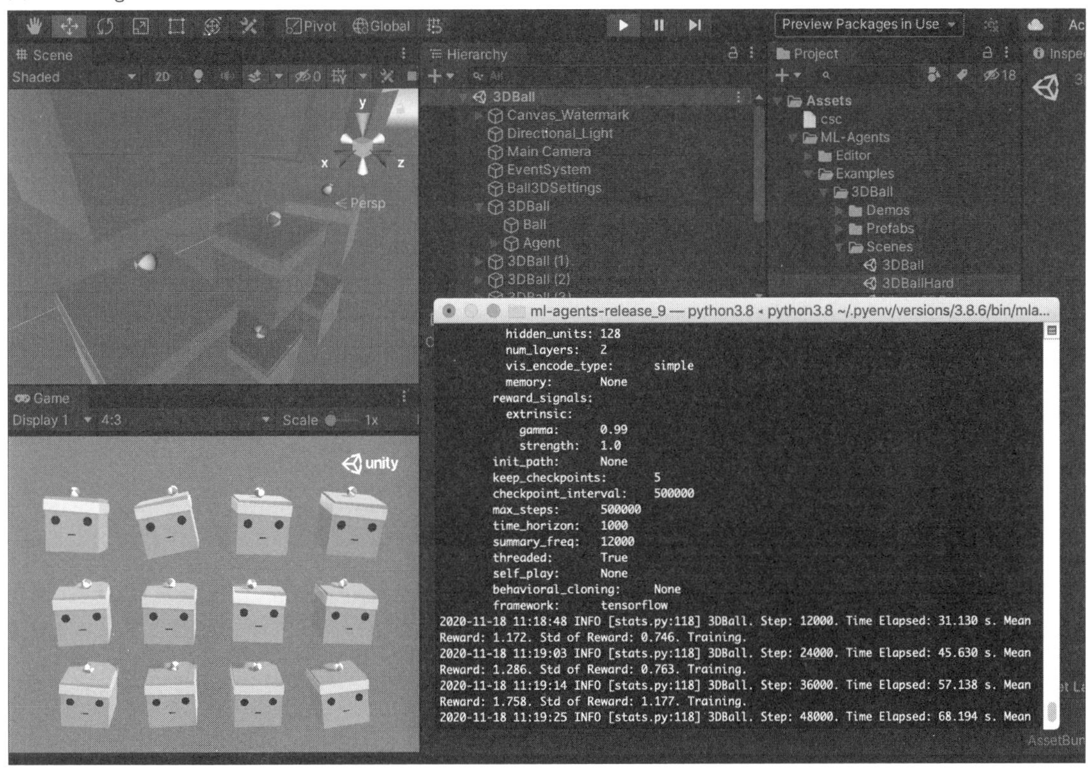

図15　モデルの設定

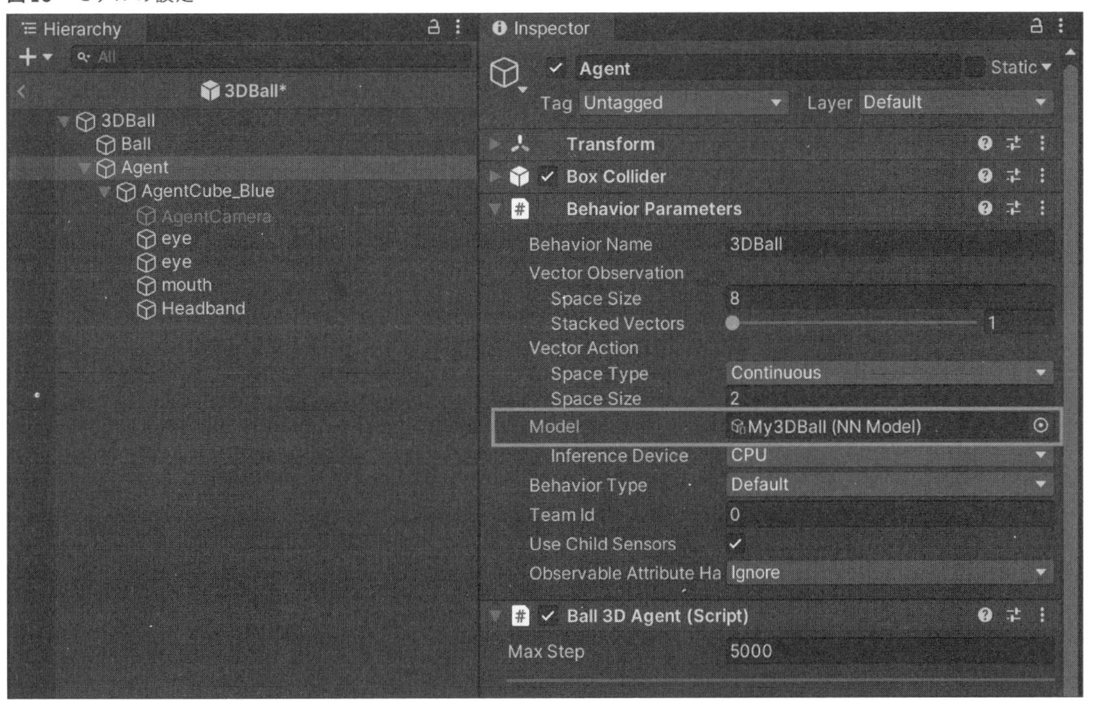

行動を行ったり、それに対して報酬を得たりする部分は、独自にコードを記述する必要があります。

さらに、学習がうまくいくまで何回もトライアンドエラーを繰り返す必要があるかもしれませんし、そもそもゲームによってはうまく強化学習を適用できないかもしれません。

それでも、うまく学習が成功して人間離れしたプレイを行うAIを獲得したときの感動は大きいと思いますので、みなさんにもぜひチャレンジしていただきたいです。

機械学習の力で獲得したAIの応用

機械学習の力で獲得したAIは、ゲーム開発においてどのような場面で有用なのでしょうか。

まず考えられるのは、人間の対戦相手としての強いAIを作れるという点です。AlphaGoの例が顕著ですが、今まではコンピュータが人間に勝つのは不可能だった領域でも、機械学習の力を活用することで人間に勝てるようになってきています。それにより、ゲームに熟練したプレイヤーでも対戦しがいのあるレベルのコンピュータを用意できるようになるかもしれません。

もう一つ重要な応用例は、いわゆる外のAIと呼ばれる領域への応用で、ゲームの開発中に使われるものです。機械学習の力で獲得したAIがあれば、そのAIにゲームを自動的にプレイさせることでバグの発見に役立てることができます。特に、機械学習によるAIは、人間が想定しないような行動を行う可能性があります。そのため、人間にはなかなか見つけられないようなバグをAIの力で発見できるかもしれません。

また、対戦ゲームにおいてAIどうしを戦わせることで、ゲームのバランス調整に活用することもできます。人間がプレイしてキャラクターの強さを評価すると、どうしても試行回数に限界があったり、プレイヤースキルによって結果にバラつきが出てしまったりします。それに対しAIどうしを戦わせることで、キャラクターによる勝率などを定量的に測ることができると考えられます。

このようにゲームの品質を向上させるためにAIを活用することは、最近いろいろな企業で取り組まれ始めており、今後の発展に期待したいです。

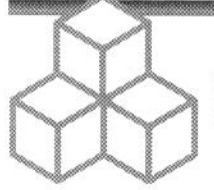

まとめ

本稿では、UnityにおけるAIに関する話題をいくつか紹介しました。

まず1つ目に紹介したNavMeshは、簡単にキャラクターを目的地まで賢く移動させることができるしくみでした。続いて紹介したビヘイビアツリーは、キャラクターの思考をツリー構造を使って記述する手法でした。最後に紹介したML-Agentsは、Unityで機械学習をお手軽に試せるフレームワークでした。

どれも簡単な例で試すことは比較的簡単ですが、実際のゲームに応用できるAIを作るとなるとさまざまな困難が立ちはだかることでしょう。しかしうまくいけば、ほかのゲームではなかなか味わえないような豊かなゲーム体験を提供できることが可能な領域だと思います。

本稿の内容が、UnityにおけるAI開発の足がかりになれば幸いです。

索引

数字

A

B

■著者プロフィール

◎吉成 祐人（よしなり ゆうと） Part1執筆

㈱QualiArts

2013年㈱サイバーエージェントに新卒入社。その後、㈱QualiArtsにてUnityエンジニアとして複数のゲームの開発・運用に携わる。現在は、新規プロジェクトの開発に携わりつつ、ゲーム・エンターテイメント事業部（SGE）のエンジニアボードとして、事業部全体のエンジニアの新卒採用と若手育成および組織作りを行っている。

URL https://qiita.com/y-yoshinari

◎伏木 秀樹（ふしき ひでき） Part2執筆

㈱CyberHuman Productions

2013年㈱サイバーエージェントに新卒入社。VR系子会社にてVR音楽ライブ配信システムの制作に携わる。2020年より㈱CyberHuman Productionsにて、サッカー観戦の「スタジアムアプリ」における演出制作をメインで担当。その後、CG合成を用いたバーチャル撮影のシステム構築を担当。そのほか社外ハッカソンにて多数入賞、ARグラスアプリ制作など社内外でAR案件に携わる。

◎御厨 雄輝（みくりや ゆうき） Part3執筆

㈱グレンジ

2013年㈱サイバーエージェントに新卒入社。複数の新規ゲームのUIをメイン実装したのち、㈱グレンジにて、「Kick-Flight」の開発に携わる。現在は、ゲーム・エンターテイメント事業部（SGE）にて新規ゲームを開発中。

◎木原 康剛（きはら やすたか） Part4執筆

㈱ジークレスト

2017年㈱ジークレストに中途入社。Unityエンジニアとして新規プロジェクトの開発に従事。女性向けゲームにおけるキャラクター表現の技術研究を目的とした組織「イケメンテックラボ」に所属し、キャラクターの魅力を引き出す、表現技術の研究を進めている。

◎川辺 兼嗣（かわなべ けんじ） Part5執筆

㈱グレンジ

2013年㈱サイバーエージェントに新卒入社し、子会社の㈱グレンジへ配属。「ポコロンダンジョンズ」のモックアップ制作から携わり、リードエンジニアとしてリリース・運用に携わる。その後、新規ゲームのUnityエンジニアとして15以上のモックアップを制作、「Kick-Flight」の開発に携わる。現在は、新規開発と運用を行いながら、より遊びやすいゲーム体験を追求している。

URL https://qiita.com/flankids

◎住田 直樹（すみだ なおき） Part6執筆

㈱QualiArts

2018年㈱サイバーエージェントに新卒入社。その後、㈱QualiArtsにて新規プロジェクトのUnityエンジニアとして開発に携わる。現在は、運用プロジェクトにUnityリードエンジニアとして従事。ゲーム・エンターテイメント事業部（SGE）全体のUnityの技術促進を目的とする横軸組織「SGE Unity」の責任者としても活動している。

◎田村 和範（たむら かずのり） 「UnityにおけるAI」執筆

㈱QualiArts

2015年㈱サイバーエージェントに新卒入社。その後、㈱QualiArtsにて複数のモバイルゲームの新規開発・運用に携わる。並行して、複数のプロジェクトで横断的に利用可能な内製UIフレームワークの開発にも従事。また、AI技術にも興味を持ち、社内でのゲーム開発におけるAI活用を推進する活動も行っている。

装丁……………………………西岡 裕二
カバーイラスト…………ウラベ ロシナンテ
本文デザイン……………岩井 栄子
本文レイアウト…………酒徳 葉子（技術評論社）
図版制作…………………スタジオ・キャロット
企画………………………池田 大樹（技術評論社）
編集………………………久保田 祐真（技術評論社）
編集アシスタント………北川 香織（技術評論社）

WEB+DB PRESS plusシリーズ
ステップアップUnity
――プロが教える現場の教科書

2021年3月4日　初版　第1刷発行

著者…………………… 吉成 祐人、伏木 秀樹、御厨 雄輝、木原 康剛、川辺 兼嗣、住田 直樹、田村 和範
発行者………………… 片岡 巌
発行所………………… 株式会社技術評論社
東京都新宿区市谷左内町21-13
電話　03-3513-6150　販売促進部
　　　03-3513-6175　雑誌編集部
印刷／製本………… 港北出版印刷株式会社

ISBN 978-4-297-11927-0 C3055
Printed in Japan

◎お問い合わせ
本書に関するご質問は記載内容についてのみとさせていただきます。本書の内容以外のご質問には一切応じられませんので、あらかじめご了承ください。
なお、お電話でのご質問は受け付けておりませんので、書面または弊社Webサイトのお問い合わせフォームをご利用ください。

〒162-0846
東京都新宿区市谷左内町21-13
株式会社技術評論社
『ステップアップUnity』係
[URL] https://gihyo.jp/（技術評論社Webサイト）

ご質問の際に記載いただいた個人情報は回答以外の目的に使用することはありません。使用後は速やかに個人情報を廃棄します。